KB142183

아더랜드

OTHERLANDS

5억 5,000만 년 전 지구에서 온 편지

아더랜드

토머스 할리데이 지음
김보영 옮김 | 박진영 감수

재미난 상상을 해보자. 여기 타임머신이 있다. 내가 개발했을 리는 없다. 중고 거래 애플리케이션에 꽤 괜찮은 가격으로 올라온 것을 전철역 근처에서 사 왔다고 가정해보자. 나는 어느 시대로 갈 것인가? 무엇보다도 나는 어디로 갈 것인가? 무사히 돌아올 수는 있는 거겠지? 선사시대로 떠나는 배낭여행. 두근두근거린다.

2만 년 전으로 돌아가 볼까? 초원을 걷는 매머드를 바라보며 빙수를 먹어보는 건 어떨까? 1억 년 전 호수 주변에서 야영하는 것도 괜찮을 것 같다. 석양을 바라보며 공룡고기 한 점 뜯어먹는 상상은 군침 돌게 만든다. 5억 년 전 바닷가에 가보는 건 또 어떨까? 해변에 있는 캄브리아기 생물들의 껍데기들을 모아서 목걸이를 한번 만들어보고 싶다. 근데 기온이 너무 높다. 더위 속에서 난 분명히 쓰러지고 말겠지.

과거에는 생물만 달랐던 게 아니다. 지구 또한 달랐다. 500만 년 전 이탈리아에 가면 높이가 1.5km나 되는 폭포를 볼 수 있었다. 지구 역사상 가장 큰 폭포였다. 이 폭포를 바라보며 반신욕을 한번 해보고 싶다. 4,100만 년 전 남극대륙은 빽빽한 열대우림이 있었다. 온갖 포유동물과 새들을 구경하며 산림욕이 가능했다. 2억 5,000만 년 전에는 모든 대륙이 서로 붙어 있었다. 비행기 없이도 세계 일주를 할 수 있었다.

이 책은 상상을 뛰어넘을 정도로 훌륭한 여행의 광경을 눈앞에 가득 펼쳐낸다. 지구라는 작은 행성 위에 수많은 세계가 있었음을 보여준다. 누구에게나 예외 없이 생생하게 다가올 것이다.

_박진영 (고생물학자, 국립과천과학관 연구사, 《공룡 열전》 저자)

1977년 태양의 중력을 벗어나 어둠 속 성간 우주를 떠돌게 될 보이저를 떠나보내며 천문학자들은 재밌는 생각을 했다. 혹시 아주 먼 미래에 보이저가 우주에서 다른 존재들에 의해 발견될 수도 있지 않을까? 그렇다면 그들에게 먼 옛날 인류가 어디에서 어떻게 살아가고 있었는지 이야기를 들려주면 어떨까? 그래서 천문학자들은 지구의 다양한 음악과 여러 나라의 언어로 발음된 인사말 데이터를 레코드판에 담았다. 사진이나 그림 등의 이미지도 담겼다. 천문학자와 인류학자, 사진작가 들이 한데 모여 지구를 대표할 만한 사진을 고르고 골랐다.

그런데 이 수많은 음성과 이미지 데이터 중에서 내가 가장 인상적으로 느낀 것은 약 3억 년 전부터 지금까지 변화한 지구를 묘사한 세계지도다. 지구는 처음부터 지금의 모습이 아니었다. 고생대 페름기쯤에는 모든 땅이 판게아라고 하는 하나의 초대륙으로 붙어있었다. 이후 땅속의 맨틀이 요동치고 대륙과 해양 지각 모두가 천천히 이동하면서 판게아는 사방으로 갈라졌다. 그리고 현재의 모습을 잠시 거쳐 가고 있다. 천문학자들은 왜 외계인에게 부치는 편지 속에 지질학 교과서에나 볼 법한 지구의 대륙 이동 과정을 묘사한 걸까?

태양계 바깥의 존재들에게 비칠 지구의 모습을 상상해보자. 그들 모두 지구에 반사된 태양 빛을 통해 지구의 존재를 알아챌 것이다. 수십, 수백 광년 거리에서 누군가 지구를 본다면 그들은 지금으로부터 수십, 수백 광년 전에 지구를 떠나 날아온 빛을 뒤늦게 보게 된다. 우리 은하에서 가장 가까운 이웃 은하인 안드로메다까지만 해도 250만 광년이 걸린다. 따라서 안드로메다에 사는 외계인이 지금 지구를 보고 있다면 그들은 지금의 지구가 아닌 250만 광년 전의 지구를 볼 것이다.

그들은 지금 당장 지구에 얼마나 찬란한 기술 문명이 존재하는지 전혀 알 수 없다. 대신 이제 막 마그마 바다가 식어가고 하나의 거대한 대륙이 갈라지고 있는 지구의 과거를 목격할 것이다. 우주의 지적 존재들에게 비춰질 지구의 가장 흔한 모습은 거대한 대륙 위에서 고생물들이 뛰노는 모습일 가능성이 크다. 바로 그렇기에 천문학자들은 보이저를 직접 발견할지도 모르는 존재에게, 그들에게 가장 익숙한 모습의 지구를 소개하고자 수억 년 전 지구의 모습을 편지에 담은 것이다. 천문학자들 나름의 우주만큼 깊은 배려라고 할 수 있지 않을까.

《아더랜드》는 먼 우주에서 누군가 우리 지구를 지금 보고 있다면, 과연 그들의 망원경 속에 담긴 지구의 주인이 누구일지를 보여준다. 페이지를 넘기며, 마치 저 암흑 속에서 지구를 지켜보는 누군가가 꼼꼼하게 기록해놓은 지구 도감을 훔쳐보는 듯한 기분이 들었다. 빙하 아래로 사라진 매머드, 한때 그리 뿔이 길지 않았던 사슴의 조상 호플리토메릭스, 그리고 햇볕도 들지 않는 깜깜한 바다 깊은 곳에서 살아간 야만카시아… 이름조차 낯선 이들은 모두 우리 발아래, 수억 년간 두껍게 쌓인 흙과 얼음 아래에서 잊혔다. 하지만 그들은 아직 사라지지 않았다. 먼 우주에서 지구를 보고 있을 감시자들에겐 아직도 지구 위를 뛰놀고 있는 존재들이기 때문이다.

이 책은 수억 광년의 먼 우주에서 지구를 바라보는 우주의 감시자가 되는 경험을 하게 해준다. 당신은 혹한의 바람이 빙하의 표면을 깎는 2만 년 전 매머드 스텝에 서 있을 것이다.

_지웅배 (천문학자, 유튜브 채널 〈우주먼지의 현자타임즈〉 크리에이터)

《아더랜드》는 학술적으로 방대한 내용을 담고 있는 동시에 빛나는 이미지를 실어나르는 독특한 작품이다. 이 책은 당신이 가진 자연의 과거와 미래에 대한 인식을 송두리째 바꿀 것이다.

_엘리자베스 콜버트 (《화이트 스카이》, 《여섯 번째 대멸종》 저자)

토머스 할리데이는 이 책에서 감히 상상하기조차 힘든 깊은 과거를 매혹적인 언어로 그려내고 있다. 그는 방대한 과학적 사실과 학술 언어를 누구나 가볍게 이해할 수 있게 풀어낸다. 책을 통해 구현할 수 있는 최상의 시간 여행 경험을 선사할 것이다.

_빌 맥키번 (환경학자, 《폴터》, 《우주의 오아시스 지구》 저자)

내 마음을 완전히 사로잡았다. 이 책은 상상 너머 과거 세계와 그곳의 특별한 생물들에 대한 완벽한 가이드다.

_루이스 다트넬 (《오리진》 저자)

《아더랜드》는 지금까지 읽어본 지구의 역사에 관한 책 중에서 최고다.

_톰 홀랜드 (《도미니언》 저자)

토머스 할리데이는 역동적인 힘으로 아득히 먼 지구의 과거로 돌아가 과학계 역대 최고의 데뷔작을 써냈다. 박수갈채를 자아내는 《아더랜드》는 널리 읽힐 만하다.

_〈퍼블리셔스위클리〉

강렬하다. 지구의 과거에 대한 깊은 분석이 돋보인다. 책장을 넘기면서, 다른 세계로 한 장 한 장 이행하면서 경외감을 숨기기가 어렵다.

_〈인디펜던트〉

상상을 뛰어넘을 정도로 훌륭하다. 치밀하도록 실증적이면서도 영화적 서사를 보여준다. 어쩌면 영화 이상일 수도 있겠다.

_〈선데이타임즈〉

토머스 할리데이는 과학적 사실을 훼손하지 않으면서 지질시대 생태계의 복잡성을 완전히 장악한다. 《아더랜드》는 우리 삶으로 지질시대의 엄청난 디테일이 밀려 들어오는 경이를 느끼게 해줄 것이다.

_〈뉴사이언티스트〉

열정과 자신감이 엿보인다. 틀에 박힌 형식이 지배하는 분야에서 독특한 목소리를 창안해냈다. 《아더랜드》의 언어는 생생한 장면들로 축제를 벌인다.

_〈사이언티픽아메리칸〉

차례

지질연대 표 13

들어가며 지구, 아주 오래된 집 16

1. 해빙 미국 알래스카주 노던플레인 - 2만 년 전 플라이스토세 35
2. 기원 케냐 카나포이 - 400만 년 전 플라이오세 65
3. 홍수 이탈리아 가르가노 - 533만 년 전 마이오세 91
4. 고향 칠레 팅기리리카 - 3,200만 년 전 올리고세 115
5. 순환 남극대륙 시모어섬 - 4,100만 년 전 에오세 143
6. 재생 미국 몬태나주 헬크리크 - 6,600만 년 전 팔레오세 169
7. 신호 중국 랴오닝성 이셴 - 1억 2,500만 년 전 백악기 197
8. 기초 독일 슈바벤 - 1억 5,500만 년 전 쥐라기 223

9. 우연 키르기스스탄 마디겐 - 2억 2,500만 년 전 트라이아스기 249
10. 계절 니제르 모라디 - 2억 5,300만 년 전 페름기 273
11. 연료 미국 일리노이주 메이존크리크 - 3억 900만 년 전 석탄기 295
12. 협력 영국 스코틀랜드 라이니 - 4억 700만 년 전 데본기 317
13. 깊이 러시아 야만카시 - 4억 3,500만 년 전 실루리아기 343
14. 변형 남아프리카 숨 - 4억 4,400만 년 전 오르도비스기 367
15. 소비자 중국 윈난성 청장 - 5억 2,000만 년 전 캄브리아기 389
16. 출현 오스트레일리아 에디아카라 언덕 - 5억 5,000만 년 전 에디아카라기 415

에필로그 희망이라는 마을 438
감사의 말 462
미주 468
지도 목록 519

일러두기

- 이 책에 등장하는 동물명과 식물명은 국가생물종목록(환경부 국립생물자원관)과 국가표준식물목록(산림청 국립수목원)을 우선으로 살폈다. 단, 일반적으로 통용되는 표기가 있을 경우 두산백과사전 등을 교차 참조했다.
- 학명, 인명, 지명 등은 국립국어원의 외래어 표기법을 따랐지만, 관례로 굳어진 표기는 예외를 두었다. 단, 라틴어 표기는 《라틴-한글 사전》(가톨릭대학출판부)을 교차 참조했다.
- 동물과 식물의 학명을 병기할 때는 이탤릭체를 적용했다.

지질연대 표

누대	대	기	세	시기
현생누대	신생대	제4기	플라이스토세	258만 ~ 1만 2,000년 전
		신진기	플라이오세	533만 3,000 ~ 258만 년 전
			마이오세	2,303만 ~ 533만 3,000년 전
		고진기	올리고세	3,390만 ~ 2,303만 년 전
			에오세	5,600만 ~ 3,390만 년 전
			팔레오세	6,600만 ~ 5,600만 년 전
	중생대	백악기		1억 4,500만 ~ 6,600만 년 전
		쥐라기		2억 130만 ~ 1억 4,500만 년 전
		트라이아스기		2억 5,190만 ~ 2억 130만 년 전
	고생대	페름기		2억 9,890만 ~ 2억 5,190만 년 전
		석탄기		3억 5,890만 ~ 2억 9,890만 년 전
		데본기		4억 1,920만 ~ 3억 5,890만 년 전
		실루리아기		4억 4,830만 ~ 4억 1,920만 년 전
		오르도비스기		4억 8,540만 ~ 4억 4,830만 년 전
		캄브리아기		5억 4,100만 ~ 4억 8,540만 년 전
원생누대	신원생대	에디아카라기		6억 3,500만 ~ 5억 4,100만 년 전

"과거가 죽었다고 말하지 마라.
과거는 곧 우리이고 우리 안에 있으니."
- 오스트레일리아 원주민 시인 우저루 누너칼, 〈과거The Past〉

"나는 알지 못한다, 어떤 폭풍이 나를 먼 과거의 깊은 바닷속으로 밀어 넣었는지."
- 17세기 덴마크 의사 올레 보름

들어가며

지구, 아주 오래된 집

나는 창밖을 바라보고 있다. 농장과 집들과 공원이 보이고 그 너머에는 수백 년 전부터 세상의 끝World's End이라고 불리던 장소가 있다. 런던에서 멀리 떨어져 있어서 그런 이름이 붙었던 이 장소는 이제 도시가 성장해 런던에 흡수되어버렸다. 그런데 그리 멀지 않은 과거에는 이곳이 정말 세상의 끝이었다. 이곳의 토양은 마지막 빙하기에 쌓였으며, 템스강으로 흘러들어가던 지류에 의해 자갈과 섞인 채로 침전되었다.

빙하의 전진은 템스강의 경로를 바꾸어놓았다. 현재 템스강이 바다와 만나는 지점은 예전보다 160km 넘게 남쪽으로 내려와 있다. 얼음의 무게 때문에 진흙땅이 구겨진 듯 물결 모양을 한 산등성이를 보며 머릿속으로 울타리와 정원, 가로등을 지워버리면 이내 다른 세계, 수백 킬로미터 떨어진 곳까지 펼쳐진 빙상 가장자리에 있는 차가운 세상을 상상할 수 있다. 얼어붙은 자갈 아래에는 런던점토층이라는 지층이 있는데, 여기에는 악어, 바다거북, 말의 오랜 선조 등 먼 옛날 이 땅에 살던 생물들이 보존되어 있다. 당시 이들이 살던 이곳은 니파야자와 파파야 숲이 있고 물에는 해초와 거대한 수련 잎이 가득한 따뜻한 열대 낙원이었다.

과거의 세계는 쉽게 상상할 수 없을 만큼 멀게 느껴진다. 지구의 지질학적 역사는 약 45억 년을 거슬러 올라간다. 생명체는 약 40억 년 전부터 이 행성에 존재했으며, 단세포생물보다 큰 생명체로 한정해도 20억 년 전부터 존재했다. 고생물학 기록에 따르면 지질시대의 풍경은 다양하고 오늘날의 세계와는 전혀 다른 모습일 때도 있다.

스코틀랜드의 지질학자이자 작가인 휴 밀러는 지질시대의 장구함을 가리켜 인류사 전체를 다 합해도 "지구의 시간으로 보면 바로 어제까지도 인류는 없었던 셈이며, 그 이전의 기나긴 시간은 말할 것도 없다."라고 썼다. 그 어제라는 시간도 물론 길다. 45억 년이라는 지구의 역사를 하루로 압축하여 영상으로 재생한다면 1초에 300만 년씩 흘러갈 것이다. 그러면 우리는 생물 종들이 나타나고 사라지면서 생태계가 급속히 흥망성쇠하는 모습을 보게 될 것이다. 대륙이 떠다니고 기후 조건이 눈 깜짝할 새에 변화하며, 갑작스럽고 극적인 사건이 오랫동안 살아온 생물군집을 재앙으로 몰아넣는 장면을 보게 될 것이다. 익룡과 수장룡, 비조류 공룡 모두를 절멸한 대량 멸종 사건은 불과 21초 전에 일어날 것이고 마지막 2,000분의 1초가 되어서야 역사시대가 시작될 것이다.[1]

압축된 과거의 마지막 1,000분의 1초가 시작될 무렵 이집트에서는 오늘날 룩소르 근처에 장제전葬祭殿이 세워졌고 람세스 2세가 이곳에 묻혔다. 이 라메세움 건물은 심원한 지질학적 시간의 아찔한 벼랑 끝을 단편적으로 보여주기도 하지만 시간의 덧없음을 일깨워주는 상징으로도 잘 알려져 있다. 라메세움은 퍼시 비시 셸리의 시 〈오지만디아스〉에 영감을 주었다. 셸리는 시에서 전능한 파라오에 대한 과장된 묘사와 시가 쓰일 당시 모래뿐이던 풍경을 대비한다.[2]

〈오지만디아스〉를 처음 읽었을 때 나는 무엇에 관한 시인지 전혀 알지 못했다. 오지만디아스가 공룡 이름인 줄 알았다. 길고 이상한 이름은 발음하기도 어려웠다. 폭정, 권력, 돌, 왕에 관한 묘사는 어릴 적 읽은 그림책 속 선사시대를 떠올리게 했다. "고대의 한 나라를 다녀온 여행자를 만났네. 그가 말하길 돌로 만든 육중한, 몸통은 없는 두 다리가 사막에 서 있소." 나는 선사시대 어느 흉포한 짐승의 잔해를 석고로 감싼 형상이라고 생각했다. 그러나 진짜 폭군 도마뱀(티라노사우루스*Tyrannosaurus*를 뜻한다. 'tyranno'와 'saurus'는 그리스어로 각각 폭군과 도마뱀을 뜻한다. 이들 가운데 가장 큰 종류를 티라노사우루스 렉스*Tyrannosaurus rex*라 하는데, 'rex'는 라틴어로 왕이다–옮긴이)은 지금쯤 북아메리카의 불모지에 뼈와 뼛조각들로 부서져 흩어졌을 것이다.

부서졌다고 해서 모두 사라지는 것은 아니다. "받침돌에는 이렇게 새겨져 있다오. '내 이름은 오지만디아스, 왕 중의 왕이로다. 힘 있는 자들아, 내 위업을 보라. 그리고 절망하라!' 그 옆에는 아무것도 남아 있지 않았소." 이 구절은 거만한 통치자가 결국 세월에 굴복한 모습을 그린 것으로 보이지만 파라오의 시대는 지금도 기억 속에 살아남아 있다. 람세스 2세의 석상은 문구의 내용, 세부 조각 양식, 역사적 맥락에 대한 단서로 그 존재를 증명하고 있다. 이렇듯 〈오지만디아스〉라는 시는 우리에게 화석화된 생물과 그들이 살았던 환경을 어떻게 바라보아야 할지를 알려준다. 거만함을 걷어내면 이 시는 남아 있는 잔재에서 과거의 실재를 찾아내는 내용으로 읽힐 수 있다. 파편 한 조각에도 그 한 조각만의 이야기가 담겨 있으며 쓸쓸하고 평편한 모래벌판 너머의 무엇인가에 관한, 여기에 있었던 다른 무언가에 관한 증거가 담겨 있다. 바위 사이에는 이제 아무것도 없지만 그곳에 분명히 존재했던 어떤 세계를 넌지시 알려준다.

라메세움은 원래 '수백만 년의 집'이라는 뜻의 다른 이름으로 불렸다. 지구의 별명으로 삼을 만한 이름이다. 지구의 과거도 흙 속에 묻혀 있다. 지각의 형성과 변화의 흔적을 고스란히 간직하고 있다. 돌로 옛 거주자들을 기리는 묘실이라는 점도 비슷하다. 화석은 무덤의 표석이자 유해다.[3]

우리는 지금과 다른 과거의 세계, 아더랜드에 갈 수 없다. 적어도 물리적으로는 그렇다. 거대한 공룡들이 활보하는 땅의 흙을 밟거나 바닷속에서 헤엄칠 수 없다. 그 환경을 경험해볼 유일한 방법은 바위처럼 그 자리에 가만히 앉아서 얼어붙은 모래에 새겨진 흔적을 읽으며 사라진 지구를 상상하는 길뿐이다.

이 책은 지구가 어떤 모습으로 존재했으며 긴 역사에서 어떠한 변화를 겪었고 지구 생명체들이 어떻게 적응하거나 적응하지 못했는지를 탐구한다. 각 장에서 화석 기록이 안내해주는 대로 지질학적 과거의 현장을 방문하여 동식물을 관찰한다. 그 풍경에 뛰어들어 사라진 생태계에서 우리가 사는 세계에 관해 배울 거리를 찾을 예정이다. 나의 바람은 여행자나 사파리 방문객 같은 마음으로 사라진 세계를 방문하고 과거와 현재 사이에 다리를 놓는 것이다. 풍경을 눈으로 보고 몸으로 느끼면 생물들이 그곳에서 주로 어떻게 살아가고 경쟁하고 짝짓기하고 먹고 죽었는지를 이해하기가 더 쉬워진다.

우리가 살아가고 있는 신생대, 즉 현재부터 '5대 멸종big five' 중 다섯 번째 대멸종이 일어난 6,600만 년 전까지 세世, epoch마다 한 곳씩 여행지를 골랐다. 다섯 번째 대멸종 이전은 기紀, period(기는 몇 개의 세로 구성된다)마다 한 곳씩 현장을 선정했으며, 다세포생물이 처음 등장한 5억여 년 전 에디아카라기까지 거슬러 올라간다. 어떤 장소는 주목할 만한 생물학적 특징 때문에, 또 어떤 장소는 독특한 환경 때문에 선택했다. 화석 기록이 매우 잘 보존되어 당대 생물들이 어떻게 존재하고 어떻게 상호작용했는지를 이례적으로 명확히 엿볼 수 있어서 선택한 장소도 있다.

여행은 집에서 출발하기 마련이므로 우리의 여정도 현재에서 시작하여 시간을 거슬러 올라간다. 비교적 집에서 가까운 곳에서 시작하자. 빙하가 지구상 물의 상당량을 얼음에 가두어 전 세계적으로 해수면이 낮았던 플라이스토세의 빙하기 근처가 첫 목적지다. 여기서부터 점차 더 먼 과거로 여행할 것이다. 생물과 지형이 점점 낯설어질 것이다. 신생대의 각 세는 우리를 인류 초기의 세상, 지구상에 우리가 보지 못한 거대한 폭포가 있던 시대, 온대 삼림이 우거진 남극대륙을 지나 대멸종이 일어난 백악기 말로 데려갈 것이다.

그러고 나면 공룡이 지배하는 숲, 수천 킬로미터에 달하는 유리해면, 몬순에 흠뻑 젖은 사막을 지나 중생대와 고생대의 거주자들을 만날 것이다. 우리는 생물들이 바다에서 육지로 때로는 공중으로 옮겨가며 완전히 달라진 생태계에 적응하는 방식을, 그리고 새로운 생태계를 창조하며 더 큰 다양성의 가능성을 열어가는 과정을 탐구할 예정이다.

우리가 사는 현생누대 이전인 약 5억 5,500만 년 전 원생누대를 잠시 방문한 다음 현재의 지구로 돌아올 것이다. 오늘날 세계의 풍경은 빠르게 변화하고 있다. 인간이 초래한 교란 때문이다. 지질학적 과거의 환경 격변은 무슨 일을 일으켰던가? 그렇다면 가까운 미래 혹은 먼 미래에 우리에게는 어떤 일이 일어날까?

미래의 변화를 예측하려면 이 세계의 작동 방식에 대한 정확한 모델이 필요하다. 하지만 지구상에서 대기 중 탄소 비중이 높아지면 대륙 규모에서 어떤 변화가 일어나는지 밝히는 실험을 하기란 쉽지 않다. 전 지구적 생태계 붕괴를 막지 못했을 때 어떠한 장기적 영향이 있을지를 직접 확인할 만큼 시간 여유도 없다. 그런데 지구의 지질학적 역사는 그 자체로 자연 실험실이다. 지구의 먼 미래를 묻는 질문에 대한 답은 그만큼 먼 과거의 지구를 돌아봄으로써만 찾을 수 있다. 5대 멸종, 대륙의 분리와 재결합, 해양 및 대기의 화학적 구성과 순환 변화 등 이 모든 일은 차곡차곡 데이터로 쌓여 지질학적 시간 규모에서 지구가 어떻게 작동하는지를 이해하는 바탕이 된다.

우리는 그 과거를 보며 우리가 사는 행성에 대해 질문할 수 있다. 과거의 생물상은 넋을 놓고 훔쳐볼 호기심의 대상도, 별세계의 생경한 구경거리도 아니다. 오늘날 열대우림과 툰드라의 지의류 세계에 적용되는 생태학 원리는 과거의 생태계에도 동일하게 적용된다. 출연진만 다를 뿐 같은 연극인 셈이다.

외따로 묻혀 있던 화석은 해부학적 변이와 형태, 기능을 알려주는 훌륭한 교재다. 화석은 생물들이 일반적인 발달 기관에 조금만 변화를 주는 것만으로 무엇을 할 수 있는지를 보여준다. 그러나 고대 석상을 문화의 맥락과 떼어서 생각할 수 없듯이 그 어떤 화석도 그것이 동물이든 식물이든 균류든 미생물이든 결코 홀로 존재하지 않았다. 모두가 어떤 생태계 안에서 수많은 생물 종 및 환경과 상호작용하며 기후와 화학작용에 복잡하게 얽혀 살았다. 생물과 기후와 화학작용은 또한 지구의 자전, 대륙의 위치, 토양이나 물속 광물, 이전 거주자에 기인하는 제약 조건들에 따라 달라졌다. 화석이 묻히고 그 화석을 만든 생물이 살던 세계를 재현하는 것은 고생물학자들이 18세기부터 시도했던 일이며 지난 수십 년간 그러한 시도들이 모여 속도와 정밀성 모두에 박차가 가해졌다.

최근 고생물학의 발전으로 불과 얼마 전까지만 해도 알아내기 어려웠던 멸종 동물의 세부 사항들이 밝혀졌다. 이제 우리는 화석의 구조를 깊이 탐구하여 깃털이나 딱정벌레 등껍질, 도마뱀 비늘이 어떤 색이었는지 유추할 수도 있고, 화석 속 동식물이 어떤 병을 앓았는지도 알 수 있다. 화석의 주인공들을 살아 있는 생물과 비교해 먹이그물에서 어떤 상호작용을 했는지, 입으로 무는 힘은 얼마나 셌는지, 두개골은 얼마나 강했는지, 무리 구조와 짝짓기 습성은 어떠했는지 알아낼 수 있고 심지어 드물게는 울음소리까지도 확인할 수 있다. 화석 기록은 암석에 새겨진 자국의 모음이나 분류학적 이름 목록에 머무르지 않고 그보다 훨씬 더 풍성한 풍경을 보여주기 시작했다. 더 최근에는 활력 넘치고 번성하던 고대 동식물 군집뿐만 아니라 구애하고 병에 걸리고 화려한 깃털이나 꽃을 뽐내고 지저귀거나 윙윙거리는 등 군락이 실제로 살아가던 방식도 하나하나 밝혀지고 있다. 그들도 오늘날의 생물들과 동일한 생물학적 원리를 따르고 있었다.[4]

이런 모습은 사람들이 고생물학을 생각할 때 흔히 상상하는 이미지와는 차이가 있을 것이다. 고생물학자라고 하면 흔히 빅토리아시대 젠트리 계급의 수집가가 언제라도 땅을 팔 태세로 망치를 들고 다른 지역, 다른 문화를 여행하는 모습을 떠올린다. 물리학자 어니스트 러더퍼드가 다른 학문 분과를 무시하는 태도로 물리학 이외의 모든 과학은 "우표 수집"이라고 단언했을 때, 그는 분명 박제된 동물과 날개를 활짝 펼친 나비로 가득한 표본 서랍, 공업용 철심으로 고정한 무시무시한 해골 등을 염두에 두었을 것이다. 오늘날 고생물학자들도 사막의 열기 속에서 화석을 발굴하곤 하지만 그에 못지않게 긴 시간을 컴퓨터 앞에 앉아 있거나 화석 깊숙이 엑스레이를 조사照射하기 위해 실험실에서 원형입자가속기를 돌리며 시간을 보낸다. 나는 해부학적 공통점을 이용하여 마지막 다섯 번째 대멸종에서 살아남은 포유류들 사이의 관계를 알아내는 연구를 해왔는데, 이 역시 대부분 박물관의 지하 수장고와 컴퓨터 알고리즘의 도움을 받아 이루어졌다.[5]

현재 존재하는 생물만으로 생명의 역사에 관한 통찰을 얻기가 힘들다고 할 수는 없겠지만 그 같은 접근은 소설책의 마지막 몇 쪽만 읽고 전체 줄거리를 이해하려는 것과 같다. 물론 이전에 일어난 일 중 일부를 추론할 수도, 끝까지 살아남은 등장인물들의 현재 상황을 파악할 수도 있다. 그러나 플롯의 풍부함이나 수많은 등장인물, 이야기의 중요한 순간들은 놓치게 된다. 비전문가에게는 생명의 역사 대부분이 미지의 영역으로 남아 있다. 이는 화석이 있다 해도 크게 달라지지 않는다. 공룡을 비롯해 유럽, 북아메리카의 빙하기 동물들은 널리 알려져 있다. 이 분야나 주제에 좀더 친숙한 사람들은 삼엽충이나 암모나이트 혹은 캄브리아기폭발에 대해 들어보았을 것이다. 하지만 이것들은 전체 이야기의 단편일 뿐이다. 나는 이 책을 통해 그 빈틈을 일부 메워보려고 한다.

이 책은 과거에 대한 개인의 해석일 수밖에 없다. 오랜 과거 그 '심원한 시간'은 저마다에게 다르게 다가온다. 누군가에게는 수조 개의 플랑크톤이 정착하여 살다가 한데 다져져서, 고생물의 유해로 이루어진 전원의 백악 지대 켄트와 노르망디에서 떠오르는 데 걸린 시간을 생각하면 짜릿하면서도 아찔한 현기증으로 다가올 것이다. 또 누군가에게는 탈출구, 즉 우리의 경험 너머의 삶의 방식을 생각할 기회일 것이다. 인간에 의해 멸종한 도도새의 운명을 알지 못하던 때를 상상해볼 수 있다. 그렇지만 우리가 이 책에서 보게 될 모든 것은 사실에 기반을 두고 있다. 화석 기록에서 직접 관찰할 수 있거나 확실하게 추론할 수 있는, 확실하다고 말할 수 있는 것을 기반으로 한다. 이견이 있는 경우에는 경쟁 가설 중 하나를 선택했다. 그렇더라도 덤불 속에서 퍼덕이는 날갯짓, 어둠 속에 반쯤 가려진 뭔가가 움직이고 있는 느낌은 자연을 체험할 때 빠질 수 없는 부분이다. 약간의 모호함도 확정된 진실만큼의 경이로움을 불러일으킬 수 있다.

이 책에서 복원한 과거의 모습은 200년 넘게 수천 명의 과학자가 연구한 결과이다. 화석으로 남은 흔적에 대한 과학자들의 해석이 궁극적으로 이 이야기의 사실적 요소들을 구성한다. 뼈, 외골격, 나무에 난

혹이나 구멍, 솟아오른 부분은 고생물학자가 개별 생물의 살아 있는 모습을 그려보는 데 중요한 단서를 제공한다. 이는 현존 생물이든 멸종 생물이든 마찬가지다. 현존 민물 악어의 두개골을 본다는 것은 등장인물 소개를 읽는 것과 같다. 맞닿은 돌기와 아치 모양은 고딕 건축물을 연상시킨다. 차이가 있다면 그것이 대성당의 지붕이 아니라 턱 근육의 강한 힘을 감당한다는 점이다. 높게 솟은 눈과 콧구멍은 수면 가까이에서 물 위를 보며 호흡하고 헤엄쳤다는 사실을 얘기해준다. 긴 주둥이 안에 길게 늘어선 둥글고 뾰족한 이빨들은 미끄러운 물고기를 잡기에 적당해 보이는데, 이를 통해 먹이를 낚아채 휘둘러서 잡는 사냥 방식을 짐작할 수 있다. 뼈나 외골격 등에는 삶의 상처들이 고스란히 남아 있고 반복적으로 발생한 균열들이 함께 직조되어 있다. 삶은 그 삶을 재현 가능하게 하는 방식으로 흔적을 상세하게 남긴다.

이제는 개별 표본을 넘어 과거 생태계의 특성, 상호작용, 생태지위niche, 먹이그물, 미네랄과 영양분의 흐름을 해독하는 것이 고생물학에서 흔한 일이 되었다. 화석화된 은신처와 발자국은 해부학에서 알려주지 않는 세세한 움직임과 생활양식을 드러낸다. 종 사이의 관계를 알면 어떤 요인이 생명 작용과 분포에 중요한지, 무엇이 진화를 이끌었는지를 파악하는 데 도움이 된다. 퇴적암에 있는 모래 입자의 패턴과 화학적 특성에는 당대 환경이 기록되어 있다. 이 절벽은 갯벌을 지나며 끊임없이 경로를 바꾸는 구불구불한 강의 삼각주였을까, 아니면 얕은 바다였을까? 바다였다면 사방이 막힌 석호여서 잔잔한 물속에서 가는 실트가 천천히 바닥으로 가라앉은 것일까, 아니면 파도가 부서지는 곳이었을까? 당시 대기 온도는 어땠을까? 전 세계 해수면은 어느 정도였을까? 탁월풍은 어느 방향으로 불고 있었을까? 필요한 정보만 있으면 이 모든 질문에 쉽게 답할 수 있다.[6]

어느 장소에서나 이런 유형의 정보를 모두 얻을 수 있는 것은 아니지만 때로는 여러 가닥의 정보를 엮어냄으로써 기후와 지리에서부터 서식하는 생물들에 이르기까지 고생태학적으로 더 풍성한 풍경화를 그릴 수 있다. 과거 환경을 현재처럼 생생하게 포착한 그림은 현대 세계에 접근하는 방식에 중요한 교훈을 담고 있을 때가 많다.

우리가 오늘날 당연하게 생각하는 자연계의 많은 부분은 비교적 최근에 생겨났다. 현재 지구 최대 생태계의 주요 구성 요소인 풀도 백악기가 거의 끝날 무렵이 되어서야 인도와 남아메리카 숲에서 드물게 등장하기 시작했으므로 그 역사가 7,000만 년이 채 안 된다. 초본류가 우세한 생태계는 지금으로부터 4,000만 년 전 무렵까지도 출현하지 않았다. 공룡들이 거니는 초원도 없었거니와 북반구에는 아예 풀 자체가 존재하지 않았다. 우리는 현생 종들을 과거에 대입하거나 시간상 수백만 년이나 떨어져 존재했던 멸종 생물들을 한데 묶어 생각함으로써 갖게 된 과거에 대한 선입견을 버려야 한다. 최후의 디플로도쿠스가 죽고 최초의 티라노사우루스가 탄생하기까지는 최후의 티라노사우루스가 죽고 우리가 태어나기까지 걸린 시간보다 더 긴 시간이 걸린다. 디플로도쿠스 같은 쥐라기 생물은 풀이라는 것을 보지 못했을 뿐만 아니라 꽃을 본 적도 없다. 꽃을 피우는 종자식물이 분화해 나온 시기가 백악기 중엽이기 때문이다.[7]

오늘날 점점 더 많은 생물이 멸종하고 있다. 서식지 파괴와 파편화는 생물 다양성을 위협하고 여기에 기후변화의 영향까지 더해져 악화일로를 걷고 있음을 우리는 잘 안다. 우리가 여섯 번째 대멸종의 한가운데 있다는 말도 빈번히 들린다. 광범위하게 발생하고 있는 산호초 백화 현상이나 북극의 빙하 감소, 인도네시아와 아마존 분지의 삼림 파괴에 관한 소식도 익숙해졌다. 그다지 자주 언급되지는 않지만 습지의 육상 배수와 툰드라지대 온난화도 중요하게 다뤄져야 한다. 우리가 거주하는 세계의 풍경이 전체적으로 변화하고 있으며, 그 규모와 파급 효과는 온전히 이해하기 힘들 때가 많다. 그레이트배리어리프처럼 광활하고 다양한 생물이 서식하는 곳이 가까운 어느 날 사라질지도 모른다는 생각은 본질적으로 있을 수 없는 일로 여겨진다. 하지만 화석 기록은 우리에게 이런 대대적인 변화가 가능할뿐더러 지구의 역사에서 반복적으로 일어났다는 것을 보여준다.[8]

오늘날 생물초는 산호로 이루어지지만 과거에는 조개와 같은 연체동물이나 껍데기가 있는 완족류나 심지어 해면동물이 생물초를 만들었다. 연체동물로 이루어진 암초가 마지막 대멸종에 굴복하고 나서야 비로소 산호가 생물초 건설의 주역이 되었다. 생물초를 만들던 조개는 쥐라기 후기에 등장하여 광대한 해면동물이 이룬 생물초의 자리를 이어받았다. 더 거슬러 올라가서 보면 해면동물은 페름기 말 대멸종으로 완족류가 절멸하면서 그 생물초를 생성하던 생태지위를 이어받는 것이다. 장기적 관점에서 보면 대륙 크기의 산호초 생태계는 인류가 야기한 대량 멸종 때문에 생을 마감하여 다시는 되돌아오지 못할 수 있으며, 이는 신생대에만 일어난 유례없는 사건으로 남을 것이다. 현재 산호초를 비롯해 위기에 처한 다른 생태계는 그 미래가 불투명하다. 화석 기록은 우리에게 잊지 못하게 경고한다. 한 시대를 지배했던 생물종이 얼마나 급속하게 쇠퇴하고 사라질 수 있는지를 말이다.[9]

화석이 미래 생명체를 통찰하는 과정의 원천이라는 이야기가 금방 와닿지 않을 것이다. 생물이 새겨놓은 상형문자와 같은 화석의 흔적이 주는 낯섦은 과거와의 거리감에서 기인한다. 그 너머에 유혹적인 타자가 있지만 결코 넘어가 닿을 수 없는 경계로 느껴진다. 시인이자 학자인 앨리스 타벅은 〈자연은 모든 작은 뼈가 저항하는 분류학이다Nature is taxonomy which all small bones resist〉라는 시에서 이러한 거리감을 "리바이어던의 발자취, 날뛰는 바다 괴물" 같다고 묘사한다. "수 세기를 거슬러 지하로 이어지는 발자국"에 매료된 타벅은 "그 누구도 분류학을 노래하지 않게 하자."라며 박물관의 안내문에 쓰인 분류학상의 명명법을 거부한다.

문-강-목에 따라 생물을 상자에 분류해 넣는 일을 하는 나조차도 분류보다는 생물 자체에 더 친밀감을 느낀다. 이름에서 연상할 수 있는 것도 있고 이름에 의미도 있지만 대개는 이름에서 그 생물이 주는 느낌을 온전히 포착해낼 수 없다. 라틴어 이름은 듀이가 시작한 십진분류법의 생물학 버전으로 단순한 표지일 뿐이다. 사실 숫자로 번호만 매겨도 충분하며, 실제로 이것이 본질적으로 생물 분류 시스템이 작동하는 방식이다. 모든 종과 아종은 그것이 어떤 생물을 의미하는지 알려주는 표본이 지구 어딘가에 존재한다. 예를 들어 울페스 울페스 토스키이*Vulpes vulpes toschii*(이탈리아붉은여우)의 대표 개체는 ZFMK 66-487로 독일 본에 있는 알렉산더쾨니히박물관에 보관되어 있다. 아종으로 분류되려면 1961년 몬테가르가노에서 수집한 암컷 성체인 이 여우의 전형성과 해부학적으로나 유전적으로 비슷해야 한다.

이 같은 생물 분류 방식이 실용적일지는 몰라도 외줄 타기를 하듯 아슬아슬하게 정원 울타리 위를 걷는 도시 여우의 묘기나, 사뿐사뿐거리면서도 서두르는 성체 여우의 결의에 찬 걸음걸이, 설화 속 여우 레이나드의 교활함, 트인 공간에서도 잠을 자는 새끼 여우의 태평함에 대해서는 아무것도 말해주지 않는다. 그나마 붉은여우는 오늘날 우리 주변에서 볼 수 있는 생물이다. 그러나 사라져버린 생물이라면 명명만으로 무슨 의미가 있겠는가. 나는 그 이름과 실제의 간극을 메워보려고 한다. 금화의 액면 금액과 금의 진짜 값어치 사이의 거리를 좁혀보고자 하는 것이다. 고생물을 우리가 사는 세계에 찾아온 평범한 방문자처럼, 갈라지는 나뭇가지와 떨어지는 낙엽 속에서 떨기도 하고 김을 내뿜기도 하며 살과 본능이 있는 생명체로 바라보는 것이다.[10]

오늘날 멸종된 동물은 종종 탐욕스러운 식욕을 가진 사악한 괴물로 생생하게 그려진다. 이러한 경향은 19세기 초 일부 지질학자들의 선정주의에서 비롯되었다. 어떤 지질학자들은 먼 옛날의 모습을 최대한 극적이고 폭력적으로 그리는 데 열중한 나머지 초식동물로 알려진 털매머드와 땅늘보도 사나운 육식동물로 묘사해버리고 말았다. 매머드는 호수와 연못에서 거북이를 기다리는 무시무시한 포식자로, 온순한 초식동물인 땅늘보는 "다가오는 심연처럼, 거대하고 피에 굶주린 표범처럼 잔인하며, 급습하는 독수리처럼 날쌔고 어둠의 천사처럼 무자비하다."라는 식으로 그려졌다. 오늘날에도 수많은 영화와 책, 텔레비전 프로그램이 선사시대 동물을 무분별하고 야만적인 공격성을 지닌 동물로 묘사하고 있다. 하지만 백악기 포식자들이 오늘날의 사자보다 더 피에 굶주린 존재는 아니었다. 위험하긴 했지만 괴물이 아니라 동물이었다.[11]

화석을 진지하게 수집하는 일을 호기심으로 치부하는 시선과 멸종 생물을 괴물로 묘사하는 방식에는 공통점이 있다. 바로 실제 생태학적 맥락을 고려하지 않는다는 점이다. 대개 논의에서 식물과 균류는 빠져 있고 무척추동물은 겨우 엉성하게 묘사된다. 하지만 지구의 암석 기록에는 멸종 생물이 살았던 환경의 전체 맥락이 담겨 있다. 지금으로서는 매우 이례적으로 보이는 생물을 만들어낸 환경이 암석을 통해 드러난다. 암석 기록은 사라진 풍경에 대한 가능성의 백과사전이다. 나는 이러한 풍경에 생명을 불어넣고자 한다. 이 책은 먼지가 쌓이고 철근이 박힌 멸종 생물의 이미지에서 혹은 테마파크에서 선정적으로 포효하는 티라노사우루스에서 벗어나 먼 과거를 오늘날의 자연처럼 경험할 수 있게 하려는 시도다.

오래 전에 존재했던 풍경을 생각한다는 것은 시간 여행에 대한 욕망을 느끼는 것이다. 따라서 공간보다는 시간상 먼 땅을 다룰 것이다. 하지만 박물학자의 여행기를 읽은 것처럼, 이 책을 읽고 지난 5억 년을 헤아릴 수 없는 긴 시간이 아닌 경이로우면서도 친숙한 세계의 연속으로 볼 수 있기를 바란다.

"낮이든 밤이든, 여름이든 겨울이든,
날씨가 궂든 화창하든 초원은 자유를 말한다.
자유를 잃은 사람이 있다면 초원이 그에게 상기시켜줄 것이다."

- 바실리 그로스만, 《삶과 운명Life and Fate》

"텔레피누도 황야로 들어가 황야의 일부가 되었다.
그 위로 할렌주 식물이 자라났다."

- 히타이트 신화

1

해빙

미국 알래스카주 노던플레인

2만 년 전 플라이스토세

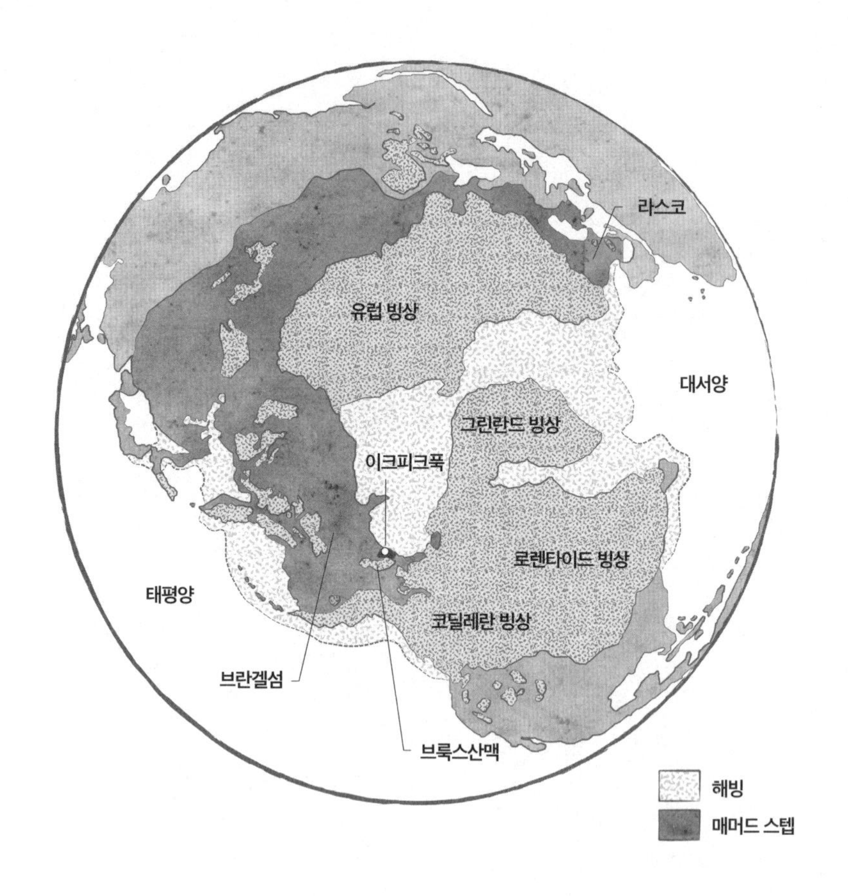
라스코
유럽 빙상
대서양
그린란드 빙상
이크피크폭
로렌타이드 빙상
태평양
코딜레란 빙상
브란겔섬
브룩스산맥
해빙
매머드 스텝

지도1 2만 년 전 북반구

새벽이 알래스카의 밤을 막 깨우려는 때, 다 자란 말 네 마리와 망아지 세 마리가 옹기종기 모여 매서운 북동풍을 견디고 있다. 해가 넘어간 지 10시간이 훌쩍 넘은 이즈음의 공기는 살이 에이도록 차갑다. 가족들이 휴식을 취하거나 먹이를 구하는 동안 암말 두 마리가 어둠을 경계하며 파수꾼 노릇을 하고 있다. 둘은 코에서 꼬리까지 몸을 맞대고 나란히 서 있다. 사방을 계속 주시하면서도 바짝 붙어서 온기를 유지하고 스트레스도 줄이는 훌륭한 방법이다. 지금은 봄이다. 하지만 이 땅은 겨울을 나면서도 눈에 덮이지 않았다. 눈 대신 죽은 풀과 날아온 모래가 양탄자처럼 푹신하게 깔렸다.

북알래스카 브룩스산맥 기슭에서 영구 결빙 지대인 북극해까지 이어지는 평원은 유난히 건조하다. 비도 눈도 이 땅을 지나쳐간다. 변덕스러운 물줄기 하나가 자갈밭을 이리저리 가로질러 고지대에서 남쪽으로 드문드문 흐르지만 세찬 바람 소리에 밀려 물소리는 거의 들리지 않는다. 그나마도 바다에 미처 닿지 못하고 잠식해오는 사구에 빨려 들어 완전히 사라진다. 강의 흐름은 하루가 다르게 변하지만 산에서 얼음이 녹아내리면서 몇 달 안에 절정에 달할 것이다.

겨울에는 먹을거리가 거의 없다. 땅의 5분의 4는 초목 하나 없는 맨땅이고 나머지 5분의 1은 말라버린 초목으로 누렇다. 변변찮은 먹을

거리가 있다고 해도 거친 먼지로 덮여 있다. 그런데도 풍요롭던 여름날의 말라붙은 잔재는 작은 무리를 이루고 사는 이 다리 짧은 말들이 먹고 살기에 충분하다. 마지막 빙하기가 절정이던 때 노스슬로프North Slope(알래스카주의 지명. 북극해에 면한 북쪽 사면 일대를 가리킨다－옮긴이)의 기온은 모든 감각을 마비시킬 정도였고 그런 곳에서 과하게 긴 다리를 가진 동물은 저체온증에 걸릴 위험이 있다. 이 알래스카말들은 오늘날 프셰발스키를 닮았다. 조랑말과 비슷한 크기지만 다리는 더 가늘다. 덥수룩한 털은 회갈색이고 짧은 갈기는 검고 뻣뻣하다.

말들은 잠을 자는 동안에도 끊임없이 움직여서 무심코 휘젓는 꼬리가 머리 위 오로라의 희미한 빛을 가른다. 알래스카말은 북부 건조지대의 가장 신실한 거주자다. 환경이 어떻게 변하든 상관없이 이 땅에 남아 있다. 들소, 순록 무리는 여름마다 대규모로 모여든다. 사향소, 무스, 사이가 등은 산발적으로 드물게 이곳을 찾는다. 하지만 열악한 먹이만 먹고 살 능력이 말보다 떨어지는 노스슬로프의 여름 방문객들은 다 떠나갔다. 알래스카말에게도 북쪽 겨울은 힘들다. 게다가 이번 겨울에는 암말 중 한 마리가 임신해서 더 힘들었다. 각 무리는 수말 한 마리와 암말 여러 마리로 이루어지며, 망아지는 늦봄에 때맞춰 태어난다. 사망률은 높고 기대수명은 현생 야생말의 절반밖에 안 된다. 울부짖는 바람에 맞서 자신의 한계를 시험하며 사는 알래스카말의 평균수명은 15년이다.[1]

바람은 모래 바다에서 불어온다. 모래 바다는 오늘날 알래스카의 동쪽 절반인 7,000km²를 차지하며 서쪽으로는 현대에도 여전히 존재하는 이크피크폭강에 면해 있다. 높이 30m의 모래언덕 굴곡들이 20km에 걸쳐 이 혹독한 사막을 줄지어 가로지르고 있다. 이 모래는 스텝을 가로질러 서쪽으로 날아가 브룩스산맥 기슭을 슈가파우더 같은 먼지로 뒤덮는다. 먼지의 정체는 모래와 실트 혼합토로 뢰스라고 알려져 있는데, 성글게 뭉쳐 있어서 바람에 흩날린다.

추운 지역에 사는 플라이스토세의 초식동물은 먹을거리가 거의 없는 겨울이 오면 순록이든 매머드든 모두 성장을 멈춘다. 계절은 뼈와 이빨에 나이테를 남긴다. 계절이 남긴 이 물리적 상처는 이들이 겨울을 견뎌낸 횟수다. 이들은 더 나은 시기가 도래할 때까지 버티기 위해 최소한의 에너지만 사용하고 몸속의 저장물에 의존하면서 찾아낼 수 있는 보잘것없는 먹이만으로 생존한다.

초식동물이 있는 곳에는 포식자도 도사리고 있다. 언제라도 한껏 세운 발톱이 수풀에서 튀어나올 수 있고, 목덜미를 물리기라도 하면 한순간에 생명을 빼앗길 수 있다. 황량한 풍경을 가로질러 드넓은 영토를 지배하는 자는 소수의 동굴사자다. 동굴사자는 한 발 한 발 내디딜 때마다 어깨를 들썩이며 스텝을 소리 없이 어슬렁거리기 때문에 말은 사자가 얼마나 가까이 있는지 알 길이 거의 없다. 사자는 은밀하게 뒤를 밟는 사냥 전략을 쓴다. 어두울수록 말들에 더 가까이 다가갈 수 있다. 암말들은 한순간도 경계를 늦추지 않는다. 작은 소리 하나에도 옅은 색의 둥근 이마 위로 귀를 쫑긋거린다.[2]

플라이스토세 지구에는 세 종류의 사자가 배회하고 있는데, 그중 유일하게 현대까지 살아남은 아프리카사자는 다른 두 종에 비하면 앙증맞은 크기다. 셋 중 가장 큰 아메리카사자는 로렌타이드 빙상 반대편과 북아메리카 전역, 남쪽으로는 멕시코와 남아메리카에 이르기까지 살고 있다. 흐릿한 점박이 무늬가 있는 이 회적색 맹수는 몸길이가 2.5m에 달하며, 약 34만 년 전 유라시아에서 건너온 조상의 후손으로 신참 이주민이다. 하지만 유럽과 아시아의 스텝과 바로 이곳 알래스카에서 말과 순록에게 가장 큰 위협이 되는 것은 약 50만 년 전 종 분화로 아프리카사자에서 갈라져 나온 판테라 레오 스펠라이아*Panthera leo spelaea*(유라시아동굴사자)다. 우리는 이 동물의 생김새에 관한 많은 정보를 예술 작품을 통해 얻었다. 북유라시아 사람들은 매머드 스텝mammoth steppe의 여러 생물 종을 기록했는데, 그중에는 동굴사자를 세밀하게 묘사한 그림과 조각도 수백 점이 있다. 유라시아동굴사자는 아프리카사자보다 10% 정도 더 크고, 털빛은 더 옅고 덥수룩하다. 이 거칠고 굵은 털 밑에는 흰색에 가까운 곱슬거리는 속 털이 빽빽한데 추위를 막는 두 겹의 방한복인 셈이다. 수컷도 암컷도 갈기가 없지만 둘 다 짧은 턱수염은 있다. 몸집은 수컷이 암컷보다 훨씬 크다. 뼈가 손상 없이 동굴에 쌓여 있는 경우가 많아서 동굴사자라고 부르고 있기는 하지만 이들이 작은 무리를 이루어 스텝을 거닐며 순록이나 말을 사냥하기도 했다는 사실은 널리 알려져 있다.[3]

고양잇과의 모든 동물은 매복 포식자다. 이들의 해부학적 구조는 먹잇감을 스토킹하다가 기습하는 데 최적화되어 있다. 잠깐 전력 질주만 하면 된다. 뻥 뚫린 스텝에서 매복하기란 쉽지 않지만 동굴사자는 다른 고양잇과 동물보다 먹잇감을 쫓는 데 능하다. 동굴사자 그림에는 그 특징이 잘 드러나 있다. 눈 밑에 치타처럼 검은 줄무늬가 있어 햇빛에 눈이 부시지 않게 해준다. 옅은 색의 배와 확실히 구별되는 어두운 색의 등도 동굴사자의 특징이다.[4]

오늘날 북아메리카 북부에서는 사자, 코끼리, 야생말을 상상하기 힘들다. 눈이 없는 땅, 비가 내리지 않는 하늘, 모래 바다도 상상할 수 없기는 마찬가지다. 우리는 자연계 일부를 생태계 전부라 생각하며 장소에 대한 관념을 형성하는 경향이 있다. 북아메리카 남서부 소노란 사막에 거대한 사구아로선인장이나 타란툴라, 방울뱀이 없다면 어떨까? 우리가 어떤 장소에 익숙하다는 말은 그 구성 요소를 정확하게 판단하는 고유한 관념이 있다는 뜻이다. 이 관념은 매우 강력하지만 생태계는 그렇게 계획적으로 구축되지 않는다. 장소에 대한 관념을 만들어내는 것은 종의 집합인데, 여기에는 시간의 문제도 개입된다. 미생물에서부터 나무, 거대 초식동물에 이르기까지 모든 생물을 파악한다고 해도 이는 진화의 역사, 기후, 지리, 우연에 따라 달라지는 한순간의 진실일 뿐이다.

나는 스코틀랜드 고지대에 있는 래녹의 검은숲 끝자락에서 자랐다. 석영이 풍부한 경사지에 사향 냄새 나는 고사리들이 터널을 이룬 숲에는 빌베리(유럽블루베리) 관목층이 빼곡히 들어서 있었다. 자작나무 이파리가 숲 위로 스테인드글라스 천장을 이루고 갈라진 소나무들이 기둥처럼 서 있었다. 그곳은 황무지와 탁 트인 언덕 사이에 섬처럼 자리 잡은 온대우림이었다. 나에게는 담비나 아비, 검은머리방울새, 사슴 등 그곳에 살던 동물들에 대한 짙은 향수가 남아 있다. 야생동물들은 내 어린 시절의 화신이었다. 그들을 내가 뛰놀던 장소와 떼어놓고 생각하기란 거의 불가능하다. 하지만 그 야생동물들은 내 시대의 세계와 숲을 공유한 생물들일 뿐이며, 장기적으로 볼 때 자연에 대한 이런 향수는 가당찮은 일이다.

수만 년을 거슬러 올라가 야생말 무리가 알래스카의 광활한 야생을 배회하던 플라이스토세에 래녹은 죽음의 땅이었다. 400m 두께의 얼음에 의해 빙하 세굴glacial scour(세굴洗掘이란 홍수 때 하천의 바닥이 깊이 파헤쳐질 때와 같이 유수, 빙하, 바람에 의해 일어나는 심한 침식 현상을 말한다 – 옮긴이)이 일어났기 때문이다. 얼음이 전진하기 전이나 얼음이 아직 남아 있던 때 이곳은 내가 아는 그런 곳이 아니다. 검은숲이 뿌리를 내리고 있는 기반암이 그렇듯 그 숲에 대한 나의 관념은 현재, 즉 홀로세라는 지질시대에 국한된 것이다.[5]

화석 생물군은 현대인이 종에 대해 갖고 있는 관념에 깔끔하게 맞아떨어지지 않는다. 오늘날 어떤 종의 분포는 그 조상이 살았던 서식지와 비슷할 수도 있지만 그렇지 않을 수도 있다. 예를 들어 낙타와 라마는 서로 가장 가까운 친척으로 약 850만 년 전에 분화했다. 분류학적으로 말하자면 라마는 낙타가 베링해협을 건너 아시아와 그 너머로 이동하는 동안 조상들의 고향인 아메리카대륙에 남은 낙타과 종족의 후손이다. 지금으로부터 1만 1,000년 전까지만 해도 빙하기의 빙하작용 주기 중 온난한 시기가 오면 낙타 떼가 현재의 캐나다 일대를 돌아다녔다. 우리는 지금 플라이스토세에 빙하의 면적이 가장 넓었던 때를 방문하고 있지만 캘리포니아처럼 따뜻한 남쪽에서는 낙타를 볼 수 있었다.

이 사실은 로스앤젤레스의 라브레아 타르 구덩이에서 발견된 화석이 말해준다. 수만 년 동안 타르가 끓고 있던 땅 밑 천연 아스팔트 구덩이에 빠진 불운한 주인공들 가운데 낙타가 있기 때문이다.[6]

최초의 인간도 아메리카대륙에 이미 와 있었다. 2만 2,500년 전 줄말 덤불을 지나 백악질 호숫가의 진흙으로 달려드는 신난 아이들의 발자국이 뉴멕시코주 흰 모래밭(화이트샌즈국립기념지 – 옮긴이)에 아직도 남아 있다. 최초의 아메리카인은 그 인구가 증가하면서 토종 낙타와 말을 사냥하게 된다. 그 결과 플라이스토세의 다른 많은 대형 포유류 동물과 마찬가지로 그들도 인간이 서식지에 등장한 지 불과 몇천 년 만에 멸종한다. 그러나 우리가 여행하고 있는 이곳은 아직 인구가 적다. 인간들이 정확히 어디에 살고 있는지를 정확히 보여주는 증거도 거의 없다.

현재로부터 약 2만 5,000년 전 빙상이 최대 규모에 달했던 가장 최근의 빙하기에 인류는 베링육교의 낮은 평원 지대에서 번성하다가 얼음이 별로 없던 알래스카 남쪽 해안을 따라 자원이 풍부한 이 새로운 대륙으로 이동했다. 빙상의 북쪽, 즉 이크피크폭에서 동쪽으로 수백 킬로미터 떨어진 베링육교의 건조한 동쪽 끝으로 가면 작은 공동체가 모닥불을 피운 흔적이 있기는 하지만(인간의 분변과 숯의 화학 성분이 호수에 남아 있다) 이런 흔적은 극히 드물다. 기후가 변화하고 인류가 이 대륙에 더 깊이 뿌리를 내리게 되면 많은 토착종이 따뜻해진 지구와 새롭게 나타난 다재다능한 포식자의 공격으로 얼마 못 가 사라진다.[7]

종간 연관성의 흔적은 실제로 접촉한 기간보다 훨씬 오래 남아 있을 수 있다. 예를 들어 인도에서 남중국해에 이르는 울창한 아열대 삼림에는 독사가 흔한데 어떤 동물들은 독사처럼 위험한 존재인 척하는 게 생존에 유리하다고 깨우친 것 같다. 이상한 야행성 영장류 동물인 슬로로리스(늘보로리스라고도 한다-옮긴이)에게는 인도코브라를 흉내 내는 듯한 독특한 특징이 여럿 있다. 로리스는 나뭇가지 사이를 뱀처럼 구불구불하게 움직이는데, 그 움직임은 늘 부드럽고 느릿느릿하다. 위협을 받으면 로리스는 두 팔을 머리 뒤쪽으로 들어 올리고 부들부들 떨면서 쉭쉭거리는 소리를 낸다. 크고 둥근 두 눈은 인도코브라의 목 후드 안쪽에서 볼 수 있는 검은 점과 매우 흡사하다. 훨씬 더 놀라운 사실은 로리스가 이 자세를 취하면 겨드랑이 분비샘을 핥을 수 있게 되는데, 이때 분비물이 타액과 결합하여 독성 물질이 된다는 것이다. 이 독소는 인간에게 아나필락시스 쇼크를 일으킬 수 있다. 이 영장류는 마치 늑대의 탈을 쓴 양처럼 습성, 색, 심지어 무는 방식까지도 뱀을 닮았다. 오늘날 로리스와 코브라의 서식 범위는 겹치지 않지만 수만 년 전 기후를 생각해보면 당시에는 비슷하게 분포했을 것으로 추정한다. 로리스는 진화의 틀에 갇혀 본능적으로 자신도 관객도 본 적 없는 무엇인가를 구태의연하게 연기하게 된 모방 배우인 셈이다.[8]

북극 지방에 살던 낙타나 로리스와 코브라의 예에서처럼 어떤 종의 진화 이력이나 다른 동물과의 상호작용을 규정해온 것은 지리적 요인과 기후다. 생태계는 단일한 개체가 아니다. 생태계는 수백, 수천 개의 개별 부분들로 구성되어 있다. 각 생물 종은 열, 염분, 수분, 산도에 저마다 내성을 가지고 각자의 고유한 역할을 수행한다. 가장 넓은 의미에서 생태계는 해당 커뮤니티의 모든 생물 구성원과 그 환경을 형성하는 땅이나 물 사이에서 일어나는 상호작용 네트워크다. 생물 종 하나 하나가 저마다 속성이 있지만 생태계 네트워크를 고려하면 문제가 복잡해진다. 우리는 어떤 종이 생존 가능한 조건을 "기본 생태지위fundamental niche"라고 하며, 다른 종과의 상호작용이 그 지위를 제한한 결과로 해당 종이 서식하게 되는 실제 분포를 "실현 생태지위realized niche"라고 한다. 기본 생태지위가 아무리 넓어도 환경이 변화하여 기본 생태지위의 한계를 벗어나거나 실현생태지위가 줄어들어 0에 이르게 되면 그 종은 절멸한다.[9]

지금 우리가 방문하고 있는 플라이스토세의 겨울철 노스슬로프는 많은 생물의 기본 생태지위에서 벗어난 환경이다. 다행히 알래스카말은 조악한 먹이로도 생존할 수 있다. 먹이가 조악하더라도 그 양만 충분하면 말은 혹독한 노스슬로프에서 얼마든지 살아남는다. 말은 충분한 영양분을 섭취하기 위해 간헐적으로 자다 깨다 하면서 하루에 16시간가량을 먹는 데 쓴다. 매머드도 질 낮은 먹이만으로 생존할 수 있지만 소화 효율이 떨어져서 척박한 겨울 들판에서 얻을 수 있는 것보다 훨씬 더 많은 양을 필요로 한다. 매머드는 결핍의 계절 동안 조금이라도 남아 있을 영양분을 얻기 위해 자신의 배설물을 먹는다고 알려져 있다. 다른 곳이었다면 수천 마리가 떼 지어 다녔을 들소는 위 4개로 이루어진 소화기관에서 음식을 발효시켜야 하므로 빨리 먹을 수 없다. 다시 말해 이는 그만큼 더 양질의 먹이가 필요하다는 뜻인데 겨울에는 이 건조한 북부 평야가 그런 먹이를 제공하지 못한다.[10]

건조하고 바람이 많이 부는 기후는 이 구석진 지역의 지리 조건이 낳은 결과다. 끊임없이 이크피크푹 모래언덕을 가르며 발목을 파고드는 바람은 반시계 방향으로 도는 거대한 소용돌이 바람의 일부다. 소용돌이의 중심은 남서쪽 먼 곳에 있다. 이 바람이 태평양의 바닷물을 휘젓고 알래스카 중부와 유콘(캐나다의 북서쪽 끝에 있는 지역으로 알래스카에 인접해 있다 – 옮긴이)까지 구름을 몰고 왔을 때는 본래 갖고 있던 수분이 모두 사라진 상태다. 수분 대부분은 이곳보다 덜 건조한 들소 평원에서 비로 내렸다. 그 평원을 지나면 곧 이 땅을 북아메리카의 나머지 부분과 경계 짓는 얼음 만리장성이 나타난다. 이 빙상은 오늘날 캐나다를 거의 다 뒤덮고도 더 남쪽까지 뻗어 태평양에서 대서양에 이르는 얼음 장벽을 형성한다. 얼음 장벽의 깊이는 곳에 따라 3,200m에 달한다. 이 빙상은 지금도 땅을 깎아내고 파내는데, 그 위력의 결과물이 현대 오대호다. 얼음이 녹으면서 로렌타이드 빙상의 남쪽 경계에 고여 있던 물이 방출된다. 그리고 이 물이 강바닥을 새롭게 깎아내면서 빙퇴석이 침식되어 나이아가라폭포 같은 장관을 만들어낸다.[11]

이 빙상에 갇힌 물과 이웃한 북유럽의 빙상에 갇힌 물은 바다에서 왔다. 이때 전 세계 해수면은 오늘날보다 약 120m 낮았다. 따라서 빙상의 확대로 얕은 해저가 드러나면서 대륙과 대륙 사이에 이른바 '육교'가 건설된다. 알래스카가 북아메리카로부터 격리되었을 법도 한데 이 육교가 알래스카의 야생동물들을 서쪽의 아시아로 연결해주고 이로써 전 세계 둘레의 절반에 연속적 생태계가 만들어진다. 이후 베링해협이 러시아 극동의 추코트카와 알래스카를 분리하게 되지만 우리가 방문하고 있는 현재는 건조하고 살기 좋은 곳이다. 그리고 그 이름을 따서 이곳의 생물 분포 구역을 베링육교라고 부른다.

베링육교도 겨울에는 추운 땅이지만 봄이 오면 점점 더 밝고 따뜻해진다. 풀밭에서는 봄과 여름 내내 야생화가 피어난다. 나무 대부분은 관목이다. 키 작은 버드나무들은 바람에 맞춰 풍성한 버들개지로 붓글씨를 휘갈겨 쓰고 좀자작나무는 뇌조(들꿩)들을 품고 있다. 하늘 위에서는 바다를 향해 날아가는 흰기러기 떼의 울음소리가 들려온다. 가을이면 미루나무와 사시나무가 황금을 녹여 쏟아붓듯이 베링육교의 깊숙한 곳까지 노랗게 물들이고 키 큰 가문비나무는 경쟁이라도 하듯 더 푸르러진다. 이 저지대는 다른 곳보다 기후가 순하고 온화한 레퓨지아refugia로, 길어진 빙하기의 추위를 견딜 수 없는 여러 동식물 종에 피난처가 되어준다. 습지에서는 물이끼가 스며 나오기도 하고 들소 발굽 아래에서는 프레리세이지가 강력한 향기를 발산하기도 한다.[12]

오늘날 러시아의 북쪽 영토를 포함하여 바다에 가라앉기 전 베링육교의 총면적은 캘리포니아주, 오리건주, 네바다주, 유타주를 다 합친 넓이와 맞먹을 만큼 광대하다. 하지만 이 지역도 베링육교 동부에서 시작하여 아일랜드의 대서양 연안에서 끝나는 광범위한 생물군계biome(일관된 동식물 군집으로 이루어지며 비교적 일관된 기후를 가진 지리적 범위)의 한 부분에 지나지 않는다. 노출된 베링평야의 가장 낮은 곳에서 알래스카고원으로 갈수록 공기는 차갑고 건조해지며 식물은 점점 더 키가 작고 단단해지지만 풀밭이 사라지지는 않는다. 그 동쪽 끝 이크피크푹 모래언덕 가장자리는 전 세계적으로 역대 최대 연속 생태계인 매머드 스텝의 한쪽 끝이다.[13]

매머드 스텝이 계속 존재할 수 있었던 까닭은 바로 이 연속성 때문이다. 빙하기의 날씨 패턴은 변덕스럽고 환경은 해마다 크게 달라질 때가 많다. 부드러운 땅을 골라 텐트를 설치하고 한 장소에서 몇 해 동안 캠핑을 하며 관찰하면 여러 개체군이 제각각 극도로 번성하다가 극도로 쇠퇴하기를 반복하는 것처럼 보일 것이다. 날씨와 식물 생태가 어떤 해에는 말이 살기에 최적이었다가 그다음 해에는 들소, 또 그다음에는 매머드에게 최적인 환경으로 변하는 식으로 말이다. 매머드 스텝의 연속성은 종들이 이상 기후를 따라 이동하여 각자의 생태지위 경계bound of niche 안에 머무를 수 있게 해준다. 변동성이 큰 환경에서 이동성은 장기적인 생존에 매우 중요하다. 이 대륙에서는 아무리 환경이 바뀌어도 분명 어딘가에서 피난처를 찾을 수 있는 것이다. 알래스카와 캐나다의 북극권 지역 전체에 걸쳐서 국지적 멸종과 피난처에서의 재출현이 끊임없이 반복되는 것도 이 때문이다.

현대에도 북극에서 가장 큰 초식동물인 순록과 사이가영양이 계절마다 지구 최대 규모의 육상 이동을 반복한다. 몽골 스텝에서는 인간이 염소나 다른 가축을 키우는데, 이곳의 기후도 베링육교처럼 변화무쌍해서 해마다 달라지는 동절기 기온을 예측할 수 없을 정도다. 기후변화로 몽골 스텝은 더 따뜻하고 건조해지면서 생산성이 떨어져 가축을 방목할 수 있는 범위가 줄어들고 있다. 이동 거리가 점차 제한되면 인간의 생존 조건은 가축 개체군과 유목민의 생계를 황폐화하는 조드zud(방목할 수 없을 정도로 눈이 많이 내리거나 식수가 부족할 정도로 눈이 적게 내리거나 땅이 얼어붙거나 차디찬 바람이 부는 등 몽골의 겨울철 기상재해)로 점점 더 취약해진다. 변동성이 큰 환경에서는 어디로든 훌쩍 이동하는 능력이 야생동물에게나 인간에게나 매우 중요하다. 현대 기후변화로 삶의 방식이 위협받고 있는 현상은 매머드 스텝의 종말을 그대로 재현한다.[14]

베링육교의 연속성은 깨진다. 해수면이 점점 상승하여 지금으로부터 약 1만 1,000년 전 베링육교는 물속으로 사라진다. 지구를 뱅 두르고 있던 스텝은 그보다 작은 덩어리들로 토막 난다. 가문비나무와 낙엽송이 우거진 타이가는 북쪽으로, 툰드라는 더 따뜻한 날씨를 찾아 남쪽으로 이동한다. 추위에 적응한 종들이 자신에게 유리한 땅을 찾아가는 장거리 이주는 더는 불가능해진다. 이주가 개체군을 살리는 것도 갈 데가 있을 때나 가능한 일이다. 사라진 개체들을 보충할 생존 집단이 하나도 남지 않으면 국지적 멸종이 결국 전 지구적 멸종으로 이어지고 만다. 멸종을 피한 종도 활동 반경을 줄일 수밖에 없다. 알래스카에서는 한때 매머드 스텝을 거닐던 종 중 오직 순록, 불곰, 사향소만이 복원을 통해 겨우 살아남았다.[15]

* * *

날이 밝으면 광활한 매머드 스텝이 깨어난다. 희미하게 해가 올라오면서 모래언덕들이 하나씩 시야에 들어온다. 언덕들은 반짝이고 모래 알갱이 하나하나가 반대편에 그림자를 드리운다. 누워 있던 말들은 콧김을 내뿜으며 일어나 몸을 흔들어 재빨리 잠을 깬다. 말들은 깊은 잠이 드는 법도 긴 잠을 청하는 법도 없다. 크고 검은 발굽을 초조하게 구르는데 발 가장자리가 넓게 퍼져 있다. 겨울 동안 덜 걸어 발굽이 닳

지 않고 과하게 자란 탓이다.[16]

쾌청한 하늘 아래 여름이 펼쳐지기 시작한다. 망아지가 태어나고 얼음이 있던 자리에 호수가 나타난다. 순록과 들소 떼가 우레 같은 소리를 내며 다시 푸르러진 초목을 찾아 북쪽으로 돌아간다. 거대한 매머드 무리도 귀환의 대열에 합류한다. 매머드 개체군은 노스슬로프에 사는 초식동물의 거의 절반을 차지한다. 태양은 빠르게 공기를 데우고 말들은 언덕배기 위를 맴도는 낮은 구름을 향한다. 안개가 깔렸다는 것은 그곳에 귀한 웅덩이가 있다는 뜻이다. 얼음이 녹은 물이 고여 있다면 움푹 팬 곳일 테니 더 따뜻하고 더 안전할 것이다. 해가 들지 않는 곳의 지하수는 얼마 전까지 얼어 있었지만 범람원에 고인 물은 목마른 생명체를 자석처럼 끌어당겨 다양한 곤충 군집의 서식지가 된다. 그래서 이크피크푹강 주변에는 물방개, 둥근가시벌레, 건조한 환경에 적응한 딱정벌레가 흔하다.[17]

햇살이 내리쬐는 맑은 날씨일 때 이곳은 현대 알래스카보다 건조하고 비옥할 뿐만 아니라 기온도 더 높다. 아무리 빙하기라도 베링육교는 상대적으로 따뜻한 곳으로 오늘날 몽골과 비슷한 대륙성기후다. 해안과 내륙은 확실히 차이가 있다. 해수 온도는 1년 내내 크게 변하지 않으므로 인접한 육지의 열 흡수원이나 열원으로 작용하며 바람과 구름을 만들어 날씨의 변동성을 줄인다. 내륙에서는 여름철 열기를 더 쉽게 육지에 저장하므로 대륙성기후에서는 여름에 온도가 높게 유지된다. 그러나 그만큼 내륙의 육지는 빠르게 식어 겨울 날씨는 더욱 혹독해진다. 이것이 바로 오늘날 해안 도시인 상트페테르부르크는 7월 평균 기온이 19°C, 1월 평균 기온은 -5°C인 반면, 위도상으로 거의 차이가 나지 않는 내륙의 야쿠츠크는 7월 평균 기온이 20°C, 1월 평균 기온은 -39°C인 이유다. 플라이스토세의 알래스카 노스슬로프는 상트페테르부르크보다 야쿠츠크에 가깝다. 즉 여름에는 더 덥고 겨울에는 더 추우며 늘 건조하다. 인근에 얼지 않는 바다가 없으므로 오늘날 알래스카처럼 항상 흐리고 부슬비가 내리는 풍경은 볼 수 없다. 눈도 비도 내리지 않으면 빙하가 생길 수 없는데, 이것이 바로 알래스카가 세계를 잇는 얼음 없는 통로인 이유다.[18]

마른 풀만 있던 자리를 새싹이 채우고 말 떼는 서쪽으로 달려간다. 말들은 서로 꼭 붙어 다닌다. 포식자를 경계해야 하기 때문이다. 일부가 먹이를 먹는 동안 다른 말들은 주변을 응시한다. 움직이는 것이 없던 겨울이 끝나면서 말의 시야는 다시 수백 제곱킬로미터까지 넓어진다. 가장 높은 곳에 다다랐을 때 겁에 질린 말들이 펄쩍펄쩍 뛰며 본능적으로 가장 어린 말의 주변으로 모여들어 발굽과 이빨로 방벽을 세운다. 그늘진 경사면과 하늘 사이 녹색 경계를 가로질러 뭔가가 다가오고 있다. 짧은얼굴곰이다.

불곰 중에서 가장 덩치가 큰 아종인 회색곰과 비교하더라도 아르크토두스 시무스*Arctodus simus*(짧은얼굴곰)가 더 크다. 알래스카짧은얼굴곰 중 가장 큰 개체는 1t이 넘었다. 오늘날 가장 덩치 큰 육상 포식자인 시베리아호랑이의 3배, 다 자란 수컷 회색곰의 4배에 이르는 크기다. 이름처럼 유난히 얼굴이 짧고 긴 다리로 성큼성큼 걷는 것으로 보이지만 이는 몸이 크기 때문에 일어나는 착시다. 곰은 모두 허리가 짧고 등

라인이 가파르게 떨어지며 턱이 앞뒤로 길다. 이런 특징은 불곰과 짧은얼굴곰을 같은 크기로 놓고 비교하면 두드러진다. 물론 오늘날 가장 큰 곰인 북극곰은 주둥이가 더 긴데, 이는 육식 위주의 식습관에 적응한 결과로 보인다.

노스슬로프에서 짧은얼굴곰은 흔치 않다. 그래서 행동에 관해 알려진 바가 별로 없다. 최근까지 긴 다리는 달리기에 적응한 결과로 여겨졌다. 이 가설이 맞다면 짧은얼굴곰은 거대한 추격 포식자였다는 뜻이다. 이는 곧 짧은얼굴곰 한 개체가 늑대 한 무리와 맞먹는 존재라는 얘기나 마찬가지다. 어떤 학자는 이 곰의 가까운 친척이 나무에 살고 거의 초식만 하는 안경곰이라는 사실을 들어 짧은얼굴곰을 온순한 초식동물, 즉 덩치만 컸지 별 볼 일 없는 싱거운 거인으로 묘사하기도 한다. 또 어떤 학자는 짧은얼굴곰이 동물계의 불한당인 절취 기생동물처럼 다른 육식동물이 잡은 먹이 사체를 훔쳐 먹는 청소동물이었을 거라고 본다. 아마도 실제로는 오늘날 불곰처럼 크고 작은 동물과 식물을 모두 먹는 잡식성이었을 가능성이 크다.[19]

그렇지만 알래스카에서부터 플로리다에 걸쳐 아메리카대륙에 사는 모든 짧은얼굴곰 개체군 가운데 육식을 했을 가능성이 가장 큰 무리는 베링육교에 서식하는 개체군이다. 겨울 날씨가 지상의 초목 대부분을 사라지게 한 이곳에서 짧은얼굴곰의 유연한 식성은 육식과 청소 쪽으로 기운다. 다 자란 짧은얼굴곰은 크기만으로도 사냥터를 압도하여 다른 포식자가 다가오지 못하게 할 수 있다.

어깨를 들먹이며 웅덩이에 다가서면 거기에는 노쇠하여 추위를 못 이기고 죽은 맘무투스 프리미게니우스*Mammuthus primigenius*(털매머드)의 사체가 역겨운 썩은 냄새를 풍기고 있다. 반가운 선물이다. 널찍하고 드센 발로 죽은 매머드를 짓밟으며 털가죽을 벗기면 근육질의 살점이 드러난다. 이는 느리고 힘든 작업이다. 털매머드의 가죽은 두꺼운 데다가 조밀한 두 겹의 털로 덮여 있기 때문이다. 이 플라이스토세 거대 동물의 아이콘은 죽고 나면 그 사체를 뜯어먹으러 온 곰보다 왜소해 보인다. 가장 큰 짧은얼굴곰이 뒷다리로 서면 어깨높이가 3m에 이르는 매머드를 1m 위에서 내려다볼 수 있다.[20]

곰은 무시무시한 위력을 지닌 짐승이다. 인간이 불곰과 함께 살아온 곳이면 어디든 신화가 만들어졌다. 한국의 건국신화는 100일 동안 야생 마늘과 쑥만 먹고 견딘 곰의 인내심을 그리고 있다. 야생 쑥과 마늘은 모두 유라시아 매머드 스텝에서 발견되는 식물이다. 인간과 곰이 공존하는 곳에서는 그 동물의 이름조차도 언어학자들이 금기어 변형이라고 부르는 완곡어법에 가려져 있다. 그 동물이 나타날까 봐 '진짜' 이름을 부르지 않는 것이다. 곰은 러시아에서 국가를 상징하는 동물이다. 러시아인들은 곰을 힘과 영리함의 상징으로 여긴다. 러시아인들은 곰을 메드베디медве́дь라고 부르는데, '꿀을 먹는 자'라는 뜻이다. 영어를 포함한 게르만어에서는 '갈색의 것'이라는 뜻의 브루인bruin이나 여기서 파생된 단어들을 사용한다. '할아버지'라는 단어로 곰을 지칭하는 완곡어법도 전 세계 곳곳에서 볼 수 있다. 이 이름들이 가리키는 곰은 북아메리카 회색곰의 조상인 불곰이다. 유라시아에서 건너온 또 다른 이주민인 인간과 마찬가지로 이들도 이제 막 도착해 새로운 땅을 둘러

그림1 짧은얼굴곰과 털매머드

보고 있으며, 그러다 짧은얼굴곰과 마주친다.[21]

매머드 스텝 전역에서 대규모 초식동물 무리는 번성하는 하나의 생태계라는 큰 그림을 이룬다. 모든 생태계에는 반드시 따라야 할 기본 규칙이 있다. 대개 햇빛이, 드물게는 광물 분해에서 얻은 에너지는 생태계로 흘러들어가서 활동이나 부패 때문에 손실된 에너지를 대체한다. 이 에너지에 접근할 수 있는 생물은 생산자고 그렇지 않은 생물은 소비자, 즉 생존하기 위해 다른 생명체를 먹어야 하는 존재다. 생산자가 에너지를 많이 생산할수록 더 많은 소비자를 먹여 살릴 수 있다.

플라이스토세 베링육교 스텝은 놀랄 정도의 생산성을 자랑한다. 척박한 시베리아 북단에서도 1km²당 약 10t의 동물(대략 순록 100마리에 해당)이 서식하고 있는데, 이는 현대의 비슷하게 추운 지역에 비해 훨씬 많은 동물이 생존할 수 있다는 뜻이다. 한 생태계에서 항상 포식자의 수는 생산자 수보다 적다. 노스슬로프의 여름에는 이 차이가 극도로 커져서 이곳에 서식하는 동물 중 육식동물의 비율은 2%밖에 안 된다.[22]

짧은얼굴곰에게 매머드 사체를 발견한다는 것은 특히 큰 행운이다. 최근 몇 년 사이에 먹잇감을 찾기가 점점 더 힘들어지고 있기 때문이다. 노스슬로프로 유입하는 들소 수가 감소하기 시작했고 말도 개체 수가 줄어들고 있다. 발아래 대지가 부드러워지기 시작하면 풀이 패권을 쥐었던 시간은 끝나간다. 얼음이 녹으며 생긴 웅덩이 주변에 이탄泥炭이 형성되기 시작한다. 이탄의 형성은 모래바람이 부는 세계에서 살아가는 모든 생명체에게 걱정스러운 신호다.

매머드 스텝 대부분은 단단하고 메마른 벽으로 사방이 막혀 고립된 정원과 같다. 북쪽으로 가면 얼어붙은 북극해와 빙하에 뒤덮인 북아메리카, 스칸디나비아, 브리튼으로 막혀 있다. 스텝의 서쪽으로는 대서양이 얼어 있고 남쪽으로는 피레네산맥에서 알프스산맥, 토로스산맥, 자그로스산맥을 거쳐 히말라야산맥과 티베트고원에 이르기까지 거의 끊임없는 장벽이 이어져 있다. 이 산맥 장벽이 남쪽의 몬순에 의한 혹독한 겨울 가뭄과 여름의 폭우로부터 대륙 전체를 보호하고, 시베리아 상공의 고기압대가 1년 내내 건조한 기후를 유지해준다. 베링육교는 이 매머드 스텝이라는 요새의 취약 지점이다. 태평양은 이곳의 얕고 노출된 해협에 수분을 방출한다. 과거에는 문제될 게 없었다. 얼음은 주기적으로 전진과 후퇴를 반복했고 이에 따라 스텝이 넓어졌다가 좁아졌다 하면서 안정된 균형 상태가 유지되었다. 그러나 10만 년이 지나 지금 우리가 여행하는 이 시점에 오면 상황이 달라진다. 변화가 시작된다. 매머드 스텝의 종말이 시작되는 것이다.*

빙상이 녹고 해수면이 상승함에 따라 증발할 물이 더 많아져 경치에 더 많은 물이 더해질 수 있었다. 이제 변덕스러운 기후는 여름을 예전보다 더 따뜻하고 더 습하게 하여 베링육교의 습도를 높이는데, 이는 여름에는 구름을 만들고 가을에는 부패가 일어날 수 있는 환경을 조성한다. 매머드 스텝은 건조한 기후와 맑고 끝없이 푸른 하늘 때문에 존재할 수 있었다. 하지만 여름이 따뜻하고 습해지면 물이 바로 배수되지 않

---

* 매머드 스텝은 1만 9,000년 전에 소멸되기 시작했지만 현재로부터 1만 4,500년 전 이른바 뵐링-알레뢰드 간빙기Bølling-Allerød Interval라는 갑작스럽고 습한 온난화 기간에 특히 소멸 속도가 빨라졌다. 이 시점은 남극대륙의 해빙 시작 시기와도 일치한다.

는 일이 많아진다. 이에 따라 국지적 습지가 생기고 식물이 분해되어 이탄이 만들어질 가능성도 커진다. 이탄이 형성되면 스텝의 파괴가 연쇄적으로 일어나기 시작한다. 모래가 서로 달라붙고 사구는 습한 바람을 맞아 더 눅진하고 단단한 언덕이 된다. 토양은 축축해지고 산성화되어 비옥도가 떨어진다. 젖은 땅은 낮은 온도로 유지되어 땅 밑에서 결빙이 차오르면서 지하수면을 지표면 가까이 밀어 올리고 그 위로까지 밀어 내 구름처럼 눈을 내린다. 그리하여 그나마 있던 햇빛까지 차단하면 땅은 더 차가워진다. 추위는 추위를 낳고 곰팡이에 의한 식물 분해가 더 더진다. 그러면 점점 더 많은 이탄이 형성되고 악순환은 계속된다.[23]

새롭게 등장한 습지는 이주를 막는 장벽이 되기도 한다. 순진한 대형 초식동물이 진창에 발을 디뎠다 빠져나오지 못하고 익사할 수 있기 때문이다. 서식지를 옮겨 다니는 말과 순록 무리에게 이탄의 확산은 길을 잃게 만드는 악몽이자 식량 손실의 원인이다. 풀로 뒤덮여 있던 단단한 땅이 무르고 무자비한 습지로 걷잡을 수 없게 변해간다는 뜻이기 때문이다. 이탄지에서 번성하는 식물은 자신이 빨아들일 얼마 안 되는 영양분을 빼앗기지 않기 위해 방어용 가시나 돌기, 털을 발달시킨다. 어떤 곳에서는 자작나무, 오리나무, 내버들처럼 습기에 강한 나무가 퍼지기도 한다. 이것이 베링육교가 물에 잠기면서 매머드 스텝이 처하게 된 운명이다.

현대 환경에서 알래스카 노스슬로프처럼 모래밖에 없던 땅이 안정적이고 장기적인 이탄 토양으로 변화하는 데는 몇백 년밖에 안 걸린다. 아일랜드에서 러시아, 캐나다에 이르기까지 고대 매머드 스텝은 거의 완전히 사라지고 영구동토와 이탄 습지로 대체되었다. 시베리아의 고립된 구역에는 스텝 툰드라 생태계가 여전히 남아 있다. 이곳에서는 습도에 따라 소형 포유류, 달팽이 등 작은 잔존 생물이 조각조각 기워 놓은 듯한 서식지들에서 살아가고 있다.

오늘날 사초, 이끼, 무성한 관목이 섞여 자라는 알래스카 노스슬로프는 반건조 지대지만 물은 풍부한 평원이다. 연간 강수량과 강설량은 고작 250mm 정도로 캘리포니아주 샌디에이고와 비슷한 수준이지만 수분은 토양 안, 즉 단단한 영구동토층 위의 높은 지하수면에 남아 있다. 여름이면 토양이 50cm 깊이까지 녹아 일시적인 호수와 부드러운 이탄이 만들어진다. 이때 흙 속에서 말이나 매머드에게 먹이가 될 만한 것이 나오기도 하지만 늘 그러리라고 기대할 수는 없다. 현대 알래스카는 초목이 더 드물어졌고 그들의 방어 기제는 더 강력해졌으며, 웅덩이진 땅은 발굽을 디딜 때마다 푹푹 빠져서 야생말이 살아남을 수 없게 되었다. 말은 5,500만 년 전 북아메리카에 출현한 이래 처음으로 국지적 멸종에 이르게 되고, 현재로부터 불과 몇백 년 전에야 비로소 유럽 선박을 타고 이 대륙에 다시 등장한다. 알래스카의 기후변화로 말은 생태지위 공간에 머물 수 없게 되었다. 매머드나 마스토돈, 들소도 마찬가지다. 오늘날까지 알래스카에서 야생 상태로 살아가고 있는 대형동물은 순록과 사향소 등 몇 종이 안 된다.[24]

베링육교의 털매머드는 약 4,500년 전까지 현재 러시아의 브란겔라섬에서 살아남았다. 그러나 브란겔라섬은 지금도 그렇지만 예전에도 생존 가능 개체군을 긴 시간 유지하기에는 너무 작았고 세계 최후의 털매머드였던 브란겔랴매머드는 결국 심각한 유전적 문제에 봉착했다. 이곳 매머드는 개체 수가 적게는 270마리, 많아 봤자 820마리에 불과한 작은 군집으로 6,000년 동안 완전히 고립되어 살면서 엄청난 근친교배가 일어났다. 러시아 동토에 보존된 DNA을 해독하면 매머드에서 일련의 유전 질환이 발생했음을 알 수 있다. 후각은 심각하게 손상되었고 털은 반투명해서 새틴처럼 반들거렸지만 예전만큼 추위를 막아주지 못하게 되었다. 아마 성장 발달, 비뇨기 계통, 소화기 계통에 문제가 있었던 것으로 보인다. 우리는 전체 유전자에서 133가지가 개체군 중 어느 개체에서도 제대로 작동하지 않았다는 것을 알아냈다. 이 무렵 브란겔랴섬은 사초로 뒤덮인 이탄지였고 털매머드는 스텝과 함께 생을 마감했다.[25]

매머드 스텝은 사라진 생명체들의 매혹적인 상징이다. 우리는 옛 짐승들로 가득한 낭만적 풍경에 이끌리며, 그 짐승들에 관해 잘 안다고 생각한다. 북극의 칼바람에 외롭게 맞서는 매머드는 잃어버린 과거의 보편적 상징이다. 우리 인간은 매머드를 보았고 그림으로 그렸으며 사냥도 했다. 영원히 사라진 후에도 매머드가 여전히 우리를 지구의 과거에 연결해주는 실감 나는 연결 고리인 까닭은 아마도 그 때문일 것이다. 매머드가 지구 위를 걸어 다닐 때 싹을 틔운 나무도 아직 살아 있다.

사라진 과거는 흔히 우리가 생각하는 것보다 가까이 있다. 인간 문명은 플라이스토세의 쇠락과 함께 부상하기 시작했다. 아직 아메리카 대륙까지는 오지 못했더라도 인류는 어딘가에서 플라이스토세 생명체들을 세밀하게 그리고 있었다. 노스슬로프의 말들이 바람 속에서 이를 악무는 바로 그 순간, 그림을 그리기 위해 깨끗이 닦아낸 프랑스의 어느 동굴 벽에는 라스코 야생말이 그려지고 있다. 수천 년 후 어떤 인간은 순록 뿔로 아틀라틀(투창기)을 만들고 이를 스텝의 들소 모양으로 장식한다. 아틀라틀을 장식하는 들소는 갈기와 수염은 물론이고 고개를 돌려 길고 유연한 혀로 등에 붙은 벌레를 핥는 모습까지 정교하게 조각된다.

북부 플라이스토세 인류가 영위하던 문화는 대부분 사라졌지만 지구의 일부 지역에서는 그 그림자가 여전히 기억되고, 여전히 전승되고 있다. 나왈라 가반망Nawarla Gabarnmang('바위 틈'이라는 뜻)이라는 오스트레일리아 북부의 한 바위 그늘에는 왈라비, 악어, 뱀 그림이 독특한 양식으로 그려져 있다. 그중 가장 오래된 그림은 못해도 1만 3,000년 전에 그려졌다. 이후 20세기까지 겹겹이 그림이 더해지고 더해진 이 유적지는 상상하기 힘들 만큼 장구한 시간에 걸쳐 자워인 부족민의 문화를 보존하고 있다. 절벽 위에서 브란겔랴매머드가 베링육교 범람원을 내려다보는 가운데 결국 매머드 스텝이 사라져가던 시기는 기자에서 대피라미드가 지어지고 페루에서 노르테 치코 문명이 생겨난 지 수 세대가 흐른 후였다. 이때 인더스 계곡 문명은 이미 수 세기째 이어지고 있었다.[26]

마지막 브란겔랴매머드가 죽었을 무렵 메소포타미아 도시 우루크를 지배한 자는 수메르의 왕인 길가메시였다. 그는 지구상에서 가장 오래전에 쓰인 이야기, 형식을 불문하고 지구상에서 가장 오래된 문학 작품의 주인공이다. 《길가메시 서사시》는 곧 인류가 자연에서 벗어나려고 시도하는 이야기다. 거만하고 힘이 센 길가메시는 야생의 삶을 사는 엔키두라는 친구와 함께 신들의 삼나무숲을 지키는 훔바바를 잡아 죽인다. 숲의 나무를 베어 우루크의 성벽을 강화하기 위해서였다. 엔키두는 야만적이고 길들지 않은 존재로 점잖고 왕족다운 세련됨을 지닌 길가메시와 대척점을 이루지만 결국 병들어 죽는다. 이후 이야기는 영생을 얻기 위한 길가메시의 헛된 여정으로 채워지는데, 그 여정은 자신의 욕망이 불가능한 것이었음을 깨달으며 끝난다.

자연에 영원한 것이란 없으며, 플라이스토세 최대 생물군계도 진흙 속에 가라앉았다. 특정 시공간을 채우고 있는 종들의 군집을 보면 안정 상태라고 착각하기 쉽다. 하지만 생태계에서 안정이란 그것이 만들어진 환경이 유지되는 한에서만 지속될 수 있다. 온도, 산도, 계절, 강우 등 생물군계를 둘러싼 조건이 변하면 생물군계를 구성하는 많은 종이 설 자리를 잃을 수 있다. 이는 마지막 빙하기가 끝날 때 많은 식물이 그랬듯이 알맞은 조건을 갖춘 환경을 따라 종들이 대대적으로 이동하게 된다는 것을 뜻한다.

그러나 이동하지 못하고 사라져버리는 생태계도 있다. 변화가 너무 급속하게 일어나거나 결정적 전환점을 넘어서면 이 폭주하는 지구에서는 가장 넓게 퍼져 있는 환경마저 파괴될 수 있다. 그 환경에 기대어 살아가는 생물군계도 같은 운명에 있다. 하지만 이는 반드시 총체적 재앙이나 생태적 황폐화를 의미하지 않는다. 때로 동식물과 환경의 새로운 조합, 즉 새로운 세계로의 이행을 의미하기도 한다. 이끼로 뒤덮이고 순록과 사이가가 여전히 서식하고 있는 툰드라, 버드나무, 오리나무, 들쥐가 차지한 이탄지, 시베리아의 타이가 침엽수림이 그 빈자리를 메울 것이다. 노스슬로프를 배회하던 말과 그 뒤를 쫓던 동굴사자에게 드넓은 스텝은 영원할 듯 보일 테지만 장구한 시간 규모에서 보면 영속성이란 환상이다. 얼음이 물러나면 비가 한 방울만 내려도 말들이 발굽을 힘차게 내딛던 딱딱한 땅은 이내 무너져내린다. 명멸하는 작은 불빛 하나에도 오로라는 사라진다.[27]

"투라코는 숲의 짐승
나무 위의 투라코
그것은 고원의 폭포
고원의 투라코
새벽이 우리 집에 오고 있네."

- 마라웨트족 민요[1]

"깜깜한 내 앞에는 도로의 파편들이 흘러간다.
흠뻑 젖은 내 앞에 모든 것이 흘러간다."

- 과라니족 출신 시인 미겔랑겔 메사, 〈새벽Ko'ê〉

2

기원

케냐 카나포이

400만 년 전 플라이오세

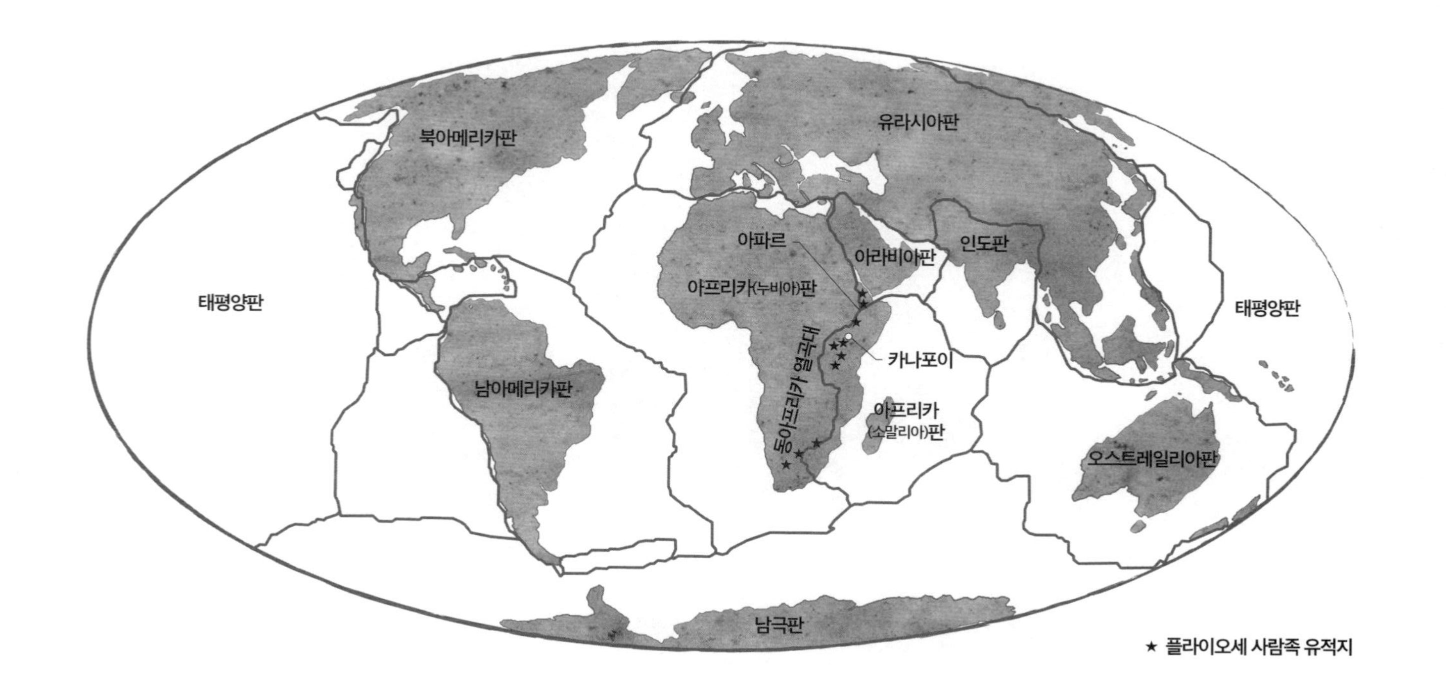

지도2 400만 년 전 플라이오세 지구

칼새들이 천둥을 몰고 도착한다. 넉 달 넘게 비 한 방울 오지 않다가 우기가 시작되면 곧바로 곤충 떼가 나타난다. 그러면 곤충들을 쫓는 겨울 철새들이 큰 소리로 울면서 대규모로 날아온다. 철새의 도래는 풍요와 생명의 귀환, 그리고 앞으로도 수백만 년 동안 지속할 계절의 순환을 뜻한다. 비와 가뭄이 번갈아 반복되는 리듬이 끝없이 이어진다. 먼 훗날 남아프리카와 웨일스 토착민은 (그렇게 먼 두 곳에서 똑같이!) 칼새의 비행과 우기의 도래를 경험적으로 연관 짓는다. 지금 우리가 방문하는 곳에서 칼새는 동아프리카 고지대의 공기를 가르며 활공하고 있다. 이곳은 오늘날 케냐와 에티오피아의 일부다. 수천 킬로미터 떨어져 있는 티베트고원과 마찬가지로 이 고지대의 융기도 한때 아프리카 북서부 지역에 비를 내리던 바람의 방향을 바꾸었다. 이 때문에 지역 전체의 강우 양상이 변화하여 사하라와 사헬이 서서히 사막으로 바뀌기 시작했다.[2]

이곳에 많은 비가 내린다는 것은 드넓은 로뉴문 호수만 보아도 알 수 있다. 돌이 많은 호수 기슭에서 보면 바다로 착각할 만하다. 구름 한 점 없이 맑은 날이면 멀리 푸른 연무 사이로 산 정상이 보이는데, 그 기슭이 수평선 아래에 잠겨 있는 것처럼 보인다. 로뉴문 호수의 끝은 하늘에서만 볼 수 있다. 하늘에서 호수를 내려다보면 물에 잠긴 골짜기의 모양이 뚜렷하게 드러난다. 칼새들이 앙칼진 울음소리를 내며 내려오면 보이는 청록색의 마름모꼴 지형은 그들이 목적지에 다다랐음을 알린다.

넓고 얕게 펼쳐져 있는 로뉴문 호수는 남북으로 300km가 훨씬 넘고 폭도 100km에 달한다. 이 호수가 있는 곳은 아프리카대륙의 거대한 균열인 동아프리카 열곡대다. 맨틀에서 형성된 뜨거운 마그마 기둥이 상승하고 지각에 부딪혀 마치 증기가 천장에 닿아 사방으로 퍼지듯이 넓게 퍼져나갔다. 흐르는 마그마를 밀어 올리는 현상은 천천히 그러나 쉼 없이 아프리카대륙을 갈라놓는다. 아프리카 동부 해안 전체가 속한 소말리아판이 아프리카의 나머지 대부분에 해당하는 누비아판과 분리되고 있다. 더 북쪽의 에티오피아 아파르 지역으로 가면 아라비아판도 갈라지고 있어서 세 갈래의 교차점에 깊은 함몰지가 생긴다. 아파르로부터 이어진 들쭉날쭉한 선은 언젠가 완전히 쪼개져서 지금 열곡대가 있는 곳에 새로운 바다가 만들어질 것을 예고한다.[3]

지금 균열된 땅은 빗물로 채워져 기후변동에 따라 모습이 달라지는 일련의 열곡호를 형성한다. 오늘날 로뉴문 호수의 자리에 투르카나라는 다른 이름의 호수가 있는데, 강으로 유출되는 물이 전혀 없는 호수다. 투르카나호는 수백만 년 전부터 화산으로 둘러싸여 있는 알칼리성 염수 수역이다. 사막의 거센 바람은 종종 조류가 떠 있는 비취색 수면에 큰 물살을 불러온다. 플라이오세의 케냐는 우리가 아는 케냐보다 더 습하고 로뉴문 호수는 더 넓어서 물살이 인 호수는 인도양 쪽 높은 지대까지 범람한다. 이 호수의 수원들은 여러 겹의 점토암, 조밀하게 뭉쳐 있는 연체동물 껍데기, 두껍게 굳은 모래톱을 뚫고 나온다. 이는 오늘날에도 존재하는 오모강, 투르크웰강, 넓고 잔잔한 케리오강이다. 플라이오세의 화산들은 점차 침식되어 산소가 풍부한 수계 아래에 파묻히고 있다.[4]

대륙이 갈라지고 천둥 치는 계절이 반복되는 이 역동적인 세계에서 최초의 인간이 출현한다. 여기에서 투르카나 소년이라고 불리는 호모 에르가스테르 소년과 호모 루돌펜시스*(이들은 호모 에렉투스의 단순한 변이일 수도 있다) 등 호모*Homo*(사람속) 종들이 나타난다. 그러나 우리가 와 있는 플라이오세에는 케리오강이 로뉴문 호수로 흘러들어가는 카나포이 지역 아카시아 카루*Acacia karroo*(한국에서 흔히 아카시아라고 불리는 아까시나무와 다른 식물이다 - 옮긴이) 사이에 오스트랄로피테쿠스 아나멘시스가 살았다. 그 이름은 '호숫가의 남방 유인원'이라는 뜻이며, 가장 오래된 호미닌hominin(사람족)으로 추정된다.[5]

가시로 무장한 아카시아들이 터널을 이룬 사이로 진흙탕 같은 강물이 답답하게 흐른다. 칼새는 호수 수면 가까이 급강하해서 각다귀나 파리를 낚아채고 목을 축이기도 한다. 자유자재로 빠르게 날아다니니 무서울 게 없다. 칼새는 로뉴문 호수를 향해 느릿느릿 흘러가는 드넓은 물 위에서 나무가 닿지 않는 허공을 거침없이 선회한다. 이곳은 먼 길을 여행한 칼새에게 가장 가까운 착륙지이다. 이 철새에게는 열 달 내내 하늘을 날면서 먹이를 먹고 짝짓기하고 한 번에 뇌의 절반씩

---

* 투르카나 호수는 케냐가 식민 지배를 받던 시대에 루돌프 호수라고 불렸다. 호수를 처음 발견한 유럽인 이름을 딴 명칭이었다. '투르카나'라는 이름은 이 지역의 대표 부족 중 하나의 이름이다. 투르카나족은 이 호수를 아남 칼라콜Anam Ka'alakol이라고 부른다.

만 쉬면서 날개를 편 채 잠을 잘 만큼 공중 생활이 편안하다. 칼새는 시속 100km가 넘는 속도로 나는데, 자유꼬리박쥐를 제외하면 수평 비행 속도가 가장 빠른 동물이다. 칼새는 다리와 발이 아주 왜소하여 담이나 나무, 절벽에 매달릴 수 있는 발톱을 가졌지만 평지에서는 제 기능을 하지 못한다.

칼새에 속한 여러 종이 착륙하는 유일한 시간은 새끼를 키울 때뿐이다. 공중에서 알을 낳는 게 진화에 유리하지 않기 때문이다. 하지만 둥지조차 공기가 희박한 공중에 만들어지며 그 재료도 날면서 잡을 수 있는 잔해들이다. 번식할 때가 아니면 땅 위를 빙빙 돌면서 개구리처럼 입을 크게 벌리고 파리를 향해 돌진하기도 하고 곡예비행을 하듯 돌면서 주변을 살피기도 한다. 부모 노릇을 하는 혹독한 시간은 유럽에서 여름을 보낼 때뿐이다. 이곳 카나포이에서는 그저 찢어질 듯한 비명을 지르면서 바람을 타고 날아다니기만 하면 된다.[6]

비는 은신처에 있던 다른 동물들을 불러낸다. 내려앉은 공기의 번쩍이는 섬광 사이로 물총새 한 마리가 은빛 깃털을 휘날리며 강 수면을 깨뜨리는 모습이 보인다. 부리에 물고기 한 마리를 문 채 물을 첨벙 차고 다시 날아오른 물총새는 앉을 곳을 찾아 하류를 향해 날개를 퍼덕인다. 작고 뚱뚱하며 등이 울퉁불퉁하고 이끼 색깔을 띤 삽코개구리들은 짝짓기를 위해 모여든다. 수컷은 암컷이 강에서 멀리 떨어진 곳에서 땅을 팔 때 그 등에 올라탄다. 알을 낳고 수정이 되고 나면 수컷은 떠나가고 암컷은 올챙이들을 데리고 지하수면까지 계속 굴을 파 내려간다. 비가 내려 강 수위가 올라가면 굴에 물이 점점 차오른다. 그러면 올챙이가 성장할 때까지 안전하게 헤엄칠 수 있는 전용 웅덩이가 생긴다. 생쥐들은 난쟁이몽구스, 검은줄무늬제넷고양이, 초기 펠리스*Felis*(집고양이의 조상인 스라소니) 등 작은 육식동물들의 기습을 경계하며 점점 푸르러지는 풀밭 사이를 재빠르게 질주한다.[7]

수달은 미끄러지듯 물속을 낮게 헤엄치고 비는 영원히 그치지 않을 것처럼 점점 더 거세게 내린다. 비가 일으킨 물보라로 로뉴문 호수 전체에 안개가 낮게 깔린다. 메기, 작은타이거피시, 나일농어 새끼를 먹이로 삼는 물고기 사냥꾼이자 해달만큼 커서 황소수달이라고 불리는 토롤루트라*Torolutra*는 흐르는 물결에 매우 익숙하다. 토롤루트라가 있는 곳에는 반드시 그 사촌뻘인 곰수달, 즉 엔히드리오돈*Enhydriodon*도 있다. 근육질의 넓적한 꼬리를 지닌 엔히드리오돈이 강에서 헤엄치고 있으면 마치 이끼 낀 통나무가 떠 있는 것처럼 보이는데, 몸을 구부려 반짝거리는 아치를 만들며 잠수할 때 비로소 정체를 드러낸다.

카나포이에는 연체동물이나 게처럼 딱딱한 껍데기를 지닌 먹이를 노리는 두 종의 곰수달이 있다. 둘 다 절굿공이처럼 둥근 이빨을 가지고 있어서 딱딱한 먹잇감을 부술 수 있다. 두 종이 공존하려면 먹잇감을 크기에 따라 나누는 수밖에 없다. 작은 곰수달은 어린 개체나 작은 조개류를 차지하고, 큰 곰수달인 엔히드리오돈 디키카이*E.dikikae*(오늘날 사자만큼 커서 몸길이가 2m나 되고 무게는 200kg에 달한다)는 물 아래 퇴적물에 반쯤 파묻힌 둥근 민물 홍합 코일라투라*Coelatura*를 먹는다. 어릴 때는 너무 작아서 수달의 관심 밖이지만 다 자란 코일라투라는 길이가 최대 6cm에 이르므로 껍질째 포장해 가면 영양 만점인 간식거리가 된다. 엔히드리오돈은 수달 대부분과 달리 완전한 수생동물이 아니어서 강변에서 휴식을 취한다. 먹이를 구할 넓은 수역은 엔히드리오돈이 생존하는 데 중요하다. 그 수역은 강이어도 좋고 로뉴문처럼 더 탁 트인 호수라도 좋다.[8]

강, 삼각주, 호수 모두가 물고기로 바글거린다. 그중 많은 수가 조개류를 먹고 산다. 점차 돌로 굳어지고 있는 강바닥 점토층 사이사이에 연체동물 껍데기가 조밀하게 뭉쳐 박혀 있는데, 그 단단한 부분이 서서히 석화되면서 강바닥이 점점 높아진다. 삼각주 부근 물고기 세 마리 중 한 마리는 연체동물을 먹고 사는 카라신인 신다카락스*Sindacharax*이고, 호수에 사는 물고기의 거의 절반은 클라로테스*Clarotes*라는 메기다.

계절성 강우로 쓸려 내려온 온갖 영양분에 더하여 로뉴문 호수와 케리오강 밑바닥에 깔린 연체동물 더께도 생태계를 지탱하는 중심 기둥이다. 로뉴문 호수는 얕다. 따라서 깊은 물에 사는 물고기가 없으며, 강에서 유입되는 물과 잘 혼합되고 공기도 많이 유입된다. 또한 최근 나일강과 다시 연결되기 시작하기는 했지만, 일찍이 나일강과 분리되면서 로뉴문 호수는 자체 고유종을 갖게 되었다.[9]

이 호수는 물새들의 안식처가 되었다. 토롤루트라와 물고기를 놓고 경쟁하는 뱀목가마우지 한 마리가 꿈틀거리며 목을 물 밖으로 내고 물가로 엉거주춤 헤엄쳐 돌아온다. 몸의 나머지 부분은 아직 물에 잠겨 있다. 뱀목가마우지의 깃털에는 유분이 없다. 부력을 줄여서 수중 사냥을 더 효과적으로 하기 위해서다. 이는 깃털이 방수되지 않는다는 뜻이다. 가마우지는 강둑으로 몸을 끌어올린다. 흠뻑 젖은 물새가 보금자리까지 날아가려면 우선 깃털부터 말려야 한다. 비가 잦아들고 땅에서 편안한 냄새가 올라올 때쯤 동료 가마우지들은 이미 강가에 줄지어 서서 깃발처럼 날개를 넓게 펴고 햇볕에 물기를 서서히 날려 보내고 있다.[10]

머리가 쭈글쭈글한 황새들이 강둑에 나타나고 일부는 먹이를 찾아 머리 위로 날아오른다. 망토 같은 날개와 구부정한 모습이 대머리황새와 비슷한데 크기가 더 크다. 대머리황새는 일찍이 플라이오세의 동아프리카에서부터 플라이스토세의 인도네시아 플로레스섬을 거쳐 오늘날 전 세계 도시들에 이르기까지 사람이 사는 곳이라면 어디든지 등장한다. 대머리황새는 쓰레기 매립지나 폐기장에 사는 습성으로 잘 알려져 있듯이 식성이 까다롭지 않다. 대머리황새는 사체 청소부 역할을 하는 바람에 '장의사'라는 별명을 얻기는 했지만 환경 정화에 도움이 된다. 황새는 커다란 몸집과 느릿느릿한 비행 때문에 예로부터 꾸준히 민간에 영감을 주었다. 중세 슬라브 종교에서는 겨울 철새가 비라이Vyraj라는 낙원을 향해 날아간다고 믿었다. 그중에서도 특히 흰 황새는 영혼을 사후세계로 옮겨가고 다시 인간을 환생하게 하는 데 관여한다고 여겨졌다.[11]

물총새는 두 번째 급강하면서도 거의 물보라를 일으키지 않는다. 이내 한 번 더 떠오르지만 이번에는 사냥에 실패하고 거대한 실루엣의 짐승 등에 내려앉는다. 금속성의 푸른빛을 띤 물총새는 이 새로운 자리에서 수면을 응시하지만 졸지에 낚시 자리를 내어준 짐승은 새로운 동료에게 아무런 관심이 없어 보인다. 어깨까지 2.5m에 이르는 이 동물은 얕은 진흙탕에 조심스럽게 서서 언제 나타날지 모르는 거대한 뿔

악어를 경계한다. 소용돌이 모양으로 난 짧은 털은 비를 맞아 엉겨 붙어 있고 속눈썹이 긴 검은 눈은 눈두덩의 구근 모양 돌출부 때문에 그늘져 있다. 돌출부는 정수리에 2개가 더 있다. 정수리에 난 뿔은 뒤쪽과 바깥쪽을 향해 휘어져 있어서 뒤집힌 초승달 조각을 연상케 한다. 이 동물은 시바테리움*Sivatherium*이다. 황소처럼 땅딸막한 시바테리움은 기린처럼 날씬하고 목이 길지는 않지만 기린의 일종이다. 카나포이에서 흔히 볼 수 있는 종은 아니지만 이곳 동아프리카에서부터 인도의 히말라야산 기슭에 이르기까지 넓은 분포를 보인다. 시바테리움은 기린과 오카피의 친척인데, 그중에서 가장 체구가 커서 다 자란 수컷은 1t이 훌쩍 넘는다. 그러나 시바테리움의 카리스마는 기린처럼 껑충하고 볼품없는 키에서 나오는 것이 아니라 머리의 화려한 생김새에서 나온다.[12]

오카피, 시바테리움 등 기린과 동물은 모두 두개골에 인각麟角, ossicone이라고 불리는 뼈조직 덩어리가 있다. 인각은 케라틴 재질의 뿔horn이나 사슴뿔antler(뿔은 케라틴 재질인 반면에 사슴뿔은 두개골 일부가 자라난 뼈 조직이다-옮긴이)처럼 과시와 무기의 용도로 기능한다. 하지만 뿔이나 사슴뿔과는 달리 인각은 털과 피부로 영구히 덮여 있다. 수컷 오카피는 두 눈 위에 안테나처럼 짧고 가는 인각이 하나씩 있다. 기린은 암수 모두 짧고 곧은 인각 2개가 두 귀 사이에 튀어나와 있는데, 특히 동아프리카에 많은 일부 종은 두 눈 사이, 이마 한가운데 굵은 돌기 하나가 더 있다. 카나포이의 시바테리움은 눈 위와 두 귀 사이에 각각 한 쌍씩 두 쌍의 인각이 있으며, 두 쌍 모두 존재감이 확실하다.[13]

그림2 시바테리움 헨데이

시바테리움이 물에 잠겨 있던 한 다리를 조심스럽게 들어 올리자 졸고 있던 수달이 깜짝 놀란 듯 붕 떠서 물속으로 뛰어든다. 시바테리움은 정강이가 진흙투성이가 된 채 더 단단한 땅으로 성큼성큼 걸어나가 그늘을 탐색한다. 케리오강 언저리는 비가 흙먼지를 윤기 나는 점토 바닥으로 가라앉혔지만 솟아오른 둔덕의 경사면은 배수가 잘되는 모래로 되어 있어서 땅이 말라 있다. 점토가 있는 곳의 흙은 물이 잘 빠지지 않는데, 이로 인해 움푹 팬 곳은 진흙 분지로 변형되기도 하고 비가 오면 점토 광물이 팽창하면서 경사면이 불안정해지기도 한다. 그래서 이 지역의 땅은 기복이 심하다.

높은 곳에는 관목과 풀밭이 드문드문 있고 축축한 골짜기는 초식동물의 먹이가 되는 광엽 초본 식물들로 가득하다. 강변에는 1년 내내, 심지어 건기가 절정일 때도 심층 지하수의 형태로 물이 존재한다. 따라서 수직으로 긴 원뿌리를 지하의 감추어진 대수층까지 내려보낼 수 있는 나무들이 강을 끼고 띠 모양으로 번성한다. 높게 자란 나무들은 수킬로미터에 걸쳐 구불구불 이어지는데, 이것이 곧 강의 경로를 나타낸다. 케리오강의 유속이 느려지고 로뉴문 호수를 만나는 곳에서는 지하수면이 지표면에 더 가까워지고, 숲우듬지는 낮아진다. 관목은 교목과 경쟁하다가 사초로 뒤덮인 젖은 모래땅에서 덤불 속으로 흩어진다.[14]

곳에 따라 다른 토양의 화학적 특성이나 지형, 배수 상황은 교목 지대 조각과 관목 지대 조각, 초지 조각을 이어 붙인 조각보 같은 풍경을 형성했다. 환경이 다양하기에 종도 다양하고 풍성하다. 플라이오세의 카나포이 생태계에는 이후 동아프리카에서 다시는 볼 수 없을 만큼 다양한 초식동물이 큰 비중을 차지한다. 식물들은 산업혁명에 맞먹을 만큼 폭발적 변화의 한가운데 있고 초식동물들은 그 뒤를 따를 뿐이다.[15]

식물은 광합성, 즉 태양 에너지를 이용해서 이산화탄소와 물을 탄수화물로 변환하는 과정을 통해 스스로 양분을 만든다. 물은 땅에서 끌어오지만 이산화탄소는 공기로부터 흡수해야 하므로 잎에 기체가 유입되는 구멍, 즉 기공이 있다. 기공이 열려 있기만 하면 이산화탄소가 잎으로 계속 들어올 수 있고 에너지도 얻을 수 있지만 그에 따른 대가를 지불해야 한다. 열린 기공은 귀중한 물을 증발로 날려버려 식물을 시들게 할 수 있기 때문이다. 이는 기온이 높을수록, 물이 부족할수록 더 심각한 문제가 된다. 하지만 플라이오세의 몇몇 식물군은 이런 문제를 이미 해결했다.[16]

빛을 양분으로 바꾸려면 몇 단계의 과정이 필요한데 관건은 루비스코RuBisCO라는 매우 비효율적인 효소다. 전 세계적으로 최대한 효율적으로 광합성을 할 필요가 있는 덥고 건조한 곳에서는 대안적 전략을 사용하는 여러 식물 종이 발견된다. 이 식물들은 깊숙한 곳, 즉 열린 기공과 멀리 떨어진 특별한 세포에 있는 루비스코 주변에 특정 화학물질을 집중시킨다. 그렇게 하려면 에너지가 소요되지만 전체 과정이 6배 빨라지므로 물을 절약할 수 있다.[17]

1,000만 년 전에는 이런 식물의 비율이 전 세계적으로 1% 미만이었다. 그런데 현대에는 전 세계 1차 생산성(광합성을 통해 얻는 새로운 에너지의 양)의 거의 50%가 독립적으로 이 공간적 당 합성 공정(C_4 광합성)을 발견한 약 60개 식물 그룹에 의해 수행된다. 옥수수, 수수, 사탕수수 같

은 초본류부터 퀴노아 같은 비름류에 이르기까지 많은 농작물이 여기에 포함되는데, 대기 환경이 변화함에 따라 확산되었다. 우리가 떠나온 극지방에 얼음이 있던 세계는 대기 중 이산화탄소 농도가 낮은 환경이었으므로 이는 매력적인 전략이다. C_4 식물은 열악한 영양 공급원이므로 이런 식물들이 널리 퍼졌다는 말은 변화하는 식물상에 따라 초식동물도 섭식 행동을 조정해야 했다.[18]

카나포이는 건조하고 탁 트인 덤불 지대와 관목 지대, 교목이 줄지어 있는 강변이 모자이크를 이루고 있는 만큼 식물 유형에 따라 서식하는 종들도 달라진다. 대부분 초식동물은 아직 C_4라는 새로운 혁신에 완전히 적응하지 못했다. 아프리카물소의 조상으로 추정하는 시마테리움*Simatherium*, 사향소의 친척인 마카파니아*Makapania*, 누와 하테비스트(사슴영양)의 초기 친척인 다말라크라*Damalacra* 등 몇몇 종들(아마 현대 생태계에서보다 훨씬 많을 것이다)은 나뭇잎도 먹고 풀도 뜯는 혼합 섭식을 한다. 앞서 보았던 카나포이기린, 즉 시바테리움 헨데이*S.hendeyi*는 목본 초식동물로, 호수와 강 주변의 관목과 교목만 먹지만 언젠가 그 후손은 초본식물도 먹게 된다. 이 카나포이기린은 큰 종이든 작은 종이든 긴 목으로 키 큰 나무의 우듬지를 독점하며 모두 목본 초식동물이다. 나무들 사이 너른 공간으로 나가면 임팔라와 세 발가락을 지닌 말이 고개를 숙이고 배회하는 0.5t짜리 혹 난 돼지, 잔뜩 들떠 있는 새끼 타조 무리가 함께 풀을 뜯고 있다. 여기에는 코끼리의 친척인 거대하고 코가 긴 장비목 동물들도 있는데, 그 규모가 어마어마하다.[19]

카나포이에 다양한 장비목 동물이 산다. 아프리카코끼리와 거의 구별이 힘들 만큼 가까운 친척인 록소돈타 아다우로라*Loxodonta adaurora*는 물론이고, 인도코끼리와 매머드의 사촌인 엘레파스 에코렌시스*Elephas ekorensis*도 있다. 나무들 사이에 짧은 다리로 위풍당당하게 활보하는 아난쿠스*Anancus*가 보이는데, 엄니가 거의 땅에 닿을 만큼 길고 곧게 뻗어서 마치 지게차 같다. 한편 뒤쪽을 향해 난 짧은 엄니로 나무 껍질을 긁는 데이노테리움*Deinotherium*도 있다. 대부분 현생 코끼리와 마찬가지로 목본식물을 먹지만 록소돈타 아다우로라는 초본식물을 먹는다. 록소돈타가 왜 먹이를 C_4 식물로 바꾸었다가 다시 목본식물로 돌아왔는지는 명확하지 않지만, 아마 장비목 종들 간의 치열한 경쟁 탓이었을 것이다. 나무가 드물어지고 사바나가 활짝 펼쳐지면 아프리카에는 풀을 뜯는 법을 배운 종의 후손만 살아남게 된다. 오늘날 아프리카코끼리는 생태공학자이자 진정한 삼림 관리자다. 아프리카코끼리는 자신들이 서식하는 숲 전체에 걸쳐 나무의 밀도와 높이를 제어하여 함께 살아가는 다른 동물들의 생태지위 공간을 규정하기 때문이다.[20]

카나포이에는 거대한 기린을 비롯해 10t짜리 데이노테리움, 초대형 수달, 특대형 돼지 같은 대형 초식동물로 가득하다. 이렇게 다양성을 유지할 수 있는 까닭은 풍부한 식량 자원 덕분이다. 로뉴문 호수 주변 지역은 지난 1,000만 년 동안 그 어떤 아프리카 화석 산지에서도 볼 수 없었던 속도로 빠르게 새로운 식물들을 키워낸다.[21]

케리오강 동쪽 강둑 지척에는 나지막한 관목 지대가 있다. 아카시아는 땅에 그늘을 만들고 그 사이사이 우듬지가 닿지 않는 곳에는 달팽이가 기어간 자국처럼 빛의 길이 나 있다. 땅은 말라 있고 천연 건초

목초로 덮여 있다. 뾰족한 가시로 무장한 대청가시풀 덤불은 솜털 달린 이삭을 늘어뜨리고 있다. 가늘고 성긴 쥐꼬리새풀은 싱싱한 잎들 위로 겨우 고개를 내밀고 강아지풀 같은 테트라포곤*Tetrapogon*은 수직으로 거칠게 뻗어 있다. 딱딱한 수피 조직과 옅은 곰팡냄새만 남아 있는 죽은 나무도 있는데, 줄기에 눈길을 끄는 상처가 나 있고 낮은 쪽에 움푹 팬 곳은 그 내부가 썩어 있음을 알려준다. 그 안에는 야행성 사냥개박쥐 가족이 잠들어 있다. 날이 저물어 칼새가 잠잘 곳을 찾아 더 높은 곳으로 날아오르면 이 박쥐들이 로뉴문 호수 위를 날아다니는 곤충들을 뒤쫓는 집요한 추적자 역할을 넘겨받게 될 것이다.[22]

투라코가 비명 같은 울음소리로 경고를 보내면 오스트랄로피테쿠스 무리가 들썩이기 시작한다. 풀잎을 씹던 호미닌들은 허둥지둥 일어나 커다란 겨울가시아카시아나무로 달려가 휘감긴 덩굴을 타고 넓게 펼쳐진 우듬지 사이로 올라가 숨는다. 오스트랄로피테쿠스는 두 다리만으로 걷고 뛸 수 있는 최초의 호미닌이다. 거대한 송곳니를 드러내며 사악한 미소를 띤 오스트랄로피테쿠스들은 나뭇가지를 부여잡고 공포와 분노의 대상을 굽어보고, 칼새는 끝없이 뱅뱅 원을 그리며 춤을 춘다. 이들을 위협하는 존재는 풀밭 바닥에 있는 비단뱀이다. 비단뱀에게 오스트랄로피테쿠스는 풍족한 한 끼 식사감이다.

오스트랄로피테쿠스는 직립보행을 하지만 현생인류와는 상당히 다르다. 몸에는 아직 긴 털이 나 있는데, 이 털은 나중에 장거리 달리기에 유리하게 적응하는 과정에서 사라지는 것으로 보인다. 얼굴도 아직 유인원에 더 가깝다. 턱은 앞으로 돌출되어 있고 머리는 짙은 눈썹 위로 경사진 이마를 따라 점차 왜소해지다가 두꺼운 목으로 이어진다. 가장 키가 큰 개체도 약 150cm에 불과하다. 침팬지와 비슷한 크기고 근육은 더 적으며 현생인류보다 남녀의 크기 차이도 훨씬 더 크다. 발은 아직 달리기에 최적화되어 있지 않다. 약간 안쪽을 향해 있는 오스트랄로피테쿠스의 발은 잠을 자러 나무에 올라갈 때 더 유리하다.[23]

주도권을 잃은 비단뱀은 강 쪽으로 일단 후퇴했다가 다시 비가 내리기 시작하면 돌무화과나무의 갈라진 줄기와 판근板根(일부는 땅 위에 나와 있고 일부는 땅속에 퍼져 있어서 버팀목 같은 역할을 하는 뿌리 – 옮긴이) 쪽으로 미끄러져 이동한다. 나무에 오른 오스트랄로피테쿠스들은 안정을 되찾았지만 너무 겁을 먹어서 곧바로 땅에 내려오지 못하고 나뭇가지에 남아 있다. 오스트랄로피테쿠스는 대개 부드럽든 질기든 식물성 양식을 먹는다. 푸석거리거나 딱딱한 정도는 아니었다. 그리고 C_4 식물도 아니었다.[24]

오스트랄로피테쿠스 아나멘시스는 침팬지나 보노보보다 사람에 더 가까운 최초의 종이다. 더 오래된 몇몇 다른 후보들도 있지만 그들이 침팬지에 더 가까운지 아니면 사람에 더 가까운지에 대해 논란이 있다. 그들이 침팬지보다 더 이른 시기에 우리 계통에서 갈라져 나왔는지에 관해서도 마찬가지다. 카나포이에서 오스트랄로피테쿠스 아나멘시스의 삶을 시작으로 이후 다양한 집단의 진화가 이루어졌고, 우리가 그 마지막 생존자가 된다. 유명한 화석 '루시'가 속한 종인 오스트랄로피테쿠스 아파렌시스가 바로 이 카나포이 호미닌의 직계 후손이다. 그들은 현재로부터 약 320만 년 전에 살았다.[25]

고대 아테네에서 테세우스의 배에 관한 사고실험 하나가 제안되었다. 테세우스의 배는 후세를 위해 보존되는 유물이다. 시간이 흘러 썩은 목재가 하나씩 교체되고 결국 애초의 자재는 하나도 남지 않게 되었다. 철학자 플루타르코스는 그럼에도 원래 배의 정체성이 유지되는지, 모든 자재가 교체되어도 그 배는 여전히 원래 배와 같은 배인지 묻는다. 그러고 나서 이 사고실험의 연장선상에서 또 다른 질문을 던진다. 제거된 목재에서 썩은 부분을 제거하고 재처리한 다음 그 자재로 배를 다시 건조한다면 두 배 중 어느 것이 원래의 배와 동일한 배인가? 둘 다 테세우스의 배가 가졌던 원래 정체성을 이어받았다고 말할 수 있는가?[26]

자연 세계를 분류하고자 최초로 시도할 때부터 지금까지 줄곧 인간은 나머지 생명체와는 구별되는 뭔가 다르고 특별한 존재로 분류되었다. 분류학적 명명의 문제는 그러한 이름이 생물군집과 마찬가지로 영속적이지 않다는 데 있다. 현대에 와서는 인류의 가장 가까운 친척인 침팬지속(침팬지와 보노보가 여기에 속함)과 인류가 분명하게 구별된다. 그러나 모든 종은 공통 조상을 가졌고 저마다의 계통은 테세우스의 배와 같다.

우리가 만일 침팬지와 사람의 조상이 각자의 길을 가기 전에 존재했던 유인원 개체군을 볼 수 있다면, 우리는 단 하나의 종만 볼 수 있을 것이고 그 종에 하나의 이름을 붙일 것이다. 새로운 종의 탄생은, 다른 곳에서는 그 조상 종의 중요한 모든 면면이 큰 변화 없이 유지되는 가운데, 고립된 한 개체군만 상대적으로 빠르게 변화하며 새롭게 '싹'

트는 현상에서 비롯될 때가 많다. 이러한 경우 상대적으로 덜 변화한 개체군에는 원래 이름을 계속 사용할 수 있겠지만, '새로운' 종의 관점에서 보자면 공통 조상 중에서 몇 세대째에 새로운 종이 출현했는지는 말하기 힘들다. 과거 어느 단편적 시점의 한 개체군을 새로운 종으로 규정하는 것은 오로지 지질학적 사후 판단에 의해서만 가능할 뿐이다. 하나의 종은 고정된 단일체가 아니라 끊임없이 변화하는 복수체이며, 한 종을 구성하는 개체군과 개체의 총합이다. 유전자는 그들 안에서 그리고 그들 사이에서 끊임없이 흘러 다닌다.[27]

우리 인간이 '인간을 인간이게 하는 요인'이라고 주장할 확실한 지점을 정의하기란 어려운 일이다. 우리를 다른 동물과 구별 짓는 것은 무엇일까? 인류는 어느 한순간에 갑자기 등장하지 않았다. 침팬지속이 될 개체군들과 사람속이 될 개체군들은 어느 날 갑자기 분리된 게 아니다. 두 개체군의 혼합도가 더는 유전자가 흐르지 않는 정도로까지 감소했을 뿐이다. 다른 모든 종과 마찬가지로 우리 종도 일련의 부분적 교체, 즉 개체들의 죽음과 탄생으로 끊임없이 변화한 개체군이 도달한 정점이다. 우리 종 또한 과거에서 현재, 미래로 이어지는 연속성을 가지고 모든 다른 생명체와 연결된 존재다.

'최초의 인간'을 규정하는 것은 기저에서 물이 끊임없이 흐르고 있는 고대의 강에 '이 지점 너머에는 인간이 없음'이라는 표지판을 망치로 때려 박는 것과 같다. 인간을 인간이게 하는 필수 요소란 존재하지 않으며, 본질적으로 인간이 아닌 부모에게서 태어난 피조물을 인간으로 만든 그 어떤 특징도 없다. 빨리 감기를 해서 시간을 점점 빠르게 돌리면서 오스트랄로피테쿠스 아나멘시스의 평균적인 공통 특징이 오스트랄로피테쿠스 아파렌시스의 특징으로 변화하는 과정을 좇다 보면, 특정 시간을 축으로 하는 종 개념이 중요하지 않거나 적어도 모호하다는 사실이 드러날 것이다. 시간 차원에서 보면 린네식의 계층 구분도 의미가 없다. 표지판 앞의 모든 지점은 비인간, 그 뒤의 모든 지점은 인간으로 규정하려고 아무리 노력해본들 강물은 멈추지 않고 흘러간다.[28]

표지판 대신에 자연이 만들어낸 표지, 즉 하천계가 분기하는 지점을 기준으로 삼을 수는 있다. 대륙이 갈라지면서 함께 갈라진 개울과 강은 다시는 만나지 못한다. 에티오피아와 케냐가 된 고지대에서 바위 하나에 가로막혀 물길이 갈라진다. 우연히 왼쪽으로 흘러간 물은 언덕 동쪽으로 내려가 로뉴문 호수와 만나고 결국 인도양으로 흘러나가게 된다. 오른쪽으로 흘러간 물은 서쪽으로 나아가 나일강 지류가 되고 북쪽으로 치달아 지중해에 이른다. 바위를 만나기 전에는 모든 물방울이 한데 뒤섞여 있지만 바위를 만난 후에 갈라진 두 물줄기는 영원히 만나지 못하게 된다.

바위를 막 지난 물에는 본질적으로 지중해의 특징이 전혀 없듯이 현생 침팬지속으로 가는 경로의 첫 번째 종에는 본질적으로 침팬지라고 할 만한 특징이 없으며, 현생 사람속으로 가는 경로의 첫 번째 종에도 본질적으로 사람이라고 할 만한 특징이 없다. 최초의 침팬지 친척과 최초의 인간 친척은 분명 현생 침팬지와 인간보다 더 비슷했다. 그러나 우리가 인류의 시작을 식별할 수 있는 지점을 콕 집어 말하려면, 즉 '이들이 최초였다'라고 말할 수 있는 표지를 설정하려면 침팬지속과 사람속의 분기가 다른 종들 사이의 차이만큼 이해가 되어야 하는데, 이것이 바로 고생물학자들이 사용하는 접근 방식이다.

오스트랄로피테쿠스 아나멘시스는 우리가 인류 종 흐름의 강에서 발견한, 현대에 존재하는 그 어떤 다른 생물보다 우리와 더 가까운 최초의 생물 중 하나다. 오스트랄로피테쿠스는 키가 약 130~150cm로 현생인류보다 작고 직립보행을 하지만 여전히 많은 시간을 나무 위에서 보내며, 인간 외 유인원처럼 아직 턱이 돌출되어 있다. 이들이 돌망치나 모루 같은 간단한 도구를 사용하는 침팬지만큼 유능했다는 점에는 의심의 여지가 없지만, 인간이 최초로 도구를 제작하기까지는 50만 년이 더 흘러야 한다. 남녀가 섞여 사회 집단을 이루고 산다는 점은 인간과 비슷해 보이지만 남녀의 체구 차이는 훨씬 크다.

오스트랄로피테쿠스 아파렌시스로 넘어가면서 송곳니 모양이 달라진다. 뿌리와 말단이 모두 작아지고 법랑질은 두꺼워진다. 턱은 더 넓어진다. 오스트랄로피테쿠스와 그 이후의 호미닌이 정확히 어떻게 성장하고 진화하여 우리를 낳게 되었는지는 잘 알려지지 않았다. 우리는 그 강의 경로를 아직 완전히 그려내지 못했고, 일부 경로는 물이 말라버렸거나 아무것도 남기지 않고 소실되었다. 하지만 호모 사피엔스는 동아프리카 열곡대에 있는 상류에서 그리 멀지 않은 곳에서 결국 나타난다.[29]

카나포이 요람에 있는 다른 여러 생물도 마찬가지다. 카나포이 평원에서 볼 수 있는 록소돈타 아다우로라*Loxodonta adaurora*는 현생 아프리카코끼리 록소돈타 아프리카나*L.africana*와 가까운 친척이지만 현대까지 계통의 명맥을 잇지 못했다. 카나포이 초지에서 풀을 뜯는 임팔라는 현생 임팔라와 비슷하고, 둘 다 동일하게 아이피케로스*Aepyceros*(임팔라속)에 속한다. 아마도 카나포이의 임팔라는 현생 임팔라의 직계 조상일 것이다. 카나포이의 기린도 현생 기린과 거의 똑같다. 키가 조금 작고 이마가 더 완만하지만 성큼성큼 걷는 걸음걸이나 볼품없이 긴 목을 보면 영락없는 기린이다.[30]

물론 많은 변화가 그사이에 일어나고 여러 종이 사라진다. 생물들이 적응하고 진화하는 과정에서 생태지위 공간도 이동하고, 그러다 보면 일부는 겹치고 서로 경쟁하게 된다. 어떤 이들은 정황상 동아프리카의 곰수달이 결국 멸종에 이른 것이 호미닌 때문이라고 추정한다.* 사람속이 등장하고 호미닌의 생태에서 도구가 그 어느 때보다 중요해지면서 순수한 초식을 하던 오스트랄로피테쿠스와는 섭식이 달라진다는 주장이다. 전에 없던 육식동물의 생태지위는 곰수달을 비롯한 동아프리카의 다른 육식동물들과 호미닌을 충돌하게 한다.

동아프리카 열곡대의 암석들은, 현재로부터 200만 년 전에 대형 육식동물의 수와 다양성이 절정에 도달했다가 최초 사람속 종이 출현하자마자 쇠퇴했음을 기록하고 있다. 현재까지 살아남은 대형 육식동물은 대형 고양잇과나 하이에나, 들개처럼 전적으로 육식만 하는 동물들인데, 사나운 대형 초식동물들을 먹는다. 수달, 곰, 거대 사향고양이

* 이 가설에는 논쟁의 여지가 있다. 데이터가 충분하지 않기 때문이다. 그러나 경쟁적 배제 원리는 엄연히 실제 사례들이 존재하는 일반 생태학 원칙이다. 예를 들어 약 2,000만 년 전에 대형 고양잇과 동물들이 북아메리카로 건너오면서 보로파구스아과borophagine(개의 친척으로 초육식성 동물)가 사라졌다.

처럼 사라진 육식동물은 식물, 연체동물, 물고기, 과일 등을 두루 먹는 잡식성이다. 이는 우리가 차지하게 되는 생태지위와 정확하게 일치했다. 이러한 설명이 옳다면 아마도 카나포이의 곰수달의 경우는 호미닌이 야기한 최초의 멸종 사례가 될 것이다.[31]

자연 애호가는 흔히 태고의 자연 에덴동산과 현대의 도시경관이라는 이분법으로 세계를 본다. 자연 애호가는 인간을 외부의 힘, 이상적 '자연'과는 분리된 존재, 야생을 경험하기 위해 벗어나야 할 굴레, 이 세계에 파괴적 힘을 가할 줄만 아는 존재로 본다. 이는 인간이 본래 자연의 산물임을 부정하는 관점이다. 인간은 출현한 이래로 줄곧 생태지위를 개척하기 위해 분투했다. 인간의 생태공학자 노릇도 그러한 노력 중 하나다. 인간은 생물학적으로 필요로 하는 바에 맞게 이 세계를 바꾸어 서식지를 개조해왔다.

카나포이는 우리의 터전이라고 할 만한 최초의 세계 중 하나다. 대륙이 현대와 거의 같은 위치에 있으며, 전 세계가 시원한 얼음으로 덮여 있다. 플라이오세 지구는 현대가 속한 최근의 간빙기와 유사하다. 카나포이는 인류에게만 요람이었던 것은 아니다. 우리는 하이에나, 제넷고양이, 몽구스, 들고양이 같은 육식동물과 함께 동아프리카의 생태적 다양성에서 혜택을 본 여러 과科, family 중 하나이자 최초의 아프리카 토착 포유류 생태계의 일원일 뿐이다. 발굽이 있는 포유류 중에서는 얼룩말, 누, 코끼리, 영양, 기린은 모두 카나포이의 로뉴문 호수 기슭에서 조상의 흔적을 찾을 수 있다. 심지어 영장류 중에서 호미닌만 카나포이를 고향으로 삼았던 게 아니다. 다리가 가늘고 길며 맹거베이원숭이를 닮은 초기 개코원숭이도 여기에 살았다. 카나포이는 또한 동시대 아프리카 화석 산지 중에서도 독보적으로 수생 조류와 공중 조류가 다양했다. 이곳이 이렇게 독특한 장소가 된 것은 로뉴문 호수 덕분이다.

서쪽 구릉에서 흘러내려오는 강물은 진주담치가 깔린 로뉴문 호수 바닥에 광물들을 가져와 땅을 비옥하게 하여 토지 생산성을 높인다. 이러한 광물 유입은 유익하다고도 할 수 있지만 궁극적으로는 카나포이를 파괴한다. 계속해서 실트가 쏟아져 내려와 쌓이면 호수 바닥이 점점 높아져서 물이 말라붙어버린다. 결국 이 호수는 10만 년밖에 유지되지 못한다. 그러나 로뉴문 호수와 이곳의 거주자들은 아주 완전히 사라지지 않는다. 호수가 말라버린 지 50만 년이 지나면 아프리카대륙의 균열로 다시 공간이 열려 새로운 호수가 생기고 최초로 도구를 사용하는 호미닌 케냔트로푸스*Kenyanthropus*가 이 로코코트 호수를 보금자리로 삼는다. 이 호수에도 실트가 쌓이지만 진흙 바닥에서 또다시 로레니앙 호수가 생긴다. 그리고 사람속 최초의 종인 호모 하빌리스가 그 호안에 살게 된다. 호수들의 수명은 대체로 짧지만 로레니앙 호수는 거의 50만 년 동안 유지된다. 로레니앙 호수가 범람원으로 변하고 150만 년이 지난 후, 즉 현재로부터 약 9,000년 전에 오늘날 투르카나 호수가 만들어지기 시작한다. 이때도 우리 선조들이 여전히 살고 있는데, 바로 호모 사피엔스다. 호모 사피엔스는 케리오강의 경로를 바꿔 수수와 옥수수 같은 C_4 식물 경작지에 물을 댔다.[32]

칼새는 여전히 케리오 계곡 위를 선회하고 장다리물떼새와 황새는 대열곡 호수 가장자리를 따라 거닐고 있다. 동아프리카는 대형 초식동물이 밀집해 살기에 여전히 지구상에서 가장 적합한 환경이어서 실제로 이곳에 사는 초식동물들은 지금도 매우 다양하다. 그런데 이 다양성은 이 지역의 더 큰 문제를 감추고 있다. 인도, 오스트레일리아 동부, 북아메리카 오대호 연안에도 똑같이 초식동물들이 살기 좋은 핫스폿이 존재하지만 마땅히 존재해야 할 대형 초식동물이 없다. 케냐의 풍요로운 환경에서도 대형 초식동물 군집은 심각한 위협을 받고 있다. 시바테리움, 곰수달, 초대형 돼지, 시미타고양이 등 플라이오세를 풍미했던 거대한 짐승들은 이미 오래전에 사라졌다. 지금 살아남아 있는 동물들의 생존을 보장할 고유한 특성이라는 것도 마땅히 존재하지 않는다. 그러나 지금도 동아프리카 열곡대에는 우리 인간이 서서히 출현할 수 있었던 환경을, 아주 최근에 사라진 친숙한 과거를 보여주는 흔적이 남아 있다. 지구라는 행성은 우리가 등장하기 훨씬 전부터 존재했을 테지만 카나포이는 인간이 터전으로 삼았다고 주장할 수 있는 최초의 세계다.[33]

"우리의 설명은 해가 지는 곳이자
대서양이 내해로 쏟아져 들어오는
가데스해협에서 시작한다."
- **플리니우스, 《박물지》**

"나 그대를 영원히 사랑하리, 온 바다가 다 마를 때까지."
- **로버트 번스, 〈붉고도 붉은 장미** A Red, Red Rose**〉**

3

홍수

이탈리아 가르가노

533만 년 전 마이오세

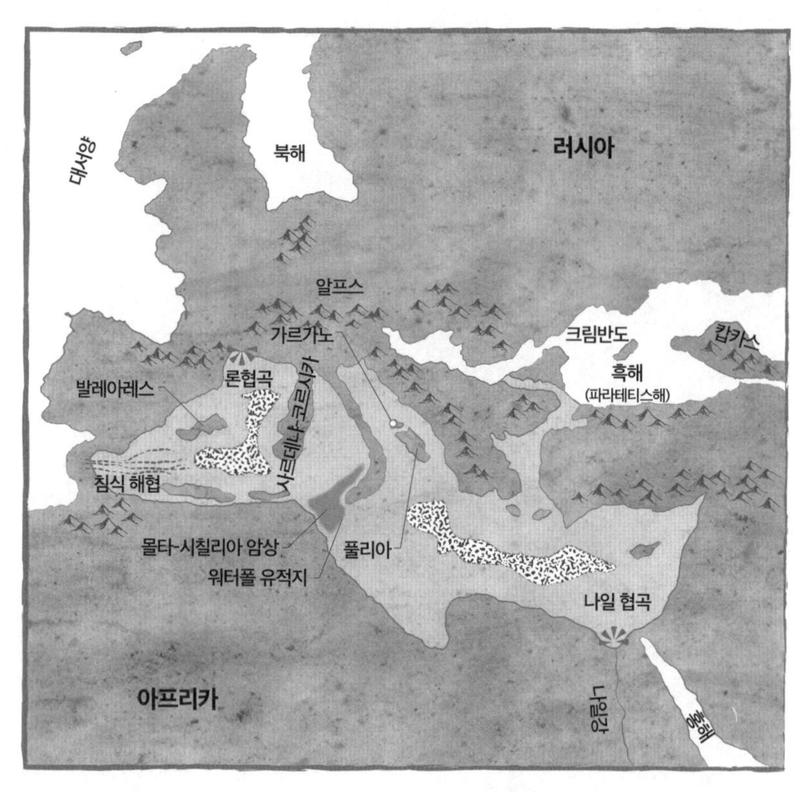

지도3 533만 년 전 지중해 분지

상승하는 뜨거운 바람으로 공기가 어른거린다. 절벽 끝에서 향나무의 달큼한 냄새가 풍겨온다. 삼나무 가지들은 쇠꼬리처럼 부드럽게 한들거린다. 귀뚜라미의 노랫소리와 소금 냄새가 미풍을 타고 저녁녘에 스며든다. 눈앞에 보이는 것은 오직 하늘뿐이다. 열기가 만든 1km에 달하는 굴절 때문에 분간하기 힘들지만 저 아래에는 흙색과 흰색으로 펼쳐진 평원이 있다. 강줄기가 거칠게 잘라놓은 메마른 땅은 나아가는 강에 의해 더 깊은 심연을 만들어낼 것이다. 그 너머에는 허허벌판이 수평선까지 지루하게 이어져 있다. 반대쪽에서는 저물어가는 태양이 흐릿한 산등성이로 떨어지고 있지만 시야의 한계 때문에 거의 보이지 않는다. 협곡으로 갈라진 이 평원은 오늘날 아펜니노산맥이 된다. 그 너머에는 이곳과 비교도 할 수 없을 만큼 거대한 강 절단면이 있다. 깊고 가파른 론협곡은 현대의 그랜드캐니언보다 몇 배는 더 깊고 더 넓다. 대륙 하나와 바다 하나 너머에서는 콜로라도강이 이제 막 그랜드캐니언을 깎아내기 시작했다.[1]

지금 우리는 현재로부터 500만 년 이상 거슬러 올라가 마이오세 말의 가르가노에 서 있다. 앞으로 1년 남짓 안에 이곳의 돌들이 소용돌이치는 소금물에 씻기리라고는 생각하기 힘들다. 이곳에 홀로 당당하게 우뚝 솟은 산이 생긴다. 그리고 이곳의 하늘은 무형의 공기 속으로 배를 띄워 보내 무역과 전쟁의 중심이 된다. 수천 년 동안 사람과 군대, 사상과 상품이 모여들게 되지만 지금은 이 모든 것을 상상하기 힘들다. 이 절벽 꼭대기는 지중해에 둘러싸인 석회암 곶이 되어 어부들의 마을을 품게 되지만, 마이오세 말인 지금은 물이 빠지며 메마른 동시에 지하 수 킬로미터까지 염분기가 남아 있어 생명체가 살기 힘든 분지일 뿐이다. 동서로는 레반트에서 지브롤터까지, 남북으로는 북아프리카 해안에서 알프스까지가 오늘날 지중해가 된다. 하지만, 지금 우리 앞은 모두 마른 땅이다.[2]

이번이 처음도 아니다. 일찍이 아프리카와 아라비아 아래의 지각판이 북쪽으로 밀리면서 위세 좋던 테티스해는 점점 더 좁아지고 아프리카-아라비아, 아시아, 유럽 사이의 작은 폐쇄해로 오그라들었는데, 이것이 오늘날 지중해다. 이 바다와 지구상의 나머지 대양을 이어주는 유일한 통로는 현대의 스페인과 모로코 사이 지브롤터해협이라는 좁은 틈뿐이다. 100만 년에 걸쳐 지구의 판들이 밀리면서 주기적으로 이 틈을 좁혔고 이는 환경에 급격한 변화를 초래했다.[3]

남쪽과 동쪽은 기온이 높고 고인 물이 거의 없다. 비가 좀처럼 내리지 않으며 그나마 내린 비도 강까지 도달하기 전에 다 증발해버리기 때문이다. 북쪽은 상황이 낫지만 아주 조금 나을 뿐이다. 시에라네바다산맥, 알프스산맥, 디나르알프스산맥 등 유럽 산맥들의 위치를 보면 그 북쪽에 훨씬 더 많은 육지가 있다는 것을 알 수 있다. 바다와 산 사이 띠 모양의 땅은 좁고 강우량도 적어서 지중해로 흘러들어갈 만한 빗물이 모이지 않는다. 아프리카와 유럽의 큰 강 중 일부가 지중해로 흘러나가기도 하지만 큰 강줄기는 거의 없다.

지중해로 흘러들어오는 모든 강 중에서 물 배출량이 유의미한 강은 분당 약 60만m^3(런던의 로열앨버트홀을 일곱 번 채울 수 있는 양)의 물을 내보내는 나일강, 포강, 론강뿐이다. 어떤 형태로든 지중해에 더해지는 담수의 총량은 연간 약 600km^3로, 네스호 80개를 합한 양이다. 많은 양이라고 생각할 수도 있겠지만 뜨거운 기후가 빠른 속도로 해수를 증발시킨다. 한 해 4,700km^3의 증발량은 이 강물 유입을 무색하게 만든다. 지중해와 흑해 사이 좁은 통로인 보스포루스해협은 아직 존재하기 전이며, 높은 곳 하나가 지중해와 파라테티스해(루마니아에서 중앙아시아에 이르는 더 작은 바다)를 분리하고 있다. 물 흐름의 불균형은 좁은 지브롤터 해협을 통해 일정하게 밀려들어오는 유입에 의해서만 해소될 수 있다. 마이오세의 마지막 70만 년 동안 그랬듯이 이 해협이 이따금씩만 열리며 바다는 단 1,000년 안에 거의 다 소실된다. 남아 있는 것은 지중해 동부의 작은 호수 하나뿐이다. 이 호수의 물은 튀르키예와 시리아에서 흘러나오는 수계에서 공급된다.[4]

지중해에서 흘러나오는 엄청난 양의 물은 전 세계 해수면을 상승시킨다. 강물은 해발 4km 아래 계곡 바닥의 소금 호수로 흘러들어가서 끊임없이 증발하여 사라지고 섬은 산이 된다. 이곳은 전 세계에서 가장 낮은 땅이다. 심연으로 하강할수록 점점 무거워지는 대기의 무게 때문에 바람이 절벽에서 떨어지듯 아래쪽으로 분다. 공기 주머니가 아래로 이동하면 기압이 상승한다. 압력의 증가로 연소 기관 안의 공기처럼 기단이 수축, 가열된다. 바람이 1km 내리 불 때마다 온도는 약 10°C씩 상승한다.

마이오세 말은 지구 역사상 가장 시원한 시기지만 더운 여름날 계곡 바닥 4km의 최고 기온은 생지옥을 방불케 하는 80°C까지 올라갈 수 있다. 이는 현대 캘리포니아 데스밸리에서 기록된 최고 기온(2021년 여름 폭염 당시 54.4°C를 기록했다 – 옮긴이)보다도 25°C 더 뜨거운 온도다. 이 지중해 바닥은 소금으로 형성되었으며 깊이는 3km가 넘는다. 여기에 깔린 반짝거리는 석고와 염화나트륨의 총 부피는 100만km^{3}가 넘는다. 극한 생물extremophile(다른 어떤 생명체도 살아갈 수 없는 곳에서 번성하는 미생물) 외에는 아무것도 지중해 계곡 바닥에서 살아남지 못한다.[5]

인간의 관점에서 지중해의 물은 유럽, 아시아, 아프리카의 문화를 한데 모으고 육상 교통보다 훨씬 빠르게 도시와 문명을 서로 연결해주는 교통로였다. 그러나 육상동물에게 바다는 장벽이다. 절대로 통과하지 못할 장애물은 아니지만 물은 사막처럼 드넓은 육상 장벽보다도 훨씬 더 군집의 이동을 더디게 하며 고립을 야기하기도 한다. 그런데 바다가 물러난 것이다. 이는 연약한 섬 생태계가, 즉 고지대 봉우리들 사이 상대적으로 높은 지대가 서로에게 노출되었다는 뜻이다. 발레아레스제도(마요르카섬, 메노르카섬, 이비사섬, 포르멘테라섬)는 약 1km 깊이의 평원으로 연결되어 있는데 이 평원은 서쪽으로는 스페인 본토, 북쪽으로는 프랑스와 론협곡 지역에 이른다. 사르데냐섬과 코르시카섬도 이와 유사하게 이탈리아 북부와 연결되어 있다. 시칠리아섬과 몰타섬은 아펜니노산맥의 높은 줄기를 타고 아프리카와 유럽을 잇는다. 크레타섬에서 로도스섬에 이르는 헬레닉 열도는 아직 현대 높이만큼 올라오지

못했지만, 평평한 용암대지로 이루어진 키프로스섬은 영광스럽게 홀로 서 있다.[6]

이곳 가르가노는 홀로 서서 아드리아해를 수호하는 탄산염 망루다. 고대 석회암 산괴로, 이탈리아의 능선과 떨어져 있다. 최근까지 이곳도 유럽의 나머지 땅과 분리된 섬이었다. 고립된 상태로 진행된 진화는 이곳을 난쟁이와 거대 동물의 나라로 만들었고 그 독특한 풍경은 지금 영원히 사라질 위기에 처해 있다. 지중해가 물러나 본토로 가는 길이 열리기 전 수백만 년 동안 이곳은 인근의 스콘트로네와 아주 잠깐씩만 연결되는 섬이었다. 처음에는 울창하고 비옥했다. 하지만 큰 수역이 없다 보니 증발하여 비를 내려줄 물이 없어 점점 더 건조해졌다. 계절에 따라 개울이 흐르기도 하지만 호수나 고인 물은 없다. 삼나무는 바위 비탈 위로 날개를 펴듯 너른 그늘을 드리우고, 더 깊은 골짜기에는 겨우 가지 끝의 잎만 푸른 산솔송나무 군락이 버티고 있다. 강우량 감소는 일부 침엽수에 치명적이어서 더 건조한 암석 노출부에는 피스타치오와 회양목, 구부정한 캐러브와 울퉁불퉁한 올리브 등 관목만 남았다. 모두 가뭄에 열매를 맺는 나무들이다.[7]

초목 사이로 회백색 머리가 파도처럼 오르락내리락 춤을 춘다. 10여 마리의 거대 거위 무리다. 옅은 색의 다 큰 거위들과 그 아래로 짙은 색의 새끼들이 있다. 새끼들은 태어난 지 얼만 안 되어 보인다. 거위 중 가장 큰 녀석은 무게가 혹고니의 2배나 나간다. 가을에 거위들의 유일한 목적은 먹이를 찾는 것이다. 거위와 오리는 악명 높은 대식가다. 모이주머니가 가득 찰 때까지 포식하려는 본능이 있다. 오늘날 프랑스

농장에서는 이를 악용하기도 하지만 이곳 야생에서는 목적에 부합하는 습성이다. 거위는 먼 거리를 이동하고자 하는 충동으로 몸집을 키운다. 장거리 여행에는 막대한 에너지가 필요하기 때문이다. 하지만 거위는 아무 데도 가지 않는다. 엄청난 크기와 상대적으로 작은 날개는 거위가 섬에 사는 다른 많은 새와 마찬가지로 날지 못한다는 사실을 보여준다. 하지만 조상으로부터 물려받은 폭식의 본능은 남아 있다. 이 때문에 겨울이 다가오면 거위는 여지없이 뚱뚱해진다.[8]

가르가노에는 본토에서 생쥐나 겨울잠쥐처럼 조상 대대로 체구가 작았던 동물들이 부표식물을 타고 건너오거나 새들이 날아와서 이주한 동물들의 서식지가 된 것으로 보인다. 이런 유형의 식민지화는 대개 우연히 일어난다. 본토 생물 중 무작위로 뽑힌 종들이 섬을 독식하기 마련이다. 물이 빠진 짧은 기간 뭍에서 건너온 동물에게 식민지화된 섬도 있다. 발레아레스제도 같은 몇몇 섬에는 더 큰 동물들이 서식하는데, 이들은 건조할 때 걸어 들어왔다가 해수면이 다시 상승하면서 고립되었을 것이다. 섬 생태계는 본토 생태계의 하위 표본이지만 본토 생물군집의 특성을 그대로 반영하기보다는 불균형적이고 독특한 특징을 보일 때가 많다. 먹이사슬의 압력은 그러한 불균형을 심화한다. 피식자 개체군의 크기가 작다는 것은 곧 육식동물의 생계유지가 만만치 않다는 뜻이어서 가르가노에는 육식성 포유류가 거의 없다. 고양이나 족제비도 없고, 개, 곰, 하이에나도 없다. 조수가 백악질 해변을 드나들던 수백 년 전만 해도 작은 수달 군집이 있었다. 아마 지금도 이곳 어둡고 축축한 산기슭 어딘가에 살아남아 있을지도 모른다.[9]

이들 포유류가 없으면 대형 포식자와 대형 초식동물의 역할을 조류가 대신한다. 공룡이 지배하던 풍경이 재현되는 셈이다. 칼새나 비둘기 등 새 다수는 다른 곳에서 온 방문객으로 잠시 이 섬의 풍경 속에 들어왔다가 이내 가버리는 존재지만 토착종들도 생겼다. 이 섬 최대의 초식동물은 날개가 짧은 거위, 즉 가르가노르니스*Garganornis*('가르가노의 새'라는 뜻)다.

가르가노르니스 두 마리가 서로를 공격한다. 아마도 한 먹이를 차지하던 서로의 존재를 뒤늦게 안 모양이다. 유도 선수처럼 날개를 펴고 저음으로 끼룩거리더니 가격을 막기 위해 서로의 날개를 물려고 한다. 싸움은 시작하자마자 끝난다. 더 작은 거위는 패배 원인을 곱씹는다. 무리 근처에서 다른 한 마리가 날개를 축 늘어뜨린 채 숨어 있다. 오리나 거위, 고니가 다 그렇듯이 가르가노르니스도 싸울 일이 거의 없지만 날개로 한 대 제대로 가격하면 뼈를 산산조각낼 수 있다. 가르가노르니스는 날개 연결 관절에 깃털 아래로 툭 불거진 뼈마디가 숨어 있다. 깃털로 장식한 철퇴를 가지고 다니는 셈이다. 거위들은 먹이를 두고 경쟁하다 어느 쪽도 물러서지 않을 때 이 무기를 사용한다.[10]

멀리서 들리는 가냘픈 휘파람 소리는 맹금류 포식자의 존재를 알린다. 구름 한 점 없는 하얀 하늘(바다가 물러난 이후로 여름에는 거의 비가 내리지 않는다)을 배경으로 독수리처럼 뭉툭하고 휘어진 날개가 허공으로 치솟으며 윤곽을 드러낸다. 글라이더의 느릿한 날갯짓과 유독 구슬픈 울음소리, 그 그림자의 주인은 이 섬에서 가장 큰 육식 공룡에 해당하는 가르가노아이투스 프레우덴탈리*Garganoaetus freudenthali*('프로이덴탈의 가르가노독수리'라는 뜻이다)다. 이 섬에는 토착 '독수리' 두 종이 있는데, 정확하게 말하자면 말똥가리의 조상과 그 인접 종이며 가르가노독수리는 검독수리보다도 큰 초대형 조류다. 뉴질랜드의 포우아카이pouākai에 댈 정도는 아니지만 가르가노독수리는 역사상 실존했던 가장 큰 맹금류에 속한다. 포우아카이는 플라이스토세에 모아새 사냥꾼이었는데, 양 날개를 펴면 그 폭이 3m에 달하는 독수리다. 포우아카이는 그 무시무시함 때문에 멸종 후에도 오랫동안 마오리족의 전설로 남아 있다. 가르가노에서 거위는 독수리를 걱정하지 않는다. 거위도 충분히 크고 충분히 강하기 때문이다. 독수리의 눈이 향하는 먹잇감은 따로 있다.[11]

후두둑 잔가지가 갈라지는 소리와 함께 관목 사이로 삐죽삐죽하게 생긴 얼굴 하나가 나타난다. 성인 키의 절반도 안 되는 작은 사슴처럼 생긴 동물인데 목을 축이려는지 덤불 사이로 강물을 향해 고개를 숙인다. 머리는 왕관을 쓴 듯 여러 개의 뿔로 장식되어 있어서 조아리는 자세와 어울리지 않는다. 뿔은 총 5개다. 귀 사이에 긴 뿔 2개가 있고 두 눈썹 위에 짧은 뿔 하나씩이 바깥쪽을 향하고 있으며 두 눈 사이에도 인상적인 긴 뿔이 하나 있다. 제왕처럼 꼿꼿이 고개를 치켜들자 적갈색 털 위로 흰 단검 같은 송곳니가 저녁 햇살에 반짝인다. 호플리토메릭스Hoplitomeryx('무장한 사슴'이라는 뜻)는 동시대 다른 동물들과 마찬가지로 검치가 있다. 이 커다란 송곳니는 사냥용이 아니다. 검치가 있는 현생 사향노루나 고라니처럼 호플리토메릭스도 대개 자기들끼리 싸우는 데 이 검치를 사용한다. 호플리토메릭스는 암컷의 발정기가 다가오면 수컷이 짝을 찾기 위해 검치와 뿔을 최상의 상태로 유지한다.[12]

그림3 호플리토메릭스 마테이

뿔, 사슴뿔, 기린과 동물의 인각이 모두 하나의 진화 사건에서 기원한 것으로 보이기는 하지만, 호플리토메릭스의 뿔은 사슴뿔antler이 아니라 케라틴 재질의 뿔horn이다. 해마다 탈각되고 새로 자라나는 특수한 외부 뼈 조직인 사슴뿔은 마이오세 말에 비교적 신상품에 해당한다. 아시아에서 동유럽 푸른 초원을 건너온 사슴들은 단순하고 기능적인 일자형부터 여러 갈래의 장식적인 형태까지 다양한 사슴뿔을 실험한다. 매년 새로운 뼈가 자라려면 엄청난 양의 칼슘이 필요하다. 오죽하면 현대 헤브리디스제도의 붉은사슴은 봄에 슴새의 번식처인 굴 바깥에서 기다리다가 갓 땅에 나온 새끼들을 먹어치워서 그 뼈에서 칼슘을 얻는 것으로 알려져 있고, 북아메리카의 흰꼬리사슴은 작은 명금류 새끼들을 잡아먹는 포식자로 악명이 높다.[13] 사슴뿔은 값비싼 신상품이다.*

호플리토메릭스의 뿔은 양이나 소의 뿔에 가깝다. 안쪽에는 뼈로 이루어진 심이 있지만 겉은 케라틴 재질로 영구히 싸여 있다. 뿔 5개는 배치가 독특하다. 이 뿔은 무기인 동시에 성선택 형질이기도 해서 전 세계 곳곳에서 다른 기괴한 모양의 뿔이 발견된다. 신테토케라스아과synthetocerines는 마이오세에 북아메리카에 살던 사슴 같은 동물로 코 위에 아주 긴 뿔이 하나 있는데 바비큐 포크처럼 끝이 갈라져 있어서 마치 곡예사가 물구나무를 선 채 균형을 잡는 모양처럼 생겼다.[14]

가르가노의 검치 사슴들은 침엽수들의 엄호 아래 연한 잎과 줄기

* 그러나 이점도 있다. 사슴뿔은 암세포와 매우 유사한 메커니즘으로 성장하지만 사슴은 그러한 성장을 억제할 수 있다. 그 덕분에 사슴의 암 발병률은 다른 야생 포유류와 비교하면 20%밖에 안 된다.

를 찾아 보통 홀로 먹이 활동을 한다. 저 위를 떠도는 가르가노독수리가 그들을 노리는 주된 포식자이기 때문이다. 머리에 달린 뿔들은 과시용이 아니다. 2개는 눈, 2개는 목, 나머지 하나는 코뼈 위에 있어서 독수리 같은 맹금류 포식자들이 공격하기 쉬운 곳을 보호해준다. 호플리토메릭스가 가르가노아이투스에게 죽임을 당하는 일은 대개 발정기 때 작은 무리를 이루어 위험을 무릅쓰고 수풀 바깥까지 나가면서 발생한다. 그런데 섬이 건조해지자 이 사슴들이 먹잇감이 되는 일이 더 흔해졌다. 호플리토메릭스를 보호해줄 수목이 줄고 있기 때문이다. 하지만 희생당하는 것은 새끼들뿐이다. 호플리토메릭스의 성체는 최소 10kg이어서 날개 길이가 2m인 새라고 해도 감당하기 힘든 무게다.[15]

독수리의 위협이 없다고 해도 한낮의 열기가 남아 있는 동안에 몸을 숨길 곳이 있다는 것은 고마운 일이다. 가르가노곶은 중생대 석회암의 융기로 형성되었는데 수백만 년 동안 바위가 빗물에 서서히 녹고 침식되면서 동굴계가 만들어졌다. 물이 땅에 흡수되고 스며들어가면서 이 동굴 무리는 부드러운 은빛 탄산칼슘층으로 코팅되었으며, 점적석 기둥과 종유석 커튼, 바닥의 균열이 형성되었다. 습하고 시원하고 축축한 이 동굴 무리는 모두에게 피난처인 동시에 무덤이다. 이와 같은 카르스트지형은 지표면의 작은 균열이 점점 커지고 또다시 갈라지고, 동굴을 만들고 수로를 집어삼키면서 오랜 시간에 걸쳐 형성된다. 그 과정에서 온갖 동물 유해가 주변의 자갈이나 파편과 함께 지하의 강과 개울에 씻긴다. 이는 석회암 가루에 덮이거나 가루로 채워지거나 가루들에 의해 변형된 채 바위틈에 갇혀 보존되는 일이 많다.[16]

가르가노곶은 수백만 년 동안 수면 위에 있었지만 사실은 그 자체가 바다의 일부다. 이 반짝이는 석회암 땅은 완전히 사라진 대아드리아라는 대륙의 대륙붕에 속해 있던 곳이다. 지질학적으로 아프리카의 일부였다가 현재로부터 약 2억 년 전에 분리된 대아드리아는 좁은 해협을 사이에 두고 남유럽에 자리 잡고 있었다. 현대의 가르가노가, 더 넓게는 풀리아, 칼라브리아, 시칠리아까지가 한때는 그린란드 크기였던 이 대륙의 가장자리로 심해에 잠겨 있던 곳이다. 대아드리아였던 판은 아프리카와 유럽을 하나로 합하고 지중해를 마르게 한 장기 충돌 때 그 사이에 끼어 회전했다. 지금은 대부분이 1,000km 깊이의 알프스산맥 지각 아래 파묻혔다. 오늘날에는 사라진 대륙의 단편들만이 스페인에서 이란에 이르는 해안에 점점이 흩어져 있다. 유럽의 남쪽 가장자리를 따라 형성된 수천 개의 동굴과 그 벽에 박혀 있는 바다 달팽이와 조개의 석회질 껍데기 화석은 대아드리아의 마지막 잔재다. 그 화석들은 플랑크톤의 미세한 유백색 껍데기로 이루어진 일종의 망 안에 갇혀 있다.[17]

검은 얼굴을 한 명금 한 마리가 월계수 아래 열은 그늘에서 감미로운 황혼의 곡조를 노래하기 시작한다. 동굴로 들어가니 서늘하다. 공기는 종유석이 풍기는 축축한 사향 냄새로 가득하다. 바닥에는 티토 기간테아*Tyto gigantea*라는 거대 원숭이올빼미 똥이 떨어져 있다. 더 들어가면 토착종인 초대형 겨울잠쥐, 거대한 생쥐, 황제우는토끼의 뼈들이 보인다. 산토끼와 토끼의 친척인 오늘날의 우는토끼는 산에 살고 아주 작지만 이 시대의 황제우는토끼는 거대하다. 가르가노에 사는 동물은 다 크기가 이상하다. 본토에 사는 원숭이올빼미의 친척은 부리에서 발까지의 길이가 약 30cm밖에 안 되지만 이곳의 거대 원숭이올빼미 몸길이는 1m나 된다. 수리부엉이에 맞먹는 크기다. 우는토끼도 본토의 가까운 친척보다 훨씬 더 크다. 수적으로 가르가노의 우점종이라고 할 수 있는 생쥐도 1~2kg까지 나간다. 크기로 말하자면 초대형 거위와 독수리도 빼놓을 수 없다. 거구가 아닌 동물은 검치 사슴이나 고립되다시피 한 개체군인 소형 악어처럼 유난히 작다. 이 작은 악어들은 아프리카에서 헤엄쳐 왔다가 물이 없는 부적합한 환경에 갇힌 상태다.[18]

섬 왜소화island dwarfism는 섬에 서식하는 동물이 다른 곳의 절반 크기로 작아지는 경향을 뜻하는데, 루마니아 하체그의 백악기 화석 산지에서 처음 발견되었다. 가르가노의 석회암 동굴이 유럽의 바다 밑에 가라앉을 때 하체그는 상당히 큰 섬이었고 거기에 왜소한 공룡들이 살고 있었다. 그 공룡들의 작은 체구는 섬의 자원 부족에 기인한 것으로 알려져 있다. 거대한 동물은 섭취할 수 있는 영양분이 제한적인 상황에서 생존할 수 없다. 이는 공룡처럼 큰 동물에게만 해당하는 사항이 아니다. 보통 포식자가 없는 상황에서 하마나 코끼리 같은 대형 초식동물은 시간이 지남에 따라 먹이가 부족해지고 그러면서 체구가 작아진다. 가르가노에서 사슴도 마찬가지다. 다른 곳에서라면 큰 체구가 포식자에게서 자신을 보호해줄 장치가 되었겠지만 여기서는 그럴 필요가 없기 때문이다. 하지만 열량이나 수분을 비축하기 쉽지 않은 작은 동물 개체군은 크기를 키우는 게 자원이 희소한 시기에 살아남는 데 유리하다. 모든 생물학 규칙이 그렇듯 예외는 있지만, 이러한 패턴은 마이오세 지중해 섬들뿐만 아니라 진화 역사 내내 전 세계 섬들에서 반복되었다. 마이오세에 들어와서는 전 세계 섬들에 초대형동물이 서식한다. 뉴질랜드에는 키가 1m나 되는 날지 못하는 앵무새가 살고 마다가스카르에서는 키가 3m에 달하는 코끼리새(오늘날 살아 있는 동물 중에는 자그마한 키위와 가장 가까운 친척이다)가 돌아다닌다.[19]

지중해에 있던 여러 산에서 작은 초식 포유류의 생태지위는 왜소화 또는 거대화한 동물이 차지했고 산이 섬으로 고립되면서 그들에게 식민화되었다. 가르가노의 호플리토메릭스 무리가 바로 그런 경우다. 마요르카섬에서는 불안한 시선으로 정면을 응시하는 초소형 염소가 회양목을 먹어치운다. 회양목은 독성으로 악명이 높다. 알칼로이드 화합물이 다량 들어 있어서 포식자 대부분을 막아준다. 그러나 미오트라구스*Myotragus*라는 염소는 강바닥의 흙을 먹는 특이한 행동으로 이 독성 문제를 해결한다. 그 소량의 점토는 회양목 잎에 들어 있는 독성 알칼로이드를 중화한다. 이 거친 진흙 해독제를 씹다 보면 이빨이 마모되므로 염소들은 설치류처럼 계속 자라나는 앞니와 치관이 매우 높은 어금니를 발달시켰다. '생쥐 염소'라는 뜻의 미오트라구스라는 이름도 그래서 얻은 것이다.

모진 섬 생활은 이렇게 비정상적으로 보이는 진화로 이어질 때가 종종 있다. 미오트라구스는 생리학적으로도 다른 포유동물과 상당히 다르다. 이들은 불균형한 영양 공급으로 문제를 겪지 않기 위해 대사 속도를 조절할 수 있다. 성장 속도도 느리고 상황이 좋을 때만 그 속도를 높인다. '냉혈동물'이라고도 불리는 변온동물과 정확히 같은 방식을 취한다. 메노르카섬에서는 중간 크기 초식동물이 하던 역할을 누랄라구스*Nuralagus*라는 거대한 토끼들이 한다. 이 토끼는 불운하고 희망도 없다는 듯 어기적거리는 걸음걸이와 회전초 같은 모습이 꼭 웜뱃을 닮았다.[20]

* * *

깃털을 늘어뜨리고 황홀경에 빠진 듯 동굴 밖에서 노래하던 새는 포식자의 흰 주둥이에 물려 명을 다했다. 둥근 엉덩이에 꼬리는 없으며 수염을 빳빳하게 세운 머리가 유난히 큰 이 동물은 매복해 있다가 휘파람새의 노래가 절정에 달했을 때 덮쳤다. 이 섬뜩한 사냥꾼은 주름진 턱으로 축 늘어진 사체를 물고 쏜살같이 달아난다. 가르가노의 고양잇과 동물의 부재는 이 작고 독특한 포유류 포식자에게 길을 열어주었다. 그 이름은 데이노갈레릭스로 '무서운 문랫'이라는 뜻이다. 문랫은 짐누라고슴도치라고도 불리며 현대에는 아시아에만 남아 있는 동물이다. 문랫은 땅거미가 질 무렵부터 동이 틀 때까지 활동한다. 살아 있는 포유류 중 가장 가까운 친척은 고슴도치이지만 가시는 없다. 대개 고슴도치와 크기가 비슷한데 민달팽이, 지렁이, 곤충 등 무척추동물을 먹이로 삼는 식성도 비슷하다. 그러나 고슴도치와 달리 썩은 마늘을 연상케 하는 강한 암모니아 냄새를 풍긴다. 문랫의 지독한 냄새는 영역을 확보하고 위협을 당하는 상황에서 적을 물리치는 데 유용하다. 먹잇감이 후각이 둔한 무척추동물과 조류라서 악취는 사냥하는 데 방해가 되지 않는다. 가르가노섬에는 문랫과 가장 가까운 포유류 친척인 두 종의 데이노

갈레릭스가 있는데 무척추동물뿐 아니라 자기보다 작은 포유류와 조류도 잡아먹는 최상위 포식자다.[21]

* * *

서쪽에서 댐이 무너졌다. 고대 로마의 학자 플리니우스는 헤라클레스가 검으로 바위를 깎아 만든 수로가 지브롤터해협이라는 전설을 전했다. 마이오세의 황혼에 그 수로는 수백 미터의 깊이와 수백 킬로미터의 길이로 깎였다. 다만 그것을 깎은 것은 헤라클레스의 검이 아니라 바다였다. 오랫동안 서로를 붙들고 있던 두 판은 축적된 구조적 긴장을 더는 견디지 못하고 수평으로 서로를 미끄러져 지나갔다. 이 주향 이동 단층은 넓고 평평했던 지브롤터 지협 바닥을 뚝 떨어뜨려 대서양에서 곧바로 통하는 15km 너비의 수문을 열었다. 물은 시속 64km의 속도로 천연 제방을 따라 내려와서 지중해 서쪽으로 흘러나간다. 댐은 한 번 무너지면 되돌릴 길이 없다. 유수가 물길을 점점 더 깊이 침식하기 때문이다. 그러나 지중해 분지는 전체적으로 깊이가 고르지 않고 천연 장벽이 욕조처럼 평평하게 바닷물을 채우지 못하게 한다. 몰타와 시칠리아가 있는 고지대와 아펜니노산맥의 봉우리들은 한동안 물이 지중해 서쪽까지 유입되지 못하도록 막는다. 독성도 괘념치 않고 회양목 잎사귀를 뜯던 마요르카섬의 키 작은 염소가 식사를 멈추고 저 아래에서 요동치는 안개구름을 내려다본다. 메노르카섬에서는 등이 굽은 거대한 토끼들이 굉음에 깜짝 놀란다. 바닷물이 다시 차오르면서 유속이 느려지고 새로운 해저에 수로가 생기며 바닥의 메말랐던 증발 광상이 다시 촉촉해진다. 큰 섬들이 하나씩 차례로 현대의 모습을 띠기 시작한다. 절벽의 경사면과 계곡 바닥에서 살아남았던 식물과 박테리아는 익사한다. 그러나 지중해가 키프로스섬을 완전히 고립시키고 에게해와 아드리아해를 물로 채우려면 마지막 장애물 하나를 제거해야 한다.[22]

가르가노에서 이탈리아 동부의 아펜니노산맥 능선을 따라 남쪽으로 가면서 날씨가 변하기 시작한다. 티레니아해가 채워지면서 메말랐던 하늘이 습기를 빨아들여 무거운 비구름을 만든다. 날씨가 변해도 남쪽과 동쪽으로 깊게 난 골은 그대로 남아 있다. 이탈리아산맥을 시칠리아 산괴와 구분하는 산안장 너머로 북쪽으로는 평평한 땅 위에 검은 호수가 생기고 서쪽 멀리에는 어렴풋하게 해안이 보인다. 서쪽의 지중해는 바다의 면모를 거의 갖추었지만 동쪽은 그 어느 때보다 더 건조하다.

지브롤터해협이 열린 지 4개월이 지나자 이러한 양상이 변하기 시작한다. 남쪽으로 안개 기둥이 시칠리아 동쪽 끝에서 솟아오르는데, 그 높이가 수백 미터에 달해 몇 킬로미터 밖에서도 볼 수 있을 정도다. 그 포효는 더 남쪽으로 내려가 시라쿠사라는 도시가 세워지는 곳 인근까지 이어진다. 몰타-시칠리아 암상巖床은 지중해에서 가장 깊은 두 분지 사이를 가로막고 있는 방대한 천연 댐이다. 이 넓은 암상에 해적호海跡湖들이 생겼다. 해수가 댐 위로 쏟아져 들어오면서 지구 역사상 최대 규모의 폭포가 댐의 동쪽 분지를 채우게 된다. 폭포의 높이는 1,500m로 현대의 베네수엘라 앙헬폭포의 1.5배에 달한다. 폭포수는 시속 160km의 속도로 절벽에 쏟아져 내리는데 대부분이 땅에 닿기도 전에 안개로 변한다. 지중해 분지 서쪽으로는 강둑에서처럼 완만하게 물이 떨어지는 반면에 이곳에서는 바다 전체의 힘이 폭 5km의 단일 지점으로 집중되어 말 그대로 수직 하강을 보여준다. 이 그치지 않는 홍수로 2시간 반마다 1m씩 지중해 수위가 높아지지만 몰타, 고조, 시칠리아가 아프리카와 이탈리아로부터 완전히 단절되고 가르가노도 다시 섬이 될 만큼 동지중해가 차오르는 데 1년 이상이 걸린다.[23]

바다의 귀환은 새로운 섬들을 만들었다. 이 섬들은 새로운 이주민들을 끌어들이고 그 이주민들은 더 이상한 크기의 군집으로 진화한다. 플라이스토세가 무르익으면 지중해의 고립된 섬들에는 비정상적인 크기의 생물들이 살게 된다. 하마는 바닥을 모조리 쓸고 다니는 특유의 수중 이동 방식으로 몰타섬, 시칠리아섬, 크레타섬으로 건너와 아주 조그마하게 변한다. 초소형 코끼리들도 여러 섬을 배회한다. 긴 코를 지탱하는 하나의 커다란 콧구멍과 뼈로 완전히 둘러싸여 있지 않은 눈구멍 2개가 있는 이 코끼리들의 두개골은 초기 문명인들의 호기심을 자극하는 미스터리가 되어 지중해 동굴에 사는 거대한 외눈박이 키클롭스를 상상하게 한다. 코부터 꼬리까지가 2m인 이 코끼리들 머리 위로 우뚝 솟아 있는 것은 시칠리아 거대 고니인 키그누스 팔코네리*Cygnus falconeri*다.[24]

현대에도 지중해는 거의 폐쇄된 바다여서 대서양으로부터 지속적인 재충전이 없으면 존속할 수 없다. 만약 해협이 1,000년 동안 닫히는 일이 일어나면 지중해는 다시 말라버릴 것이다. 공교롭게도 이 같은 구상이 한 세기 전에 아틀란트로파Atlantropa라는 토목공사 프로젝트로 제안된 적이 있었다. 지브롤터, 시칠리아, 보스포루스 해협에 댐을 건설하여 지중해 수심을 200m 낮추고 이를 통해 수력발전으로 유럽 전역에 전기를 공급하려는 프로젝트였다. 이 프로젝트는 식민주의적 목적에 깊이 물들어 있었다. 지중해의 연약한 생태계에 야기할 수 있는 피해를 전혀 고려하지 않은 구상이었다. 그런데 아프리카대륙이 계속 유럽 쪽으로 북상하고 있어 향후 수백만 년 안에 이 해협들이 자연적으로 폐쇄될 가능성이 매우 크다.

북아프리카, 남유럽, 중동 전역은 상대적으로 지대가 낮고 산으로 둘러싸여 있어서 강물이 쉽게 바다로 흘러들어가지 못한다. 이러한 특성 때문에 물이 흘러들어오기는 하지만 오직 증발을 통해서만 빠져나가는 이른바 '내륙유역'이 많다. 가장 유명한 내륙유역으로는 사해를 들 수 있다. 요르단강이 사막 계곡으로 물을 흘려보내면 사해에서 물이 공중으로 날아가면서 염분과 광물만 남기 때문에 염분 농도가 높기로 유명하다. 마이오세 말기 지중해 상황과 더 유사한 현대의 예로는 아랄해를 들 수 있다. 아랄해는 흑해, 카스피해와 함께 한때 유럽 대부분을 물에 잠기게 했던 고대 파라테티스해의 마지막 잔해 중 하나다. 예전에는 물이 빠져나갈 곳도 없이 아무다리야강과 시르다리야강에서 물이 흘러들어오기만 했지만 강물이 농업용으로 전환되면서 아랄해는 서서히 말라가고 둘로 갈라졌다. 그중 남아랄해는 더는 지표수가 유입되지 않는 지하수 웅덩이가 되었고 고인 물마저 점점 줄어들고 있다. 남아랄해의 생태계는 붕괴되었고 여기에 의존하던 인간 공동체도 무너졌다. 다양한 어종이 서식하던 어장은 이제 텅 비었으며 그 자리에 생물이

살기 힘든 물과 모래바람이 날리는 유독성 소금 사막만 남았다.[25]

* * *

533만 년 전 잔클레 홍수로 지중해 범람이 일어났는데, 이 홍수는 마이오세가 끝나고 플라이오세라는 새로운 시대가 시작됨을 알렸다. 가르가노는 척박한 평야 위 고립된 안식처로서 가뭄 동안 생물군집의 생존을 보장해주었다. 하지만 고립은 생태계 몰락을 야기한 요인기도 했다. 지중해가 다시 차오른 후 풀리아판이 계속 북상했고 지각의 움직임 때문에 육지의 높이가 달라졌다. 플라이오세 중엽이 되면 가르가노는 파도 아래 가라앉고 가르가노에만 살던 생물들은 전멸한다. 지각운동으로 가르가노섬은 갑작스럽고 충격적인 융기와 침강을 반복했다. 그러다 다시 한번 융기했을 때 이탈리아 본토와 합류했고 유럽 본토의 동식물들이 들어왔다.[26]

어느 지중해 섬에 살던 어떤 초소형 동물이나 초대형동물이 사라졌다더라는 이야기는 잔클레 홍수 때부터 현대에 이르기까지 500만 년 내내 흔히 들을 수 있는 소식이었다. 마지막 대형 지중해우는토끼속의 종이었던 사르데냐우는토끼는 로마인이 데려온 외래종의 포식과 경쟁 때문에 거의 전멸하다시피 했고 고립된 지역에서 마지막 200년을 버티다 사라진 것으로 추정한다. 아일랜드의 큰뿔사슴과 친척인 사르데냐의 난쟁이사슴은 인간이 이 섬을 장악하고 100년이 채 지나지 않은 약 9,000년 전에 절멸했다. 가장 최근에 태어난 난쟁이염소는 약 4,000년 전에 죽었는데, 이는 지중해 섬들에 사람이 살았다는 최초의 증거보다 단 150년 앞선 시기다. 난쟁이하마나 난쟁이코끼리는 플라이스토세가 끝난 후로 발견되지 않으며, 헤엄을 쳐서 오거나 흔히 인간에 의해 유입된 침입종들이 지중해 섬 토착종 대부분을 쓸어버렸다. 그러나 고립된 섬에 새로 도착한 모든 종에게도 왜소화와 거대화라는 섬의 규칙은 여전히 적용된다. 멸종 위기에 처한 코르시카붉은사슴은 불과 8,000년 전에 유입된 붉은사슴의 아종인데 키가 본토 붉은사슴의 절반밖에 안 된다. 세인트킬다들쥐는 바이킹들의 보트를 훔쳐 타고 헤브리디스제도에 들어온 지 1,000년밖에 안 되었지만 이미 본토에 사는 들쥐들보다 훨씬 무겁다.[27]

앞으로 극지방의 얼음이 녹아 해수면이 올라가면 가르가노는 아마도 이탈리아의 나머지 땅과 다시 단절될 것이고, 그러면 본토에서 유배된 동물들이 다시 한번 이 오래된 석회암 바위들을 난쟁이와 거대동물의 땅으로 바꾸어놓을 것이다.

"나는 꿈을 꾸었어. 깊은 불안감에 빠뜨리는 꿈이었네.
산골짜기였는데 산이 내 위로 무너졌고,
나는 물에 젖은 파리 꼴이 되었지."

- 신레케운니니 판본, 《길가메시 서사시》

"가만히 서서 물을 바라보는 것만으로는 바다를 건널 수 없다."

- 라빈드라나트 타고르, 《암실의 왕》

4

고향

칠레 팅기리리카

3,200만 년 전 올리고세

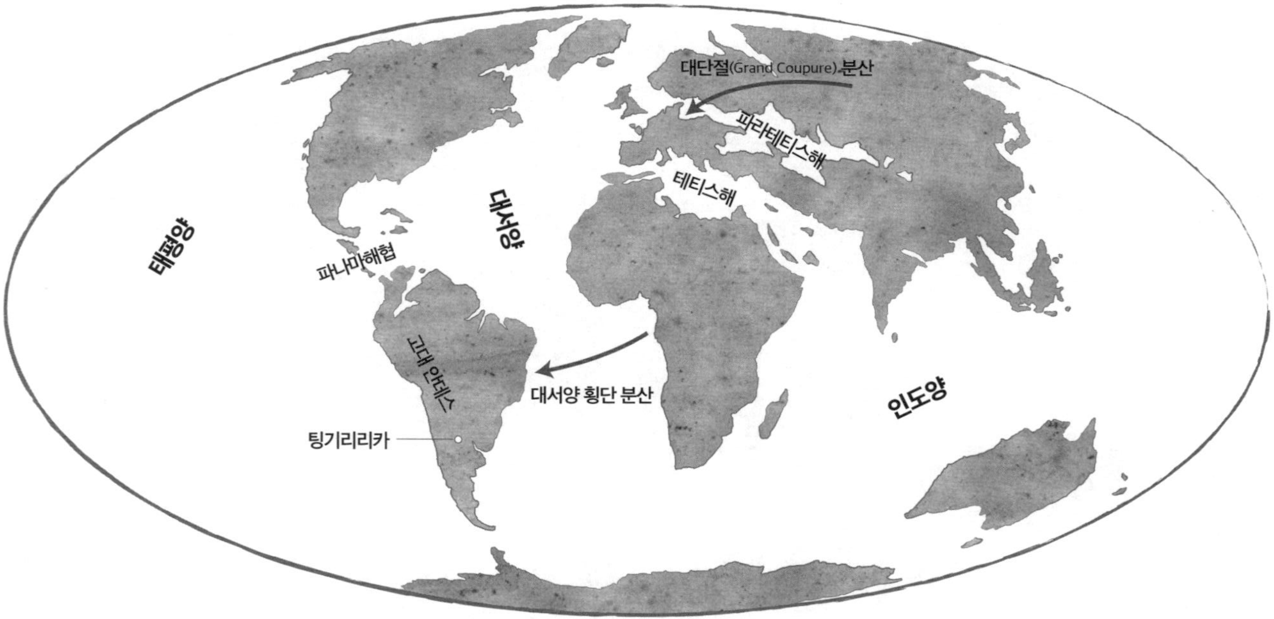

지도4 3,200만 년 전 올리고세 지구

먼지가 자욱한 가운데 초원에는 잔물결이 춤을 추고, 보이지 않는 손이 쓸고 가기라도 한 듯 식물들이 차례로 고개를 숙인다. 새로운 지평선을 예고하는 시원한 바람이 세상에 불어온다. 이 무렵까지 육지 동물들은 진정한 지평선을 보기 힘들었으나 한 식물군이 모든 것을 바꿔놓았다. 올리고세 남아메리카에 지구 최초의 초원이 막 나타났다. 풀은 약 7,000만 년 전부터 남아메리카, 아프리카, 인도에 있었지만 나무가 지배하는 풍경에서 부수적인 존재에 불과했다. 열대나 정글의 식물상에서 풀은 그리 중요한 부분도 아니었으며 그나마도 남쪽에만 국한되어 있었다. 남극대륙이 마침내 이웃 대륙에서 분리되면서 해류의 경로가 바뀌었다. 이전의 강풍은 사그라들고 바람이라곤 불지 않던 곳에서 강풍이 불기 시작했다. 지구가 생긴 이래로 지금까지 이 세상은 극지방에 영구적인 얼음이 있는 '냉실'과 얼음이 없는 '온실'이라는 2가지 안정된 상태를 오갔다. 현대 세계는 냉실 상태인데, 이 상태가 되기 시작한 시기는 올리고세다. 이러한 변화는 전 지구적 현상이지만 남아메리카는 특히 더 추워지고 더 건조해졌다. 새로운 기후에 이미 잘 적응되어 있던 풀들이 때를 만났다. 안데스산맥이 만들어지기 시작하던 시점의 산기슭, 그 고도가 낮은 반건조 범람원 지대에서 풀들이 처음으로 풍경의 주인공이 되었다.[1]

남아메리카대륙의 많은 봉우리는 태평양 바닥의 해양 지각이 동쪽으로 이동해 남아메리카대륙 아래로 미끄러져 들어가면서 생겼다. 안데스산맥이 솟아오르기 시작한 때는 백악기다. 남아메리카 서부의 해안 저지대가 접히면서 암석층이 기울고 휘어져 골판지 같은 모양이 되었다. 이곳 팅기리리카는 현대에 이르러 거대한 화산으로 성장했다. 백악기 해변은 솟아올라 알티플라노고원이 되고 땅이 뒤틀리고 90도 회전하면서 침전되어 석화되었던 모래층은 곧바로 땅속으로 내려앉는다.

오늘날 볼리비아의 칼 오르코 화석 산지에는 그 자리에 강이 흐르던 백악기에 공룡이 발자국을 남긴 암벽이 하나 있다. 강이 사라지고 땅은 솟구치면서 발자국들이 깎아지른 듯한 수직 절벽을 도마뱀처럼 기어오른 것처럼 보이게 된다. 그러나 지금 우리가 와 있는 올리고세에서 보자면 아직 먼 훗날의 이야기다. 안데스산맥은 아직 높이가 1,000m도 안 되는데, 이 산맥이 성장하면서 풀의 영향력도 함께 커져 곧 전 세계를 장악하게 된다. 한때 숲이었던 이곳에 이제는 잡목이 드문드문 자라는 소림지 몇 군데만 남았다. 물결 모양의 선으로 하늘과 땅을 겨우 분간할 수 있을 뿐인 광활한 공간 때문에 그조차 더욱 왜소해 보인다. 올리고세의 팅기리리카는 현대 생태계에 비추어 간단히 유추할 수 있는 곳이 아니다. 풀도 흔하지만 야자수도 그만큼 흔하다. 현대 생태 환경 중에서는 넓은 공간에 드물게 나무가 있는 사바나와 가장 유사하다. 하지만 오늘날보다 나뭇잎을 먹는 동물군이 3배나 많고 나무를 타는 포유류는 거의 없는 등 이곳에 사는 생물의 특성을 고려하면 현대 그 어떤 환경과도 구분된다.[2]

높은 봉우리는 비를 생성한다. 공기가 산맥 위로 밀려 올라가면 냉각, 응결된다. 그러면 공기가 품고 있던 물이 바람을 맞는 쪽 산등성이에서 비로 내리게 된다. 그 공기가 봉우리를 넘을 무렵에는 더는 습기를 머금고 있지 않으므로 바람이 불어나가는 쪽 산등성이는 비가 거의 내리지 않는 비그늘이 된다. 현대의 안데스산맥은 매우 강력한 비그늘을 드리운다. 이 때문에 아타카마사막이 극도로 건조해진다. 올리고세의 안데스산맥은 오늘날의 절반 높이밖에 되지 않지만 그보다 훨씬 더 작은 산이라고 해도 바람이 불어나가는 쪽에는 바람이 불어오는 쪽의 절반만큼밖에 비가 내리지 않을 수 있다. 여기에 고대 중앙 안데스 지역의 자연 발생적 고기압이 더해지면서 올리고세 때 팅기리리카의 강우량은 계절에 따라 매우 달라졌다.

봉우리들로 둘러싸이고 짙은 흙으로 뒤덮인 팅기리리카 평원에는 구불구불한 강 하나가 지나가는데, 물이 흐르는 것은 연중 단 한 번이다. 그때가 되면 화산 고지대로부터 좁은 골짜기나 계단식 하천 바닥으로 물이 흘러내려온다. 지금 강바닥은 말라 있고 잿빛 진흙이 쩍쩍 갈라져 폭 20m의 평평한 수로에 천연 모자이크 타일이 깔린 모양새다. 건기의 열기는 작은 타일 조각들을 굽고 모서리를 오그라뜨렸다. 강물이 다시 흐르면 테라코타 함대가 물 위로 떠 오르고 작은 흙 보트들은 대서양을 향해 허겁지겁 내달릴 것이다. 곡류가 버리고 간 옛 수로에서는 식물의 줄기들이 진흙을 뚫고 나오는데, 그 모습을 위에서 내려다보면 구불구불한 옛 강둑의 자취를 따라 수변 식물이 줄지어 있다. 이는 일련의 지연된 역사적 이미지, 즉 과거에 물이 이 범람원을 해마다 어

떤 경로로 지나갔는지를 보여주는 슬라이드 쇼와 같다.[3]

지하에 저장되어 있던 물 덕분에 늘 다른 곳보다 촉촉한 강둑 가장자리를 따라 골풀과 아마란스 사이에서 솜털 같은 풀들이 솟아난다. 곳에 따라서는 이 풀이 자라나 가시투성이의 야자수와 메스키트로 강을 따라 길게 숲을 이루기도 한다. 수로에서 멀리 떨어진 곳에서는 바스락거리는 관목들이 풀과 어우러져 있고 덤불이 우거진 갈색 땅 곳곳에서 강인한 다육식물이 바위를 푸르게 물들인다. 최초의 선인장이 자매뻘인 쇠비름에서 갈라져 나온 것으로 추정하는 곳이 바로 지금 여기 올리고세의 칠레 안데스산맥이다. 선인장과 쇠비름은 늘 건조한 이 세계가 낳은 한 가족이다. 남아 있는 풀들은 연약하고 키도 작지만 최근에 미네랄이 풍부한 화산재가 날아온 덕택으로 겨우 살아남았다. 우기가 막 시작되었으니 비가 올 날도 머지않았다. 북쪽 하늘이 어둑하고 폭우가 만들어낸 반짝이는 줄무늬가 북녘의 봉우리들을 가린다. 담수 덕분에 아지랑이도 누그러들고 있다. 구름이 몰려오면서 공기는 차가워졌고 산악 호수는 어느새 채워지고 있다.[4]

초원은 초식동물 무리가 차지하고 있다. 시야에는 나무 그늘에 모여 강물이 불어나기를 기다리는 동물들의 모습이 펼쳐져 있는데, 세렝게티 중에서도 가장 다양성이 높은 곳을 연상시킨다. 다만 차이가 있다면 얼룩말이나 누, 코뿔소, 기린, 하마와 같이 덩치 큰 동물이 아니라 작고 앙증맞은 동물들이라는 점이다. 남아메리카는 섬 대륙이어서 여느 섬처럼 동물들도 독특하다. 이 최초의 초원에서는 더욱 그렇다. 빽빽한 메마른 줄기들 사이에서 얼굴도 길고 꼬리도 긴 여우 크기의 회갈색 초식동물 무리가 함께 풀을 뜯고 있다. 그들은 좁은 띠 모양의 숲 가장자리에 홀로 있는 더 크고 털이 북슬북슬한 짐승을 둘러싸고 있다. 우기가 시작되고 풀이 다 자라면 키가 작은 초본 초식동물은 전혀 눈에 띄지 않겠지만 띠 모양을 따라 계속 무리 지어 다니며 풀들을 바짝 잘라 1년 내내 천연 잔디밭을 유지할 것이다.

팅기리리카와 같은 반건조 초원에서 초본 초식동물은 빨리 자라는 식물을 선호하고 먹어치우는 속도보다 더디게 자라는 식물은 말살시킨다. 초식동물에게 완전히 외면당했다면 숲은 강에서 먼 곳까지 뻗어나갔을 것이다. 하지만 어린 식물이 계속 가지치기를 당하면서 대부분 묘목이 살아남지 못해 결국 덤불 사이에 나무는 몇 그루 남는다. 풀은 나무보다 내리는 비를 재빨리 이용할 수 있다. 그래서 비가 많이 오거나 증발량이 적어서 모두에게 물이 충분히 공급되는 곳에서는 숲이 우거지고, 강우량과 증발량이 중간 정도인 곳에서는 초원이 펼쳐지는 것이다. 하지만 풀이 자라지 못할 만큼 비가 적게 오거나 증발량이 많은 곳은 사막 관목 지대, 즉 오지가 된다.

팅기리리카에서 숲은 비가 미처 다시 내리기도 전에 모두 메말라 죽어버리지만 풀은 굳세게 살아남아 비가 오면 계곡과 평원을 초록으로 물들이고 순식간에 꽃의 향연을 펼친다. 강우량이 들쭉날쭉하여 풍요로웠다 가물기를 반복하는 기후는 풀이 지배하는 대부분의 생태계에서 공통으로 나타나는 특징이다. 더 따뜻하고 습하여 식물들이 우거졌던 에오세가 끝나고 바람과 대기 중 수분의 양상이 새롭게 형성되자 남아메리카의 이 지역에 초원을 위한 완벽한 요람이 생겼다.[5]

무리는 풀숲 사이를 천천히 가다 서기를 반복하며 이동한다. 누구도 홀로 오래 돌아다니지 않고 계속 뭉쳐서 한 몸처럼 움직이며 새싹을 찾아 돌아다닌다. 하지만 털북숭이 동물은 그렇지 않다. 이 짐승은 흡족한 듯 몸을 돌려 뒷다리로 물러나 곰처럼 철퍼덕 앉아서 햇볕을 쬔다. 근육질의 긴 팔에 뒤틀린 앞발이 있고 그 끝에는 구부러진 긴 발톱이 달려 있다. 털북숭이는 불운한 묘목을 손으로 잡아당겨 음미하기라도 하듯 천천히 씹고 있다. 프세우도글립토돈*Pseudoglyptodon*은 일종의 나무늘보이지만 현생 사촌들과는 조금 다르다.

나무늘보는 한때 크고 다양한 속屬, genus으로 구성된 목目, order이었고 대부분이 나무가 아닌 땅에 살았으나 현대에는 그중 나무에 사는 두 속만 남았다. 이 두 속은 두발가락나무늘보와 세발가락나무늘보라고 불리는데, 과거의 나무늘보 속의 인접 종은 아니지만 각자 나무 위 생활에 적응해왔다. 나무늘보는 나뭇잎만 먹는다. 따라서 하루 중 90%의 시간을 먹이를 먹거나 쉬면서 소화하는 데 보낸다. 나무늘보는 수동적인 생활을 한다. 움직이는 데 과도한 에너지를 쓰지 않는다. 사실 나뭇가지를 붙들고 있는 데 에너지가 거의 들지 않는다. 나뭇가지 아래에 가만히 매달려 있거나 나무 위에 앉은 채로 가지를 붙드는 데 제격인 구부러진 발톱 덕분이다. 일부 땅늘보는 먹이를 찾고 공격으로부터 방어할 때뿐 아니라 땅을 팔 때도 그 발톱을 사용한다. 나무늘보는 지금으로부터 2,300만 년 전에 시작되어 500만 년 전에 막을 내린 마이오세에 절정에 이르렀고 그사이 일부 땅늘보는 페루 해안의 해양 생활에 서서히 적응했다. 이 땅늘보는 높은 콧구멍, 조직이 치밀하고 무거

운 뼈, 비버처럼 넓적한 꼬리를 이용해 해초를 찾아 하마처럼 바닷속을 걸어 다녔다.[6]

나무늘보는 아르마딜로, 개미핥기와 함께 남아메리카에 서식하는 별종이다. 이 셋은 이절류異節類, xenarthra(린네식 체계에서는 빈치목貧齒目, Edentata이라고 한다–옮긴이)를 구성하는 토착 포유동물이다. 이절류란 '이상한 관절'이라는 뜻인데, 척추에 독특하고 복잡한 관절부가 있어서 붙여진 이름이다. 프세우도글립토돈 주위에는 이들 외에 여러 종으로 구성된 또 다른 초식동물 무리가 있다. 이 초식동물 무리는 모두 수수께끼 같은 특징 때문에 느슨하게 묶인 하나의 포유류 목인 남아메리카토착유제류South American Native Ungulate에 속한다. SANU라고 줄여 쓰면 무슨 비영리단체인가 싶은 긴 이름으로 이 동물들이 묶인 까닭은 그 정확한 정체를 모르기 때문이다. 위원회 같은 조직이 으레 그렇듯이 이들도 세상의 다른 포유류들과 어떤 관계인지 모르고 심지어 자신들끼리 어떤 관계인지조차 확실히 알 수 없으며, 긴밀한 관계라고 볼 수는 없어도 유사한 지위를 점유할 때가 많다.[7]

지금 이 프세우도글립토돈 주변에서 풀을 뜯는 동물은 아프리카와 중동의 바위너구리와 여러모로 매우 유사하지만 전혀 다른 점도 많다. 진짜 바위너구리는 땅딸막하고 사각 턱을 가졌다. 다부진 체형의 귀가 짧은 토끼를 닮은 바위너구리는 독특한 눈썹 때문에 늘 표정이 냉소적으로 보인다. 이 바위너구리를 닮은 남아메리카의 프세우드히락스*Pseudhyrax*('가짜 바위너구리'라는 뜻)는 사각 턱을 지녔다는 점은 같지만 사지가 더 길고 더 우아하며 얼굴은 사슴을 닮았다. 남아메리카토착유제류 무리 가운데에는 산티아고로티아Santiagorothia에 속하는 종도 몇 마리 있는데, 토끼처럼 유연하고 몸도 다리도 늘씬하다. 이들은 두 눈을 부릅뜨고 포식자 보르히아이나에 대한 경계를 늦추지 않은 채 조심스럽게 키 작은 초목을 뜯어먹는다. 보르히아이나borhyaenid는 주머니를 가진 유대류의 친척으로 하이에나처럼 억센 턱과 계속 자라는 홈 파인 송곳니를 가졌다.[8]

산티아고로티아가 토끼를 닮고 프세우드히락스가 바위너구리를 닮은 것은 수렴 현상 때문이다. 수렴이란 유연관계가 없고 서로 고립된 군집이 동일한 해부학적 특성을 갖게 되는 평행진화를 뜻한다. 팅기리리카에서와 같이 새로운 환경이 출현하면 그 세계에서 살아나갈 방법이 한정되어 있으므로 동일한 해법이 등장할 때가 많다. 탁 트인 평원은 은신처가 없다는 게 문제다. 숲과 달리 숨을 장소가 거의 없으므로 민첩성은 자산이 된다. 따라서 토끼나 산티아고로티아처럼 몸집이 작은 동물은 유연성이 높아지고 다리가 길어지며, 체구가 큰 동물은 효율적으로 달리기 위해 발가락 대신 발굽이 있는 길고 가는 다리를 갖게 된다. 남아메리카에는 지구에 사는 거의 모든 유제류 동물의 닮은꼴이 존재한다. 북부의 습한 정글에서는 코끼리를 닮은 아스트라포테리아류astrapothere와 하마를 닮은 피로테리아류pyrothere가 뒹군다. 다른 곳에서 영양, 말, 낙타가 각각 독립적으로 오늘날의 형태로 진화했듯이 남아메리카에서는 긴 다리를 뽐내는 활거류滑距類, 영양, 말, 낙타의 닮은꼴로 진화하고 있다.[9]

놀라운 것은 이처럼 닮은 동물들이 서로 다른 계통 사이에 아무런

그림4 산티아고로티아 킬렌시스

접촉도 없이 대체로 멀리 떨어진 대륙에서 나타난다는 점이다. 거리가 멀다는 말은 경쟁 때문에 한 종이 축출당하는 일이 없다는 뜻이다. 또한, 실제로 수렴하는 종들은 계통학적으로도 매우 멀 수 있다. 예를 들어 오랫동안 많은 사람은 남아메리카의 아르마딜로가 아프리카와 아시아에 사는 천산갑의 근연종이라고 주장해왔다. 하지만 이들이 공통으로 가진 딱딱한 갑피와 큰 발톱, 퇴화한 이빨은 단지 비슷한 생활 방식에 적응한 결과임이 밝혀졌다. 이제 우리는 천산갑이 아르마딜로보다 돌고래나 박쥐 또는 인간에 더 가까운 동물이라는 사실을 안다. 그러나 아무리 어떤 군집이 고립되어 있다 하더라도 어딘가에서 유입된 생물은 늘 존재한다. 팅기리리카의 남아메리카 토착종 가운데에는 최근에 대서양을 건너 지구 반 바퀴를 돌아온 여행자도 있다.[10]

* * *

장기간의 기후 냉각이 전 세계를 집어삼켰고 생명체들은 새로운 환경에 적응하고 있다. 어느 한 지역에서 일어난 종의 멸종은 다른 종에게 확산의 기회를 열어주기 마련이다. 그 종은 가장 저항이 적은 경로를 따라 범위를 넓혀 버려졌던 지역을 다시 채운다. 유럽에서는 비버, 햄스터, 고슴도치, 코뿔소가 아시아에서 유입되면서 유제류에 속하는 몇몇 과와 안경원숭이나 다른 원숭이들의 야행성 친척인 오모미스과omomyid 같은 유럽 토착종을 멸종시키고 있다. 남아메리카는 다른 대륙과 아무런 접촉이 없어서 동식물의 이주가 쉽게 이루어질 수 없으므로 오늘날 오스트레일리아처럼 독특한 동식물상이 발달했다. 풀은 그 자체로 남아메리카의 식물생물학적 혁신이다. 하지만 완벽한 고립은 불가능하며, 머나먼 곳에서 뜻밖의 경로를 통해 남아메리카까지 온 새로운 거주자들도 있다. 팅기리리카에서 우리는 이 새로 이주한 아프리카 출신의 동물들이 남아메리카의 풀밭을 거닐던 흔적을 볼 수 있다.[11]

아프리카의 큰 강들은 대서양으로 흘러들어간다. 폭풍우가 몰아치면 나무를 비롯해 모든 식물이 강둑의 침식과 함께 씻겨 내려간다. 그러면 나무 안에 함께 살던 곤충, 새, 포유류도 같은 신세가 된다. 때로는 둑 전체의 식생이 통째로 쓸려 가거나 수생식물끼리 서로 뭉쳐 마치 천연 뗏목처럼 바다로 떠내려가기도 한다. 커다란 섬 뗏목이 불어난 강물을 따라 바다로 흘러내려가는 모습은 자연의 경로움 그 자체이며 슬로모션으로 재생되는 한 편의 드라마다.

나무들은 뒤엉킨 뿌리가 흙을 붙잡고 있는 덕에 꿋꿋하게 서 있고 덤불은 곧 항해가 시작된다는 것을 알지 못하는 여러 생물을 품고 있다. 그 주변에는 큰 배를 끌고 가는 예인선처럼 작은 식생 조각들이 옹기종기 모여 있다. 원시림을 배경으로 쉼 없이 움직이는 뗏목을 보고 있으면 시시각각으로 시야각이 변한다. 그 거침없는 움직임을 멈출 수 있는 것은 거친 급류나 굽이진 강둑과의 충돌뿐이다. 장애물이 없다면 이 섬 뗏목은 결국 탁 트인 바다를 만날 것이고 강물의 추진력에 의해 해안을 벗어날 것이다. 이 뜬 섬 거주자들에게 좋은 일이 일어날 확률은 극히 낮지만, 운이 기가 막히게 좋은 몇몇 뗏목은 행운의 바람을 만났고, 저마다 소규모 생물군집이나 임신한 암컷 동물을 싣고 남아메리카에 도달했다.[12]

팅기리리카 시대에는 아프리카에서 남아메리카까지 뗏목을 타고 온 동물 중 한 무리가 여러 종으로 분화하기 시작했다. 그것은 원숭이였다. 거미원숭이, 짖는원숭이, 타마린, 마모셋원숭이 등 아마존 열대우림에 사는 모든 원숭이는 힘들고 고통스러웠을 항해를 견디고 살아남은 몇몇 운 좋은 원숭이들 덕에 탄생할 수 있었다. 당시 아프리카에서 남아메리카까지의 거리는 현대 대서양 폭의 3분의 2 정도밖에 안 되었지만 식수가 빗물과 나뭇잎에 고인 물밖에 없다는 것을 생각하면 엄청난 여정이다. 정확히 일직선으로 항해했다고 하더라도 원숭이 뗏목 여행자들은 6주 이상을 바다 위에서 생존한 셈이다. 남아메리카에 상륙한 원숭이들은 에오세 동안 서쪽 해안까지 퍼져나갔다. 아프리카에서 뗏목을 타고 온 포유류는 원숭이만이 아니다. 카비오모르파류 설치류caviomorph rodent도 새로운 터전에서 종 분화 중이며 팅기리리카에서는 두 종이 발견된다. 카피바라, 아구티, 기니피그 등 남아메리카 토착 설치류는 모두 에오세 말 이전에 1,400km의 바다를 살아서 건너 온 조상의 후손이다.[13]

이런 식으로 바다를 건넌 생물은 놀라울 정도로 많다. 아프리카와 남아메리카에 공통으로 분포하는 기이한 몇몇 종은 출현한 시기가 상당히 최근이어서 약 1억 4,000만 년 전 두 대륙이 분리되기 이전부터 살았다는 해석은 불가능하다. 거의 알려지지 않았지만 굴속에 사는 양서류로, 담수 없이도 짧은 시간 생존할 수 있는 무족영원류도 대서양 횡단 여행자 중 하나다. 심지어 담수어도 바다를 건넌 것으로 밝혀졌다. 계통학적으로 가깝고 그리 멀지 않은 공통 조상에서 갈라져 나온 것으로 알려진 망둑어 두 종은 각각 마다가스카르와 오스트레일리아에서만 나타난다. 더욱 불가사의한 것은 이들이 앞을 보지 못하는 동굴 생활자라서 동굴 밖에서는 그 어디에서도 살 수 없다는 점이다.

현대 북아메리카에도 넘을 수 없어 보이는 장벽을 가로지른 동물이 있다. 데블스 홀 펍피시는 멕시코만에 사는 종과 근연종이지만 오직 네바다주 데스밸리의 한 동굴에서만 발견된다. 이 계통이 분화된 지는 2만 5,000년밖에 안 되었고 두 지역 사이에는 그 어떤 담수의 흐름도 존재하지 않으므로 사람들은 철 따라 이동하는 물새가 알을 옮겼으리라 추정한다. 원거리 분산은 드문 일이지만 무수히 많은 시도가 이루어진다면 그중 단 한 차례만 성공해도 충분하다. 주목할 만한 것은 그러한 성공 사례가 적지 않게 나타난다는 사실이다.[14]

초원 곳곳에 흩어져 있는 일부 가시 돋은 관목은 뿌리 근처에 틈이 있다. 이 틈은 작은 생물들의 움직임으로 형성된 작은 문이다. 이 문을 통해 이미 드나든 흔적이 많은 터널을 따라 내려가면 에오세 때 건너온 설치류의 후손인 에오비스카키아 *Eoviscaccia* 군집이 나온다. 부드러운 털에 말려 있는 꼬리, 빳빳한 수염이 난 얼굴을 한 이 동물은 친칠라와 비스카차의 친척으로, 땅속에서 대가족이 모여 산다. 에오비스카키아 같은 친칠라류 동물들은 높은 고도와 위도상 남쪽의 서늘해진 기후에 아직 확실히 적응하지 못했다. 올리고세 말이 되면 이들은 파타고니아까지 내려갈 것이고 마이오세부터는 안데스산맥이 융기하면서 오늘날 비스카차가 사는 곳으로 유명해진 고지대에도 서식하겠지만, 이곳에서는 눈에 잘 띄지 않아서 그렇지 지금도 흔하다. 더 흔한 설치류

동물은 아구티의 근연종인 안데미스Andemys이지만 사슴처럼 자유롭게 뛰어다니는 에오비스카키아만큼 확실하게 분화하지는 않았다. 에오비스카키아와 달리 안데미스는 거친 풀보다 연한 나뭇잎을 즐겨 먹는 목본 초식동물이다. 남아메리카 설치류는 이 대륙에 온 지 얼마 안 되었지만 아주 적은 개체 수에서 시작되었다는 것을 생각하면 놀라울 만큼 생태학적으로 다양해졌다.[15]

알다시피 풀은 남아메리카를 떠나 전 세계에 뿌리를 내리게 된다. 풀은 확산력이 이례적일 만큼 뛰어나다. 우선 씨앗이 작아서 쉽게 바람에 날리고 동물의 등에 올라타거나 동물의 몸속을 통해 퍼져나갈 수 있다. 번식기까지 빠르게 성장하고 씨앗에 전분이 많아 배아 발달에 필요한 에너지가 충분히 자체적으로 공급된다. 불에 타거나 얼어붙거나 끊임없이 초식동물이 먹어치워도 생존할 수 있다. 풀은 쉽게 멀리 퍼지고 한번 정착하면 죽이기 힘들다. 풀은 환경을 자신에게 유리하게 바꿀 수 있어서 지구상에서 가장 유능한 식민지 개척자이자 가장 성공적인 생물 집단이 된다.[16]

엄청난 원거리 분산에 관한 이야기를 들으면 인간 중심의 사고를 대입하기 쉬우므로 잠시 다음 문제를 돌아볼 필요가 있다. 설치류와 원숭이류를 개척자 정신으로 미지의 척박한 땅에서 역경을 딛고 살아남은 희망에 찬 모험가로 묘사하고 싶은 유혹을 느끼겠지만, 그런 묘사는 식민주의 시대에서 비롯된 부적절한 관점이다. 한 지역의 어떤 동식물이 다른 지역에 나타나는 현상을 어떤 이들은 침입이라고 말한다. 새로운 이주자에 의해 본래의 생태계가 훼손되고 줄어든다는 뜻이다. 이는 어릴 적 알던, 오늘날의 황폐해진 세계와 대조되는 풍경에 대한 일종의 향수에 호소하는 표현이다. 여기에는 과거가 옳고 현재는 그르다는 뜻이 숨어 있다.

생태계를 보전하는 데 중요한 것은 생물들 간의 연결 자체를 보전하는 것이다. 생물들 간의 상호작용이 완전체를 형성하기 때문이다. 생물 종의 이동은 자연스러운 현상이므로 '토착종'이라는 개념은 임의적일 수밖에 없고 국가 정체성과 엮여 있을 때도 많다. 영국에서 '토착종'이란 마지막 빙하기부터 영국에 서식해온 동식물을 일컫는다. 그러나 미국에서는 콜럼버스가 카리브해에 상륙하기 전부터만 존재했다면 '토착종'이다. 토착종은 '외래종'에 비해 법적으로 보호를 받지만 토착종과 외래종은 쉽게 구분할 수 없으며 토착종이 아니라고 해서 반드시 토착종의 다양성에 해를 끼치는 것도 아니다. 예를 들어 영국에서 난쟁이쐐기풀은 토착종으로 간주하지 않지만 거의 어디에나 존재하며 최소 플라이스토세부터 영국에 서식한 것으로 기록되어 있다. 락투카 세리올라*Lactuca serriola*(가시상추)는 유라시아와 북아프리카 전역에서 야생으로 자라는데, 독일에서는 토착종으로 간주하는 반면 폴란드와 체코에서는 '고대 도입종', 네덜란드에서는 '침입종'으로 분류한다.[17]

분산이나 이주 같은 중립적인 생물학 용어에도 정치적 언어의 불편한 울림이 있다. 돌이켜 보면 개별 인간을 이주시키는 데 반대하는 사람과 생태계를 보전하려는 사람이 같은 용어를 사용한다는 데서부터 어리석음이 드러난다. 환경에 대한 불변의 이상이나 향수가 닻을 내릴 확실한 지점은 존재하지 않는다. 인간이 세계에 경계를 설정하는 순간 무엇이 어디에 '속하는가'에 대한 우리의 인식도 그에 따라 필연적으로 바뀐다. 시간을 깊이 들여다보면 각 생태계의 거주자 목록도 끊임없이 변한다. 토착종이라는 것이 존재하지 않는다는 말은 아니다. 다만 우리가 쉽게 장소와 연관 짓는 토착이라는 관념이 시간에도 적용된다는 뜻이다.

그러나 때로 현재의 지리적 실체가 그 정체성을 과거로까지 확장해온 것이 사실이다. 국가 정치와 고생물학 간의 상호작용은 실질적 영향을 끼친다. 20세기 초 아르헨티나 고생물학자들은 당대 과학적 합의에 반하여 인류가 남아메리카에서 기원했다는 잘못된 주장을 폈다. 이 주장은 옳고 그름을 떠나 유럽과 북아메리카 고생물학자들 사이에 팽배했던 북반구 중심의 믿음(잘못된 믿음이다), 즉 남반구의 대륙들은 진화적으로 뒤처져 있었다는 생각을 거부하려는 시도였다. 아직도 우리의 진화 개념을 지배하는 것은, 경제적으로 풍족한 연구 기관이 더 많이 집중되어 있고 연구 역사도 더 길어 화석 기록에 대한 훨씬 더 완전한 그림을 그려낸 북반구의 이야기다.[18]

특히 호미닌 화석은 21세기에도 여전히 국가 정체성을 위해 이용되고 있다. 스페인 시에라 데 아타푸에르카에서 발견한 초기 인류 화석이 그러한 예다. 일리노이주의 툴리몬스트룸*Tullimonstrum*에서 알래스카의 털매머드에 이르기까지 오늘날 미국 주의 대부분은 주를 상징하는 공식 화석을 보유하고 있다. 웨스트버지니아주는 제퍼슨의 땅늘보라는 뜻의 학명이 명명된 메갈로닉스 제퍼스니*Megalonyx jeffersonii*(자이언트땅늘보)를 선택했다. 나무늘보나 땅늘보는 북아메리카가 아닌 남아메리카의 토착 목目이다. 그러나 통념상 남아메리카만이 아니라 아메리카대륙의 동물이 유럽 동물에 뒤처져 있다는 유럽중심주의적 가정이 의도적, 태생적으로 깔렸다. 따라서 이를 반증하고자 자이언트땅늘보 화석을 이용한 것이다. 어떤 지역의 토착종과 비토착종을 가르는 기준은 선택하는 잣대에 따라 달라진다. 오래전 멸종한 종이나 생태학 개념을 국경이나 국기 같은 현재의 인공물과 엮어서 생각하는 일에는 신중해야 한다.[19]

올리고세에 일어난 대서양 횡단을 통한 분산은 더욱 신중하게 접근해야 한다. 횡단 대열에 우리와 가까운 영장류 친척이 포함되어 있기 때문이다. 우리는 흔히 잠재의식 깊은 곳에서부터 과거 사건에서 인간의 동기를 읽어내려는 경향이 있다. 그러나 (매우 위험하고 불가능에 가깝지만) 전적으로 우연히 이루어진 과거의 어떤 여정에 몰역사적 해석을 부여하는 일은 피해야 한다.

* * *

바람이 상공에서 비를 내리고 소용돌이치는 구름은 악령처럼 하늘에 어둠을 드리운다. 빗방울이 떨어지기 시작하자 나무늘보가 위를 올려다보고 몸을 뒤척이더니 이내 다시 먹이를 먹는다. 트인 곳에 나가 있던 티포테리아류typothere 무리는 강둑 도랑 옆 수풀로 피신한다. 메말랐던 대지에서 땅 냄새가 풍겨 나오고 투둑투둑 떨어지는 빗방울 소리가 안도의 한숨을 불러일으킨다. 그러나 그 한숨 소리 아래 또 다른 소리가 깔린다. 쉿 하는 소리, 물이 쏟아지는 소리, 발굽을 구르는 소리가 점점 커져 포효하는 굉음이 된다. 메스키트나무의 높은 가지에 앉아 있던 새 한 마리가 날카롭게 울며 날아오르자 다른 여러 마리가 뒤따른다. 땅에서 거닐던 짐승 무리 사이에서도 순식간에 비상경보가 울려 퍼진다. 관목들이 몸을 떠는 사이로 위험을 피하려는 에오비스카키아가 안전한 굴속으로 사라진다.

강 하류로 나무가 갈라지면서 채찍질 소리가 울려 퍼지더니 3m 높이의 파도가 춤을 추며 밀려온다. 비상경보가 탈출 신호로 바뀌면서 매달려 있던 나무늘보는 신음 소리를 내면서 몸을 일으키고 티포테리아류 무리는 놀라서 흩어진다. 강물은 돌진하듯 쏟아져 나무 옆에서 물굽이를 치고 강둑 위로 검은 벽처럼 치솟았다가 다시 무너져 내리고 또 다음 파도로 밀려오기를 반복한다. 마치 촘촘하게 짜인 젖은 벨벳이 풀밭 위에 던져지는 것 같다. 끓어 넘치는 죽처럼 리드미컬하게 진흙이 연거푸 쏟아지고 물의 부드러운 힘은 초당 수십 미터의 속도로 풍경을 가로질러 넓게 퍼져나가 계곡을 채운다. 사각형으로 섬세하게 갈라져 있던 강바닥의 점토 조각들은 더 잘게 부서지고 바위는 무중력 상태인 듯 흔들거리고 나무줄기는 잔가지처럼 떠내려간다. 흙탕물은 흘러가며 닿는 모든 것을 붙잡거나 물에 빠뜨리거나 부수고 밑바닥의 흙에 새로운 물길을 내며 고요했던 계곡 바닥에 거친 잿빛 소용돌이를 일으킨다.

팅기리리카를 둘러싼 화산 봉우리들에 큰비가 내려 돌발 홍수가 발생했다. 그 물이 내려오면서 미세한 화산재들이 모여 화산이류lahar가 형성된다. 화산이류란 화산쇄설물로 이루어진 일종의 콘크리트 슬러리를 말하는데, 강둑을 침식하면서 점점 더 커지고 빨라지고 무거워져 결국 무시무시한 속도로 파괴력을 발휘하게 된다.* 나무늘보가 앉았던 자리는 이제 2m 깊이의 너울대는 범람원이 되었고, 티포테리아류와 설치류들은 온데간데없이 사라졌다. 강둑 가장 가까이에서 자라던 나무들은 뿌리내리고 있던 흙이 쓸려 내려가면서 넘어졌다. 튼튼한 나무 몇 그루는 버티고 서 있지만 계속되는 화산이류의 맹공에 건잡을 수 없이 떨고 있다. 폭우로 풀은 사라졌고 눈앞에는 넘실거리는 물밖에 없다. 범람하는 물이 굽이진 지형 위로 쏟아지면서 만들어진 파동과 수로가 있던 곳에서 흐름이 더 빨라져서 생긴 곡선의 줄무늬는 강물이 흐르던 경로를 알려주는 유이한 표지다.[20]

1시간 후 드라마가 끝났다. 그 많은 진흙이 산에서부터 이렇게 멀리까지 내려왔다는 게 믿기지 않는다. 진흙은 쫙 펼친 손가락처럼 초원을 가로지른다. 강물은 평평한 땅에 모든 걸 게워냈다. 이제 유속은 느려지고 땅이 굳기 시작한다. 이곳에는 딱딱한 맨땅만 남았다. 제멋대로 굴러다니던 바위도 자리를 잡아 더는 움직이지 않는다. 화산이류의 손아귀에 걸린 동물들은 하나도 살아남지 못했다. 모두 바위 안에 영원히 갇혀버렸다. 점판암은 깨끗이 씻기고 화산재와 모래, 진흙으로 덮여 풀들에 계곡을 다시 내어줄 준비를 마쳤다.

팅기리리카의 모든 동물은 화석으로 보존되겠지만 풀은 몸 전체로든 꽃가루로든 직접 화석 기록을 남기지 못한다. 화산이류는 입자가 너무 굵어 부드러운 조직이나 하늘거리는 곤충 날개를 온전히 잘 보존

* 예를 들어 1980년 세인트헬렌스 화산 분화 때문에 일어난 화산이류의 최대 속도는 시속 100km에 달했다.

할 수 없기 때문이다. 날 수 있는 동물은 호우를 피해 달아났다. 오직 육상 포유류의 뼛조각과 부서진 이빨만이 암석에 자취를 남긴다. 그러나 물리적으로 팅기리리카 생태계의 출연자 명단에 오르지 못한 풀들도 나름의 흔적을 남겼다.

환경은 거주자에 의해 달라지지만 그만큼 환경도 거주자에게 영향을 끼친다. 한 장소에서 초식동물을 제외한 모든 생명체를 제거한 다음 초식동물을 가장 작은 것부터 가장 큰 것까지 차례로 정렬해 몸 크기 분포를 세노그램cenogram이라는 그래프로 그려보면, 환경의 상대적 개방성과 건조도를 놀라울 만큼 정확히 예측할 수 있다. 세노그램에서 팅기리리카는 수치상으로만 표현되지만 사실은 이 수치들은 큰 소리로 그곳이 얼마나 개방적인 곳인지 외치고 있다. 표본 한두 개만 있으면 풀의 존재는 분명해질 것이다. 팅기리리카 포유류의 입을 자세히 들여다보면 이들이 뭔가 새로운 일을 하고 있었음을 알 수 있다. 바로 풀과 초식동물 그리고 이들을 둘러싼 세계의 상호작용이 유도한 일이다.[21]

식물은 누군가가 자기 몸의 특정 부분을 먹어주기를 간절히 바란다. 과일은 당분이 많고 보기에도 화려해서 동물들이 찾아 먹기 쉽고 그 덕분에 씨앗이 분산된다. 꽃은 선명한 색과 강한 향기, 여기에 꿀까지 품고 수분 매개자들을 유인한다. 어떤 식물은 지나가는 곤충의 날개에서 나는 소리가 꽃잎을 부드럽게 진동시킬 때 수분 매개자가 다가오는 것을 알아차리고 재빨리 당분을 더 만들어 꿀의 단맛을 끌어올리기도 한다. 시장 행상이 손님이 될 법할 사람을 보면 목소리를 높이는 것과 같은 이치다. 하지만 풀은 그런 식의 협동에 관심이 없다. 풀의 씨앗은 바람이나 물이 퍼뜨려주기 때문이다.

풀은 매력적인 꽃을 피우지 않는다. 영양가가 별로 없는 곡물만 생산한다. 인류가 밀, 쌀, 옥수수, 호밀에 이르기까지 풀을 주식으로 삼을 수 있게 된 것은 수백 세대, 수만 년에 걸쳐 품종 개량에 성공한 덕분이다. 그러고 나서도 수확 후 엄청난 가공을 거쳐야만 맛있게 먹을 수 있다. 잎 역시 영양분이 별로 없는 데다 식물규소체라고 불리는 날카로운 유백색 결정체가 조직 전체에 분포하고 있어서 가시 철책처럼 초식동물을 단념시키는 역할을 한다. 입에 넣으면 거친 느낌을 주고 이빨에 눈에 띄는 상처를 내거나 법랑질을 서서히 마모시키기 때문이다. 결국 초본 초식동물의 치아는 영양분이 부족한 딱딱한 음식을 씹느라 지속해서 마모되고 천천히 부식될 수밖에 없다.[22]

초원이 동물의 해부학적 구조에 끼친 영향은 현미경을 들여다보지 않아도 알 수 있다. 아무리 부드러운 음식도 평생 물고 씹으면 이빨을 심하게 마모시킨다. 풀을 먹으면 그 손상은 훨씬 더 심해진다. 이에 자연선 답은 포기가 아니었다. 그 고집은 지혜에 가까웠다. 풀이라는 자원은 쓰이기 위해 존재한다. 그렇게 힘든데도 풀이 쓰이는 데는 그럴 만한 이유가 있는 법이다. 초본 초식동물은 아무리 닳아도 계속 새로 자라나는 이빨을 발달시켰다. 치관이 높고 평평하며 단단한 법랑질과 풍부한 시멘트질을 가졌으며 치근이 작거나 없는 이빨을 '영구고관치hypselodont'라고 한다. 극단적으로 평생 모래 묻은 풀을 먹으며 잇몸은 약해질지언정 이빨은 계속 자라는 동물이 있는데, 이는 대형동물 중 털코뿔소와 남제류南蹄類, notoungulate(멸종한 초식 유제류–옮긴이)에게서만 찾아볼 수 있는 전략이다.

아직 풀이 북아메리카에 널리 퍼지지 않았던 올리고세 초에 말은 크기가 집고양이만 한 목본 초식동물이었다. 이 종은 생존을 위해 고군분투하며 활엽수림에서 그 잎을 먹고 살았다. 냉실 세계로 전환되는 과도기에 평원과 대초원이 열리면 말들도 개활 공간에 맞게 적응하여 달리기에 적합한 긴 다리와 풀을 씹기 좋은 치관이 높은 이빨을 갖게 되고, 초식동물답게 무리 지어 다니게 된다. 초지에 서식하게 된 많은 동물은 제각기 최적의 이동 방법과 섭식 습관을 찾아냈는데 결국 매우 비슷한 결과에 도달했다. 그렇게 이끈 힘은 복잡하고 복합적이다. 환경의 개방성, 몸의 크기, 땅의 경도 등이 모두 형태학적 변화에 영향을 줄 수 있다. 영양, 가지뿔영양, 사슴 그리고 일부 남아메리카토착유제류까지 이 모든 동물이 원형적 초본 초식이라는 새로운 삶의 방식에 수렴한다.[23]

남아메리카의 독특한 포유류 동물은 결국 몰락한다. 현재로부터 280만 년 전 북아메리카와 남아메리카가 하나로 합해지고 카리브해에서 파나마 지협이 융기하여 대서양과 태평양을 갈라놓으면서 북쪽 동물은 남쪽으로, 남쪽 동물은 북쪽으로 이주한다. 아메리카대륙 생물 대이동Great American Biotic Interchange으로 불리는 이 양방향의 대량 이주 사건은 약 2,000만 년 전에 시작되어 지협이 완전히 닫힌 350만 년 전까지 계속되었다. 이유는 확실히 밝혀지지 않았지만 이 이동은 북쪽의 종들에게 유리하게 작용한다. 남아메리카 토착 동물 중 북아메리카 전역에서 번성한 것은 북아메리카산미치광이와 버지니아주머니쥐 그리고

북아메리카 남부 사막 지역에서 발견되는 아르마딜로뿐이다.[24]

남아메리카에서도 북쪽에서 온 종이 우세종이 된다. 초대형 유대류와 남아메리카토착유제류는 모두 사라진다. 현대까지 살아남은 남아메리카 토종 포유류는 주머니쥐 101종, 나무늘보 6종, 개미핥기 4종, 아르마딜로 21종이 전부다. 자이언트땅늘보는 끈질기게 오래 살아남아 현재로부터 4,000년 전 카리브해 연안에 흔적을 남긴다. 지구 역사상 가장 큰 땅굴을 파는 동물인 땅늘보는 8,000년 전까지만 해도 브라질과 아르헨티나에서 대가족을 위한 방대한 땅굴망을 건설했고 그 굴은 오늘날까지 남아 있다. 뿔 없는 코뿔소처럼 생긴 남제류 톡소돈*Toxodon*과 낙타를 닮은 활거류 마크라우케니아*Macrauchenia*도 지금으로부터 1만 5,000년 전까지 살아 있었다. 카리브해의 땅늘보와 마지막 남아메리카토착유제류가 멸종한 시기와 이곳에 인류가 상륙한 시기가 겹치는데, 이는 우연이 아닐 것이다.[25]

이렇게 늦게까지 살아남은 동물들은 과학자들에게 그 정체를 규명할 기회를 준다. 다른 지역 종과의 생태학적, 해부학적 수렴 때문에 포유류 가계도 안에서 제자리를 찾기 힘들기는 했지만 말이다. 가장 늦게까지 살아남은 남아메리카토착유제류 화석 일부는 파타고니아의 건조하고 차가운 환경에서 보존되어 아직도 동물의 결합조직을 구성하는 분자인 콜라겐 가닥을 보유하고 있다. 화석에서 추출한 콜라겐 단백질은 DNA 염기 서열처럼 종의 유연관계를 알아내는 데 사용할 수 있다. 콜라겐 단백질의 아미노산 서열을 비교함으로써 남아메리카에서만 나타나는 독특한 형태의 실체가 밝혀졌고 그들의 가장 가까운 친척이

오늘날의 말과 코뿔소, 테이퍼에 해당하는 기제류라는 사실도 알게 되었다.[26]

그러나 답을 알고 나면 더 큰 의문이 생기는 법이다. 기제류와 친척 계통은 팔레오세와 에오세에 걸쳐 북아메리카, 유럽, 인도 등 세계 곳곳에서 출현했다. 최초의 기제류 동물은 아시아에 살았는데, 이들이 전 세계로 이동한 데는 어떤 사연이 있는 것일까? 지구의 역사에서 대륙들이 서로 멀리 떨어져 있던 당시 어떻게 기제류 동물들은 그렇게 빨리 전 세계로 분산할 수 있었을까? 혹은 이는 단지 초기의 수렴 현상, 즉 동일한 문제에 동일한 해결책을 마련한 데 따른 유사성일까?[27]

여행 자체는 화석화할 수 없지만 여행의 도착지는 후손이 정착한 곳을 통해 알 수 있다. 섬에서 섬으로 건너가든 뗏목으로 대양을 항해하든 어떤 경로로든 생명체들은 지구의 역사 내내 이동했고 흩어졌고 새로운 환경에서 번성했다. 팅기리리카에서 탄생한 풀은 곧 전 세계로 퍼져 미국 대평원과 유라시아 스텝, 아프리카 사바나에 이르기까지 지구상에서 가장 넓은 생명체들의 터전을 만들어낸다. 대나무숲에서 석회질 초원에 이르기까지 풀의 시대가 시작된다.

"그래도 지구는 돈다."

- 갈릴레오 갈릴레이

"그들은 고독한 밤의 땅거미를 뚫고 어둠 속으로 사라졌다."

- 베르길리우스, 《아이네이스》

5

순환

남극대륙 시모어섬

4,100만 년 전 에오세

지도5 4,100만 년 전 남극대륙과 남극해

해변은 바닷새의 울음소리로 가득하다. 다 자란 새가 집요하게 짝을 찾고 대장이 되려는 새는 둥지를 틀 만한 곳을 탐색한다. 자갈 해변에는 유니콘의 뿔 같은 나사고둥, 나선형의 폴리니케*Polynice*(복족류), 뚜껑으로 덮어놓은 접시 같은 매끈한 쿠쿨라이아*Cucullaea* 조개가 여기저기 흩어져 있다. 이 해변은 유별나게 인기 있는 번식지가 되었다. 돌들은 구아노guano(새의 분변이 퇴적, 응고된 천연 유기물－옮긴이) 때문에 하얗다. 구아노는 모든 것에 톡 쏘는 암모니아 냄새를 불어넣고 그 인산염은 모래 안으로 스며들어 바위의 화학적 특성을 변화시킨다.

작은 새들은 바위틈이나 초목으로 가려진 곳을 선호하는 반면 큰 새들은 필요에 따라 트인 공간에 둥지를 짓기도 한다. 이곳은 길고 좁은 반도의 한쪽 해변으로, 비바람이 들이치지 않는 작은 만이다. 인근의 개울 하나가 하구로 이어지는 모래톱을 갈라 종이를 찢어놓은 듯한 절벽을 만들어놓아서 새들이 둥지를 틀고 새끼를 키우기에 이상적인 장소다. 주변의 가파른 경사면에는 빽빽하게 숲이 우거져 있다. 산비탈을 따라 나무껍질이 비늘처럼 갈라진 노토파구스*Nothofagus*(남방너도밤나무속)에 속하는 나무들이 늘어서 있다. 그 사이사이에는 칠레소나무, 사이프러스, 셀러리소나무 등 침엽수들이 빼곡하게 들어차 있다. 그리고 이 모든 나무는 다른 식물에 붙어서 자라는 착생식물로 뒤덮여 있다.

덩굴나무와 넝쿨식물, 양치류, 머리카락 같은 이끼는 희뿌연 녹색 배경이 되어 복잡하고 화려한 프로테아 꽃을 더욱 돋보이게 한다. 서쪽 바다에서 불어오는 바람의 습기는 남극해로 뻗어 있는 좁은 띠 모양 땅에 부딪히면서 비로 바뀐다. 이곳은 해안 온대우림으로 모든 표면이 녹색의 콜라주와 같다. 이곳의 어떤 식물은 나무의 중간 높이에서도 공중으로 뿌리를 뻗어 낙엽으로부터 스스로 퇴비를 얻고 생명을 유지하기에 충분한 물을 빨아들인다. 식물들은 낮게 드리운 햇볕에 닿으려고 서로를 타고 올라간다. 숲 바닥에 떨어져 썩어가는 나뭇가지들을 보면 이 태고의 숲이 성숙한 정도를 알 수 있다.[1]

대륙들이 손을 잡았다 놓았다 하며 춤을 추거나 세계 기후가 따뜻해졌다 차가워졌다 해도 이 세계에서 생물들이 살아가려면 반드시 있어야 하는, 물리적 조건인 변하지 않는 천문학적 상수常數가 있다. 햇빛은 매우 먼 곳에서 오므로 거의 동일한 각도로 동일한 에너지를 갖고 지구에 도달한다. 그러나 햇빛이 지구 어디에 닿느냐에 따라 지표면에서 느껴지는 강도에는 큰 차이가 있다. 땅이 태양을 정면으로 마주 보고 있으면 작은 면적에 열이 집중되므로 더 따뜻한 환경이 만들어진다. (지구 기준으로) 태양이 낮게 떠 있어서 햇빛이 비스듬하게 떨어지는 곳에서는 태양 광선이 더 넓은 면적에 퍼지므로 추워진다. 이것이 한낮보다 해 질 녘이나 새벽이 춥고, 적도에서 멀리 떨어진 고위도 지역일수록 추워지는 이유다.[2]

그러나 이것만으로는 계절의 존재를 설명할 수 없다. 이 행성의 어느 곳에 정착하든 모든 생명체가 경험하는 1년 단위의 리듬은 지구의 초기 역사가 낳은 특별한 결과다. 붐비는 태양계에서 일어난 충돌 사고가 남북의 축을 비스듬하게 기울여놓았기 때문이다. 축이 기울지 않았다면 우리의 궤도는 매일 변함없이 똑같은 형태였을 테고 우리가 태양의 어느 위치를 지나고 있는지 구별할 수도 없었을 것이다. 지구가 기운 까닭에 한 해가 의미 있어졌다. 극지방은 6개월을 주기로 태양을 향하거나 등지게 되고, 이에 따라 여름 낮만 계속되거나 겨울밤만 계속된다. 기울어진 채 추는 왈츠 때문에 계절이 생긴다. 고위도 거주자들은 변화하는 환경을 피해 이주하든가 머물면서 대응책을 찾아야 한다. 현대의 냉실 행성에서는 어떤 대륙 하나가 세계의 바닥에 뿌리내리고 있다. 이곳은 1년 내내 얼어붙어 있고 겨울에는 거의 아무것도 남지 않는다. 그러나 에오세의 극지방에서 서남극의 북쪽 반도인 이곳의 삶은 지금과 달랐다.[3]

에오세가 시작될 무렵 세계는 거의 전례 없는 속도로 온난화되었다. 이산화탄소와 메탄의 농도가 높았기 때문이다. 확실하지는 않지만 당시의 이산화탄소 농도는 약 800ppm에 달했던 것으로 추정된다. 이는 현대의 2배, 19세기의 4배가 넘는 수치다. 팔레오세에서 에오세로 넘어오면서 이미 지구는 따뜻해졌는데, 기온과 이산화탄소 농도는 모두 지구 역사상 최고였다. 그래서 이 시기를 팔레오세-에오세 최고온기라고 한다. 팔레오세-에오세 최고온기 1,000년 동안 약 1.5Gt(기가톤)의 이산화탄소와 메탄이 유입된 것은 역대 최고 기록이었으며 이 기록은 산업혁명 이후에나 깨지게 된다.

기온은 최소 5°C가 상승했다. 느닷없이 발생한 이산화탄소가 정확히 어디에서 왔는지는 불분명하다. 다만 암석 기록에 따르면 그린란드에서 강력한 화산 폭발이 일어난 후 바다가 따뜻해지기 시작했고, 그러면서 심해의 고체 메탄 결정체(메탄은 이산화탄소보다도 더 강력한 온실가스다)가 용해되었으리라고 짐작할 수 있다. 바다가 따뜻해지면 온실가스가 더 녹아 나온다. 그러면 기온이 더 올라간다. 온난화가 또 다른 온난화를 낳는 악순환이 이어진다.[4]

온난화에 전 세계 생태계가 반응했다. 북반구의 포유류는 모두 체구가 작아졌다. 온혈동물이 만들어내는 열의 양은 체질량에 비례하지만 손실되는 열의 양은 표면적에 비례한다. 몸집이 작은 동물은 체중에 비해 표면적이 넓어 지나치게 뜨거운 환경에서 과열될 확률이 낮다. 바다와 육지에서 사는 미세한 플랑크톤에서 거대 초식 포유류에 이르기까지 모든 생물은 멸종하거나 새로운 형태로 빠르게 진화했다. '현세의 새벽'이라는 뜻의 에오세는 여러모로 현대 세계를 잉태한 시기이자 온실 세계의 열기로 지구 생물상의 기본 구조를 주조한 시기다.

우리가 여행하는 시점의 시모어섬은 최고온기가 정점을 찍었을 때보다 식은 상태지만, 그래도 지구 평균 기온은 현대와 비교하면 월등히 높다. 적도 부근은 오늘날보다 덥지 않아서 인도의 섬 지역 평균 기온이 현대의 고온 다습한 지역과 거의 비슷하다. 그러나 고위도에서는 이야기가 전혀 달라진다. 에오세의 극지방은 오늘날의 냉실 세계처럼 눈 덮인 하얀 세상이 아니다. 물이 산악 빙하나 끝없는 해빙에 갇혀 있지 않으므로 해수면이 현재보다 100m나 더 높다. 인간의 관점에서 볼 때 모든 대륙이 살기 좋은 기후라고 할 수 있다.[5]

현대에는 어떤 종이 전 세계에 분포한다는 설명이 있어도 남극은 암묵적으로 예외가 된다. 말하자면 남극은 잊힌 대륙인 셈이다. 그러나 팔레오세-에오세 최고온기에는 남극대륙조차 따뜻해서 여름에는 기온이 25°C까지 올라간다. 바다 수온도 12°C에 이른다. 대륙 전체가 울창한 폐쇄림으로 덮여 있고 새들의 지저귐과 덤불 바스락거리는 소리로 가득하다. 그러나 지구는 계속 돌고 생명체와 이들이 사는 땅과 바다의 관계를 규정하는 물리 법칙은 여전히 존재한다. 남극대륙은 지구의 남극에 그대로 있으며 끝없는 여름낮과 겨울밤의 순환에 갇혀 있다. 햇빛의 규칙은 현대처럼 이 시기에도 이 행성을 둘러싼 공기와 물의 흐름을 그리고 이 극지방의 우림 생태계를 지배하고 있다.[6]

시모어섬의 해변은 숲이 우거진 가파른 경사면 때문에 포식자가 접근하기 어렵다. 지형뿐만 아니라 많은 개체 수도 바닷새 둥지를 지키는 데 한몫을 한다. 이곳은 이 지역에서 가장 큰 바닷새의 서식지로, 약 10만 마리가 산다. 이 바닷새들은 상징적인 존재다. 날씨가 아무리 따뜻해 보여도 남극대륙은 남극대륙이다. 남극의 펭귄만큼 그 존재만으로 특정 대륙을 떠올리게 하는 새는 없다. 펭귄의 조상이 태어난 뉴질랜드와 함께 시모어섬은 화석 기록상 펭귄이 등장한 초기 지역 중 하나다. 서식지는 해변 400m에 걸쳐 띠 모양으로 형성되어 있다. 모래톱 위에서 내려다보면 개체들 각각의 형체는 희미해지고 검은색, 노란색, 흰색이 한데 뒤섞여 웅웅대고 끼룩끼룩거리는 덩어리처럼 보인다.[7]

가까이에서 보면 이 새들의 크기가 훨씬 더 충격적이다. 가장 작은 돌고래펭귄 델피노르니스*Delphinornis*가 현생 킹펭귄과 거의 동일한 크기인데, 여기서는 다른 종들에 가려서 잘 보이지도 않는다. 이곳의 새들은 모두 거대펭귄과에 속하는 종이며 오늘날 거대펭귄 사촌보다 훨씬 더 크다. 노르덴셸드펭귄 안트로포르니스 노르덴스키오일디*Anthropornis nordenskjoeldi* 같은 일부 종은 평균 신장이 165cm로 사람과 비슷하다. 이 혼합 번식지의 펭귄이 대체로 다들 크지만 클레콥스키펭귄의 몇몇 암컷은 키가 2m에 달하고 몸무게는 120kg에 육박한다. 이 정도면 럭비 선수급 체형이다. 클레콥스키펭귄의 부리는 창같이 생겼다. 현생 펭귄과 비교하면 체구에 비해 부리가 과하게 길어서 그 길이가 30cm 가까이 되는 예도 있다. 클레콥스키펭귄뿐만 아니라 이곳에 함께 서식하는 다른 7종의 펭귄도 모두 현생 펭귄보다 크다. 단일 서식지에서, 게다가 기능적으로 같은 방식으로 먹이를 먹는 종들 사이에서 다양성이 이렇게 높게 나타나는 것은 이례적이다. 대개는 각종 생태지위가 뚜렷이 구별되어 경쟁 없이 환경 자원을 나눠 쓸 수 있을 때만 여러 종이 공존하는데, 이를 이른바 생태지위 분할이라고 한다. 하지만 더 열악하더라도 경쟁이 없는 곳에서 살 것인지, 거대도시를 이루어 공간을 두고 경쟁하며 살 것인지 선택의 갈림길에 선 펭귄이 다양한 종의 개체군을 이룰 만큼 시모어섬의 풍요로운 바다는 충분히 매력적이다.[8]

이곳 펭귄은 부력을 극복하기 위해 골밀도를 높이고 뒤뚱거리는 걸음걸이를 개발하는 등 이미 해양 생활에 적응했다. 이들의 안쪽 발가락은 나중에 퇴화하여 사라진다. 날개는 현대의 펭귄보다 얇아서 바다오리에 가깝다. 펭귄의 날개는 나중에 수중 유영을 위해 오리발처럼 빳빳해진다. 몸에 난 깃털도 극한의 추위를 견디게 해줄 만큼 촘촘하지

그림5 안트로포르니스 노르덴스키오일디

않다.

자갈 해변에서 서성거리고 있지 않은 펭귄들은 만 안쪽 물에 떠서 고기잡이를 나갈 준비를 하고 있다. 어장에 나가면 청어, 놀래기, 메를루사, 바다메기를 비롯해 주둥이가 뾰족한 돌돔, 황새치, 갈치를 사냥할 것이다. 문어, 오징어, 갑오징어의 친척이지만 껍데기가 있는 앵무조개도 얕은 수심에서 헤엄치고 있는데, 고위도 지방에서는 보기 드문 광경이다. 이 해역을 꽉 채우고 있는 것은 대구의 친척들이다. 이곳 바다는 대구에게 새끼들을 키우는 보육원이자 학교다. 플랑크톤이 풍부해 먹잇감이 많기 때문이다.[9]

남극반도는 드레이크해협에 있다. 이 해협은 해저가 융기하여 만들어진 지형으로 남아메리카와 남극대륙의 손가락 끝이 최근까지도 맞닿아 있었다. 대륙과 대륙, 대양과 대양이 만나는 지점으로 해양 생물이 대량 서식하는 해양 낙원이다. 때로는 심해에서 올라온 차가운 물은 점액질의 머리와 반짝거리는 송곳니가 달린 큰 눈의 금눈돔처럼 기이한 심해 생물들을 데려오기도 한다. 한류는 영양분과 용존산소도 해저에서 수면으로 실어 나르는데, 이는 해수면 주변 생태계의 연료가 된다. 심해에서 올라온 한류는 얕은 바다를 헤치며 해협을 통과해서 북쪽으로 방향을 돌린 다음 같은 장소를 다시 한 바퀴 돈다. 그렇게 돌고 돈 시간이 2,000만 년이다.[10]

해역의 지형에 따라 이러한 용승류는 나타나기도 나타나지 않기도 한다. 그 컨베이어벨트를 구동하는 엔진은 수천 킬로미터 떨어진 적도에 내리쬐는 햇빛이다. 적도에서는 다른 어느 곳보다 빠르게 공기가 가열된다. 그러면 뜨거워진 공기가 대기 상층으로 올라가면서 열대지방의 습한 공기를 끌어당긴다. 상승하여 식은 공기는 밑에서 계속해서 올라오는 공기 때문에 북쪽과 남쪽으로 밀려난 다음 가라앉는데, 이렇게 해서 열대지방을 경계 짓는 대류 고리(해들리 세포-옮긴이)가 하나씩 만들어진다. 이 대류 고리의 가장자리에서 공기의 움직임은 더 많은 공기를 끌어당겨 극지를 향하게 한다. 이 같은 방식으로 북반구와 남반구에 각각 2개씩 대류 고리(페렐 세포와 극 세포-옮긴이)가 더 만들어져 온대와 극지방의 기후를 결정짓는다.

여기에 지구의 자전이 더해져 열대지방 전역의 해수면에서 동쪽에서 서쪽으로 강한 바람이 불게 되는데, 이를 무역풍이라고 한다. 위도 60도에서도 공기가 태양에 의해 가열되고 상승하여 북쪽과 남쪽으로 이동하는 동일한 현상이 일어난다. 극지방으로 이동한 공기는 빠르게 하강하여 코리올리힘에 의해 동에서 서로 돌진하고 적도를 향해 이동한 공기는 적도에서 빠져나오는 찬 공기와 충돌하여 끌려 내려간다. 극지방과 적도 지역의 지표면이나 해수면 가까이에서는 바람이 서쪽으로 부는 반면에 중간 위도에서는 동쪽으로 분다. 따라서 남극해는 서쪽에서 동쪽으로 부는 편서풍의 영향을 받는다.[11]

현대 남극해에서는 끊임없이 부는 편서풍이 그 어떤 대륙에 의해서도 가로막히지 않은 표층수에 추진력을 부여한다. 뜻밖의 마찰이 없는 한 끊임없이 동쪽으로 도는 물의 흐름인 남극환류가 계속된다. 그런데 지구의 자전은 공기의 흐름뿐 아니라 물의 흐름에도 동일하게 영향을 미친다. 따라서 회전목마를 타면 몸이 바깥쪽으로 쏠리듯 바닷물도 적도를 향해 넓은 바다로 밀려난다. 태양이 일으키는 바람과 행성의 운동이 함께 작용하여 남극대륙에서 물을 밀어내면 그 자리에 양분이 풍부한 심해의 물이 올라와 극지방의 바다에서 생명체들이 꽃을 피운다.

물고기가 풍부하면 포식자가 모인다. 이 차가운 바다를 이용하는 동물은 펭귄만이 아니다. 물가의 펭귄들 사이로 물떼새와 댕기물떼새 무리가 속하는 물떼새과charadriid가 쏜살같이 지나간다. 동물이 모여 있으니 곤충이 따라오고, 이 곤충을 먹고 사는 새들이 모이는 것이다. 하구에 더 가까운 쪽에서는 따오기가 갯벌에서 연체동물과 갑각류를 한가로이 탐색하고 있다. 이 바닷가 하늘의 주인은 부리가 관 모양이고 좁고 긴 날개로 바람을 타고 날아다니는 앨버트로스, 다른 슴새들, 그리고 가짜 이빨이 있는 거대한 오돈톱테릭스형류odontopterygian이다. 해안의 절벽 꼭대기에 사는 이 새들은 모두 남반구의 편서풍을 이용해 먼 거리도 힘들이지 않고 비행한다.

이 새들의 가장 눈에 띄는 특징은 흰 테두리가 있는 큰 날개다. 쫙 펼치면 폭이 5m가 넘는 경우도 있다. 이러한 날개는 글라이더처럼 바람을 이용한 빠른 비행에 적합하다. 큰 몸집 때문에 물에서의 이륙이 힘든 대신 다가오는 바람을 맞으면서 서핑을 하듯 파도 위로 급강하하여 수면 가까이 있는 물고기를 낚아챌 수 있다. 물고기와 오징어는 미끈거려서 안 그래도 잡기가 까다로운 데다가 남극의 강풍 속에서 공중에 떠서 낚아챈다는 것도 쉬운 일은 아니다. 다 자란 오돈톱테릭스형류의 부리가 빵 칼처럼 톱니 모양을 한 까닭은 바로 이 때문이다. 날카로운 두 눈은 작은 두개골 위쪽에 올라붙어 있고 부리는 물총새처럼 긴

창 모양이다. 부리 안쪽의 악어 이빨 같은 톱니 모양은 뼈에서 직접 자라난 돌출부로, 성체에서만 나타난다. 대개 바닷새들이 그렇듯이 오돈톱테릭스형류도 수명이 길고 새끼를 한 번에 두어 마리만 낳는다. 새끼는 이빨이 없어서 스스로 먹이를 솜씨 좋게 잡지 못하므로 1년 넘게 부모의 보살핌을 받아야 한다. 그래서 부모는 번갈아 파도를 훑으러 나가고 남은 한쪽이 자리를 지킨다.[12]

현생 앨버트로스는 낮에는 편서풍을 따라 큰 원을 그리며 비행하고 밤에는 바다 위에서 잔다. 에오세의 앨버트로스와 오돈톱테릭스형류도 마찬가지였을 것이다. 한번 바다로 나가면 한참 동안 사라졌다 돌아오는 것만큼은 분명하다. 이 새들은 언월도 모양의 날개를 사용하여 역동적으로 솟구쳐 오른다. 그렇게 한번 날아오른 다음에는 날갯짓을 거의 하지 않고 바람을 타고 계속 천천히 하강하다가 방향을 바꾸면서 그 탄력으로 이전보다 더 빠르게 상승한다. 마치 대기의 움직임을 축소해 보여주는 듯하다.[13]

이 새들이 물 위에서 두려워해야 할 유일한 상대는 상어다. 시모어섬 근처 바다에는 놀라울 정도로 다양한 상어가 산다. 못해도 22종이 넘는 상어들이 이곳에 살거나 정기적으로 방문하여 넘쳐나는 물고기들을 잡아먹는데, 종에 따라 먹잇감과 사냥터가 서로 다르다. 투명한 바닷물이 해안에 가까워지면 밀크티 빛깔로 바뀐다. 그러면 갑자기 물에 거품이 일면서 이빨이 달린 널빤지가 파도에 흔들리듯이 뾰족한 잿빛 주둥이가 나타났다 사라졌다 하다가 빠르게 다시 물에 잠긴다. 프리스티스*Pristis*(톱가오리)다. 톱가오리는 상어의 일종으로 주둥이가 전기톱을 닮았다.

아무리 뜨거운 에오세의 여름이라고 해도 대개 열대나 아열대 해역에 서식하는 톱가오리가 남극까지 오는 일은 드물다. 아마도 시모어섬의 풍부한 먹이에 이끌려 남아메리카 동부 해안을 따라 이곳까지 왔을 것이다. 톱가오리는 몸 전체에 앰풀라ampullae라 불리는 예민한 수천 개 돌기가 있어서 주변의 전기장 변화를 감지하여 먹이를 찾아내고 포획한다. 척추동물은 전기를 띤 칼슘 이온의 흐름을 이용하여 근육의 움직임을 제어한다. 만약 청어 한 마리가 조금이라도 움직이면 톱가오리가 대번에 알아차리고 톱날로 물을 빠르게 가르거나 톱날 가장자리로 해저를 내리치거나 평평한 면으로 물고기를 제압하여 입 쪽으로 끌어당길 것이다.[14]

물속에서 부옇게 거품이 올라오자 물에 떠 있던 펭귄들이 불안해하며 퍼덕거린다. 뱃사람들이 말하는 전설 속 괴물이 튀어나온 것처럼 엄청나게 긴 바다뱀이 몸통을 꿈틀거린다. 이것은 몸길이가 21m나 되는 바실로사우루스*Basilosaurus*(바실로basilo는 황제, 사우루스saurus는 도마뱀이라는 뜻이다-옮긴이)다. 바실로사우루스는 이른바 '황제도마뱀'과에 속하는 종이다. 엄격한 명명 규칙 때문에 옛 과학자들의 판단 오류가 아직과 이름에 남아 있기는 하지만 사실 이 동물은 도마뱀이 아니라 고래다. 최초의 고래는 불과 수백만 년 전에 멀리 인도아대륙의 테티스해 해안에 있는 섬에서 진화했다. 그중 하나였던 파키케투스*Pakicetus*는 긴 다리를 가진 포식자이자 청소부로, 물과 뭍을 오가며 사는 늑대 같은 동물이다. 뼈의 밀도가 높고 눈은 머리의 높은 쪽에 달려서 물속에서 먹잇감을 매복 공격했던 것으로 보인다. 그다음에 나타난 바실로사우루스과basilosaurid는 완전히 물속 생활에 정착하여 뭍으로 돌아가지 못한 최초의 공룡이다.[15]

얕은 바다에 출몰하는 바실로사우루스과는 앞발을 오리발처럼 바꾸고 꼬리지느러미를 발달시키는 등 새로운 환경에 맞추어 몸을 완전히 변화시켰다. 두개골은 아직 현생 고래처럼 움푹 패 있거나 망원경처럼 길게 뻗어 있지 않지만 콧구멍은 정수리로 이동했다. 물의 부력 덕분에 자기 몸무게에 짓눌릴 걱정 없이 육지에서보다 훨씬 더 크게 자랄 수 있었다. 육지에서 걸어서 이동할 필요가 없어지면서 뒷다리는 아주 작은 지느러미로 축소되어 방향을 바꿀 때조차 거의 쓰임이 없어졌다. 내이內耳는 낮은 주파수에 점점 더 예민해졌는데, 그 덕분에 수중에서 더 잘 들을 수 있게 되었다. 달팽이관은 점점 더 길어지고 더 촘촘하게 말리고 벽이 더 얇아졌다. 이러한 변화로 물속에서 더 멀리 전달되는 낮은 소리를 들을 수 있게 된다. 그러나 오늘날 돌고래 등의 이빨고래류가 소리를 내는 데 사용하는, 이마에 둥글게 튀어나온 지방질의 혹, 이른바 '멜론'은 아직 발달하지 않았다. 바실로사우루스과는 바다의 음악을 듣는 법까지만 익히고 노래하는 법은 아직 배우지 못한 셈이다.[16]

* * *

강 상류로 갈수록 수로는 좁고 깊어진다. 숲이 우거진 경사면 사이사이로 물길이 굽이져 있다. 최고온기 해수면 상승으로 생긴 이 계곡에 털북숭이 생명체 하나가 어슬렁거리며 강둑을 따라 내려온다. 그러자 투구를 쓴 것처럼 생긴 개구리들이 물속으로 미끄러져 들어간다. 입술은 말을 닮았고 코는 테이퍼처럼 갸름하다. 몸은 항아리처럼 두툼한데 비해 다리는 가느다랗고 발가락은 5개씩이다. 이 동물이 연어를 쫓는 불곰처럼 강어귀의 물속으로 첨벙첨벙 들어가자 따오기 떼가 일제히 날아오른다. 털북숭이 짐승은 튀어나온 윗니 2개와 숨겨져 있는 커다란 엄니로 물가의 연한 사초와 골풀을 뜯는다. 이 동물은 '빛나는 동물'이라는 뜻의 아스트라포테리아류astrapotherian 안타르크토돈*Antarctodon*으로, 남아메리카와 남극대륙 사이에 공통된 생물학적 역사가 있다는 단서다.[17]

지리적으로 남극대륙은 곤드와나 초대륙을 구성하는 여러 대륙, 즉 남아메리카, 아프리카, 오스트레일리아가 만나는 교차로였다. 그중 인도-마다가스카르는 떨어져나갔고 인도는 아시아와 충돌하면서 불도저처럼 북대륙(로라시아)에 산을 쌓아 올린다. 하지만 시모어섬은 아직 연결 고리의 일부로 서남극반도 파타고니아의 매우 닮은 숲을 향해 팔을 뻗고 있다. 불과 1,000만 년 전 웨들해 지협이 범람하기 전까지만 해도 파타고니아는 남극대륙과 이어져 있었다. 동남극의 높은 산맥 너머 해안에서 멀지 않은 곳에는 오스트레일리아가 있다. 남방너도밤나무, 펭귄 같은 남극대륙의 동식물은 넓게 보면 곤드와나 동식물상의 일부다. 이 생물상은 남극대륙 전체에 걸친 생물구bioprovince를 형성한다. 안타르크토돈이라는 빛나는 동물은 우리가 팅기리리카에서 만났던 토착유제류의 친척이며 시모어섬에도 그 친척들이 살고 있다.[18]

경사면에는 동식물의 잔해와 수백 년 동안 쌓여 푹신해진 침엽수 잎, 공중에 매달린 착생식물, 곰팡이가 핀 채 쓰러져 있는 통나무들이 우거진 나무들 사이에 빼곡하다. 하지만 아무것도 통과하지 못할 만큼 빈틈이 없는 게 아니다. 나무와 나무 사이에 틈이 보인다면, 그것은 수 세대에 걸쳐 세 발가락 동물들이 발자국을 남긴, 산비탈을 오르는 가장 쉬운 길이다. 이 숲의 개척자는 낙타를 닮은 활거류 노티올로포스*Notiolofos*다. 작은 단봉낙타만 한 노티올로포스는 남방너도밤나무숲에서 낮게 달린 잎사귀를 먹고 산다. 지난 긴 시간보다 1년 안에 더 큰 변화가 일어나는 환경에서 살아온 노티올로포스의 해부학적 구조는 수백만 년 동안 변하지 않았다. 해부학적 수준에서 진화가 일어나지 않은 덕분에 노티올로포스는 특정 환경에서 특화종이 되기보다는 다양한 환경 변화에 상당히 잘 대처할 수 있는 전천후 일반종이 되었다. 혼돈을 겪으며 생긴 이러한 안정을 '플뤼 사 샹주plus ça change'(변화를 거듭할수록 본질은 더욱 한결같아진다는 뜻의 프랑스 경구-옮긴이) 모형이라고 부른다. 조간대나 극지방 같은 혹독한 환경에서 다재다능은 귀중한 특성이다. 안정된 환경은 특화종을 낳지만 진화의 관점에서 보면 이는 무사안일이다. 어떤 환경도 영원히 동일할 수는 없다. 종이 생태지위를 잃으면 그 결과는 멸종이다.[19]

숲속으로 더 깊이 들어가니 높이가 30m는 되어 보이는 거대한 칠레소나무가 최근에 쓰러진 듯 빽빽한 초목에 의지해 비스듬히 서 있고 빠르게 썩어가는 그 나무 주변으로 버섯들이 돋아나고 있다. 눈에 보이지는 않지만 곰팡이의 뿌리이자 통신망인 균사가 죽은 나무의 껍질을 뚫고 들어가 세포들을 하나씩 뜯어내고 있을 것이다. 이렇게 습한 환경에서는 부패가 빠르게 진행된다. 쓰러진 거목의 구멍 안에는 미니 축구공 같은 녹색의 구체가 들어 있다. 외부는 물이 흡수되지 않는 커다란 잎으로 빈틈없이 멋지게 싸여 있다. 입구의 구멍 안을 들여다보면 이끼와 봄에 새로 돋은 새순들이 늘어서 있는데, 바짝 깎아 말려놓은 건초 상태여서 모직 슬리퍼처럼 부드럽고 보송보송하다. 칠레소나무의 다른 이름은 원숭이퍼즐나무다. 아직 영장류가 등장하기 전이므로 원숭이 없는 퍼즐나무다. 이 보금자리의 주인은 오늘날 스페인어권에서 모니또델몬토('산악 원숭이'라는 뜻)라 불리는, 나무에 사는 유대류의 친척이다.

모니또델몬토는 생쥐만 한 크기에 애절해 보이는 큰 눈과 폭신한 털이 달린 야행성 주머니쥐로, 앞발로는 나뭇가지를 움켜쥐고 몸통 아래로는 털이 없는 통통한 꼬리를 말고 있다. 이러한 꼬리는 나무를 타는 데도 도움이 되지만 겨울을 나기 위해 지방을 저장하는 데도 의외로 도움이 된다. 모니또는 겨울잠쥐처럼 낮 동안 잠을 자고 추운 계절에는 종일 잔다. 시모어섬에는 모니또의 조상 두 종이 서식하고 있는데, 그중 한 종은 약 1kg이나 나간다. 이는 현생 모니또의 20배가 넘는 무게다.

애초에 남아메리카에 모니또델몬토가 존재하게 된 것은 사실 남극대륙 덕분이었을 수 있다. 유대류는 크게 아메리카유대류Aameridelphia와 오스트레일리아유대류Australodelphia로 나뉜다. 아메리카유대류에는 현존하는 주머니쥐와 멸종한 육식성 검치 틸라코스밀루스과thylacosmilid 몇 종이 포함된다. 이들은 이름에서 알 수 있듯이 아메리카대륙,

특히 남아메리카의 토착종이다. 오스트레일리아유대류에는 캥거루, 코알라, 웜뱃, 태즈메이니아데빌, 주머니개미핥기, 슈가글라이더, 쿼카, 주머니고양이 등 오스트레일리아와 인근 육지에 사는 모든 유대류 동물이 포함된다.

현재 칠레와 아르헨티나 서부 고지대의 발디비아 온대우림에서만 볼 수 있는 모니또델몬토도 오스트레일리아유대류다. 사실 현생 모니또는 다른 곳에서 살 수 없다. 킨트랄quintral이라는 식물만 먹기 때문이다. 킨트랄은 기생식물인 겨우살이의 일종이다. 모니또에 의해 씨앗을 퍼뜨리며 남방너도밤나무숲 생태계에서 핵심 역할을 한다. 이 생태계와 모니또의 깊은 연관성은 생물지리학적 수수께끼에 의문을 더한다. 모니또의 조상은 오스트레일리아의 남방너도밤나무숲에서 어떻게 남극대륙까지 건너왔을까? 오스트레일리아 혈통이 건너온 후에 종 분화가 일어난 것일까? 시모어섬의 다른 유대류 동물은 모두 아메리카유대류에 속하므로 이 수수께끼를 푸는 데 아무런 단서도 던져주지 못한다. 수수께끼의 해답은 이 우림을 덮어버릴 수 킬로미터의 남극 얼음 아래 묻히게 된다.[20]

우림 안 어딘가에는 비밀스러운 새들이 숨어 있다. 타조, 에뮤, 화식조류, 키위의 친척인 주금류가 남극대륙의 또 다른 대표 구성원이다. 주금류 내에서 종간 관계가 대륙에 따라 정해지는 것은 아니다. 예컨대 키위와 모아는 둘 다 뉴질랜드에 서식하지만 인접 종이 아니다. 키위의 가장 가까운 친척은 마다가스카르섬에 살았던 에피오르니스다. 두 종 모두 밤에 먹이 활동을 하는 새답게 시력이 나쁜 대신 후각이 뛰어나고 수염이 있으며 깃털도 오돈톱테릭스형류의 최첨단 비행용 깃털과 달리 텁수룩한 털에 가깝다. 마다가스카르의 날지 못하는 이 기이한 새에게 에오세 때 남극의 캄캄한 숲을 헤치고 나아가는 것쯤은 일도 아니었을 것이다. 하지만 시모어섬에 주금류가 살았다는 구체적인 증거는 그 특유의 외형상 특징을 보여주는 발목뼈 하나밖에 발견되지 않았다.[21]

이들 외에 강변 숲에는 날지 못하는 거대한 새의 세 번째 부류인 포루스라코스과phorusrhacid(공포새)가 살고 있다. 다리는 길지만 몸은 무겁고 날개가 쪼그라들었으며, 좁고 긴 직사각형 부리가 두개골의 반이 넘고 부리 끝에 깡통 따개 같은 갈고리가 달려 있다. 시모어섬의 포루스라코스과는 브론토르니스아과brontornithines('천둥새'라는 뜻)라고 알려져 있다. 이들은 사체를 청소하거나 활거류 동물의 자취를 따라 그 경로에 잠복해 있다가 기습할 태세를 취하고 있다. 이 천둥새는 유럽의 가스토르니스아과gastornithines, 마이오세 오스트레일리아의 미히룽mihirung(둘 다 물새의 친척으로 육식성이다)과 더불어 땅 위에 사는 거구의 공룡 포식자 중 마지막 생존자였다. 이후 마이오세가 되면 키가 3m인 민첩한 공포새 켈렌켄*Kelenken*이 등장한다. 파타고니아 전설 속 악마의 이름을 딴 켈렌켄은 두개골의 앞뒤 길이가 71cm나 되는데, 그 대부분을 벌목용 도끼날처럼 길고 날이 있는 부리가 차지한다.[22]

포루스라코스과는 시력이 뛰어나 지구가 태양 주위를 돌고 계절이 바뀌어 어둠이 겨울을 잠식하더라도 문제가 되지 않는다. 하지만 여름날 한밤의 향연이 어둠의 계절로 넘어가면서부터 모든 면에서 시모어섬의 환경은 달라진다. 태양이 점점 더 낮게 드리우다가 결국 더는

떠오르지 않고 3개월 동안 밤만 계속된다.[23]

해가 뜨지 않더라도 겨울 하늘은 매일 변한다. 태양이 지평선 언저리를 지나면 하늘가에 곡선을 그리는 빛에 날은 밝을 것이다. 해 질 녘의 박명과 밤만 반복되는 날들 속에서 일상적 삶의 리듬은 멈춘다. 밤과 낮의 변화가 뚜렷하지 않으면 하루의 생체리듬인 생체시계가 유지될 수 없다. 극지방의 밤에 익숙지 않은 사람에게 극야는 스트레스를 유발한다. 환경에 대한 몸의 기대치와 실제가 일치하지 않는 데서 오는 일종의 시차증을 끊임없이 겪는 것이다.

일부 극지방 동물은 생체주기를 멈춰버리고 몸이 요구하는 바에 따라 살아간다. 피곤하면 잠을 자고 몸을 회복하면 깨어나는 식이다. 해가 뜨지 않아도 일과를 유지하는 동물도 있다. 하지만 그것도 일정하지 않다. 플랑크톤은 달의 위상 변화에 따라 떠올랐다 가라앉았다 하지만 겨우내 이동을 멈추는 플랑크톤도 많다. 식물은 스스로 호흡을 멈추고 대사를 늦춘다. 침엽수가 아닌 한 남방너도밤나무 등 많은 식물이 잎을 떨구고 숲은 숨을 참는다. 모니또델몬토는 겨울이 오면 추위를 피하고자 가지에 이끼 둥지를 틀고 동면에 들어간다. 몸집이 큰 동물은 에너지가 많이 소모되므로 동면할 수 없다. 그래서 안타르크토돈, 노티올로포스, 주금류는 먹이를 구하러 나서야만 한다.[24]

어둠이 짙어지면 숲속에는 야행성 동물과 빛이 어슴푸레한 시간에 활동하는 박명박모성crepuscular 동물이 나타난다. 긴 겨울밤을 앞둔 마지막 황혼은 사이프러스 뿌리 사이 굴에서 수염 난 머리 하나를 불러낸다. 언뜻 비버 같지만 비버보다 훨씬 작다. 큰 눈은 극지방의 밤하늘에서 내려오는 얼마 안 되는 빛 입자를 활용하기 위해 적응한 결과다. 이와 같은 곤드와나테리움류gondwanathere는 인도에서 남아메리카에 이르는 넓은 분포를 보인다. 중생대부터 출현한 오래된 포유류 계통 중 하나다. 앞다리는 쫙 벌린 반면에 뒷다리는 웅크리고 있다. 달콤한 낙엽 냄새에 이끌려 남방너도밤나무 쪽으로 슬금슬금 다가가는 모습이 마치 금방이라도 공격할 듯한 스모 선수의 자세를 묘하게 닮았다.

곤드와나테리움류 외에도 여러 동물이 남방너도밤나무를 노리고 있다. 이 나무는 매년 일정하게 씨앗을 뿌리고 끊임없는 포식의 위험을 감수하기보다는 아예 씨앗을 만들지 않는 전략을 택한다. 그러다가 이른바 '결실년mast year'이 되면 과거 여름처럼 모든 나무가 한꺼번에 다량의 종자를 생산한다. 조직적으로 종자 포식자들에게 먹이를 투하하는 셈이다. 평소에 먹이 공급이 부족하다 보니 남방너도밤나무 씨앗을 먹는 동물은 개체 수가 적을 수밖에 없다. 따라서 결실년에 뿌려지는 씨앗은 그 양이 종자 포식자가 소비할 수 있는 양을 훨씬 초과하고 일부 씨앗이 살아남아 어린나무로 자랄 수 있다. 정확히 어떻게 이 꾀바른 전략이 구현되는지는 밝혀진 바는 없다. 나무 간에 호르몬 신호를 주고받는 것일까, 아니면 환경의 어떤 자극으로부터 열매를 맺을 때가 되었다는 단서를 얻어 반응하는 것일까? 곤드와나테리움류는 주머니쥐, 모니또델몬토, 새들과 함께 먹이를 찾고 있다. 이들이 찾는 남방너도밤나무 견과는 오므린 컵 모양 씨방 안에 7, 8개의 종자가 든 채로 땅에 흩어져 있다. 곤드와나테리움류는 견과를 쉽게 찾아내 입에 넣고 턱을 연신 앞뒤로 움직이면서 아주 맛있게 씹어 먹는다.[25]

* * *

생명체는 자신이 태어난 세계에 맞게 진화하는데, 해류나 대륙 위치, 바람의 양상, 대기의 화학적 조성 등 지리 조건이 그 세계의 매개변수로 작용한다. 시모어섬에 다양한 종이 서식하는 까닭은 지구의 물리적 상태가 누적된 결과다. 이용할 자원이 많으면 동식물이 대거 유입되고, 동식물이 많아지면 경쟁과 적응, 특화, 종 분화가 촉진된다. 기후도 생명체가 살 수 있는 한계를 설정하는 요인이다. 겨울에 밤만 계속된다는 것은 훨씬 더 추워져 살 수 없는 종이 많다는 뜻이다.

섬의 규칙이 중간 크기의 생물에게 유리해 작은 동물이 거대해지고 큰 동물이 왜소해졌던 가르가노와 달리 극지방에서는 극단적인 크기가 선호된다. 추위에 살아남는 방법은 2가지가 있다. 하나는 모니또 델몬토나 다른 작은 동물들처럼 동면하여 겨울을 견딜 수 있게 체내 생리 현상을 수정하는 것이다. 다른 하나는 몸집을 키워서 부피 대비 표면적을 줄여 체온을 유지하는 방법이다. 하지만 어중간한 크기의 동물은 어느 쪽의 방법도 쓸 수 없다. 에오세의 시모어섬에 토끼보다 크고 양보다 작은 동물이 존재하지 않는 이유는 바로 이 때문이다.[26]

남극대륙의 풍요롭던 시절이 끝나가면서 이러한 압력은 앞으로 더 커진다. 대륙 중심부의 높은 산봉우리 꼭대기에 쌓인 눈은 여름이 다 가도록 녹지 않는다. 우리가 여행하고 있는 지금은 고도가 높은 지대에만 추위가 머물러 있지만, 지구가 더 차가워져서 올리고세에 접어들면 얼음이 산 밑으로 내려와 대륙 전체에 퍼져 거의 모든 동식물을 몰아낸다. 이러한 변화는 빙하가 서남극반도의 동쪽으로 흐르고 생긴

지 얼마 안 된 빙산이 웨들해로 떨어져 나가면서 서서히 시작된다.

인도가 아시아와 충돌하고 히말라야산맥이 융기하기 시작하면 암석이 드러나 풍화에 노출된다. 이는 암석이 이산화탄소와 반응하여 이산화탄소를 땅속으로 끌어들인다는 뜻이다. 대기중에 이산화탄소 농도가 낮아지면 얼음의 크기가 더 커진다. 얼음의 흰 표면이 늘어나면 우주로 반사하는 태양광의 양이 더 많아져 땅이 흡수하는 열을 줄이고 얼음이 더 늘어나게 만든다. 기류와 강우의 양상이 변하고 해류가 재편되고 기온이 떨어지고 남극 우림에 서식하던 종들이 하나둘씩 본래 감내할 수 있는 환경 조건의 한계를 벗어나게 된다. 일반종인 노티올로포스조차도 생존할 수 없어진다. 모든 종에게는 생존 가능한 환경의 한계가 있다.[27]

남극대륙 생물상은 정확히 남극의 어디에서 언제 사라졌는지는 알려지지 않았다. 단지 올리고세 이후 단편적 기록만 존재한다. 일찍이 남극내륙 탐험의 기록이 불운하게 끝나기는 했어도 일지가 남아 있었던 반면에 동식물의 멸종은 시간과 장소에 대한 어떤 기록도 남아 있지 않다. 존재하는 기록이 있다고 해도 빙상 아래 깊숙이 묻혀 있어서 아주 드물게 얼음 위로 드러날 뿐이다. 남극 내륙의 비어드모어 빙하 인근 남방너도밤나무 관목지는 플라이오세까지 살아남는다. 무성했던 에오세의 초목 가운데 현대까지 살아남는 식물은 몇몇 강인한 선태식물을 비롯해 지의류와 우산이끼, 개미자리와 좀새풀뿐이다. 오스트레일리아, 남아메리카, 아프리카 남부 가장자리에 흩어져 있는 남방너도밤나무숲에는 에오세 남극 생태 권역의 흔적이 남아 있지만 극지방의 우림이 울창하던 시대와는 완전히 달라진 모습이다. 동물 중에서는 황제펭귄만이 허들링 습성과 체온 유지 능력과 함께 유별나게 강력한 일부일처제를 고수한 덕분에, 여러 펭귄의 고향이라 불리는 땅에서 마지막 영구 거주자로서 수천만 년 동안 고집스레 버티게 된다.[28]

시모어섬의 초겨울 하늘에서 앞으로 3개월 동안 보지 못할 마지막 태양이 지고 있다. 새들은 남극의 바람을 타고 밤하늘을 선회한다. 아마도 밝은 별에 의지하거나 땅 밑 저 깊은 곳 철에 의해 소용돌이치는 자기장을 신호 삼아 방향을 찾을 것이다.[29] 하늘은 남극점을 중심으로 회전하고 별자리는 하늘을 가로지르고 기울어진 지구는 계절을 거쳐 간다. 땅에서는 별빛 아래 깨어난 천둥새와 빛나는 동물 안타르크토돈이 막 서리가 내린 대지 위로 발걸음을 재촉한다.

"다른 세계로 가는 문으로 보자면 늪도 나쁘지 않은 선택이야."

- 랜섬 릭스, 《미스 페레그린과 이상한 아이들의 집》

"별들의 파편:

나는 이 파편으로 내 세계를 만들었다."

- 프리드리히 니체, 《유고》(1888년 초~1889년 1월 초)

6

재생

미국 몬태나주 헬크리크

6,600만 년 전 팔레오세

지도6 6,600만 년 전 북아메리카

세상은 종말을 맞이했다. 2년 전 길이 10km가 넘는 암석 조각이 북쪽 하늘 높이 나타나 초당 수천 미터 속도로 남쪽과 서쪽으로 이동했다. 암석은 성층권을 환하게 밝히며 통과하자마자 즉시 오늘날의 멕시코 유카탄반도에 있는 칙술루브의 얕은 바다와 충돌했다. 그 충격으로 지각이 부서지고 녹아내리면서 뜨거운 마그마가 하늘로 솟구쳤다. 액화된 암석은 찬 공기를 만나 방울져 굳어졌고 그 뜨거운 구슬은 북아메리카의 절반이 넘는 지역에 사흘 내내 비처럼 내렸다. 그 열기는 숲을 태웠다. 전 세계 수종의 3분의 2를 마지막 한 그루까지 태워버렸고 저 멀리 뉴질랜드에서까지 삼림을 파괴했다. 땅을 뒤흔드는 진동이 지구 곳곳에서 느껴졌으며 지구 반대편 인도양의 해령이 갈라졌다. 육지에서는 충격파가 인근 생태계를 초토화하고 바다에서는 거대한 쓰나미가 해저를 휘저었다. 1시간도 채 못 되어 100m가 넘는 파도가 만을 휩쓸고 지나가 해안뿐만 아니라 한참 떨어진 내륙까지 침수시키고 카리브해 지역 일대에 자리 잡고 있던 생태계를 모조리 파괴했다. 북아메리카의 얕은 해로를 가로지른 정상파standing wave로 바닷물은 욕조에 담긴 물처럼 앞뒤로 철벅거렸다.

운석이 뚫어놓은 지름 100km의 구멍 아래에서는 충돌 지점 지하에 오랫동안 묻혀 있던 석유가 순식간에 다 타버렸다. 그 불길이 대기

중으로 내뿜은 연기와 그을음은 높은 고도의 바람에 의해 퍼졌고 지구는 금세 미립자 장막으로 뒤덮였다. 그 직후 몇 달간 강우량이 이전의 6분의 1로 줄었다. 하늘은 어두워지고 햇빛이 사라지니 식물과 식물성 플랑크톤은 에너지 생산을 멈추었다. 우리가 여행하고 있는 시점에도 그 상태가 이어지고 있다. 기온이 3~4°C 이상 떨어진 곳도 있다. 육지 전체 평균 기온이 어는점 아래로 떨어졌다.

어둠의 2년, 세계 어디에서도 광합성이 일어나지 않는 2년, 질산과 황산이 섞인 비가 내리는 2년이 지났다. 그러는 동안 모든 개체군이 죽어나갔다. 따뜻한 기온에 적응한 종은 낮은 기온에서 생존할 수 없었다. 대형 초식동물과 육식동물은 안정적인 먹이 공급이 끊겨 아사했다. 그 자리를 분해자들이 차지했다. 곰팡이 등의 분해자는 낮에도 깜깜한 하늘 아래에서 죽거나 죽어가는 동식물들의 잔해를 먹어치웠다. 수컷이나 암컷, 성체나 새끼를 가릴 것 없이 지구에 서식하는 동식물 종의 4분의 3이 죽었다. 그리고 이 멸종의 겨울은 한 세대 동안 지속되었다.[1]

불에서 태어난 팔레오세의 시작은 화석 기록상 CCTV 녹화 중에 생긴 결함처럼 보인다. 정적 속에서 화면이 몇 번 요동치다가 모든 것이 변한 상태로 영상이 다시 나타난다. 이리듐은 운석에서 높은 함량을 보이는 화학원소인데, 전 세계 어느 곳에서나 이리듐층이 발견된다. 지금으로부터 6,600만 년 전 암석에 형성된 이 이리듐층은 외계에서 날아온 치명타의 증거다. 멸종의 겨울을 야기할 만큼 그을음의 장막을 만들어낼 연료, 즉 탄화수소를 품고 있던 곳은 지구 표면 중 8분의 1뿐이었다고 추정한다. 하지만 그 8분의 1의 불운이 모든 것을 바꿔놓았다.

불과 몇 센티미터 아래 바로 직전에 형성된 지층에만 해도 작은 프릴이 있는 초식공룡 렙토케라톱스, 돔형 두개골을 지닌 파키케팔로사우루스, 이빨이 없는 오르니토미무스 그리고 그들을 잡아먹던 티라노사우루스 등 공룡의 세계가 펼쳐져 있다. 지구상에 살았던 가장 큰 날짐승이며 라이트형제가 만든 초창기의 비행기보다 더 크고 더 가벼웠던 아즈흐다르코과azhdarchid 익룡이 머리 위를 활공했다. 인근 바다에는 거대 파충류가 들끓었다. 이리듐층 몇 센티미터 위에는 뿌리, 덩이줄기, 곤충을 먹는 갖가지 중소형 포유류가 모여 있다. 그 옆에는 악어 몇 마리와 거북이처럼 보이는 동물도 한 마리가 있다.

식물과 포유류 종 중 4분의 3이 사라졌다. 몇몇 조류 공룡 외에는 공룡도 모두 사라졌고 그 자리에 새로운 생물들이 나타났다. 이러한 전이는 이해가 불가능할 만큼 빠르게 진행되었다. 실제로 일찍이 이를 이해해보려 했던 과학자들을 당황케 할 정도였다. 지질 연구를 통해 팔레오세라는 새로운 세가 시작되었음을 확인하는 데만 100년도 더 걸렸고 마침내 익룡, 공룡, 악어의 친척 등 지배파충류가 지배하던 세계와 말, 영장류, 육식동물의 시대를 잇는 중간 단계를 에오세 앞에 삽입하기에 이르렀다.[2]

영국 소설가 허버트 웰스는 1922년에 이렇게 썼다. "이 기간은 아직도 베일에 싸여 있다. 생명사의 윤곽조차도 베일 뒤에 가려져 있다. 베일이 걷히고 나면 파충류의 시대는 이미 끝나 있다. (…) 이제 새로운 장면이 펼쳐진다. 새롭고 더 강인한 식물상, 새롭고 더 강인한 동물상이 이 세계를 차지하게 된다."[3] 이 새롭고 강인한 동식물들을 만나고 이들이 어떻게 지구를 물려받았는지 이해하려면 모든 것을 무너뜨린 충돌의 순간에서 시간적으로나 공간적으로나 조금 더 멀리 나아가야 한다. 세상의 종말 이후에 우리가 갈 수 있는 곳은 단 한 곳뿐이다. 우리는 강 저편 지옥으로 건너가야 한다.

우리는 소행성이 충돌한 지 3만 년이 지난 시점에 와 있다. 이곳의 공기는 양치식물 가득한 늪지대 특유의 축축하고 자극적인 냄새로 가득하다. 그냥 냄새라기에는 너무 강력한 어떤 느낌으로 꽉 차 있다. 그 아래에서는 짓무른 잔해들이 축축한 땅을 빨아들인다. 열대성 폭풍이 강타할 때 비는 내린다기보다는 환경의 모든 면면과 구석구석에 스며든다. 서쪽 멀리 보이는 언덕은 초록색 위에 유화 붓으로 회색을 칠한 듯 생기를 잃었다. 비는 또 한 번 산사태를 일으켜 가장 어린나무마저 쓸어냈다. 마치 언덕이 희망을 버리고 바닷속으로 서서히 가라앉고 있는 것 같다.

이곳은 북아메리카 중앙의 고도가 낮은 지역을 물로 채워 북아메리카를 2개의 소대륙으로 나눈, 따뜻하고 얕은 서부 내륙해의 서쪽 가장자리다. 여기서 2개의 소대륙이란 로키산맥 지역이 되는 서쪽의 라라미디아와 플로리다에서 테네시를 거쳐 노바스코샤까지를 아우르게 되는 동쪽의 애팔래치아를 말한다. 이 바다는 지난 수백만 년 동안 점차 수위가 얕아졌고 라라미디아와 애팔래치아는 북쪽 끝에서 연결되기 시작했다. 하지만 북아메리카대륙 대부분은 아직 이 생명체 가득한 얕은 바다에 의해 나뉘어 있다. 라라미디아 동부 해안의 평지에는 완만하게 굴곡진 강이 흘렀다. 키가 큰 나무들이 숲을 이루어 둘러싸고 있었으며 몸집이 거대한 동물들이 살았다. 이곳은 현대에 헬크리크라고 불리는 지역이다.

세상이 깜깜해지던 날 하늘에서는 빛나는 붉은 구슬이 비처럼 쏟아지고 남쪽에서는 거대한 적외선 파동과 함께 강한 열기가 몰려왔다. 숲은 불탔고 이곳에 서식하던 식물 종 중 거의 5분의 4가 영원히 사라졌다. 식물의 뿌리는 깊숙이 얽혀 땅의 온전성을 유지하는 역할을 했지만 타고 남은 잔해와 재 속에서 더는 제구실할 수 없다. 언덕을 붙들어 세우거나 강물을 빨아들일 나무가 없어지자 폭풍은 곧장 흙을 흠뻑 적시고 지구의 영원한 건축가인 물이 언덕을 깎아 평원으로 만든다. 밀도 높은 기반암은 물이 스며들지 않아 지하수면이 상승했다. 강이 있던 곳은 늪, 이탄지, 물웅덩이로 바뀌었다. 주변의 좀더 지대가 높은 곳에서는 용케 살아남은 나무들이 레퓨지아 너머로 퍼져나가기 시작해, 늪지의 탁한 물을 둘러싸고 성글게나마 숲을 이루고 있다.[4]

마치 지구 생태계를 초기화한 것 같다. 식물의 초기 진화를 재현하듯 지의류, 조류, 이끼류와 함께 특히 양치식물이 새로운 지형에 퍼져나간다. 변화한 상황이 이 세계에 거주자를 다시 선택하라고 요구하고 있다. 재난이 닥치고 나면 가장 먼저 부상하는 것은 기회주의자다. 식물 가운데 위대한 기회주의자 중 하나가 바로 양치식물이다. 양치식물은 영양분이 부족한 토양에도 잘 달라붙어서 빠르게 성장하고 잘 적응한다. 다른 식물들이 번식하지 못하는 곳에서도 발아하여 번식할 정도다. 전 세계적으로 양치식물 개체 수가 급증한다. 양치식물은 독특한 포자를 바람에 날려 보내는데, 그 세포 하나하나가 큰 힘을 들이지 않고 새로운 개척지를 확보한다. 이들은 그 개척지를 발판 삼아 황폐한 땅에서 고군분투하는 다른 식물들을 빠르게 장악한다.

양치식물은 재해 분류군이자 개척자, 세상을 더 살기 좋게 만드는 환경 개선자다. 양치식물을 환경 개선자라고 부를 수 있는 까닭은 토양을 더 비옥하게 만들어 적응력이 떨어지는 다른 종들이 번성할 수 있게 해주기 때문이다. 대개 성공한 종은 더 적극적으로 경쟁한다. 무엇보다 성장 속도가 빨라서 유휴 자원을 먼저 이용한다. 성공한 종은 가능한 한 오래 다른 종을 배척하지만 성장 속도가 느려서 위험을 피할 가능성이 큰 종에 추월당하면서 결국은 굴복한다. 메커니즘이 어떻게 되었든 시간이 흐름에 따라 생물학적으로 갱신되는 천이는 궁극적으로 생태계의 다양성을 이전 수준으로 회복시킨다. 진화적 위험을 감수하는 양치식물의 급증과 흥망은 수천 년 안에 짧고 굵게 이루어지지만, 세계가 멸종 이전의 다양성을 회복하는 데는 100만 년 가까이 걸린다. 지질학에서 시간은 곧 지층의 두께다. 암석 기록으로 보자면 양치식물의 급증은 포자와 점토로 이루어진 두께 1cm의 층이다.[5]

낮은 경사지부터 몇 킬로미터에 걸쳐 고사리만 가득한 늪으로 보이지만 상대적으로 높은 이 지대는 다른 식물들에게 피난처가 된다. 우선 습지의 경계에 글립토스트로부스 에우로파이우스*Glyptostrobus europaeus*(낙우송과) 몇 그루가 서 있는 것을 보면 알 수 있다. 이 나무들은 개구리밥으로 뒤덮인 물에서 인명 구조 요원처럼 자리를 지키고 있는데, 0.5m 정도가 물 밖에 나와 있는 안짱다리 모양의 뿌리 덕분에 숨을 쉴 수 있다. 내륙 쪽으로 바로 옆에는 어린 메타세쿼이아 오케덴탈리스*Metasequoia occidentalis*(메타세쿼이아속)들이 흐느적거리며 하늘을 향해 뻗어 올라가고 있다. 그 외 대부분의 나무는 위풍당당하고 곧게 뻗은 포풀루스 네브라스켄시스*Populus nebrascensis*로, 사시나무와 포플러의 사촌이다. 잭프루트와 버즘나무의 조상뻘인 아르토카르푸스 레시기아나*Artocarpus lessigiana*도 많은데, 오리발 같이 생긴 잎이 날씨와 기묘하게 어울린다.[6]

나뭇잎을 보면 주변 환경에 관해 많은 것을 알 수 있다. 양분 섭취와 호흡의 중추인 잎은 폐와 장이 하나로 합해진 기관인데 취약하게도 식물의 가장 바깥쪽 끝에 매달려 있다. 여기서 문제가 발생한다. 주변이 너무 건조하면 기공에서 물이 너무 빠르게 새어나가기 때문이다. C_4 광합성 식물이나 다육식물이 나타나기 전에는 식물들이 이 문제를 해결하기 위해 잎의 수나 크기를 줄였다. 모든 잎은 일종의 왁스를 생성한다. 수분 손실을 방지하기 위해 이 왁스의 농도가 높아져 걸쭉하고 끈적거리기도 한다. 온 세상에 비가 내리면 물이 고여 있다가 쏟아져 내려오면서 잎이 찢길 수도 있고 고인 물이 곰팡이 감염의 온상이 될 수도 있으므로 빗물을 잎의 끝으로 흘려보내는 잎맥이 발달한다. 또 잎을 망가뜨리지 않고 숲 바닥으로 물을 흘려보낼 수 있게 잎끝이 주전자의 주둥이 끝처럼 뾰족해지는데, 이를 '드립 팁drip tip'이라고 한다. 그래서 어떤 장소에서 드립 팁이 있는 잎의 비율을 측정하면 해당 지역의 강우량을 꽤 정확하게 추측할 수 있다. 사시나무도 드립 팁이 있는 종으로, 아예 잎 자체가 빗방울 모양이다. 버즘나무는 잎사귀마다 드립 팁이 3개씩 있다.[7]

약속이라도 한 것처럼 갑자기 비가 잦아든다. 내리누르던 날씨의 무게가 덜어지니 나무들도 한시름 놓은 듯 가지를 위로 치켜들고 한들거린다. 잎에서는 물방울이 계속 떨어지고 방수 왁스 일부가 그 물과 함께 씻겨내려가 흙으로 스며든다. 왁스의 종류는 잎의 화학적 조성에 따라 달라지므로 흙에 그늘을 드리우던 식물이 무엇이었는지를 알려주는 서명과도 같다. 꽃을 피우는 식물은 구과식물보다 왁스를 더 많이 생성한다. 하지만 두 식물 모두 이끼보다 왁스를 구성하는 분자는 더 길다. 환경이 건조해질수록 왁스 분자가 더 길어진다. 건조한 공기에 수분을 빼앗기지 않기 위해서다. 토양이 굳어지고 광물화되어 암석이 되어도 왁스의 화학적 특성은 그대로 남아 있어 이를 통해 과거에 어떤 식물이 그곳에 있었는지를 어느 정도 알 수도 있다. 죽은 지 오래된 식물이 기반암과 결합하여 얼룩으로 남는 경우가 있는데, 이것이 바로 왁스의 화학적 그림자다.[8]

습지에서 이 새로운 섬을 일구고 있는 개척자는 식물만이 아니다. 메소드마Mesodma라는 작은 짐승이 생물군집의 거의 4분의 3을 차지하며 이곳 생태계를 지배하고 있다. 커다란 앞니, 사각 턱, 기어다니는 움직임 때문에 언뜻 보면 숲쥐 같지만 메소드마는 설치류가 아니다. 메소드마의 입안 깊숙한 곳에는 오늘날 포유류에게서는 찾아볼 수 없는 모양의 이빨이 나 있다. 원형 톱을 반 잘라 잇몸에 박아놓은 듯한 거대한 소구치인데, 용도도 톱과 비슷하다. 톱니 모양의 파인 홈이 이빨의 위쪽뿐 아니라 잇몸 선까지 둥글게 이어져 있어 나무줄기를 공략하기에 안성맞춤인 원형 톱날이 된다. 메소드마는 다구치류multituberculate다. 쥐라기 이래로 다구치류에 속하는 여러 종이 살았다. 크기는 대부분 쥐만 하고 식물 종자를 먹는 종, 열매나 줄기를 먹는 종, 굴을 파는 종, 나무를 타는 종 등 생활 습성이 다양하다.[9]

백악기에 살던 포유류 동물 중에는 살아남은 종이 많지 않으며, 아무 탈 없이 살아남은 종은 전혀 없다. 남반구에서는 현생 오리너구리와 가시두더지가 속한 단공류 동물이 가까스로 목숨을 건졌다. 이들은 진화의 관점에서 볼 때 마라톤 주자에 해당한다. 수가 많지는 않아도 절뚝이며 현대에 도달한 단공류 동물은 다양해지지도 흔해지지도 않았다. 때로는 화석 기록에서 사라지기도 했지만 늘 그 자리에 있었다.

유대류의 조상인 후수류後獸類, metatherian는 북아메리카 전역에서 흔히 볼 수 있었던 동물이다. 하지만 팔레오세에 와서는 극소수만 살아남아 결국에는 남반구에만 서식하게 된다. 또 다른 2가지 식충 포유류도 생존했을 수 있다. 하나는 뾰족한 삼각형 어금니와 발목뼈돌기가 특징인 심메트로돈타류symmetrodont고 다른 하나는 가시 없는 고슴도치 같은 드리올레스테스과dryolestid다. 심메트로돈타류에 속하는 유일한 표본은 '시간 방랑자'라는 뜻의 이름이 붙여진 크로노페라테스*Chronoperates*라는 종의 것인데, 지질학적 연대에 맞지 않게 중생대의 생물군에서 팔레오세 후기의 이빨이 나와 논란이 있는 동물이다. 개 크기의 드리올레스테스과 동물인 펠리그로테리움*Peligrotherium*은 '게으른 짐승'이라는 뜻으로, 팔레오세 초에 파타고니아에 살았던 것으로 알려져 있다. 또 다른 드리올레스테스과인 '묘지 도굴꾼'이라는 뜻의 네크롤레스테스*Necrolestes*도 같은 지역에 서식했으나 훨씬 후대인 마이오세에나 나타난다. 섬세한 주둥이로 두더지처럼 굴을 파는 네크롤레스테스는 매우 독특해서 정확히 어느 부류에 속하는지가 아직 불명확하며, 펠리그로테리움은 일부 학자들에 의해 태반 포유류로 분류되고 있다. 이 둘을 드리올레스테스과로 묶으려면 진화의 역사에서 4,000만 년에 육박하는 시간을 뛰어넘어야 한다. 긴 시간이기는 하지만 극복할 수 없는 시간은 아니다. 아마도 단공류처럼 이들도 그동안 생존했지만 어떤 생태학적 이유로 보존되지 않았을 것이다.[10]

보존의 여부와 상태는 환경에 따라 달라진다. 박물관 표본이 되려면 사체가 부패하지 않아야 한다. 퇴적물로 덮여 있어야 하고 풍화나 변형도 없어야 하며, 끌과 송곳이 닿지 않는 곳에 매몰되는 일도 없어야 한다. 이런 점에서 헬크리크의 포유류는 조류보다 유리하다. 이빨 덕분이다. 법랑질로 코팅된 치아는 물리적, 화학적으로 다른 뼈에 비해 튼튼해서 보존율이 훨씬 높다. 포유류의 치아, 특히 어금니는 교두와 홈이 있는 독특한 패턴을 보인다. 다양한 유형의 융선이 교두와 홈의 경계선에서 둘을 연결하고 나눈다. 따라서 아래 어금니 하나의 모양만으로도 정확히 종을 식별할 수 있다. 다만 치아를 사용하여 종간의 상호 연관성을 파악하기란 그렇게 쉽지 않다. 유사한 섭식으로 수렴 적응이 가족력에 따른 특징을 상당 부분 대체하기 때문이다.[11]

많은 과, 속, 종에게 팔레오세는 끝이 아니라 시작이다. 회복은 전 세계에서 일어난다. 생존한 소수 계통은 여러 갈래로 분화할 수밖에 없다. 이는 생존한 종이 완전히 새로운 동식물 그룹의 기원이 된다는 뜻이며 어떤 종이 하나의 목이 될 수 있다는 뜻이다. 생태지위는 비어 있다. 생명체들이 살아갈 만큼 환경이 무르익은 시점부터 경골어류, 도마뱀, 유대류, 조류가 여러 종으로 분화한다.[12]

우리 인간은 진수류eutherian다. 인간이 '진정한 동물'이라는 뜻의 이 오만한 용어는 빅토리아시대에 만들어졌다. 백악기에는 다양한 진수류 친척들이 살았다. 그들은 대멸종을 뚫고 살아남았다. 백악기 우리 조상은 식충 포유류였다. 포유류의 다른 여러 부류가 그랬듯 진수류는 태반 포유류인 후손에 의해 그렇게 규정된다. 백악기 진수류 동물은 북반구에서 다양하게 나타났지만 아직 다른 대륙들과 멀리 떨어져 있는 인도 섬 대륙에도 서식했다. 하지만 이렇게 넓은 분포에도 불구하고 진수류의 절반이 넘는 과가 대멸종으로 사라졌다.

대멸종기 내내 목숨을 부지한 진수류 동물은 세 종류뿐이다. 대체로 육식성인 키몰레스테스과cimolestid, 날쥐와 비슷한 렙틱티스과leptictid, 태반류가 살아남았다. 대체로 태반류 중 10개 계통 정도가 생존했다고 추정하기는 하지만 정확히 그 숫자를 알 수는 없다. 대멸종 이전의 기록에서 살아남은 태반류 계통이 정확히 어떤 해부학적 구조를 가졌는지를 직접 파악할 수도 없다. 그러나 이후의 화석 기록으로부터 그들이 야행성, 식충성의 소형 동물이었으리라고 거꾸로 유추해볼 수는 있다. 태반은 대멸종 이후의 화석 기록에서만 발견된다. 대재앙 직후 무렵이 바로 이들의 여명기인 것이다.[13]

좁은 개울 건너 양치식물 군락이 삐걱거리며 열리고 방사형 거미줄이 뜯기면서 고양이 크기의 가냘픈 동물 한 마리가 새끼 두 마리를 데리고 나와 물을 마신다. 송아지라고 부르는 게 더 어울릴 수도 있겠지만 정체를 확인하기는 어렵다. 아직 소가 등장할 시대는 아니다. 개나 원숭이, 말도 마찬가지다. 이 동물군들은 아직 존재하지 않지만 이들의 시작점은 전 세계가 칙술루브 충돌의 잔해에서 회복하고 있는, 바로 여기 이 시점이다. 이 가냘픈 동물은 초기 태반 포유류 중 하나다. 현존하는 동물의 이름은 아득하게 멀어진 시간 속에서 실체를 잃었다. 우리의 언어에는 여러 동물군이 갈라져 나오기 시작하는 이 시점의 공통 조상 새끼를 가리키는 단어가 없다. 재앙에 의해 헤어진 저 바깥 어딘가의 생명체 족속들은 계통수에서 서로 다른 가지로 뻗어 다시는 만나지 못한다. 이 두 바이오코노돈*Baioconodon* 새끼는 남매지만 다 자라고 나면 그중 한 마리는 새로운 풀밭을 찾아 이주할지도 모른다. 그러면 그 후손들은 결코 만날 수 없을 것이고 그들의 무리가 서로 어울리는 일도 없을 것이다. 어쩌면 두 마리 중 하나는 박쥐의 조상이 되고 다른 한 마리는 말의 조상이 될지도 모른다.* 박쥐와 말의 가계도상 혈통은 어느 시점에선가 한 조상 개체군으로 수렴해야 하는데, 태반 포유류목 동물 대부분의 요람은 팔레오세다.[14]

---

* 물론 짐작해본 것일 뿐이다. 종이란 개별 개체의 후손이 아니라 개체군이라는 집단의 산물이기 때문이다. 하지만 그 개체군들 내에서 두 형제가 분기의 반대편에 있다면 다른 유전자 풀에서 그들의 격리는 여러 종 분화 중 하나가 될 수 있다. 박쥐와 말은 둘 다 태반류의 하위분류인 로라시아테리아류Laurasiatheria에 속하며 그중에서도 놀라울 정도로 유연관계가 밀접하다. 박쥐목, 기제목(말이 여기에 해당한다), 식육목이 페가소페라이Pegasoferae('사나운 날개 달린 말'이라는 뜻)라는 재미있는 이름으로 알려진 하나의 동물군을 형성한다고 주장하는 학자들도 있으나 로라시아테리아류에 속하는 동물들 사이의 상호 관계는 확실한 파악이 어렵기로 악명이 높다. 바이오코노돈 같은 생물이 여러 가지로 뻗어나갈 태반류와 로라시아테리아류의 뿌리 근처 어딘가에 있다는 것은 분명하다. 하지만 어느 한 종이 또 다른 종의 직계 조상이라고 단언하는 것은 현명하지도 못하고 학계 추세에도 맞지 않다.

그림6 바이오코노돈

바이오코노돈을 비롯해 이 시기 수수께끼 같은 여러 포유류가 그 가계도에서 정확히 어느 위치에 있는지는 불분명하다. 이 긴 늪을 가로질러 가서 털 한 움큼을 뽑아 DNA를 추출하면 많은 고생물학자의 환상이 충족될 것이다. 그러나 6,600만 년은 가로지르기에는 너무나 긴 시간이다. 설사 가로질러 간대도 바이오코노돈은 분명 놀라서 달아나 버릴 것이다.[15]

지금으로서는 더 나은 증거가 나오는 날이 오기를 바라며 지켜보는 것으로 만족해야 한다. 자신 있게 어떤 목에 위치시키기에는 바이오코노돈의 해부학적 구조가 어정쩡하고 지금까지 살아 있는 목과 너무 비슷하면서도 너무 다르다. 외형적으로 얼굴 생김새만 보자면 바이오코노돈은 코가 넓적한 거대한 고슴도치 혹은 마다가스카르몽구스의 친척인 포사와 비슷하다고도 할 수 있겠지만, 이는 후대 동물의 모습을 지나치게 투사한 것이다. 바이오코노돈은 아직 특성이 분화되지 않은 태반류의 전형이며 이리저리 다듬어져서 다른 모든 태반류 동물의 모양새로 분화할 살아 있는 찰흙 덩어리다. 팔레오세에 살았던 포유류 중 다수가 마찬가지라고 보아도 될 것이다. 오늘날 우리는 그들을 한데 뭉뚱그려 '과절류Condylarthra'라고 부른다. 과절류는 어떤 서류철에 넣어야 할지 모르겠는 초기 포유류를 모조리 넣어두는 낡은 박물관 캐비닛이다. 뒤죽박죽인 쓰레기통 같은 과 중에서도 바이오코노돈이 속하는 아르크토키온과arctocyonid('곰개beardog'라는 뜻)는 어쩌면 쓰레기통에 담긴 내용물이 아니라 쓰레기통 자체일 수도 있다.[16]

이 동물의 조상은 식충류였지만 곤충의 단단한 외골격을 부수는 데 필요한 효소가 부족해졌다. 세포 깊숙한 곳에서 해당 효소를 코딩하는 유전자가 꺼져가고 있기 때문이다. 곤충을 소화할 수 있는 종이라고 해도 곤충을 차지하려는 경쟁에 뛰어들기보다는 초식과 같은 아직 덜 흔한 식단을 새롭게 시도하는 편이 나을 것이다. 사용하지 않는 곤충 소화 효소를 더는 갖고 있을 이유가 없다. 부모가 자녀에게 키티나아제(키틴 소화효소) 제조법을 물려줄 때 그 제조법이 옳은지 확인할 메커니즘이 없어진 셈으로, 진화라는 귓속말놀이에서 원래의 정보는 점차 의미가 없어진다. 사람, 말, 개, 고양이에게서는 식충 시절을 기억하는 유전자의 흐릿한 흔적을 발견할 수 있다. 그리고 흥미롭게도 이 유전자의 기억 상실은 제각기 독립적으로 일어난 것으로 보인다.[17]

메소드마 한 마리가 바이오코노돈을 잽싸게 지나쳐 다람쥐처럼 사시나무 가지로 올라 먹이를 찾는가 싶더니 이내 덩굴나무를 타고 다시 기어 내려온다. 코쿨루스 플라벨라*Cocculus flabella*(댕댕이덩굴속)의 단검 모양 잎 사이에 낮게 열린 짙은 색의 장과류 열매도 있지만 먹을 만한 게 못 되는 모양이다. 덩굴 밑에는 좀더 큰 프로케르베루스*Procerberus*가 숨어 있다. 프로케르베루스는 땃쥐와 비슷한데 그보다 더 크고 더 공격적이다. 이 동물은 깜짝 놀라 빽 하고 울면서 점찍어둔 은신처인 수풀 사이로 허둥지둥 도망친다. 댕댕이덩굴의 열매는 메소드마가 먹기에 적합하지 않다. 생장 속도도 빠르고, 햇빛을 받기 좋게 큰 나무를 타고 높이 올라가 풍성한 열매를 맺지만 씨앗에 독성이 있다. 씨앗에 있는 신경 독은 포유류 동물을 마비시킬 수 있는 반면에 조류에는 영향을 미치지 않는다. 댕댕이덩굴은 종자를 퍼뜨리는 데 바로 이 조류의 항독성을 이용한다. 목본이 드문드문 있는 이 숲에는 메추라기와 티나무tinamou를 닮은 새들이 사는데 모두 땅에 서식한다. 숲이 불탔을 때 나무에 서식하는 새들이 엄청난 재앙을 입었기 때문이다. 아마도 이곳에 살던 조류 중에서는 땅에 둥지를 트는 새만 간신히 살아남았을 것이다. 조류는 뼈가 약해 화석 기록이 단편적이기는 하지만 팔레오세 초기에 살았던 것으로 알려진 새들은 이 가설에 부합한다. 재앙에서 살아남은 새들은 모두 서부 내륙해 건너 애팔래치아섬의 서대서양 연안에서 바위에 둥지를 틀고 서식하는 바닷새였다.[18]

나무 위에 사는 다른 여러 동물이 멸종한 가운데 메소드마, 프로케르베루스 등 초기 태반류 동물이 생존할 수 있었던 이유를 확실히 말할 수 있는 사람은 아무도 없다. 하지만 이들이 살아가는 모양이나 방식이 도움이 되었으리라 짐작해볼 수 있다. 생존에 필요한 에너지가 적은 소형 동물이나 양치식물처럼 빠르게 번식하고 자손이 많으며 산탄총처럼 생식세포를 흩뿌리는 방식으로 번식하는 종은 예측 불가능한 환경에서 유리했을 것이다. 빠른 번식은 적응에 도움이 된다. 한 개체가 번식을 위해 생존해야 하는 시간이 짧아서 같은 기간 안에 개체군의 세대교체가 더 여러 번 일어날 수 있기 때문이다. 온도 변화가 적은 땅 밑 굴에 서식하는 습성도 뜨거운 열과 낙진, 유성 충돌 때문에 찾아온 겨울의 추위를 막아줘서 여러 동물의 생존에 이바지하는 요인이 되었을 것이다. 1960년대 네바다사막에서 핵무기 실험이 활발하게 이루어지던 동안에도 지표면에서 기껏해야 50cm밖에 떨어져 있지 않던 캥거루쥐의 굴은 무사했다. 그 덕에 원자폭탄이 터진 후에도 캥거루쥐는

살아남아 번성할 수 있었다.[19]

물에 사는 것도 보호책이었을 것이다. 그래서 거북, 도롱뇽 등의 양서류는 비교적 잘 견뎠다. 하지만 완전히 파괴되거나 다양성을 거의 잃어버린 수생동물도 있다. 악어의 친척들을 비롯한 해양 파충류가 그 예다. 오늘날 남아 있는 악어의 종 다양성은 백악기 때보다 현저히 낮다. 백악기 악어는 지금처럼 반수생의 매복 포식자가 아니었다. 탄자니아의 파카수쿠스*Pakasuchus*는 고양이처럼 민첩하게 사냥하는 육상동물이었고, 탈라토수쿠스류thalattosuchian와 악어들은 지느러미발과 상어 같은 꼬리로 바닷속을 헤엄치는 해양 동물이었다. 코가 퍼그를 닮은 마다가스카르의 시모수쿠스*Simosuchus*는 정향 모양의 이빨로 초식을 하며 굴에서 서식했는데 이구아나 정도의 작은 크기였다. 이들은 모두 생활 습성의 이점에도 불구하고 살아남지 못했다. 그러나 생태는 중요하다. 무차별적으로 생물을 몰살한 것처럼 보이는 운석 충돌도 생활 습성에 따라 생물에 미치는 영향이 달랐다.[20]

때로는 흔하다는 것만으로 충분하다. 멸종 전에는 헬크리크 지역 하천에 최소 12종의 도마뱀이 서식했다. 그런데 살아남은 것은 4종뿐이었다. 이 4종이 멸종 이전의 도마뱀 개체 수의 95%를 차지했다. 개체 수가 많았던 덕분에 개체군의 파괴에도 회복력이 높았다. 헬크리크의 강물에는 여전히 젤리 같은 알 덩어리卵塊가 있지만 거의 단일종이다. 산소가 부족한 민물이나 바닷물의 주요 서식자는 아가미가 있지만 공기 호흡도 가능한 아미아다. 진흙 속에 몸을 파묻은 채 조개를 잡아먹으며 슬로라이프를 즐기는 가래상어 등과 같이 강이나 바다 밑바닥에서 생활하는 어류도 살아남았다. 민물 거북은 통나무 위에 몸을 올리고 있다. 저 어딘가에는 캄프소사우루스류 champsosaurs라는 육식 도마뱀과 앨리게이터를 닮은 커다란 크로커다일이 물속에 몸을 숨긴 채 물고기를 잡아채기 위해 도사리고 있다. 백악기 말에 살았던 전 세계의 악어류 중에서 살아남은 악어는 서식할 수 있는 물의 염도 범위가 더 넓은 종, 다시 말해 해수와 담수가 만나는 경계와 그 주변에서 살아가는 종들이었다. 재차 확인되지만, 다재다능함이 생존의 비결이다.[21]

수면에는 개구리밥이 돗자리처럼 깔렸다. 그 위에서 물결 따라 동그란 잎을 살랑거리는 퀘레욱시아 *Quereuxia*는 봉오리를 맺고 꽃을 피우기 시작한다. 실잠자리는 물에 날개가 닿을 듯 아슬아슬하게 맴돌고 있다. 나무들 사이로 몸이 반쯤 보이는 동물은 진정한 초식 전문가 미마투타 *Mimatuta*다. 폭스테리어 정도의 크기인 미마투타는 새끼를 장기간 몸안에서 보호하는 전략을 사용하는 또 다른 태반 포유류로, 늪지대를 배회하며 땅 위에 노출된 생강 뿌리를 갉아 먹는다. 꼬리가 길고 몸집에 비해 키가 작다. 목 아래만 보면 건장한 작은 갈색 오소리가 반쯤 웅크리고 있는 것 같다. 하지만 머리는 오소리보다 더 둥글고 턱은 바이오코노돈보다 더 길어서 씹는 데 익숙한 동물임을 알 수 있다. 페립티쿠스과 periptychid에 속하는 미마투타는 초식 생활에 적응하는 중이다. 미마투타의 친척들은 점점 몸집을 키우고 멧돼지처럼 숲속에 널린 맛있는 뿌리를 으깨 먹기 위해 둥글납작한 구근 모양 치아를 발달시키고 있다. 미마투타의 얼굴에는 입가에서 귀 주변까지 수염이 빽빽하게 나 있는데, 이 수염으로 덤불 안에 있는 먹이를 감지한다.[22]

공룡이 사라지고 나자 미마투타처럼 체구를 키운 태반 포유류가 육지에서 가장 큰 동물이 되었다. 새롭게 이 시장에 진출한 미마투타는 트리케라톱스나 파키케팔로사우루스와 경쟁할 필요 없이 식물들을 차지한다. 생강의 매운맛은 동물을 물리치기 위한 방어 전략이지만 미마투타는 아랑곳하지 않는다. 딱정벌레 애벌레도 마찬가지다. 월계수 잎을 가까이에서 보면 옅은 선들이 무작위로 휘갈겨져 있다. 언뜻 달팽이의 흔적처럼 보이지만 잎 자체에 새겨져 있는 선이다. 이 미세한 도관들은 잎의 조직을 파고들어가서 먹이 활동을 하는 아주 작은 애벌레들의 흔적이다. 애벌레는 꿈틀거리면서 그 작은 통로를 왔다 갔다 하고, 잎의 얇은 표피는 애벌레의 활동을 보여주는 투명창이 된다. 이 보드라운 그라킬라리이테스과gracilariid(가는나방과) 유충은 광부처럼 잎에 갱도를 뚫어 먹이를 캔다. 어린 유충은 잎의 측면에서 부화하여 네 번째 탈피 후 잎에 구멍을 뚫고 들어간다. 유충은 잎 속에 머무르며 번데기가 될 준비를 하고 몸에 비단을 두르고 마침내 아주 작은 날갯짓을 하며 나타난다.[23]

곤충 화석은 드물다. 너무 작고 쉽게 날아가버려서 아주 입자가 가는 퇴적물에서만 화석 기록으로 보존될 수 있기 때문이다. 곤충이 흔적을 남기기에 헬크리크의 수계와 습지는 퇴적물 입자가 거칠지만, 아주 깊은 곳까지 내려가면 모든 것을 말해줄 나뭇잎들이 수렁의 바닥에 가라앉아 있다. 잎에는 아주 작은 곤충의 활동이 함께 보존되어 있다. 잎맥과 잎맥 사이에 난 또 다른 터널, 벌레혹, 구멍 등 곤충이 뚫거나 빨아먹으면서 낸 상처가 남아 있다. 어떤 종류의 식물이든 예외가 없다.

소철과 은행나무, 구과식물과 양치식물을 비롯해 퀘레욱시아에 이르기까지 수많은 식물의 잎이 곤충의 공격 대상이다. 식물 화석 여기저기에 남아 있는 독특한 반원형의 물어뜯긴 자국은 대멸종 이후에도 헬크리크에 살아남은 나비가 있었다는 유일한 증거다. 대멸종이 척추동물에게만 닥친 게 아니어서 그 풍부했던 곤충조차도 예전만큼 다양하지 않다. 먹고사는 방식, 즉 생태형의 다양성이 줄어든다. 숙주식물이 멸종하면 애벌레의 먹이가 사라져 결국 곤충도 멸종에 이른다. 특수한 생태를 가진 곤충은 85%가 사라졌고 일반종만 살아남았다. 딱정벌레 애벌레는 생강 뿌리를 먹을 정도로 입맛이 까다롭지 않아서 현대에도 살아남아 있다. 가는나방이 살아남을 수 있었던 유일한 이유는 월계수가 살아남았기 때문이다.[24]

생태계라는 복잡한 게임에서 모든 플레이어는 다른 일부 플레이어들에게 연결되어 있다. 그러한 연결은 먹이 그물망뿐만 아니라 경쟁 그물망도 형성한다. 양지와 음지에서 벌이는 서식지 다툼에서부터 종들은 온갖 분쟁들을 일으킨다. 멸종이라는 사건은 그물망을 뚫고 들어와 연결을 끊어놓고 생태계의 온전성을 위협한다. 그러나 한 플레이어가 다른 모든 플레이어와 연결된 것은 아니다. 따라서 한 가닥이 끊어지면 그물망이 흔들리고 그 모양도 변하겠지만 버틸 수는 있다. 또 다른 한 가닥이 끊어져도 전체는 유지될 것이다. 종들이 적응해감에 따라 그물망은 오랜 시간에 걸쳐 수선되고 새로운 균형에 도달하고 새로운 연관성을 만들어낼 것이다. 한번에 너무 여러 가닥이 끊어지면 그물망이 붕괴하고 산들바람에도 흩날릴 것이며 몇 안 되는 남은 가닥으로 버텨야 하는 상황이 될 것이다.

대량멸종 후에는 새로운 종이 나타나고 그물망이 자가 복구를 시작하는 등 국면 전환이 일어난다. 미마투타와 바이오코노돈이 정확히 어디에서 왔는지는 밝혀지지 않았다. 백악기 후기에는 확실한 조상이 보이지 않는다. 따라서 우리는 질문할 수밖에 없다. 미마투타와 바이오코노돈 같은 동물들은 단순히 화석 기록의 형성 속도보다 너무 빠르게 진화하여 추적이 힘든 것일까? 아니면 이들이 화석 기록이 보존되지 않은 다른 시간에서 온 것일까? 가령 이미 예전부터 잡식성 지위로 옮겨가고 있었는데 하필 그 지질학적 시공간이 보존되지 않아 조상을 찾을 수 없는 동물일 수 있다. 카메라에 잡히지 않았지만 백악기의 한 요람에서 진화하다가 서로 분리되어 지리적으로나 생태적으로나 범위를 넓힐 기회가 생겨 비로소 뚜렷이 구별된 것일 수 있다.

이런 동물들에 관한 수수께끼는 아직 해결되지 않았다. 질문거리는 이외에도 숱하게 많다. 그리고 대개는 확실히 답하기 어렵다. 마치 죽은 이가 망각의 강 레테를 건너듯이 그들의 조상에 대한 기억은 시간 속에서 누락되었다.

팔레오세 초기 헬크리크와 전 세계에 살았던 포유류들에게는 늘 뭔가 신화적인 매력이 있었다. 주로 물가에서 지내던 바이오코노돈의 옛 이름은 라그나로크Ragnarok였다. 북유럽 신화에는 끊임없이 베틀을 돌려 천을 짰다가 풀었다가 하면서 세상만사를 엮기도 하고 풀기도 하는 세 노파가 나오는데, 이들이 예언한 세상의 종말이 바로 라그나로크다.[25]

팔레오세 초기 또 다른 포유류 에아렌딜 운도미엘*Earendil undomiel*처럼 더 최근의 신화에서 따온 이름도 있다. J. R. R. 톨킨이 창조한 아르다 신화에서 에아렌딜은 항해자이자 기쁜 소식을 예고하는 샛별이었다. 한 앵글로색슨 시에서는 그 이미지를 사용해 그리스도의 전령인 세례 요한을 묘사하기도 했다. 분류학의 변덕으로 지금은 에아렌딜 운도미엘 표본을 미마투타의 일종으로 보고 있다. 이는 우리가 앞서 관찰한 미마투타의 가까운 친척이나 후손일 것이다. 미마투타의 어원은 '새벽의 보석'이라는 뜻의 신다린어(톨킨이 만든 요정어)다. 이 동물의 이름에 새벽이나 아침이라는 뜻을 부여한 데는 이유가 있다. 미마투타와 바이오코노돈의 상위 분류인 팔레오세 초의 페립티쿠스과와 아르크토키온과가 후손을 현대에 남겼을 수도 있고 남기지 않았을 수도 있지만, 어쨌든 이들이 포유류 시대의 생태적 선구자에 속하는 것은 분명하기 때문이다. 미마투타 등이 먼저 그 길을 걸었고 그다음에 다른 동물들이 뒤따랐다. 후대의 시선으로 보면 이 포유류는 박쥐나 고래, 아르마딜로, 코끼리 같은 기이한 형태로 절정에 달할 생리학적 경계를 허물어주는 전령처럼 보인다.[26]

이후 점차 정복되고 망가진 생태 그물망은 복구되고 공룡도 흔하게 돌아다니게 되지만(현대에도 공룡의 후손인 조류의 종 수가 포유류의 2배에 이른다) 지구 전체를 볼 때 먹이사슬의 최상위는 포유류가 차지한다. 포유류 역사 전체를 통틀어 종의 수와 해부학적 구조의 다양성이 새로운 차원에 도달하기 시작한 때가 바로 팔레오세다. 헬크리크에서는 페립티쿠스과와 아르크토키온과가 이 새로운 포유류 동물상의 구성원이다.[27]

칙술루브에 유성이 떨어진 때는 모든 영장류를 비롯해 가죽날개원숭이와 나무땃쥐, 토끼류와 설치류가 다양하게 분화하기 전이었다. 이들은 공통 조상 한 종 혹은 기껏해야 두세 종으로 통합되어 있었다. 우리가 여기서 본 동물들이 바로 우리의 조상이다. 이들은 유전자 코드 안에 영장류의 본질을 담고 있다. 체중이 17t에 달하는 거대 육상 포유류 파라케라테리움*Paraceratherium*(코뿔소의 친척)도, 가장 작은 포유류 뒤영벌박쥐도 이들의 후손이다. 해부학적 형태의 범위는 포유류가 취할 수 있는 다양한 가능성을 탐색하면서 빠르게 확장해 결국 우리가 현대에 알고 있는 종류로 분화한다. 너희 자손이 지구 구석구석과 그 너머까지 뻗어나가리라 한 성경 속 신의 예언이 실현된 듯이 말이다.[28]

그러나 너무 멀리 내다보려고 하면 목적론적 해석에 빠질 우려가 있다. 헬크리크의 세계는 우리가 현재라고 부르는 아득한 미래에서 쉽게 규정할 수 있을 만큼 단순하지 않다. 이곳의 많은 종은 계통을 성공적으로 이어나가지 못한다. 프로케르베루스가 속한 키몰레스테스과는 새로운 살 곳(생태지위)을 찾아 이동하여 종이 분화하고, 올리고세 초 유럽에서 수달과 유사한 반수생동물의 형태를 끝으로 멸종에 굴복할 때까지 3,000만 년을 더 생존한다. 팔레오세 초기 북아메리카 지배자 메소드마가 속한 다구치류는 1억 2,000만 년이 지나 에오세 후반에 영원히 사라지기 직전까지 북극에서 엑티포두스*Ectypodus*의 형태로 발견된다. 멸종은 피할 수 없는 삶의 일부이지만 대량 멸종은 희귀한 현상이다. 기존 질서가 그렇게 급격하게 전복되는 일은 드물다. 다구치류, 키몰레스테스과, 페립티쿠스과는 모두 우연히 일어난 재앙과 급격한 기후변화로 다양성이 파괴된 세계를 탐색하는 포유류들이다. 자연은 순환 주기를 완전히 복구하는 데 수백만 년이 걸린다.[29]

복구는 바로 시작되었다. 소행성이 충돌한 지점에도 매우 생산적인 생태계가 돌아왔다. 헬크리크에서 서부 내륙해 해안선을 따라 더 남쪽으로 가면 지금의 콜로라도주 코랄블러프스 지역에 유적지가 있다. 이곳에는 소행성 충돌 이후 지구 회복에 관한 자세한 기록이 남아 있다. 헬크리크에서와 마찬가지로 이곳의 가장 오래된 생물군을 지배하는 것은 양치식물이며 재난 분류군에 속하는 소수의 종이 생명체의 대부분을 차지한다. 대량 멸종 후 10만 년 안에 포유류의 종 수는 2배가 된다. 30만 년이 지나면 생태지위 특화가 일어나기 시작하고 새롭고 더 강인해진 팔레오세의 동물상과 함께 양치식물이나 야자수 외에 새로운 유형의 식물들이 생태계의 중요한 부분이 된다. 최초의 가래나무과 나무와 최초의 콩꼬투리도 등장하는데, 그 영양가 높은 씨앗은 초식 포유류 동물들이 곤충을 주식으로 삼던 가까운 조상들처럼 풍부한 단백질을 섭취할 수 있게 도와준다. 온난한 기후도 돌아온다. 그러고 나면 남극에서부터 북극에 이르기까지 전 세계의 숲이 다시 한번 생기를 되찾는다.[30]

북유럽 신화의 라그나로크에서도 희망이 승리한다. 불의 괴물 수르트가 지구에 불을 질러 거의 모든 신이 죽었지만 그것은 끝이 아니었다. 모든 세계를 하나로 연결해주는 거대한 물푸레나무 위그드라실 아래에 광명이 있다. '생명'과 '몸의 생명'이라는 이름을 지닌 여자 리프와 남자 리프트라시르가 지하 은신처에서 나타난다. 인간 중에서 그들만 살아남았다. 새로운 세계에서 새로운 신들과 함께 새로운 시대가 시작된다. 죽음 다음에는 삶이, 멸종 다음에는 종의 탄생이 찾아온다. 라라미디아 습지에서 거미가 비단실 한 가닥을 새로 뽑아낸다. 미마투타는 싱싱한 꽃 한 송이를 느긋하게 씹는다. 봄이 왔다.

"이 세상에서 오직 꽃만이 우리의 장식품이요,
오직 노래만이 우리의 고통을 기쁨으로 바꾸어준다."

- 멕시코 철학자 네사왈코요틀

"눈에 숨긴 것은 날이 풀리면 드러난다."

- 스웨덴 속담

7

신호

중국 랴오닝성 이셴

1억 2,500만 년 전 백악기

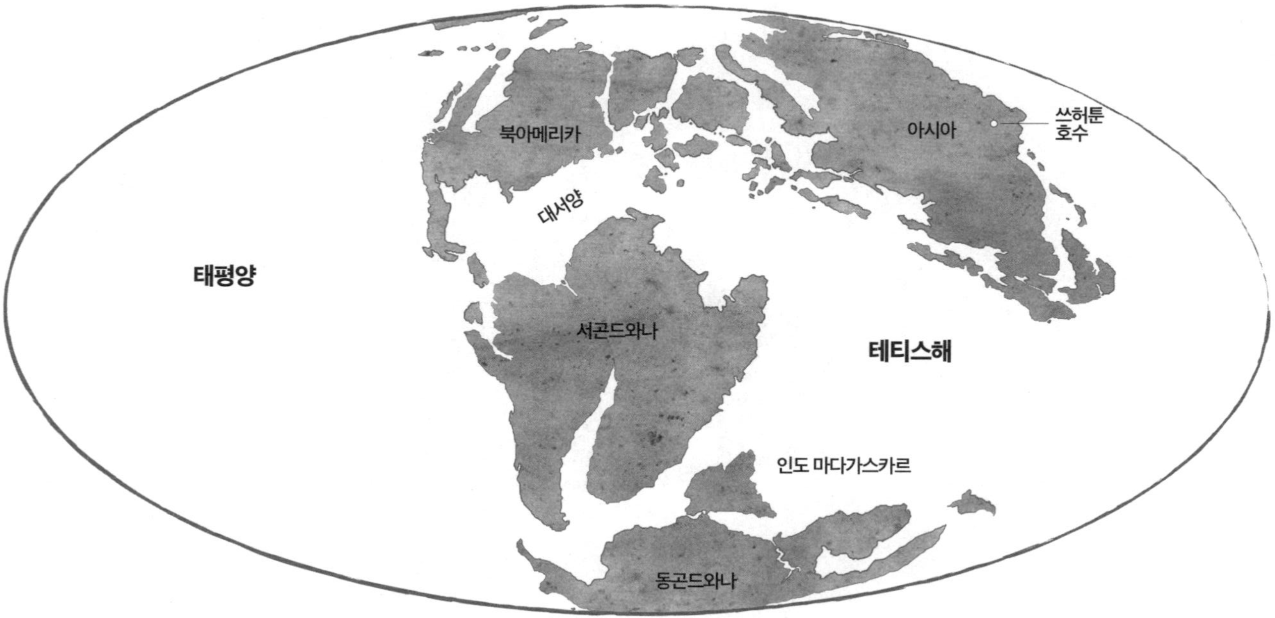

지도7 1억 2,500만 년 전 백악기 초 지구

어두운 밤이 물러나면서 랴오닝성의 불안정한 화산 인근 호수에 황금빛 잔물결이 퍼져나가고 있다. 드넓은 호수 건너편 좁은 모래밭에서 일찍 일어난 익룡 한 마리가 천천히 머리를 숙이자 독수리 같은 갈기가 물에 부드럽게 비친다. 바늘 모양 이빨이 빽빽이 들어찬 입이 고요한 물에 닿으면서 거울의 표면에 파동이 일어난다. 다문 이빨 사이로 익룡이 밤새 차가워진 호수에서 작은 새우를 걸러내는 사이에 공기는 점차 따뜻해진다. 동이 트면서 귀뚜라미 소리가 잦아들면 잠들어 있던 숲이 활기찬 장터처럼 변모한다.

우리가 와 있는 이곳은 지금 백악기 초의 어느 싱그러운 봄날이다. 날이 밝은 것도 모르고 사냥에 집중하고 있는 이 날아다니는 파충류는 '빗턱과'라고도 불리는 크테노카스마과ctenochasmatid 익룡이다. 호숫가가 혼잡해질까 봐 일찍 서둘렀나 보다. 다른 모든 빗턱과 익룡과 마찬가지로 베이피아옵테루스*Beipiaopterus*도 현대로 치면 홍학 부리나 이빨 없는 고래의 수염과 같은 방식으로 빗살 모양의 이빨을 체처럼 사용하여 먹이를 걸러서 잡아먹는다. 익룡은 사냥을 할 때는 네다리로 물가에 서서 날개를 바싹 접는다. 날개 때문에 방해되지 않게 하기 위해서이기도 하고 얇은 막을 통해 너무 많은 열을 빼앗기지 않기 위해서이기도 하다. 익룡은 조류보다 주둥이가 더 길고 머리가 커서 체구와 비율이 맞지 않아 보이고 목도 상당히 길다. 전체적으로 물에 뜨기에 적합해 보이지 않는다. 헤엄을 잘 치고 먹이 대부분을 물에서 얻지만 머리와 목이 너무 무겁다 보니 오리처럼 우아하게 유영할 수는 없다. 그 대신 날개의 3분의 1 지점에 있는 손을 아래로 향하게 하고 이 손에 의지해 앞으로 몸을 숙여 입을 물에 담근다. 양 날개의 나머지 부분은 몸에 단단히 붙이고 비막을 지지하는 네 번째 손가락을 스키 폴처럼 뒤쪽으로 향하게 한다. 비막은 그렇게 해서 물갈퀴가 있는 발 위 발목까지 내려뜨려져 있다.[1]

나뭇가지가 갈라지고 쓸리는 소리가 들린다. 거대한 티타노사우루스류titanosaurs 무리가 움직이는 소리다. 쓰허툰 호수 주변은 온통 침엽수림이 펼쳐져 있다. 무릎 높이의 덤불 사이에 바늘처럼 곧게 꽂혀 있는 수천 그루의 고대 사이프러스 덕분에 이 숲은 눈 내리는 계절에도 늘 푸르다. 티타노사우루스류 무리가 땅을 울리며 지나가고 나면 그 자리는 개간지가 되어 고사리와 쇠뜨기를 비롯한 어린 식물들이 번성할 공간이 열린다. 이 백악기 풍경은 고대 지구를 대표하는 비조류 공룡의 전성기를 보여준다. 여기서 가장 큰 생명체는 단연 공룡이다. 이 용각류 공룡은 지구 역사상 가장 큰 육상동물에 속하는 티타노사우루스류 동베이티탄*Dongbeititan*이다. 근육질의 길고 두꺼운 목은 길이가 17m가 넘고 성체 체중은 수 톤에 달한다. 티타노사우루스류는 거대한 덩치를 유지하기 위해 신선한 먹이를 찾아 무리를 지어 이동하며, 계절에 따라 여러 지역을 돌아다닌다.[2]

티타노사우루스류의 넓은 보폭은 단단한 땅에 초승달 모양의 발자국을 남긴다. 걸으면서도 고개만 쳐들면 힘들이지 않고 키 큰 나무에 닿는다. 흔히 생각하는 것과 달리 뒷다리만으로 서는 일은 없다. 유연한 척추가 두 앞발을 동시에 안정적으로 땅에서 떼는 것을 방해하기 때문이다. 그 대신에 한 번에 한 발씩만 내디딘다. 속도를 올릴 때는 왼쪽 두 발을 먼저 내디디고 오른쪽 두 발을 휘젓는 식으로 걸음걸이가 갑자기 바뀐다. 이 모습을 앞에서 보면 너클 보행(발가락과 발등이 이어지는 관절 부위를 땅에 대고 걷는 고릴라와 침팬지의 걸음걸이-옮긴이)을 하는 것처럼 보인다. 어떤 의미에서는 너클 보행이라고 할 수도 있을 것이다. 하지만 동베이이티탄 같은 티타노사우루스류의 앞발에는 발가락이 없다. 익룡에서 더 길고 튼튼한 날개로 변모한 발가락뼈가 용각류에서는 단순히 흔적만 남아 있을 뿐 거의 퇴화했다. 그래서 동베이이티탄은 발톱도 발가락도 없이 관절로 걸어 다닌다.[3]

용각류 공룡도 대형 초식동물이지만 단순히 코끼리의 파충류 버전이라고 보면 안 된다. 물론 다른 대형 초식동물처럼 대식가라는 점은 비슷하다. 체중이 30t이었던 백악기 초 용각류 공룡이라면 영양이 풍부한 하층 식생이나 나뭇잎을 적어도 하루에 60kg씩 먹어야 했을 것이다. 그러나 대개 생리학적으로 서로 다른 특징이 있다. 코끼리에 비해 용각류는 뼈가 몹시 가볍고 커다란 공기주머니가 척추뼈를 감싸고 있다. 이러한 특징은 몸집이 커지는 데 도움이 되었을 것이다. 일부 용각류는 또한 포유류보다 더 화려한 외모를 뽐낸다. 남아메리카의 디크라이오사우루스과dicraeosaurid는 목 뒤에 커다란 가시가 일렬로 나 있는데, 이 가시 모양의 케라틴 갈기는 과시와 방어 기능을 한다고 알려져 있다. 살타사우루스처럼 비늘 피부 안에 갑옷이 있는 종도 있다. 게다가 공룡은 포유류와 달리 색각이 뛰어나서 과감한 얼룩무늬, 줄무늬 등으로 동족에게 강력한 시각 신호를 보낸다.[4]

쓰허툰 호수는 활기로 가득한 여행자 쉼터 같은 곳으로, 낮에는 내내 왁자지껄하다가 밤이 되어야 겨우 고요해진다. 호수는 항상 생명체들로 북적인다. 거북과 익룡이 이 호수에서 수생 도마뱀, 아미아, 칠성장어, 달팽이, 갑각류와 자리다툼을 벌인다. 고저가 고르지 않은 고지대에서 호수는 육상 생명체들의 주요 식수 공급원이다. 해빙 후 공룡 무리가 떠난 사이프러스숲에는 20t짜리 티타노사우루스류의 사체가 누워 있다. 마치 거대한 나무가 쓰러져 있는 것 같다. 무방비 상태로 차갑게 식어 악취를 풍기는 이 사체는 누군가 뒤진 흔적으로 가득하다. 몸에는 긁히고 찢긴 흔적이 남아 있고 주변에는 찢긴 깃털들과 빠진 이빨 하나가 굴러다닌다. 깃털과 이빨의 주인인 포식자는 이족보행을 하는 사자 크기의 수각류다. 벨로키랍토르 등의 드로마이오사우루스류dromaeosaur와 티라노사우루스과 공룡이 수각류에 포함되는데 사실 조류도 수각류다.[5]

새벽의 어스름을 깨뜨리며, 밤의 리듬에 찾아오는 첫 번째 변화는 새와 곤충이 우는 소리로 시작된다. 명금류는 에오세나 되어야 오스트레일리아에서 비로소 나타나므로 이곳의 새벽 합창에는 아직 선율도 없고 복잡한 곡조도 없다. 곤충 울음소리는 귀뚜라미가 처음 겉날개를 비비기 시작한 트라이아스기 이래로 전 세계에서 들을 수 있었다. 어떤 곤충은 딱딱한 외골격을 악기로 개조하기도 했다. 어린아이가 계단 난간을 막대기로 훑어 드르륵 소리를 내듯이, 줄칼 같은 요철이 있는 부분과 기타 피크 같은 매끄러운 마찰편을 서로 비벼 마찰음을 만든다. 그 후 쥐라기에 이르면서 여러 종류의 곤충이 제각기 소리를 내는 방법을 정교하게 진화시켰다. 이때부터 어떤 여치는 거친 쇳소리가 아니라 깨끗한 단일 음색으로 노래한 것으로 알려져 있다. 귀뚜라미와 여치, 메뚜기와 딱정벌레는 모두 조금씩 다른 방식으로 소리를 낸다.

지금 우리가 와 있는 백악기에는 귀뚜라미의 높은 지저귐과 장수하늘소의 부드러운 줄질 소리가 뒤섞여 들려온다. 이곳의 공기는 열심히 짝을 찾는 곤충들이 성적 능력과 자기 위치를 창공에 대고 광고하는 소리로 활기가 넘친다. 이런 울음소리는 붐비는 생태계에서 짝짓기 성공을 보장하는 최고의 방법이다. 낮이 되면 모든 생명체가 신호를 내보내는데, 모두가 들을 수 있게 크고 분명한 소리를 내는 종도 있고 신호를 암호화하여 동족만 들을 수 있게 소리를 내는 종도 있다.[6]

한 달 전까지만 해도 이 인근의 땅은 아침마다 서리로 뒤덮여 있었지만 호수만큼은 기저의 화산 열기로 얼지 않았다. 봄의 징조가 곳곳에 보인다. 세상이 겨울잠에서 깨어나면서 모든 동식물들도 깊은 잠에서 깨어나 다시 서로를 알아가며 수다를 떨고 있는 것 같다. 키가 큰 사이프러스 사이에는 그보다 작은 나무와 관목류가 있다. 잎들을 넓게 펼친 소철의 우듬지가 하층을 두껍게 하고, 움을 틔우고 있는 이끼 낀 은행나무의 새 잎사귀들은 나팔처럼 위풍당당하다. 빛바랜 붉은색 구과가 달린 주목이 눈에 띄고 키가 작고 무성한 그네토피테gnetophyte는 비계의 기둥들처럼 얽혀 있다. 이 식물들은 모두 겉씨식물gymnosperm('벌거

벗은 씨앗'이라는 그리스어)이어서 말 그대로 독특한 잎 표면에 종자가 노출되어 있다. 겉씨식물은 1억 8,000만 년 전부터 육지를 지배하고 있다. 씨앗을 품은 겉씨식물의 잎은 밝은색 구과가 된다. 이 구과는 짙은 색 잎에 비해 두드러져 보이는 노란색이나 분홍색을 띠어 딱정벌레나 모시밑들이, 풀잠자리를 유인한다.[7]

물가에는 오래된 사이프러스 한 그루가 서 있다. 나무껍질이 벗겨져 줄무늬 같은 붉은 상처가 난 곳에서 노란 수액이 흐른다. 사이프러스는 물 위로 힘없이 기울어져 위태롭게 자라고 있다. 바람이 불면 늘어진 가지 하나가 수면을 스친다. 사이프러스가 드리운 그늘에서는 작은 줄기들이 그 끝에 달린 길고 뾰족한 씨앗 꼬투리와 붓 같은 노란색 실뭉치를 물 밖으로 내밀고 있다. 그 아래에서는 연한 녹색의 가냘픈 잎들이 흔들린다. 싱싱한 줄기가 수면을 향해 자라고 있다. 그 끝에는 수면 위에 있는 것과 비슷하지만 덜 발달한 둥근 형체가 달려 있다. 이 소박한 수생식물은 성 혁명을 이루어낸 주역이다. 이 식물이 지구 생태계의 모습을 영구히 바꿔놓는다.

이 식물은 지구 최초의 꽃 중 하나다. 수련과 비슷한 이 꽃은 겉씨식물과 달리 하나의 줄기에 자성female 조직과 웅성male 조직이 모두 있는 자웅동체다. 노란색의 빳빳하고 뾰족한 털이 수술인데, 꽃가루가 덮여 있다. 그 위에는 암술의 심피가 있다. 이 심피에서 길이가 2~3cm 정도 되는 콩꼬투리 모양으로 씨앗이 발달한다. 꽃은 그리 화려하지 않다. 사실 꽃잎도 없다. 꽃에 꽃잎이 없다는 게 이상할지도 모르겠지만 현대에도 그런 꽃은 많다. 그중에는 오스트레일리아 병솔나무나 미나리아재비과 꽃들처럼 색이 화사한 예도 있고 잔디 꽃처럼 눈에 잘 띄지 않는 예도 있다.

이 아르카이프룩투스*Archaefructus*는 약 30cm 깊이의 물속에서 자란다. 잎 밑부분에 있는 작은 주머니가 가느다란 꽃줄기를 수면에 띄울 수 있게 돕는다. 그래서 꽃만은 물 위로 나와 있다. 그래야 수분하는 데 용이하기 때문이다. 쓰허툰 호수 주변의 몇몇 수생식물은 이 최신 방식으로 종자를 맺는다. 그래서 확증된 바는 없지만 꽃이 피는 식물이 담수에서 기원했다는 추론이 설득력을 얻고 있다. 아르카이프룩투스와 그 동족들이 쓰허툰 호수에서 서식한 시점에서 얼마 지나지 않아 지구 반대편에 있는 오늘날 포르투갈과 스페인 부근에서도 최초의 수련, 최초의 붕어마름 등이 나타난다. 씨앗에 더 살이 오르고 영양분이 차기 시작하면 그것을 퍼뜨리기 위해 척추동물이 동원된다. 속씨식물에 속하는 종 중 약 4분의 1은 종자를 퍼뜨리는 데 일찍이 다구치류나 파충류를 이용해왔다. 그리고 어쩌면 조류도 같은 역할을 했을 것이다.[8]

작은 새들이 사이프러스의 바늘잎 사이에 앉아 지저귀고 가지 사이를 조심스럽게 들락거리기도 한다. 어치 같은 깃털 볏 장식과 더불어 목과 쫙 펼친 날개의 검은 반점이 눈에 확 띄는데, 그 예술적 완성은 꼬리에 달린 유난히 긴 끈 모양의 깃털 한 쌍에 있다. 꽁지깃 덕분에 마치 하늘이 온통 아이들이 날린 연으로 가득한 것 같다. 이 새의 이름은 콘푸키우소르니스 상크투스*Confuciusornis sanctus*('거룩한 공자'라는 뜻)라고 하는 일명 공자새다. 긴 꽁지깃은 장식용이다. 꽁지깃 장식은 2가지 용도가 있다. 첫 번째는 과시용이다. 대체로 암컷보다 크고 꼬리도 더 긴 수컷이 장식용 꽁지깃이 없는 암컷에게 깊은 인상을 주려고 춤을 추며 번식력을 과시한다. 꽁지깃은 매혹적일 정도로 얇고 가볍다. 대개의 깃털에는 원통형의 중심축인 깃대가 있는 반면, 이 새의 꽁지깃은 단면이 반원형으로 개방되어 있고 두께가 거미줄 한 가닥 정도로 얇다. 보통 너비 1cm, 길이 20cm가 넘기도 하지만 가장 얇은 부분의 두께는 3μ(미크론)밖에 안 되어 안개 입자보다도 가늘다. 이른 아침 햇빛이 이 깃털을 통과하면 얇은 조직에 의해 붉게 물들어서 마치 꼬리에서 붉은 연기를 뿜는 것처럼 보인다. 꽁지깃 장식의 두 번째 용도는 교란용이다. 포식자로부터 도망치기 위해 주의를 분산시키는 용도로 쓰인다. '중국의 예쁜 날개'라는 뜻의 시노칼리옵테릭스*Sinocalliopteryx*는 늑대만 한 크기의 수각류 공룡이다. 공자새의 꽁지깃은 쉽게 떨어지므로 시노칼리옵테릭스에게 물려도 깃털만 남기고 도망칠 수 있다. 포식자 말고도 꽁지깃이 떨어지는 이유는 또 있다. 끈적끈적한 진액이 나오는 사이프러스 줄기의 상처에도 깃털 하나가 붙어 있으면 이는 어느 어설픈 공자새가 나무에 앉았다가 가장 멋진 옷을 두고 간 것이다.[9]

베이피아옵테루스 등의 빗턱 익룡이 홍학 같은 전문 여과섭식자라면, 공자새는 기회 포착형 섭식자다. 공자새는 종종 물고기를 잡기 위해 잠수를 한다. 공자새가 노리는 먹잇감은 타원형 비늘이 은빛으로 반짝이는 울프핀wolf-fin(이름과 달리 매우 작은 피라미와 비슷한 물고기다)이다. 때로는 수면이나 공중에서 곤충을 잡아먹기도 한다. 개구리들은 날아다니는 사냥꾼을 피해 반쯤 물에 잠긴 사이프러스 뿌리를 은신처 삼아 짝을 찾는 구애의 노래를 부른다. 짝짓기 상대에게 존재를 알리는 행위는 곧 포식자에게 존재를 알리는 것이나 마찬가지다. 따라서 평소라면 그런 모험을 하려 들지 않겠지만 짝짓기의 계절에는 일단 노래를 부르고 결과를 감수하는 수밖에 없다. 평소에는 더욱 조심할 것이다. 봄기운이 풍기면 개구리의 노래와 공작새의 춤 덕분에 호숫가는 특별한 공연장이 된다.[10]

이슬을 머금은 양치식물이 어느 거대한 다리에 스치면서 사락거린다. 익룡은 깜짝 놀라 몸을 웅크렸다가 날개를 딛고 장대높이뛰기를 하듯 뛰어올라 공중에서 멈춘다. 호수 위를 낮게 날다가 높이 솟아오르는데 갈기는 여전히 놀라서 부푼 상태다. 다리의 주인은 키가 거의 아시아코끼리만 하고 몸길이는 약 8m에 달하는 유티란누스*Yutyrannus*('아름다운 깃털을 가진 폭군'이라는 뜻)다. 더 유명한 후대의 사촌 티라노사우루스와 마찬가지로 두 다리를 중심축으로 꼬리와 몸통이 시소처럼 균형을 이루고 있는 육식 공룡이다. 발가락 3개가 달린 작은 앞발을 몸에 바싹 붙이고 있다. 백악기 후기 따뜻한 헬크리크에서 산 티라노사우루스와 달리 유티란누스는 이셴의 덥지 않은 여름과 혹독한 겨울에 적응한 진정한 북방계다(티라노사우루스는 유티란누스보다 약 6,000만 년 후에 등장한다).

이셴은 겨우내 눈이 내리므로 이 숲을 둘러싼 화산 언덕도 몇 달 동안 눈으로 덮인다. 거대한 공룡도 보온을 위한 깃털 코트가 필요하다. 갈색과 흰색이 섞여 얼룩덜룩한 깃털 코트가 빛을 받으면 몸의 윤곽이 흐릿하고 어지러워지는데, 그 덕분에 이렇게 거대한 동물도 몸을 숨길 수 있다. 대형 공룡은 그다지 시끄러운 동물이 아니다. 공룡의 발성기관은 새보다 훨씬 단순해서 명금류처럼 복잡한 울림과 떨림을 만들어낼 수 없다. 체구가 큰 동물은 일반적으로 소리를 많이 내지 않는다. 보통 쉭쉭거리거나 날개를 퍼덕이거나 턱을 딱딱거리는 소리만 내는 게 전부다. 타조나 화식조 같은 현대의 공룡이나 악어는 입을 다문 채 낮은 소리로 꾸르륵대기만 하는데, 유티란누스도 이와 비슷하게 목구멍을 부풀렸다 오므렸다 하면서 그르렁거리는 소리를 낸다. 그런데 현생 악어와 조류가 소리를 만드는 기관은 서로 다르다. 악어는 후두로 소리를 내지만 타조는 울대로 소리를 낸다. 이는 두 그룹이 따로 울음소리를 진화시켰음을 시사한다. 백악기 공룡들이 정확히 어떻게 소리를 냈는지는 알 수 없지만, 어떤 비조류 공룡에게서도 울대는 발견되지 않았다.

오늘날 조류보다 다채롭고 정교하고 생동감 넘치는 색상과 모양을 가진 척추동물이 없다는 점을 볼 때, 그 선조인 공룡에게도 시각적 과시가 중요했을 것이다. 실제로 새에서 도마뱀에 이르기까지 많은 파충류가 인간이 볼 수 없는 색을 내거나 자외선 아래에서 형광 무늬를 낸다. 그렇다면 이는 조상 형질이 아니었을까? 익룡과 공룡을 포함하여 비조류 조룡의 색과 무늬는 사람의 시각 스펙트럼을 넘어서는 어떤 것이었을 수 있다. 유티란누스는 패션을 위해 양 눈 위에 있는 멋진 깃털 볏을 양보했다. 그 볏은 아마 검은 점 모양의 눈을 짙은 색의 줄무늬로 위장하는 교란책이었을 것이다. 다른 공룡들도 색을 이용해 몸을 숨겼다. 깃털 꼬리를 지닌 프시타코사우루스(트리케라톱스의 초기 친척으로 크기는 개만 하며 부리와 뾰족한 빰이 있다) 같은 초식 공룡은 여러 동물이 함께 사는 숲에서 은신할 방법이 필요하다. 프시타코사우루스는 등이 어둡고 배는 밝다. 이는 빛이 오직 위쪽에서만 들어오는 세계에서 빛을 받는 쪽과 그늘이 지는 쪽의 명암을 상쇄시켜 몸의 입체감을 지우고 거의 보이지 않게 만드는 전략이다. 그리고 아주 주의 깊게 살펴보면 밝은색 뒷다리 안쪽에 검은 가로줄 무늬가 있다. 이 가로줄 무늬는 오카피처럼 위장용이기도 하지만 얼룩말의 줄무늬처럼 날아다니는 곤충이 다가오면 쉽게 앉지 못하게 하여 벌레 물림을 방지하는 호신용일 수도 있다. 프시타코사우루스의 허벅지 안쪽은 피부가 얇고 비늘도 없어서 취약한데 뜨거운 여름이 오면 숲은 등에, 모기, 깔따구 같은 무는 곤충으로 바글바글해진다.[11]

유티란누스는 먹잇감을 찾으러 온 게 아니다. 호수로 몇 발짝 걸어 들어가 눈으로는 경계를 늦추지 않은 채 수면에서 물을 쭉 빨아들이고 나서 고개를 들어 꿀꺽 삼킨다. 이 동작을 몇 번 반복하니 어느덧 해가 지평선 위로 한참 올라왔다. 시간대마다 나무에서 튀어나오는 동물이 있다. 숲 중앙에 이끼로 뒤덮인 호수에서는 계속 새로운 생명체들이 나타나 정적을 깨뜨린다. 오르도세미스*Ordosemys* 거북은 등딱지와 긴 목과 꼬리로 수면에 원을 그리고 작은 익룡들은 물 위에 구름처럼 떠 있는 깔따구 떼 사이를 비행하다가 공중에서 낚아챈다. 일렁이는 무지갯빛 잠자리 한 마리와 말벌, 등에들도 날아다닌다. 핏빛 달팽이 무리는 얕은 물 위에 있는 베리 같은 식물에 매달려 있다. 그 위에서는 참새 크기의 에오이난티오르니스*Eoenantiornis*가 은행나무 사이에서 잡아먹을 벌레를 물색하고 익룡 모가놉테루스*Moganopterus*는 7m나 되는 날개를 느긋하게 저으며 하늘을 가른다.[12]

숲우듬지보다 높은 하늘에도 땅 위의 낙엽에도 생명이 넘쳐난다. 겨우내 잠들어 있던 무척추동물 대부분이 이제 완전히 깨어났다. 땅에 떨어진 잔가지 주변에서는 바퀴벌레들이 돌아다니며 썩어가는 나무나 나무껍질의 은밀한 틈새에 알을 낳는다. 한 나무줄기의 갈라진 틈에 짙은 갈색의 작은 가죽낭 하나가 꽂혀 있다. 바퀴 알 60~70개가 간격을 두고 들어차 있는 알 주머니다. 알 주머니는 작은 낚싯배의 용골 같은 구조로 되어 있다. 이렇게 보호 수단을 갖고 있지만 백악기의 랴오닝에 서식하는 바퀴벌레에게는 특별한 천적이 있다. 작은 크레테바니아*Cretevania*라는 이름의 벌들이 윙윙 날아다닌다. 허리가 너무 가는 데다가 빠른 속도로 움직이다 보니 몸이 둘로 분리된 채 꼬리가 머리를 따라다니는 것처럼 보인다. 크레테바니아는 다른 동물의 몸속에서 번식하고 그 과정에서 숙주 동물을 죽이는 포식 기생자다. 특히 암컷 크레테바니아는 알 주머니를 찾아낸 다음 주사기를 닮은 산란관으로 자신의 알을 바퀴의 알 안에 하나씩 주입하듯 낳는다. 그러면 바퀴를 키워야 할 영양분이 크레테바니아를 키우는 데 더 많이 쓰이게 된다. 이 관계는 놀랍도록 안정적이어서 크레테바니아와 맵시벌 무리(쓰허툰 호수에 서식하는 또 다른 포식 기생자)는 1억 년여 동안 이 방식으로 번식한다. 흡혈충이나 등에, 깔따구도 마찬가지다. 단, 이들은 시간이 지남에 따라 숙주로 삼을 동물을 새로 찾아낸다. 등에는 말파리horsefly라고도 불리지만 말보다 7,000만 년이나 먼저 등장한다.[13]

백악기 식물과 척추동물은 현대 우리가 익히 알고 있는 모습과 상당히 다르지만 곤충이나 다른 소형 동물은 대체로 거의 달라지지 않았다. 바퀴벌레와 말벌은 검은색과 노란색 또는 검은색과 빨간색을 띠는데, 이는 독성이나 위험을 경고하는 표시가 된다. 먹으면 안 된다고 알리는 것이다. 이와 같은 색은 자신이 다른 동물의 눈에 띄기를 원하는 생물들에게서 발견된다. 먹이로 적합하지 않다는 사실을 알려 새들이 실수로 잡아먹는 일이 없게 하려는 표시다. 검은색과 노란색은 강한 대비를 이루어 색각이 없어도 알아볼 수 있을 정도다. 식물 잎의 녹색 배경에서도 쉽게 눈에 띈다. 그래서 그 위험 요인을 경험한 적이 없는 동물도 물러나게 된다. 이 경고는 오랜 연속성을 발휘하여 말벌을 건드리려는 공룡을 주저하게 만들었던 바로 그 신호가 현대에는 소풍을 나온 사람들을 여전히 멈칫하게 만든다. 곤충은 경고색이라는 시각적 언어를 1억 년 넘게 동일하게 사용해왔다.[14]

용각류의 비늘처럼 대형 수각류의 깃털 코트도 색상이 다양했다. 공룡 중에서도 진정한 별종은 거대한 나무늘보 같은 베이피아오사우루스*Beipiaosaurus*다. 테리지노사우루스류therizinosaur('낫 도마뱀'이라는 뜻)의 일종인 베이피아오사우루스는 성체의 크기가 타조보다 약간 작다. 테리지노사우루스류에 속하는 공룡들은 긴 앞다리와 낫 모양의 발톱이 가장 큰 특징인데, 그중에서도 베이피아오사우루스는 가장 초기 종에 속한다. 이후에 나타난 종들은 발톱을 극단적으로 키웠다. 그 예가 테리지노사우루스*Therizinosaurus*로, 발톱 길이가 50cm에 이른다. 이 발톱은 본래부터 무기가 아니었다. 테리지노사우루스류에 속하는 공룡들은 이 발톱을 대개 초목을 잡는 데 사용했다. 긴 팔로 먹이를 끌어당겨 입으로 가져가는 먹이 활동 방식에 맞춰 진화했다. 자이언트땅늘보나 고릴라의 팔과 마찬가지다. 베이피아오사우루스의 깃털은 빽빽하고 술을 단 것처럼 생겼다. 온몸이 옅은 색의 짧고 보송보송한 속 털로 덮여 있는데 머리와 목 주변에만 수 센티미터 길이의 길고 굵고 빳빳한 갈색 깃털이 산미치광이의 가시털처럼 나 있다.[15]

오래된 소철에 베이피아오사우루스가 다가온다. 몸을 나무 쪽으로 기울여 거친 나무껍질에 옆구리를 비벼서 칙칙해진 솜털에서 낡고 지저분해진 깃털들을 벗겨낸다. 마니랍토라류(새 포함)는 깃털이 한꺼번에 떨어져나가면 안 되므로 도마뱀이나 다른 많은 공룡과 달리 탈피를 한 번에 하지 않는다. 대신에 포유류처럼 조금씩 각질이 벗겨지고 계속해서 피부가 새로 자라난다. 그런데 랴오닝의 추운 겨울이 지나고 온화한 여름이 오니 너무 많은 깃털은 거추장스럽게 되었던 모양이다.[16]

갑자기 이 수각류 공룡이 솜털을 흩날리자 소철 잎을 완벽히 모방한 날개 때문에 눈에 보이지 않던 풀잠자리들이 후두둑 날아오른다. 자신의 몸을 자신이 서식하는 식물의 일부인 양 위장하는 속임수는 곤충이 흔히 사용하는 방법이다. 위장술의 대가는 대벌레과 곤충들이다. 소철 밑동에서 자라는 어린 소철은 초기 대벌레로 덮여 있는데, 그 짙은 색 줄무늬가 있는 길쭉한 몸과 날개는 잎맥이 있는 소철의 잎을 똑 닮았다. 대벌레과 곤충들은 쥐라기 때부터 초목의 줄기를 모방하기 시작해서 이제는 잎과 꽃도 흉내 내고 있다. 대벌레과 곤충들은 이렇게 뻔히 보이는 곳에 숨어서 쓰허툰 호수의 겉씨식물에 서식한다.[17]

곤충이 위장술만 하는 게 아니다. 풀잠자리는 나비만큼 크고 색도 다양하다. 백악기가 지구상에 나비가 등장하기 전이라는 지식과 전문가의 눈썰미가 없다면 쓰허툰 호수 위를 날아다니는 칼리그람마과*kalli-grammatid* 풀잠자리와 21세기의 나비를 구별하기는 힘들 것이다. 풀잠자리의 유난히 넓은 날개 때문이기도 하지만 특히 오레그람마*Oregramma*에 속하는 풀잠자리들의 눈 모양 반점이 나비가 포식 위험을 피하고자 찾아낸 전략과 비슷하기 때문이기도 하다. 평상시에는 보이지 않다가 풀잠자리가 놀라면 밝은색에 둘러싸인 검은 반점이 드러나 공격하려던 포식자가 멈칫하며 한 번 더 생각하게 만든다. 눈 모양 반점이나 그와 유사한 무늬는 포식자의 천적을 흉내 내는 것이라고 한다. 예를 들어 나비라면 독수리 눈을 모방해 명금류를 쫓아낼 수 있다. 단명한 오레그람마의 날개에 영구히 보존된 이 반점은 비조류 공룡이 응시한 마지막 거울일지도 모른다.[18]

여름이 다가오면 풀잠자리는 공중에 머무는 법을 채 익히지 못한 듯 호수 위를 오르락내리락 춤을 추면서 수면과 그 아래 도사리고 있는 물고기들을 농락할 것이다. 작은 애벌레들은 나뭇잎 밑면에서 부화하고 있다. 이 애벌레들은 일종의 톱날이 있어서 알을 썰고 나온다. 부화를 마친 애벌레는 독특하고 완벽하게 위장을 시작한다. 단순히 주변을 모방하는 게 아니다. 이 애벌레들은 주변에서 양치식물 포자, 모래 입자, 곤충의 탈피각 등을 수집해서 자신의 등에 쌓는다. 이렇게 쓰레기 더미를 뒤집어쓰고 다니는 애벌레는 숲 바닥을 덮고 있는 순수한 잔해물들과 사실상 구별할 수 없게 된다. 그래서 여러 풀잠자리과 곤충을 이른바 '쓰레기 벌레'라고 부르기도 한다.[19]

울창한 초목과 구멍장이버섯, 이끼가 가득했던 지대에서 벗어나자

그림7 오레그람마 일레케브로사

공기가 차가워지고 숲우듬지가 낮아진다. 트인 공간을 좋아하는 소형 이족보행 공룡 시노사우롭테릭스가 머리와 꼬리를 지면에 바싹 붙인 채 살금살금 돌아다니고 있다. 한 번에 몇 미터씩만 움직이고 주기적으로 멈춰 꼬리를 본능적으로 까딱거린다. 꼬리에는 적갈색과 흰색 줄무늬가 있고 눈은 복면을 쓴 강도처럼 가려져 있어서 마치 세피아 색조를 띤 무성영화 속 탈주범 같이 생겼다. 줄무늬는 이 동물의 윤곽을 알아보기 어렵게 만들어 수각류 포식자의 정체를 훤히 드러내는 꼬리와 눈을 감춰준다. 몸의 위쪽은 짙은 색인 데 반해 아래쪽은 옅은 색이라는 점도 놀라운 요소다. 그 덕분에 입체감이 떨어져서 개방된 장소에서도 몸을 숨길 수 있다.

이 공룡은 흔들리는 프로그네텔라*Prognetella* 덤불에 관심이 쏠려 있다. 덤불 속에는 털이 있는 모래쥐 크기의 동물 한 마리가 나뭇가지를 은신처 삼아 웅크리고 있다. 장게오테리움*Zhangheotherium*이다. 공룡이 다가오자 끽끽거리며 경고한다. 언뜻 꼼짝없이 당할 듯 보이지만 무방비 상태가 아니다. 발뒤꿈치에 케라틴질의 뾰족한 스파이크가 튀어나와 있어서 정확하게 공격하면 시노사우롭테릭스를 죽이지는 못해도 다치게 할 만큼의 독을 배출할 수 있다. 다른 수류 포유류, 즉 유대류와 태반류 동물과 달리 수컷 오리너구리와 가시두더지에게는 지금도 독이 있다. 장게오테리움 같은 모든 비수류 포유류도 독이 있는 돌기를 가지고 있다. 시노사우롭테릭스에게 발견되었을 때 장게오테리움은 이미 강한 방어 자세를 취하고 있었던 데다가 잔가지에 둘러싸여 안전한 상태였다. 역시 한발 늦었다. 실패 원인을 깨달은 공룡은 숨어버린 녀

석을 포기하고 다른 작은 동물을 찾아 덤불 속으로 사라진다.[20]

시노사우롭테릭스에게는 탁 트여 있어서 산란광이 가득하고 은신처와 은폐물이 풍부하며 빠르게 달릴 공간이 충분한 지대가 가장 편안하다. 더 북쪽으로 가면 숲이 더 빽빽하게 우거진 루자툰이 나오는데, 이곳은 경쟁이 더 치열하다. 날렵하고 눈이 큰 트로오돈과troodontid 같은 다른 수각류 공룡도 있고 밤이면 레페노마무스*Repenomamus* 같은 육식 포유류도 나타난다. 레페노마무스는 오소리 정도의 크기로 백악기 세계에서 가장 큰 포유류이며, 새끼 공룡을 잡아먹는 것으로 알려져 있다.[21]

낮에 깨어 있는 포유류도 있지만 쓰허툰 호수로 해가 저물면 진정한 포유류의 시간이 찾아온다. 야행성은 생태학적으로 일반적이지 않다. 백악기 척추동물 가운데 야행성 포유류는 드물다. 몇몇 소형 육식공룡 외에는 밤에 활동하는 척추동물은 거의 없다. 도마뱀이나 양서류처럼 중심 체온을 유지하기 위해 외부의 열원에 의존해야 하는 변온동물은 춥거나 활동하지 않을 때 잠을 잔다. 하지만 포유류와 그 친척들은 다르다. 일찍이 페름기에 살았던 포유류의 먼 친척인 디메트로돈은 야행성이었다고 추정한다. 디메트로돈 이후에 포유류는 아마도 여러 차례 따로 진화를 거치면서 어두운 곳에서 생활하는 데 전문가가 된 것으로 보인다. 이들은 눈이 크고 낮은 조도에 잘 적응하여 색의 차이를 구별하는 것보다 어떤 색이든 일단 빛을 모으는 데 능숙하다. 대대로 사지동물은 4색형 색각, 즉 색을 감지하는 네 종류의 서로 다른 색소가 눈에 있다. 오늘날 사지동물 대부분이 4색형 색각을 가졌지만 포유류는 대개 색맹이다.[22]

밤의 세계에서는 색을 구별하기보다는 한 줄기의 빛이라도 있으면 그 빛을 모으는 데만 집중해야 하므로 색소가 용도를 잃어 퇴화하거나 소실된다. 유대류 같은 후수류는 색소 하나를 잃어 3색형 색각을 가진다. 태반류 등의 진수류는 2색형 색각을 가진다. 현대에도 태반 포유류 동물 대부분은 적색광 감지 세포와 청색광 감지 세포가 있는 2색형 색각 동물이다. 그런데 생존을 위해 잘 익은 열매와 설익은 열매를 구별할 줄 알아야만 했던 두 그룹의 주행성 태반 포유류(아프리카와 유라시아 원숭이를 비롯해 사람을 포함한 협비류와 짖는원숭이)는 적색을 감지하는 세포를 복제하고 변형해서 녹색을 감지하는 세포를 되살렸다. 하지만 적색소와 녹색소를 제어하는 DNA 염기 서열이 유사하고, 그 유전자가 X 염색체에 나란히 있어서 적록색맹을 야기하는 복제 오류가 매우 자주 일어난다. 인간 남성의 약 8%가 이색시인데, 이는 협비류에 속하는 다른 원숭이에 비해 훨씬 높은 비율이다. 스펙트럼의 자외선 부분까지 조금이나마 볼 수 있는 새를 기준으로 비교하면 우리 포유류는 모두 색맹이다. 우리 조상이 밤으로의 여정에서 시각을 포기하고 후각에 의존한 것은 현생인류가 빈약한 색각을 갖게 된 직접적인 원인이 된다.[23]

스스로 열을 낼 수 없는 동물은 햇볕을 쬐어야 기운을 차릴 수 있다. 도마뱀붙이를 닮은 자그마한 리우스후사우루스*Liushusaurus*('버드나무 도마뱀'이라는 뜻) 한 마리가 좁은 바위틈에서 튀어나와 볕을 받아 따스해진 바위에 넓적한 몸을 착 붙이고 태양의 열기를 흡수한다. 밝은색 등에는 위장을 위한 무늬가 있다. 어두운색 배에는 가시가 돋아 있는데 실은 진짜 가시가 아니다. 언뜻 가시가 돋아 있는 것처럼 보일 뿐이다.

물릴 위험을 감수할 만큼 용감한 포식자라면 가시가 빛의 눈속임이나 경고색에 불과하다는 것을 알아차릴 수 있다. 가운데는 어둡고 양옆은 밝아서 뾰족해 보이는 것인데, 포식자를 머뭇거리게 해서 도망칠 시간을 벌기에는 충분하다.[24]

썩어가는 초목 더미가 수북하게 줄지어 쌓여 있다. 용각류의 보금자리다. 동베이티탄은 알을 최대 40개까지 낳는다. 용각류의 알은 그 모양과 크기가 멜론의 일종인 캔털루프와 비슷하다. 초기 공룡은 거북처럼 말랑말랑한 알을 낳았지만 시간이 지나면서 몇몇 과는 각각 독립적으로 칼슘이 풍부해 단단한 알껍데기를 진화시켰다. 용각류 새끼는 다 자란 부모에 비해 아주 작다. 오리 크기의 용각류 새끼는 17m나 되는 초대형 공룡 사이에 있으면 짓밟힐 것이다. 다 먹어치운 식물이 다시 자라나게 하기 위해서도 용각류는 한곳에 오래 머무를 수 없다. 떠날 때는 거대한 뒷다리로 흙을 긁어모아 알을 파묻고 초목으로 둥지를 덮는다. 식물이 썩으면서 발생하는 열이 알들을 따뜻하게 해줄 것이다.

용각류 둥지는 습격당하기 쉽다. 특히 뱀이 문제다. 하지만 둥지마다 많은 수의 알이 있으므로 상당수는 부화에 성공한다. 부화하고 나면 조숙한 새끼들은 성체의 행렬에 합류할 수 있을 만큼 성장할 때까지 자기들끼리 평원을 돌아다닌다. 이곳의 도마뱀들도 마찬가지다. 개울이 호수와 만나는 어귀에 이끼 낀 바위를 차지하고 있는 녀석들은 젖은 초록색 악어도마뱀 무리다. 모두 아직 성체는 아니다. 가장 큰 도마뱀도 두어 살밖에 안 되었고, 가장 어린 녀석은 부화한 지 1년이 채 안 된다. 몸집이 작아 불리한 이 작은 파충류들은 힘을 합해 무리의 이점을 활용한다. 감시할 눈이 많으면 위험을 조기에 감지해 틈새로 달아나는 데 성공할 가능성이 크다. 성체가 될 때까지 이 도마뱀들이 생존할 가장 좋은 방법은 무리 지어 다니는 것이다.[25]

모든 부모가 속 편히 돌아다니는 것은 아니다. 요새 같은 원형 흙 둥지에는 반지에 박힌 청록색 보석처럼 타원형의 푸른 알들이 흙에 묻혀 있다. 그 주위에서 칠면조 크기의 진회색 공룡 카우딥테릭스가 꼬리 끝의 흑백 줄무늬가 있는 둥근 깃털 부채를 치켜들고 앞다리 깃털을 현란하게 휘저으면서 절하듯 춤추고 있다. 카우딥테릭스 수컷은 밝은색의 알을 지키면서 구애의 춤을 함께 출 다른 암컷이 다가와주기를 기다리고 있다. 수정이 끝난 암컷은 알을 뾰족한 쪽이 아래를 향하도록 빵 둘러 낳은 다음 부분적으로 묻어둔다.

카우딥테릭스는 수컷 한 마리가 여러 암컷의 알을 지킨다. 알의 얼룩덜룩한 색은 어미에 따라 다르므로 수컷에게 또 하나의 정보가 된다. 강렬한 청록색 알을 낳을 만큼의 프로토포르피린과 빌리루빈 복합 색소를 생성하는 암컷이라면 알 속 새끼에게도 영양분이 잘 공급되었을 테고, 그 알을 깨고 나올 새끼도 건강하리라 기대할 수 있다. 카우딥테릭스가 속한 오비랍토로사우루스류oviraptorosaur는 새끼를 잘 돌보는 편이지만 알이 더 선명한 색을 띨수록 수컷이 신경을 많이 쓴다. 이는 짝짓기 이후에 성선택이 이루어지는 몇 안 되는 예에 속한다. 알을 낳고 나면 수컷 카우딥테릭스가 원형 중앙에 웅크려 앉아서 날개로 알들을 덮어 부화할 때까지 따뜻하게 보호한다.[26]

온대림과 호수, 관목 지대가 어우러진 이 생태계는 먹이사슬의 최상위부터 최하위까지 온갖 생물로 북적이는 거대도시다. 혁신을 이루어낸 속씨식물을 포함해 많은 식물의 수분은 곤충과 새가 담당한다. 프로그네텔라처럼 꽃자루와 같은 몸의 일부를 물에 떨어뜨려 물살을 이용해 종자를 퍼뜨리는 식물도 있다. 주기적으로 내리는 비와 따뜻한 여름, 추운 겨울은 이례적으로 높은 생물의 다양성을 유지하는 데 기여한다.[27]

이셴의 생물 다양성은 비옥한 화산토가 1차 생산성을 높여준 덕분이다. 주기적으로 화산이 폭발하면서 질소를 다량 함유한 화산재가 끊임없이 토양에는 공급된다. 그러나 이 북녘의 땅에서 생명의 원천인 존재가 오히려 죽음을 위협하기도 한다. 쓰허툰 호수는 분화구 안에 있다. 낮은 휴화산이 붕괴하여 생긴 칼데라를 물이 메우고 있다. 화산 지대가 넓은 만큼 호수도 깊고 넓어 그 면적이 약 20km^{2}에 달한다. 여기저기서 폭발이 일어나면 화산 쇄설류가 흐르고 일산화탄소나 염화수소, 이산화황 등 무거운 가스도 분출된다. 문제는 이 가스다. 가스는 감지하기 힘들어서 더 문제가 된다. 독성이 있는 모든 가스는 원래 있던 공기를 밀어내며 언덕을 타고 내려와 우묵한 그릇 모양 지형의 바닥에 모인다. 그러면 그곳에 있던 모든 생물이 눈에 보이지 않는 가스 구름에 갇혀 질식할 수 있다. 물에 사는 생물도 대부분 마찬가지다.[28]

사체들은 호수로 떠내려오고 불어온 화산재와 함께 가라앉으면 생물군 전체가 고운 실트층 안에 고스란히 보존되는 경이로운 결과로 남는다. 쓰허툰 호수는 침전 속도가 매우 느려서 물에서 흘러나온 고운 실트가 1mm 쌓이는 데 2~5년이 걸린다. 이 호수 바닥에서는 부패가 거의 일어나지 않으므로 입자가 아주 작은 화산재에는 뼈와 연골, 깃털과 털은 물론 멜라닌 소체 하나하나까지 보존된다. 멜라닌 소체는 세포소기관 중 하나로, 동식물의 몸이 특정 색을 띠게 만드는 색소 주머니다. 생물의 색은 붉거나 검은 멜라닌을 함유한 멜라닌 소체의 독특한 모양에 의해 유지된다. 또한 이곳 화산재에는 곤충 등의 마찰음 발생기관 구조나 깃털의 무지갯빛 같은 물리적 특징도 보존되므로 죽은 해당 생물의 경고신호, 위장술, 구애 신호를 알 수 있다.[29]

대부분의 화석 기록에서는 이 같은 종류의 정보가 매우 불완전해 동물의 습성에 관해 알 길이 없고 종간 상호작용도 재구성하기 어렵다. 그런데 쓰허툰 호수를 비롯해 중국 북동부 이셴 지층의 황금빛 실트암 캔버스에는 생명의 다채로움이 그대로 남아 있어 그 온갖 색상과 떠들썩함과 다툼이 곧 튀어나올 듯 생생하다. 백악기 쓰허툰의 풍경은 세월이 흘러도 한결같은 전설 속 불멸의 존재처럼 고스란히 남아 있다.[30] 이곳에는 한순간의 노랫소리와 날갯짓까지도 견고하게 오래도록 보존하고 있어 절묘하고 정교한 세계를 그대로 보여준다. 바위에 그려진 공자새와 칼리그람마과, 이제 막 피어난 최초의 꽃과 옹기종기 모여 있는 새끼 도마뱀 무리의 모습을 보면 이 존재들이 마치 다시 노래하고 꽃을 피울 시기를 기다리며 잠시 쉬고 있는 것만 같다.

"바다의 옛 흔적은 도처에 있으므로
굳이 바다를 찾아다닐 필요는 없다."
- 레이철 카슨, 《우리를 둘러싼 바다》

"바람 앞의 파도야
일렁이건 말건 어떠랴
일엽편주인
나에게는 어쩌나
허망한 이 세상을."
- 히구치 이치요, 〈연정 恋心〉

8

기초

독일 슈바벤

1억 5,500만 년 전 쥐라기

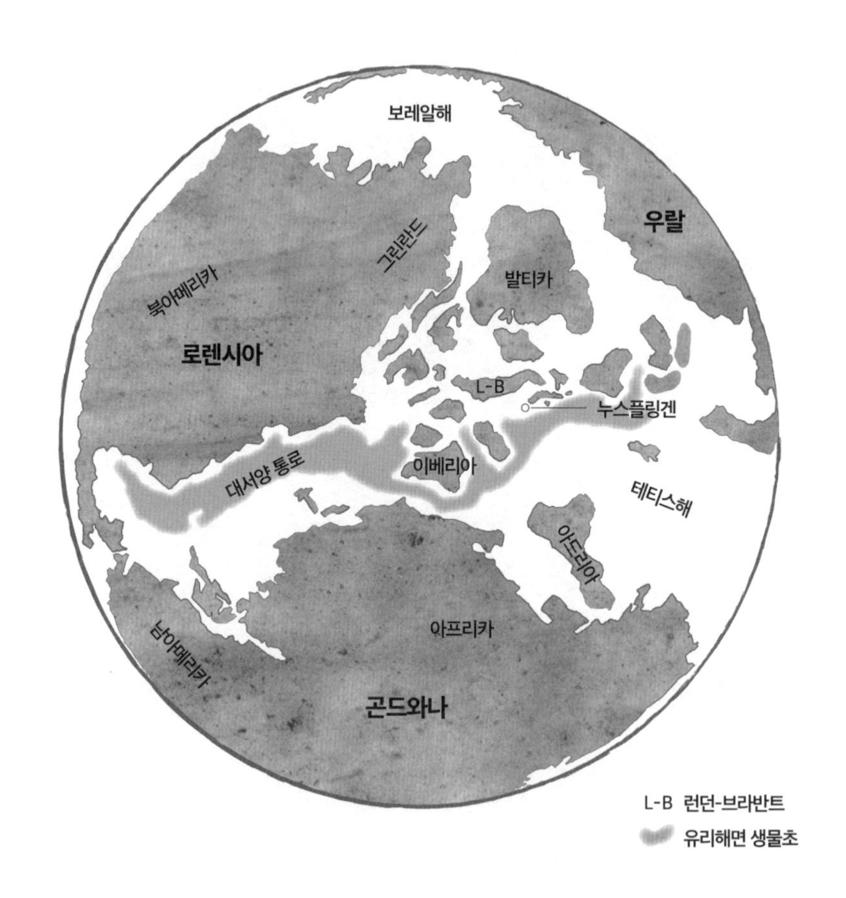

지도8 1억 5,500만 년 전 유럽 군도

파도 마루가 제멋대로 시야에서 나타났다 사라지면서 빛의 점들을 허공에 흩뿌린다. 따뜻한 바닷물에 비친 하늘이 너무 눈부셔서 몇 킬로미터밖에 안 떨어져 있는 해안선이 거의 보이지 않는다. 작고 하얀 무엇인가가 하늘에서 사방으로 뚝뚝 떨어지는데 바닷속으로 들어갈 때마다 엄청난 물보라가 인다. 물보라가 일고 나면 1~2초 후에 털이 복슬복슬하고 반짝거리는 머리 하나가, 바늘 같은 이빨과 각질로 덮인 웃는 얼굴과 함께 물속에서 나타난다. 입이 비어 있을 때가 많지만 이따금 작은 물고기를 물고 올라오기도 한다. 람포링쿠스는 진정한 해양 익룡으로, 열대 유럽의 만과 절벽에서 분화한 여러 근연종 중 하나다. 이 바다는 이들의 조상이 나고 자란 고향이자 수백만 년 동안의 진화 끝에 람포링쿠스와 친척들이 탄생할 수 있게 해준 곳이다.

물속에서 낮게 떠다니는 람포링쿠스는 잡은 물고기 꼬리가 힘없이 늘어질 때까지 고개를 흔들다 고개를 기울이며 휙 젖혀 물고기를 통째로 삼킨다. 그러면 목이 부풀어 오른다. 물 밖으로 올라온 익룡이 젖은 날개를 펼친다. 길고 뻣뻣한 비행용 발가락으로 날개를 펴기란 쉬운 일이 아니다. 때를 기다리다가 파도 꼭대기에 오르면 날개를 펴고 고도를 높여 다시 한번 잠수할 태세를 취한다. 물속에서 다른 람포링쿠스들이 물갈퀴 달린 발로 물을 가르며 물고기 떼를 잡아채자 물고기들은 당황해 뿔뿔이 흩어진다. 람포링쿠스뿐만 아니라 더 깊은 곳에서 헤엄치는 다른 포식자도 물고기 떼를 흐트러뜨리고 공격한다.[1]

다른 곳에서 밀려난 상황이 아니라면 물고기 떼가 수면으로 올라와 불행을 자초할 일은 없다. 밑에서 포식자들이 물고기 떼를 한데 몰아 겁에 질려 서로 꼭 붙어 있게 만들었을 것이고, 그래서 오갈 데 없이 덫에 걸린 미끼 덩어리가 되었을 것이다. 빠르게 움직이는 그림자들은 익티오사우루스류ichthyosaur(어룡)라고 불리는 포식자다. 람포링쿠스와 마찬가지로 어룡도 육지에서 살다가 진화하여 해양 생활에 적응했다. 하지만 어룡은 람포링쿠스와 달리 파도 밑에서 살아간다. 해수면이 상승하고 전 세계 육지의 가장자리가 다 물에 잠긴 세계에서 네발 달린 많은 동물은 바다가 제공하는 기회를 이용하기 위해 육지 생활을 포기하고 바다로 들어왔다. 현대에는 완전히 해양 생활을 하는 사지동물이 거의 없다. 고래, 바다뱀 그리고 가까운 친척인 매너티와 듀공만이 완전히 바다로 돌아갔다. 바닷새부터 바다표범, 바다악어, 북극곰, 바다이구아나, 해달은 물론이고 바다거북조차도 번식을 위해서는 육지로 돌아와야 한다.[2]

중생대에는 바다에만 사는 파충류가 훨씬 더 많았다. 물고기를 닮은 어룡류와 목이 긴 수장룡류가 가장 잘 알려져 있지만 그 외에도 많다. 게오사우루스아과geosaurine가 열대 섬 사이 너른 바다를 순찰하다 석호와 만으로 숨어든다. 게오사우루스아과 피부가 매끈하고 크기는 범고래만 한 악어다. 바다에서의 생활은 이 악어를 몰라보게 변화시켰다. 다리는 지느러미발이 되고 단단한 뼈로 이루어진 갑옷은 벗어던졌

그림8 람포링쿠스 무엔스테리

으며 꼬리에도 상어 같은 수직 돌기가 생겼다. 플레우로사우루스Pleurosaurus도 현존하는 가장 가까운 친척은 도마뱀을 닮은 뉴질랜드의 투아타라다. 하지만 구불구굴한 몸과 지느러미 모양의 납작한 꼬리, 유선형의 몸 옆에 바짝 붙은 짧은 다리 때문에 바다뱀처럼 보인다. 다른 여러 해양 파충류를 사냥하는 것은 목이 짧고 머리가 큰 수장룡인 플리오사우루스류pliosaur다. 이들은 움직이는 모든 것을 먹이로 삼았던 것으로 보인다.

유럽의 바다에 서식하는 파충류들은 각기 다른 먹이에 적응함으로써 공존한다. 예컨대 딱딱한 먹이만 먹는 종이 있는가 하면 크기가 큰 먹이를 사냥하는 부류도 있고 날쌘 물고기나 오징어 같은 먹이를 주식으로 삼는 파충류도 있다. 바다에서 이처럼 다양한 파충류를 볼 수 있지만 쥐라기는 사실 해양 파충류의 회복기다. 해양 파충류는 트라이아스기-쥐라기 멸종이라는 의문의 사건으로 심각한 영향을 받았다. 이 대량 멸종의 원인에 관해서는 여전히 격렬한 논쟁이 이어지고 있다. 가장 유력한 원인은 마그마가 지표면으로 올라오면서 이산화황과 이산화탄소 등의 가스가 탄산음료 캔의 거품처럼 부글부글 끓어올라 배출된 데 기인하는 걷잡을 수 없는 기후변화다. 이는 해양 산성화로 이어졌다. 우리는 그렇게 파괴되었던 해양 파충류의 형태적, 기능적 다양성이 1억 년에 걸쳐 회복되고 있는 세계의 한가운데 와 있다.[3]

지구가 품었던 모든 사라진 세계 가운데 익룡과 해양 파충류의 세계인 쥐라기 유럽의 바다와 섬은 가장 먼저 퍼즐이 맞춰진 세계다. 1784년에 쓰인 익룡 화석을 다룬 최초의 기록에서 익룡은 날개 손가락을 긴 노처럼 사용하여 헤엄을 치는 동물로 묘사되었다. 당시 학계는 아직 멸종을 실재했던 현상으로 수용하지 않았으므로 익룡은 살아 있지만 단지 인류가 탐험하지 않은 외딴곳에 사는 생물이라고 추정했다. 그다음에는 익룡이 현대의 심해 동물이라고 가정했다. 그런데 19세기에 접어들 무렵 영국의 도싯 해변의 절벽에서 메리 애닝이 멸종한 해양 생물을 추가로 발견한 데 크게 힘입어 멸종을 지지하는 증거가 확립되었다. 현대의 해양 생물과는 다르면서도 빈번하게 발견되었던 어룡과 수장룡의 흔적은 현대 과학자들에게 생소한 동물들로 가득했던 과거를 상상할 수 있게 해주는 바탕이 되었다.

바다 파충류들이 공처럼 뭉쳐 있는 작은 물고기 떼를 습격해 낚아채고 있다. 이들은 라임 지방에 있던 애닝의 회벽 화석 상점 뒷방에서 정성스럽게 손질된 화석 속 생물들의 후손이다. 우리가 여행 온 쥐라기는 화석의 주공들이 이미 북쪽 해저에 묻혀 4,000만 년 동안 서서히 모래와 실트로 덮인 상태다. 무수히 많은 작은 물고기 떼가 수면에 비쳐 반짝거리는데, 공격을 받으면 구부러지고 돌고 고리 모양이 되었다가 전체가 방향을 바꾸기도 한다. 수많은 개체 수로 포식자를 혼란스럽게 만드는 게 이 작은 물고기들의 유일한 방어 수단이다. 여기에는 포식자가 지치리라는 희망이 더해진다. 하지만 수면으로 몰리면 버티는 데 한계가 있다. 아래위에서 한꺼번에 공격을 당하면 결국 전멸이 불가피하다.[4]

쥐라기 유럽은 군도다. 따뜻하고 얕은 바다에 의해 섬으로 나뉘어 군도 전체가 오늘날 자메이카 크기다. 이 얕은 바다는 침수된 대륙의 가장자리다. 깊은 해구가 여기저기 있다. 가장 가까운 대륙 규모의 육지는 물에 잠기지 않은 유라시아 서쪽 해안이다. 쥐라기 지구는 전체가 온실 상태다. 온대기후가 극지방까지 도달했다. 해수면이 상승하고 해양 동물이 서식할 수 있는 해저 면적이 늘어남에 따라 전 세계에 다양한 해양 생물로 이루어진 해양생태계가 형성되었다.[5]

유럽 군도가 특별히 풍요로운 것은 해양 교차로에 해당하는 위치 덕분이다. 유럽은 아시아와 애팔래치아 사이 대륙 가장자리의 길쭉하고 얕은 내륙 해 사이에 있는 일련의 띠 모양 육지다. 고운 모래로 이루어진 백사장 해변에 잔잔하고 염분이 높은 석호가 있고 생물초로 둘러싸여 있다. 거의 바다에 닿을 듯 펼쳐져 있는 침엽수림은 부드러운 갯벌 위로 조수가 드나드는 곳에 이르러서야 끝난다. 마시프상트랄 같은 일부 섬은 평평한데, 과거에 산봉우리였던 곳이 1억 년에 걸쳐 침식된 결과다. 다른 섬들은 지각 활동과 생물초의 융기로 형성되었고 지금도 솟아오르고 있다. 남쪽으로는 유럽과 아프리카 사이의 온난 다습한 테티스해에 아드리아 섬 대륙이 자리 잡고 있다. 동쪽으로 아시아의 남해안을 따라 테티스해가 가장 넓어지는 지점에 이르면 깊이 팬 해구 하나가 그리스에서 티베트와 그 너머까지 이어지는데, 이 해구는 북쪽의 로라시아와 남쪽의 곤드와나대륙을 갈라놓는다. 북쪽으로 가면 바다가 좁아져서 발티카 땅을 끼고 두 해협으로 갈라지다가 더 차갑고 비는 덜 내리는 보레알해로 흘러들어간다. 서쪽에서는 북아메리카가 될 땅이 곤드와나대륙에서 분리되고 있다. 아직은 좁지만 넓어지고 있는 해로 하나가 생겨나고 있다. 이 해로는 쥐라기 때 테티스해의 지류에 불과하지만 별도의 이름을 가질 만큼 넓어지는데, 바로 대서양이다. 쥐라기 유럽의 대륙 해 중에는 오늘날 대륙붕 해역에 비해 수심이 깊은 곳도 있다. 해수면에서 해저까지가 약 1,000m에 이르기도 한다. 그러나 대체로는 수심이 100m에 불과해 매우 다양한 동물에게 삶의 터전이 된다.[6]

3개의 해양 시스템, 즉 원시 대서양 통로, 테티스해, 보레알해로 통하는 이른바 '바이킹 통로'가 만나는 지점에 있는 유럽은 수중 해류의 요충지다. 오늘날 유럽 북부를 데워주는 멕시코만류처럼 해류는 지구 곳곳의 온도 차이를 줄여주는 피드백 시스템 역할을 한다. 약 1,500만 년 전 트라이아스기에 이 바다는 훨씬 더 따뜻했다. 발티카를 둘러싼 해협이 좁고 얕다 보니 여러 지각 활동 때문에 북해가 되는 곳에서 일어난 균열로 테티스해와 보레알해 사이의 통로가 닫혔다. 따뜻한 물이 남쪽에서 북쪽으로 흐를 수 있는 경로가 차단되면서 보레알해는 고립되어 차가워졌고 쥐라기 중반의 지구를 일시적인 냉실 세계로 만들었다. 이후 대륙이 다시 분리되기 시작하고 해류도 다시 움직이기 시작했다. 현재로부터 1억 5,000만 년 전 쥐라기 말 유럽의 육지는 무성한 온실이었으며 바다는 더운물과 찬물이 소용돌이치며 만나는 지점이었다. 열대 공기와 극지방 공기가 보레알해에서 서로 섞여 북유럽에 폭풍우를 몰고 온다.[7]

플랑크톤 등 무척추동물이 성장하고 자라면서 남긴 탄산칼슘 껍데기는 해저에 쌓인다. 해수면이 낮아지고 테티스 해구가 아프리카를 유럽 쪽으로 끌어당기면 칼슘을 잔뜩 품은 해저가 물 위로 떠오른다.

이 우뚝 솟은 석회암은 스위스와 독일의 쥐라산맥이 된다. 이 산은 언젠가 유럽의 두 큰 강인 다뉴브강과 라인강의 수원이 되고 강물은 오래전 바다였다가 융기한 지층에 물길을 낸다. 지질시대 구분에서의 '기紀, period'는 대개 특정 장소 이름을 어원으로 하는데, 독일 남부와 스위스에 걸친 쥐라산맥이 바로 이 시대의 이름이 되었다. 오스트리아 티롤 지방의 산에는 황금색 말뚝 하나가 튀어나와 있다. 지질학자들이 특정 시점에 박아놓은 것으로, 말뚝을 경계로 해서 그 아래는 트라이아스기이고 그 위는 쥐라기다. 유럽의 알프스 지역은 쥐라기 '황금못golden spike'(국제표준층서구역 – 옮긴이)에 해당하며 이 바다는 쥐라기 워터파크의 결정판이다.[8]

* * *

수면에서 광란이 벌어지는 한가운데로부터 그리 멀지 않은 곳에는 고요의 세계가 펼쳐진다. 깊고 어두운 바다 밑에서 크리스털 구조물이 반짝거린다. 얼어붙은 레이스처럼 관 모양의 뭔가가 높이 쌓여 있는데, 그 높이가 수십 미터나 된다. 관 하나하나는 유리 가닥으로 짜인 눈부신 그물망으로 이루어져 있다. 겹겹이 쌓인 관 중 일부에는 녹아내리는 양초처럼 툭 불거진 부분이 있고 사방의 풍경은 검푸른 연무 속으로 흩어져 신성한 제단처럼 보인다. 이 관들은 한자리에 고정되어 있지만 동물이다. 이전에 살던 동물의 골격 위에서 자라는 이 동물은 쥐라기의 생물초 건축가 유리해면이다. 유리해면은 적어도 조직tissue의 측면에서 보자면 가장 단순한 동물에 속한다. 단 두 겹의 조직만으로 이루어져 있기 때문이다. 머리카락 같은 구조의 편모라는 세포들이 한 층을 이루는데 이 편모를 거칠게 흔들어 물을 몸 중심부로 빨아들인 다음 수중에 섞여 있는 파편들을 걸러내서 먹는다. 맨 위층에 있는 일종의 배출구인 배수공은 물을 다시 밖으로 내보낸다. 이 전체 시스템은 제트 엔진처럼 기능하면서 막힘도 감지할 수 있다. 관 모양의 구조를 지탱하는 것은 골편이다. 골편은 대개 칼슘이나 규소 또는 변형된 콜라겐인 해면질로 이루어진 미세한 구조물이며, 평범한 하트 모양에서부터 표창이나 창, 닻, 마름쇠 등을 닮은 삐죽삐죽한 모양에 이르기까지 다양한 형태를 띤다. 각 세포는 반독립적이고 개체와 군체 사이의 경계가 불분명하다. 해면을 블렌더에 넣고 갈면 다른 모양으로 다시 뭉치는데, 그 상태에서도 해면으로서 제 기능을 한다.[9]

여기서 유리해면은 한 발 더 나아간다. 지지 조직을 구성하는 세포들이 서로 결합하면서 세포 내부의 액체인 세포질이 한 세포에서 다른 세포로 흐르는 통로가 열린다. 실제로 유리해면은 단세포 유기체에 가깝다. 여러 세포가 결합된 유리해면의 '합포체'는 고도로 복잡한 하나의 세포와 기능적으로 구별하기가 매우 힘들다. 이러한 상호 연결성 덕분에 유리해면의 몸은 쉽게 전기 신호를 통과시킬 수 있다. 자극에 신속하게 그리고 효과적으로 반응하여 물이 몸에서 여과되는 속도를 조절한다. 이는 따로 신경계가 없는 생물에게 매우 유용한 능력이다. 유리동물의 특이한 점은 여기서 끝나지 않는다. 이들의 골격은 규소로 만들어지지만 4개 또는 6개의 돌출부가 있는 골편들은 그물망 구조를 이루어 해저에 몸을 고정한다. 이 구조는 전체로 보면 거대해서 일부 종의 별 모양 규산염 결정은 하나의 길이가 3m에 달하기도 한다. 생물초를 형성하는 종들이 골편으로 엮은 그물망은 수십 년 동안 유지될 만큼 견고하다. 사실 이 결합 골격은 바로 유리해면이 죽은 후에 남기는 잔해다. 겹겹이 쌓인 사체는 다음 세대가 뿌리내릴 완벽한 틀이 된다. 유리해면은 이상적인 군체 건축가다. 수중 생물의 잔해를 청소하는 단순한 물 여과 시스템을 통해 먹이를 얻어서, 빛에 굶주린 조류藻類와 공생 관계를 맺고 있는 산호와 달리 해수면 가까이 올라갈 필요가 없다.[10]

쥐라기 말 지구 온도는 산업화 이전보다 약 2°C 높다. 이는 기후학자들이 낙관적으로 예측한 21세기 말 기온과 비슷하다. 극지방에는 얼음 대신 삼림이 있고 적도 부근에는 광대한 사막이 있지만 가장 높은 산악 지대에는 아직 빙하가 남아 있다. 산호초는 유럽 군도 전역에도 흩어져 있지만 가파르게 경사진 지역의 바다에서 더 흔하다. 유럽 구석구석에서는 굴이 건설한 생물초들도 드물게 볼 수 있다. 굴 생물초는 조상이 남긴 껍데기에 후손이 정착하면서 형성되었다. 그러나 쥐라기 말은 해면류 생물초가 지배하는 시대다. 해면의 골편 뼈대는 높은 온도와 산성 바닷물에 더 강하다.[11]

육방해면류(해면동물)는 맑은 물이 필요하다. 해면동물은 해수 여과 장치이며 이를 위한 미세한 구멍ostia이 촘촘하게 나 있다. 체중이 1kg인 해면 하나가 하루에 2만 4,000L의 물(고성능 샤워기 하나가 하루 동안 쏟아낼 수 있는 양보다 많다)을 빨아들여 물속 박테리아 대부분을 먹이로 걸러낼 수 있다. 진흙 섞인 물은 이 미세한 구멍을 막히게 한다. 그래서 해면동물은 폐색을 방지하기 위해 구멍을 닫을 수 있다. 그러나 유리해

면은 그럴 수 없다.[12]

입자에 민감한 이런 특성 때문에 유리해면은 강물이 흘러들어오는 탁한 수역에서 멀리 떨어져서 잔잔한 물에 살아야 한다. 산호는 물이 잔잔한 폭풍파저면 아래에서 낮게 퍼지며 자라는 반면에 유리해면은 어둠 속에서 수십 미터 높이로 자라 사방 수 킬로미터까지 퍼진다. 돌돌 말려서 층층이 쌓인 각각의 더미는 대칭형의 아주 작은 원형 군체에서 시작해 수천 년에 걸쳐 자라난 것이다. 최초의 군체 건축가들의 골편이 아직 거기에 있다. 부드러운 해저에 가라앉아 퇴적물과 함께 묻혀서 새로운 해면이 자랄 수 있는, 해저보다 더 단단한 기반을 제공한다. 해면 군체는 흙 둔덕처럼 쌓여서 20m짜리 절벽 위로 튀어나오기도 한다. 자라다가 다른 군체를 만나면 광역 도시권이 만들어진다. 이 높은 렌즈 형태의 퇴적체(바이오험bioherm)는 다양한 장소에서 나타난다. 스위스와 독일 국경이 되는 이곳 해저에서는 40종의 유리해면이 함께 자라고 있다.[13]

바이오험은 빠르게 형성된다. 한 세기 동안 7m까지 솟아오르고 기존의 능선과 지형을 따라 해저를 가로질러 퍼져나간다. 이곳의 해류는 주로 동쪽에서 서쪽으로 흘러 유럽 군도를 통과하여 대서양 통로를 통해 테티스해를 빠져나가는데, 각각의 바이오험은 그 뒤의 잔잔한 물에 그림자를 드리운다. 자리를 잡고 성장하고 구축되기 좀더 쉬운 이곳에 생물초가 선형으로 길쭉하게 자란다. 각 더미는 바람막이처럼 해저 해류를 막아준다. 생물초의 성장은 도시의 성장과 같다. 다른 생물이 번성할 틈새와 공간이 만들어지면 또 다른 생명체들이 모여든다. 유리해면은 다른 생물이 먹이로 삼을 만한 영양분을 포집하는 데 탁월해서 테티스해 북쪽 가장자리에는 다양한 대도시가 세워진다. 이들은 동쪽으로는 폴란드에서부터 서쪽으로는 오클라호마에 이르기까지 약 7,000km에 걸쳐 해저를 덮고 있다. 그레이트배리어리프 3배 길이의 이 규소 구조물은 역사상 최대 규모의 생물학적 건축물이다.[14]

유리해면 제단 위에서는 반들반들하고 굴곡이 있는 나선형 생물들이 오르락내리락 일정한 속도로 튀어나온다. 각 나선형 껍데기는 촉수를 수줍게 내밀고 있다. 무척추동물 화석 중 가장 유명한 암모나이트는 중생대 바다의 상징적 존재다. 암모나이트의 초기 형태는 대부분 상당히 작아서 직경이 수 밀리미터에서 수 센티미터 정도밖에 안 되지만 이후에는 매우 커졌다. 암모나이트가 칙술루브 충돌의 여러 피해자 중 하나가 되기 직전인 백악기 후기에 살았던 파라푸조시아 세펜라덴시스 *Parapuzosia seppenradensis* 종이 가장 컸다고 하는데, 직경이 약 3.5m나 되었다. 그러나 진화사에서 암모나이트는 갑옷을 입은 크라켄이 아니라 껍질이 있는 두족류(문어, 오징어, 앵무조개 등을 포함하는 연체동물의 한 부류)로서 흔하고 다양한 모습을 보여준다.[15]

암모나이트 껍데기는 예술 작품처럼 경이롭다. 이 동물은 성장하면서 입구에 새로운 생활공간을 계속해서 추가한다. 그 아라고나이트 성분의 껍데기는 원시 바다의 칼슘과 탄산염 이온을 흡수해서 만든 분비물과 분출물로 단단하고 굴곡이 있는 방어막이 되어준다. 그 내부는 표면이 매끄러운 피난처다. 기존의 방에 새로운 방이 연결되는 각도와 전체 크기는 종마다 다르지만 모두 로그 나선을 그린다. 이 단순한 규칙에서 정말 기이한 모양이 탄생한다. 납작한 평면에 촘촘한 나선이 있는 모양이 우리가 익히 아는 암모나이트의 생김새다. 하지만 나선이 달팽이처럼 말려 있는 것도 있고, 백악기에 들어서서는 나선이 느슨하거나 아예 풀려서 한 바퀴를 돌 때마다 이전의 코일로부터 분리되는 특이한 모양이 나타나기도 한다. 그중에서도 가장 이상하게 생긴 암모나이트 껍데기는 2m짜리 클립 모양인데, 우스꽝스럽다는 생각을 부정하기라도 하는 듯 입구에서 팔을 점잖게 내젓는다. 암모나이트의 진정한 아름다움은 정교한 내부에 있다. 새 물질을 분비해 껍데기를 키우는 장소인 성장실 내부를 보면 껍데기가 어떻게 설계되는지 알 수 있다. 각각의 방은 전에 만들어진 방에 소용돌이 모양의 봉합선으로 단단히 고정되어 있는데, 복잡한 프랙털형 이음새는 눈부신 진주층과 대비되어 더욱 돋보인다.[16]

물속에서 연달아 둔탁한 굉음이 들려오자 유리해면이 몇 초 동안 앞뒤로 요동친다. 다른 모든 두족류와 마찬가지로 암모나이트도 부화 직후 얼마 동안 외에는 소리를 들을 수 없지만 압력 감지 기관이 있다. 이는 평형낭이라고 불리는 작은 주머니로 체액과 털로 채워져 있는데, 압력이 가해지면 주머니가 찌그러지면서 저주파음에 의한 입자의 움직임을 감지할 수 있다. 평형낭은 지금 충격파에 따른 너울을 포착하고 있다. 대륙과 대륙이 만나는 지점에서 판들이 서로 밀어 긴장이 고조되었다가 풀리면 수중 지진으로 해저가 부글부글 끓는 것처럼 보인다. 충격 때문에 흐트러진 흰 침전물들이 연기처럼 피어오르고, 투명했던 유리해면의 맨 아랫부분도 부옇게 흐려진다. 진원지는 수 킬로미터 떨어진 곳이겠지만 그 영향은 멀리서도 느껴진다. 지진 해파는 물밑에서 유럽 해역을 통과하고 있는데, 해저가 육지로 융기하고 있는 곳에서 비로소 실체를 드러낸다. 그런 지역에서는 해일이 걷잡을 수 없이 밀어닥쳐 열대 섬을 파괴한다. 수심이 깊으면 쓰나미 속도가 더 빨라지지만 유럽의 탄산염 대륙붕은 그렇게 깊은 편이 아니다.[17]

수면에서 람포링쿠스가 손가락 달린 날개를 펴고 공중으로 날아오른다. 하늘에서 본 유럽 군도는 해 저무는 바다 위에 우뚝 솟은 짙은 숲이다. 히스파니올라섬 크기의 고대 고원 지대였던 마시프상트랄섬은 서쪽 수평선에서 역광을 받아 윤곽만 겨우 드러나고 그 해안의 물웅덩이들은 한낮의 타는 열기를 식히고 있다. 육지와 바다 사이 뜨거운 모래밭과 열대우림에서 생명체들이 번성하는 이 군도는 카리브해만큼이나 동식물들의 밀도가 높고 북적거리는 곳이다.

한 작은 섬의 갯벌에서는 맹그로브 뿌리가 삐죽삐죽하게 나와 있는 가시밭 사이로 디플로도쿠스와 유사한 용각류 공룡 가족이 묵직한 발걸음을 옮기고 있다. 용각류처럼 크고 덩치 좋은 동물에게는 숲을 헤치고 다니는 것보다 해변을 따라 이동하는 게 더 쉽다. 하지만 다른 동물의 눈에 띄기도 더 쉽다. 다가갔다가 슬그머니 뒤로 물러났다가 하면서 용각류를 공격하고 있는 것은 쥐라기 최대 육식동물인 메갈로사우루스과 수각류 공룡들이다. 메갈로사우루스는 1842년 공룡을 정의하는 데 기여한 세 종류의 공룡 중 하나로, 점점 동물을 산 채로 잡아먹는 최초의 대형 육식 공룡으로 진화한다. 후대의 티라노사우루스보다 더 날씬하고 주둥이가 길지만 앞다리가 왜소하고 튼튼한 두 뒷다리로 이족보행을 한다는 점에서는 기본적으로 동일하다. 메갈로사우루스는 해변을 샅샅이 뒤져 해안선까지 떠내려온 상어나 수장룡, 대형 어류, 악어 등 해양 생물의 사체를 먹이로 삼았다. 이런 메갈로사우루스에게 새로운 목초지를 찾아 나선 연약한 용각류 무리는 매력적인 먹잇감이다.

포식자인 알로사우루스와 낫 모양의 발톱을 가진 작은 공룡인 드로마이오사우루스과의 근연종들은 스위스 작은 섬들에서 발견된다. 검룡류stegosaurs는 런던-브라반트나 이베리아의 어두운 숲을 배회하고 있다. 그러나 이곳 해안에는 람포링쿠스가 날아다니지 않는다. 람포링쿠스는 대개 이륙하면 북쪽으로 수 킬로미터를 이동한다. 갈매기처럼 필요할 때만 날갯짓을 한다. 짧은 거리를 활공하여 람포링쿠스가 향하는 곳은 해양 생물로 북적이는 더 작은 섬 누스플링겐이다.[18]

누스플링겐의 공기에서는 소금과 돌 맛이 난다. 깊고 깨끗한 석호 주변에서 파도가 부서진다. 이곳에는 지각 융기로 알프스산맥 일부가 처음 해수면 밖으로 올라오면서 드러난 유리해면이 있다. 이 석호는 작은 섬 동쪽 가장자리로 이어지는 두 갈래 만이다. 이 작은 섬은 소철을 비롯해 높고 삐죽하게 자라는 아라우카리아과 친척들인 카우리소나무와 울레미소나무, 칠레소나무 숲으로 뒤덮여 있다. 여름 날씨는 지중해 기후와 비슷하다. 부싯깃 통 속처럼 건조해서 이따금 들불이 일어나기도 한다.

해변에는 아라우카리아과 가지에서 떨어진 구과들이 널려 있고 그 위를 깨진 조개껍데기 조각들이 덮고 있다. 떨어진 구과들은 송진으로 끈적끈적하고 깨진 조개껍데기 중 일부는 모래처럼 곱다. 희고 깨끗한 조개껍데기 모래지만 썰물 때는 어두운색으로 변했다가 물이 들어오면 유난히 밝은 담청색으로 다시 변한다. 털이 무성하고 빳빳하게 흔들리는 어떤 해조류 때문이다. 이 해조류에서는 요오드 냄새가 난다. 수심이 빛이 없는 100m 아래까지 가파르게 깊어져서 해조류는 연안에서부터 멀리까지 뻗어나가지 않는다. 석호 바닥의 물은 흐르지 않고 고여서 산소가 부족하지만, 그 외에는 대부분 다양한 생물들의 안식처다. 해진은 이 고요를 깨고 환초 가장자리를 동요시킨다. 노출된 유리해면 일부가 파괴되고 바위들이 해저로 잠긴다. 경미한 지진이었다. 하지만 요동친 바다는 연체동물, 완족류 등 연안동물들을 해변에 내팽개쳤다. 이곳 석호가 해일이 이는 방향을 등지고 있어도 아무 소용이 없었다. 누스플링겐의 고요는 결국 슈바벤 유라 해역 전체의 해저가 갑자기 융기하여 섬이 사라지고 유럽이 탄생의 진통을 시작할 때 영원히 산산조각 난다.[19]

일단 땅에 착륙하고 나면 람포링쿠스의 긴 꼬리는 해변을 걷는 데 아무런 방해가 되지 않는다. 람포링쿠스는 날개를 조심스럽게 접은 채 앞 발가락으로 직립보행한다. 누스플링겐은 람포링쿠스 한 종의 익룡 군집만 거두어도 꽉 찰 정도로 작지만, 더 특이한 다른 두 종도 여기에 살고 있다. 적어도 지금 우리가 와 있는 시점에서는 그렇다. 초기 익룡은 생물학적으로 볼 때 람포링쿠스와 대체로 비슷했다. 하지만 쥐라기 말에는 새로운 부류의 익룡이 이 초기 익룡을 거의 완전히 대체한다. 프테로닥틸루스와 키크노람푸스*Cycnorhamphus*는 미끈한 외모의 새 익룡 계통에 속한다. 꼬리는 매우 짧고 손목은 길며 일부 화려한 볏이 있

는 이 프테로닥틸루스상과는 익룡계에서 전위적 혁신이라 할 만하다.[20]

파도가 남기고 간 잔해들을 열심히 헤집고 지나가던 키크노람푸스 몇 마리가 유난히 먹음직스러운 갑각류 하나를 두고 다투고 있다. 긴 앞다리를 딛고 똑바로 서서 고개를 갸웃거리며 흔들 뿐 아직 공격은 하지 않는다. 키크노람푸스는 누스플링겐에 서식하는 세 종의 익룡 중에서도 가장 특이하다. 빗턱이 있기는 하지만, 전형적인 크테노카스마류 익룡의 바늘 모양 이빨 배열과 달리 턱의 맨 앞쪽에 볼품없는 바늘 이빨 몇 개가 있을 뿐이다. 이 뭉툭한 이빨 뒤로 의기양양한 미소를 짓고 있는 것처럼 보인다. 위턱과 아래턱의 뼈가 서로 맞닿지 않아서 호두까기 인형처럼 둥근 틈이 생긴 탓이다. 이 어정쩡한 구멍이 딱딱한 판 모양 조직으로 덮여 있었기에 망정이지 그마저도 없었다면 석탄 집게 같았을 것이다. 다툼에서 승리한 키크노람푸스는 뼈와 외피로 불운한 먹잇감을 그 틈에 고정하고 으스러뜨려 끝장낸다.[21]

람포링쿠스 새끼는 유리해면이 있는 곳까지 나갈 수 없다. 비공식적으로 '플래플링flapling'이라고 불리는 이 익룡 새끼는 스스로 물고기를 사냥하기에는 너무 작다. 그렇다고 해서 다른 여러 척추동물처럼 장기간 부모가 보살피는 것도 아니다. 이 말은 적어도 일부 종은 알에서 나온 즉시 완전히 독립적으로 비행할 수 있게 날개와 등뼈를 가지고 태어나야 한다는 뜻이다. 짧은 얼굴에 이빨도 거의 없는 플래플링은 스스로 먹이를 찾아야 한다. 민첩하게 곤충을 잡아먹으면서 어른들과 물고기를 잡으러 나갈 수 있는 나이가 될 때까지 육지에서 버텨야 한다. 그때쯤이면 얼굴이 길고 성숙해져 딱정벌레나 씹던 작은 턱에도 고기

잡이에 최적화된 이빨이 돋아난다. 안정적으로 나는 데 도움을 주었을 독특한 꼬리 날개도 연령을 가늠하는 지표다. 어릴 때는 타원형에 가깝던 꼬리 날개가 마름모 또는 연 모양을 거쳐 결국에는 역삼각형으로 변한다. 새는 1년 안에 대부분 성체 정도의 크기가 되고 갑자기 성장이 느려지거나 중단된다. 하지만 익룡은 갓 부화한 새끼에서 완전한 성체가 되기까지 느리게 발달한다. 람포링쿠스는 천천히 지속해서 자란다. 유체에서 성체에 이를 때까지 점진적으로 변화한다. 이 때문에 아주 어릴 때부터도 비행은 가능하지만 다 자라는 데는 최소 3년이 걸린다. 조류보다는 파충류 친척에 더 가까운 성장 패턴이다.[22]

어둠이 찾아오기 시작하자 고기를 잡으러 나갔던 마지막 람포링쿠스 무리가 돌아온다. 그중 한 마리가 수면 가까이에 숨어 있는 플레시오테우티스*Plesioteuthis*(오징어와 비슷한 두족류)를 낚아채려는 듯 과감하게 석호 위로 급강하하다가 실수를 깨닫기라도 한 듯 멈칫하며 하강을 멈춘다. 한발 늦었다. 거대한 검은 덩어리가 물보라 사이로 숨어버렸다. 허무한 날갯짓만 바닷물을 부질없이 때린다. 다시 고요가 찾아온다. 섬을 떠나는 것은 익룡의 성체에게도 위험한 일이다. 누스플링겐과 졸른호펜의 석호에는 아스피도린쿠스*Aspidorhynchus*라는 중무장한 대형 어류가 살고 있다. 눈에 잘 띄지 않는 뾰족한 주둥이를 가진 이 물고기는 언제든 꼬리지느러미로 힘차게 도약해서 지나가는 익룡 날개를 급습할 태세를 취하고 도사리고 있다.[23]

이런 상황이라면 육지에서 람포링쿠스 무리처럼 나무에 매달려 있는 편이 훨씬 안전할 것이다. 람포링쿠스는 땅에서도 전혀 문제없이 지낼 수 있지만 프테로닥틸루스상과에 속하는 익룡들이 그렇듯 땅보다는 나무 위 같은 수직 환경이나 해변이 더 익숙하다. 람포링쿠스는 누스플링겐에 사는 주행성 동물이 잠든 후에야 비로소 땅에 흔적을 남긴다. 이들의 발자국은 조수 선을 따라 남아 있다. 쫙 벌린 앞 발가락(날개에 달린 손가락)과 물갈퀴 모양의 뒷발가락이 있는 람포링쿠스의 발자국은 앞발을 옆구리에 붙이고 걷는 프테로닥틸루스상과의 발자국과 대비된다. 이곳에는 뒷발을 먼저 디디고 발톱으로 모래를 파며 도약해서 조금 뛰다가 멈춘 흔적이 있다. 익룡이 착지할 때 생긴 자국이다. 현생 투구게와 거의 다를 바 없이 투구게 갑각을 질질 끌고 간 듯한 흔적이나 연체동물인 벨렘나이트를 먹고 부리로 다시 뱉어낸 껍데기도 있다.[24]

람포링쿠스에게서 탈출한 플레시오테우티스도 끼니를 물색 중이다. 플레시오테우티스는 얌전한 문어의 친척이지만 활동적인 포식자다. 빠른 속도로 작은 암모나이트를 추격하다가 흡반이 있는 팔로 움켜쥔다. 뾰족한 턱으로 암모나이트 껍질을 깨물어 표면에 작은 구멍을 낸 다음 틈을 벌려 자개층 속의 부드러운 부분을 꺼낸다. 그러고 나서 꺼낸 암모나이트의 몸을 통째로 빨아들이는데 포식자에게 한 가지 문제가 생긴다. 암모나이트의 머리 안에는 석회화되어 딱딱한 2개의 턱 부분이 있기 때문이다. 플레시오테우티스 같은 초형류鞘形類는 인간과 달리 위가 알칼리성이어서 석회질 소화가 화학적으로 불가능하다. 들어올 때와 똑같은 방식으로 내보내기가 가장 쉬우므로 딱딱한 잔여물은 다시 토해낸다. 그러면 이 끈적끈적한 점액 덩어리는 해저로 가라앉는다. 토사물 화석은 굴, 발자국, 배설물 따위의 신체가 아닌 행동이 화석화된 '생흔 화석'으로 여겨진다. 지렁이처럼 말린 채 해저에 가라앉는 암모나이트 배설물은 쥐라기의 석회암에서 흔하게 발견되는 화석 중 하나다.[25]

석호 입구에 통나무 하나가 노 젓는 배처럼 완만하게 흔들리면서 파도에 떠다니고 있다. 굵은 아라우카리아과 침엽수의 일부였던 이 통나무는 두꺼운 나무껍질 덕분에 바다에서도 크게 상하지 않았다. 파도가 치면 윤기 나는 줄기 하나가 메두사의 머리카락 같은 화려한 돌출부와 함께 수면 위로 나타났다가 다시 물속으로 가라앉는다. 수면 아래의 줄기 끝에는 깃털들이 낙하산 모양으로 달려 있는데, 이것을 계속 접었다 폈다 하면서 손수건 같은 입속으로 먹이를 감아 넣는다. 이 세이로크리누스*Seirocrinus* 군체 같은 바다나리crinoid는 극피동물(불가사리와 성게의 친척)로, 입속으로 흘러들어오는 플랑크톤이나 부유하는 생물 잔해를 먹고 산다. 이 통나무에는 바다나리 군체가 15개쯤 붙어 있다. 이들은 물살의 저항이 가장 낮은 통나무 뒤편에 붙어서 우주왕복선의 착륙 낙하산처럼 끌려다니고 있다. 줄기는 여러 개의 단단한 칼슘 고리로 이루어진다. 줄기 하나에 바다를 청소하는 깃털 먼지떨이가 하나씩 달려 있다.[26]

생물초처럼 부유하는 통나무도 척박한 바다에서 다양한 생물이 발붙일 수 있는 섬이 된다. 통나무는 기껏해야 시간당 2~4km 정도의 속도로 이동하므로 생물들이 별다른 어려움 없이 올라탈 수 있다. 뗏목낙원에는 바다나리 외에도 온갖 연체동물과 활동적인 동물들이 살고 있다. 작은 물고기들도 접근이 쉬운 먹이 공급원인 이 군집을 따라다닌다. 조개류와 극피동물은 통나무가 떠 있는 부근에서 영양분을 걸러 먹고, 작은 물고기들은 이곳에서 생기는 사체를 먹이로 삼는다. 바다 한가운데 완전히 고립되어 있다 하더라도 통나무 하나만 있으면 생물군집이 번성할 수 있다.[27]

떠다니는 바다나리 군체와 그 식객들은 20년 동안 유지되는 예도 있을 만큼 수명이 무척 길다. 바다나리는 이에 걸맞게 크기도 크다. 바다나리 줄기는 최대 20m까지 자라는데, 이는 큰고래 성체 길이에 맞먹는 길이다. 관부의 지름은 1m에 이른다. 현대의 뗏목 군락은 약 6년밖에 지속하지 못한다. 가장 큰 극피동물인 불가사리(이들은 뗏목에서 살지 않는다)는 너비 1m에 불과하다. 통나무는 결국 새로운 이주민의 무게를 견디지 못하고 가라앉거나 너무 오래 물에 젖어 뭉그러지며 생을 마감한다. 굴이 있으면 갈라진 틈을 막아 내부로 물이 너무 빨리 스며드는 것을 막을 수 있어 뗏목 군락이 수명을 연장하는 데 도움이 된다. 방금 우리가 살펴본 것과 같은 큰 통나무라면 틈을 막지 않더라도 몇 년은 유지할 수 있다. 여기 붙어 있는 바다나리는 족히 10년은 된 것이다. 그렇게 오래 살 수 있었던 까닭은 쥐라기 바다에 나무를 뚫는 포식자가 없기 때문이다. 범선의 시대에 뱃사람들의 골칫거리였던 배좀벌레조개는 백악기에나 나타난다. 배좀벌레조개가 등장하면 나무가 예전처럼 오래 떠다닐 수 없으므로 뗏목 군락에 의존해 생존하는 것은 불가능해진다. 이후 뗏목 군락은 보기 힘들어진다.[28]

바다나리 군체가 일본처럼 유럽에서 멀리 떨어진 곳에서 발견된 적도 있다. 하지만 이때 아라우카리아 통나무는 더 가까운 곳, 즉 동쪽의 섬이나 아시아 서쪽 해안에서 떠내려왔을 가능성이 더 크다. 유럽 군도 서쪽의 섬들은 갖가지 숲을 품은 식물원 같은 곳이어서 거의 어떤 나무도 바로 이웃한 나무와 근연 관계가 없다. 아라우카리아과에 속한 나무들이 장악한 곳은 더 넓은 동쪽 대륙 육지에 있는 광대한 숲이다. 따라서 바다에 부유하는 나무 중 다수가 이곳에서 온 것이다.

섬의 생물군집은 서로 현저히 비슷하고, 동쪽 숲에 살지 않는 종들이 포함되어 있다. 해상 국경선처럼 생물군계들을 나누는 보이지 않는 선이 존재해서 동식물들의 이주를 막고 차이를 유지하고 있기 때문이다. 이와 같은 보이지 않는 경계선의 가장 유명한 예는 자연선택 이론의 공동 발견자인 앨프리드 러셀 윌리스가 기술한 것이다. 월리스는 인도네시아 군도에 머물면서 보르네오섬과 발리섬 동쪽에 있는 모든 섬의 동식물들이 서쪽 섬의 전형적인 아시아 종과 다른 오스트레일리아 종임을 발견했다. 이 차이는 마지막 최대 빙하기 동안 육지들이 어떻게 연결되어 있었는지를 반영한다. 보르네오, 수마트라, 자바, 발리는 모두 육교로 아시아에 연결되어 있었던 반면에 파푸아와 다른 동쪽의 섬들은 오스트레일리아에 연결되어 있었다. 이 '월리스 라인'은 생물지리학적 영역을 분리하는 보이지 않는 경계선 중 하나다. 지리적 역사의 층위와 생태학의 층위가 쌓아올린 보이지 않은 장벽인 셈이다. 현대로 말하자면 히말라야산맥에서 북아프리카의 사막에 이르기까지 여러 지형적 특징이 이러한 경계선이 된다. 쥐라기 유럽 군도에서 나타난 종 분리는 현대 인도네시아 섬들을 똑 닮았다.[29]

인도네시아에서 그랬듯 쥐라기 유럽에서 바다는 종들을 서로 만나게 혹은 만나지 못하게 해서 한 세계를 형성한다. 익룡은 바다와 하늘 사이의 경계에서 사냥을 하고 사냥을 당한다. 전 세계 해류는 대륙을 끼고 흐르며 그 대륙들은 각자의 길을 가기 시작한다. 한편 대량 멸종이라고 불리는 전 세계적 변화 이후에 다양성이 회복된다. 쥐라기는 공룡, 수장룡, 어룡이 살았던 때로 가장 유명하다. 이 시기는 과거 생명체들이 어떻게 살았는지 밝혀지기 시작한 때다. 쥐라기는 '공룡'을 정의하는 데 첫 기준이 된 세 속의 초기 공룡, 즉 이구아노돈, 메갈로사우루스, 힐라에오사우루스가 돌아다녔던 곳이기도 하다. 그러나 견고한 생태학의 기반이 없었다면 그들은 존재할 수 없었다. 유럽 군도의 다양한 생물군집은 해저에서부터 쌓아 올려졌다.

해면과 산호는 조상의 잔해 위에 다양한 생물초와 섬을 형성한다. 이 헐벗은 신생 섬에 생명체들이 내려앉고 달라붙으면서 동과 서, 남과 북이 서로 섞인다. 나무는 이전에 생물초의 골격이었던 광물과 햇빛을 먹고 자란다. 그러다 죽으면 바다나리와 굴의 차지가 되어 전 세계 해류를 타고 떠다닌다. 생태계에 완전한 고립은 없다. 언제 어디서나 생명은 다른 생명 위에 태어난다.

"산에 사노니,
아무도 알지 못하는.
흰 구름 사이에는
영원하고 완벽한 정적뿐."

- **한산**寒山

"이 모든 비밀이 우리가 발견할 수 있게
그렇게 오랜 시간 동안 보존되었다는
사실이 놀랍지 않습니까!"

- **오빌 라이트**(1903년 조지 스프랫에게 보낸 편지에서)

9

우연

키르기스스탄 마디겐

2억 2,500만 년 전 트라이아스기

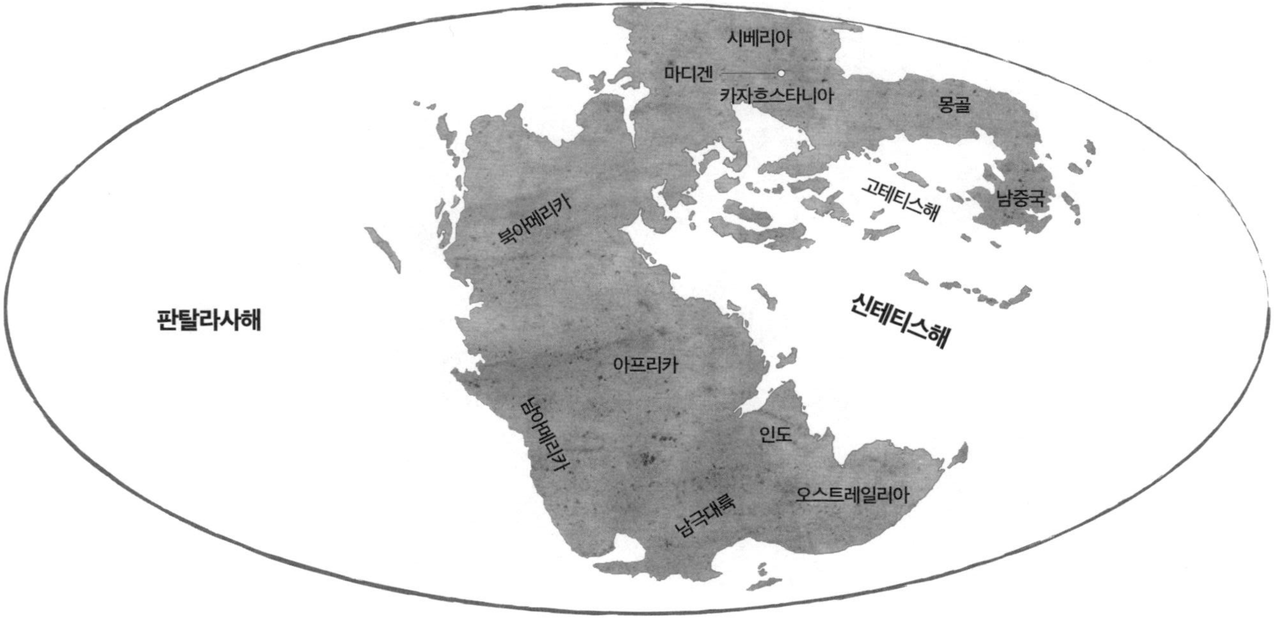

지도9 2억 2,500만 년 전 트라이아스기 지구

바이에라나무 그늘이 시원하다. 끈 모양의 잎은 오후 햇살에 역삼각형 그림자를 드리우며 반짝이고 협곡 양쪽을 가파르게 경사진 숲이 감싸고 있다. 이 숲우듬지 아래에는 이곳 지형에 관한 단서들이 있다. 저 멀리 숲 사이 빈 곳은 호수 가장자리이고 짙은 초목의 불규칙한 선은 이 계곡을 깎은 좁은 강의 경로를 알려준다. 땅에는 이끼가 자라며, 굵고 검은 흙이 부드럽고 향기로운 카펫을 만들어준다. 이 숲의 정적이 오늘날 우리의 귀에는 불안하고 부자연스럽다. 새소리가 들리지 않는다. 아직 조류가 등장하기 전이기 때문이다. 바람 소리, 물소리, 곤충의 날갯짓 소리만이 공기를 동요시킨다. 오늘날 우리의 눈에 이 숲은 깊고 이국적이다. 현대에는 아무리 무성하고 다양성이 높은 숲이라도 수천 년 동안 인간의 손길이 미친 흔적을 피할 수 없지만, 이곳의 숲은 정말 자연 그대로다. 모든 표면은 지의류와 양치식물, 선태식물이 차지했고 나무들은 쓰러져 썩어가는 조상의 굵은 줄기 사이로 솟아오른다.[1]

풍요로운 땅은 몇 해에 걸쳐 낙엽이 쌓여 부패한 산물이다. 그런데 거기에서 자란 식물들은 조금 낯설다. 지금 우리가 여행 온 시기는 꽃이 피는 식물이 등장하기 전이다. 중앙아시아의 숲은 은행나무, 양치종자식물, 소철, 짙은 빛깔의 잎이 달린 포도자미테스*Podozamites* 침엽수 군락의 혼합림이다. 가지가 넓게 퍼지는 활엽 구과식물이기도 한 포도

자미테스가 땅을 덮고 있다. 이 포도자미테스가 숲우듬지를 점령한 곳에서는 대부분 다른 나무가 크게 자라지 못한다. 포도자미테스는 중국에서부터 퍼져나갔지만 얼마 전부터 온대 로라시아 동부 전역에 퍼져 포도자미테스로만 이루어진 숲을 흔히 볼 수 있게 되었다. 트라이아스기인 지금 키르기스스탄 마디겐의 낮은 산지 경사면에는 이 침엽수가 파문처럼 번져가고 있다.[2]

현대에는 구과가 열리는 나무가 침엽이 아닌 잎맥이 있는 활엽을 갖는 예가 드물다. 오늘날에도 카우리소나무, 나한송, 죽백나무처럼 종분화를 이루어 속씨식물과 공존하는 예외가 있지만 마디겐에는 작은 양치종자류를 제외하면 이들 활엽 구과식물의 개체 수가 가장 많았다. 포도자미테스숲의 성긴 숲우듬지는 빛을 가로막지 않아서 알프스산지 같은 이곳에 가까스로 뿌리를 내린 키 작은 하층 식생이 살아갈 수 있게 해준다.[3]

나무들이 기대어 있는 험준한 계곡은 분지에 나란히 패여 있는 많은 골짜기 중 하나다. 골짜기는 완만한 굴곡의 협곡에서부터 아예 통과할 수 없는 좁은 균열에 이르기까지 다양하다. 계곡물은 웅덩이로 흘러 들어간다. 웅덩이가 범람하면 폭포가 되어 때로는 계단식으로 흘러내려가기도 하고 때로는 한번에 뚝 떨어지기도 하면서 강에 이르며 유유히 범람원을 지나 마침내 기름처럼 매끄러운 자일리아우초 호수로 흘러들어간다. 자일리아우초 호수는 약 5km²밖에 안 되지만 수면에서 수백 미터까지 치솟은 숲 경사면 사이에서 평탄한 호수를 목격하면 반갑게 느껴진다. 해안까지 가는 약 600km의 여정 중에, 아득한 저 멀리에서부터 호수가 상쾌하게 흘러넘치는 모습이 보인다. 그 물안개는 들쭉날쭉한 지평선을 깨뜨린다. 하늘에는 봉우리의 윗부분만 둥둥 떠 있을 때도 있고, 흰 수증기가 숲속의 보이지 않는 깊은 구석까지 숨어들거나 호수의 평평한 가장자리를 가로지를 때도 있다. 습도가 크게 높지 않고, 비도 따뜻한 여름에나 눈 내리는 겨울에나 1년 내내 고르게 내려서 다양한 생태계가 안정적으로 발달하기에 이상적인 기후다.

벼랑 끝에서 멀어질수록 숲은 더 울창해지고 땅에는 수많은 생명체의 잔해가 흩어져 있다. 딱정벌레의 일종인 길고 가느다란 곰보벌레가 썩어가는 부식물 위로 기어오른다. 곰보벌레는 연한 썩은 나무와 그곳에 기생하는 곰팡이를 먹어치우는 데 선수다. 마디겐은 전체적으로 곤충이 유난히 다양하다. 트라이아스기에 살았다고 알려진 곤충이 106개 과인데, 그중 96개 과가 마디겐에 서식한 것으로 밝혀졌다. 지구 역사상 가장 초기에 알려진 바구미와 흙집게벌레를 포함하여 지금까지 집계된 것만 500종이 넘게 이곳에서 살았다. 이곳의 많은 식물은 곤충의 먹이가 되지 않기 위해 단단히 방어한다. 소철 잎에 많은 털이 나게 된 것도 곤충의 포식을 막기 위해 진화한 결과로 추정한다. 곤충이 많다는 것은 그 먹잇감이 될 동식물이 많다는 뜻인 동시에 곤충을 먹고사는 동물이 많다는 뜻이기도 하다.[4]

여기저기 자갈 크기의 석회암 덩어리들이 흩어져 있다. 이 석회암은 고지대에서부터 침식되어 강물을 따라 떠내려온 것으로, 바다였던 이곳의 먼 과거를 떠올리게 한다. 화석화된 조개껍데기의 흔적도 몇 개 보인다. 오래전 석탄기 바다에서 멸종한 생명체들이다. 트라이아스기의 시점에서도 이미 1억 년이 훌쩍 넘은 흔적이다. 여느 산맥처럼 이 산맥도 심해에서 형성되었다. 2억 년도 더 전에 일어난 일이지만 지구의 모습은 그 먼 옛날의 역사에 영향을 받는다. 해저의 부드러운 진흙으로 만들어진 셰일층은 연약하고 부서지기 쉬우며 짙은 색을 띤다. 이 층은 계곡의 가파른 측면에 종잇장처럼 얇게 켜켜이 쌓이거나 부서져서 흩어져 있다. 풍화작용으로 표면이 거칠어진 석회암층은 두껍고 밝은색을 띤다. 이 석회암층에 데본기와 석탄기에 투르키스탄 바다(서쪽 가장자리가 확장되어 태평양이 된다)에 살았던 해양 생물의 아주 작은 껍질들이 밀집해 있다. 화산 현무암 선반은 컨베이어벨트 역할을 했던 지각이 어디에서 해저를 다른 판 아래로 끌어당겼는지나 페름기와 트라이아스기 내내 융기된 해저가 어디에서 침식되었는지를 알려준다. 먼 옛날의 바위들이 간간이 홍수에 떠밀려 골짜기를 따라 내려온다. 그러면 물거품에 적셔지기를 좋아하는 식물들이 금세 바위를 장악한다. 조심하지 않으면 발이 빠질 정도로 깊게 자라는 솔이끼를 비롯해 빛나고 납작한 우산이끼, 말려 있는 양치식물의 돌출부들이 온통 바위를 물들인다.[5]

순간 그림자 하나가 눈앞을 유쾌하게 가로지르더니 나타나자마자 사라진다. 군더더기 없는 날랜 움직임이다. 마디겐에서만 볼 수 있는 지배파충류 샤로빕테릭스 미라빌리스*Sharovipteryx mirabilis*다. 갈색과 녹색이 섞인 몸빛 때문에 나무줄기에 매달려 가만히 있으면 구별하기 힘들지만, 활공 자세를 완벽히 취하고 있을 때 밝은 하늘과 대비되는 윤곽은 이미 날아간 후에도 시간이 멈춘 듯 지워지지 않는 잔상으로 오래도록 남는다.

그림9 샤로빕테릭스 미라빌리스

샤로빕테릭스는 활공할 때 뒷다리와 꼬리 사이의 얇은 피부 조각과 앞다리에 연결된 더 작은 두 번째 피부 조각을 팽팽하게 늘려서 사지를 쫙 펼친다. 샤로빕테릭스가 비행할 때 취하는 삼각형의 옆모습은 놀랍도록 효율적이고 기동적인 활공 자세다. 오늘날 전투기에서 여객기 콩코드에 이르기까지 동일한 날개 모양을 사용할 정도다. 현생 활공 동물과 비교해도 샤로빕테릭스가 더 첨단 기술을 사용한다고 할 수 있다. 양력을 얻으려면 가슴을 내밀고 상당히 높은 각도로 활공해야 하지만 무릎의 미세한 움직임만으로 삼각 날개를 조정하여 비행 방향을 고도로 정밀하게 바꿀 수 있다.[6]

눈앞을 지나간 지 얼마 안 되어 나무줄기로 달려든다. 어린아이가 주저앉아 부모 다리에 매달리듯 뒷다리를 굽힌 채 나무를 감싸며 달라붙는다. 휴대용 의자를 접듯이 비막을 오므리고 다리를 구겨 넣은 모습은 비행할 때의 우아함과는 사뭇 다르다. 공중에서는 매우 유용한 무릎을 지금은 마치 개구리가 점프를 준비하듯 가만히 굽히고만 있으며 나무에 몸을 고정하기 위해 발을 올릴 때만 펴진다. 배는 약간 오목해서 둥근 나뭇가지를 더 단단히 껴안을 수 있다.[7]

샤로빕테릭스는 단일 종이나 다름없지만* 실험의 시대였던 트라이아스기에는 더 먼 친척들도 하늘을 날고 있다. 전 세계에서 여러 종의 파충류가 극단적으로 긴 경첩이 달린 늑골을 이용하여 패러글라이

---

* 현재까지 샤로빕테릭스과에 속하는 종은 단 둘이며, 둘 다 뒷다리로 활공한다. 하나는 우리가 지금 보고 있는 키르기스스탄 마디겐의 샤로빕테릭스 미라빌리스이고 다른 하나는 폴란드의 트라이아스기 지층에서 나온 약간 더 큰 오지메크 볼란스*Ozimek volans*다. 이 종도 다리가 길고 뼈가 가볍다.

딩을 한다. 진짜로 날 수 있는 동물은 곤충뿐이었던 트라이아스기에 이 글라이더들은 척추동물이 혁신적으로 진화하는 데 최전선에 선다. 머지않아 더 많은 지배파충류 계통이 하늘을 날게 된다. 익룡을 시작으로 이후 적어도 공룡 세 무리가 하늘로 오른다. 약 1억 7,000만 년이 지나 팔레오세 말 또는 에오세 초가 되면 마침내 박쥐 같은 날아다니는 포유류도 등장한다.[8]

트라이아스기에는 새나 꽃이 없었던 것처럼 포유류도 사실상 거의 존재하지 않았다. 이 시점에 우리 인간에서부터 오리너구리, 웜뱃, 매너티에 이르기까지 모든 포유류의 조상은 하나 혹은 소수의 몇 종(누구에게 물어보느냐에 따라 다르다) 안에 잉태되어 있었다. 아델로바실레우스*Adelobasileus*는 마디겐 지층이 만들어진 시기의 포유류(또는 적어도 포유류의 매우 가까운 친척)지만 이 초기 포유류는 아주 먼 곳인 오늘날 텍사스 지역에 살고 있다. 트라이아스기의 박물학자라면 내이의 기이한 골격에는 주목했을지 몰라도 그저 체구가 작은 특이한 키노돈트류cynodont(견치류) 정도로 생각하고 더는 관심을 두지 않았을 것이다. 돌아보면 키노돈트류는 어떤 의미에서 포유류 진화 경로의 디딤돌 같은 존재다. 키노돈트류는 현대 우리가 포유류의 전유물이라고 생각하는 몇 가지 특징을 갖고 있기 때문이다. 트라이아스기는 파괴적인 대멸종 직후다. 그 여파로 키노돈트류는 팔레오세 때 포유류와 동일한 방식으로 종 분화를 하고 있었다.[9]

마디겐 고유의 키노돈트류인 마디사우루스*Madysaurus*는 해부학적으로 상당히 보수적인 편인데도 여러 면에서 포유류와 비슷하다. 딱딱한 입천장으로 먹이가 들어가는 경로와 숨을 쉬는 경로가 분리되었고, 다른 대부분의 척추동물처럼 똑같은 이빨이 일렬로 배열되어 있지 않고 자르는 앞니, 찌르는 송곳니, 가는 어금니가 분화되었다. 피부에는 유분을 분비하는 샘이 있고 많은 털은 그 피부를 보호한다. 알을 낳지만 오리너구리나 가시두더지와는 달리 부화한 새끼에게 젖을 먹이지는 않는다. 유선은 키노돈트류 진화에서 마디사우루스보다 더 늦은 단계에 등장한다. 처음에 유선은 껍데기가 얇은 알이 마르지 않게 할 방법으로 발달한 기관이었을 것이다.[10]

전 세계 곳곳에서는 샤로빕테릭스의 비행법이나 키노돈트류의 새로운 기관처럼 이상하고 새로운 해부학적 실험이 진행되고 있다. 척추동물 고생물학자에게 가장 기이한 동물이 살았던 지질시대를 꼽으라고 하면 대부분 트라이아스기라고 답할 것이다. 키노돈트류의 혁신은 인간에게도 남아 있지만, 트라이아스기에 나타났던 다양한 이질적 형태 중 다수는 후손에게 계속 전해지지 못했다. 샤로빕테릭스가 속한 지배파충류와 그 친척들이 가장 대표적인 예다. 오늘날 지배파충류의 후손은 한편으로 조류가 있고, 다른 한편으로 악어가 있다. 과거에는 공룡의 명백한 이질성을 제외하더라도 다양성이 훨씬 더 높았다. 지배파충류에는 익룡뿐만 아니라 해부학적, 생리학적 한계를 극복하고 생태적 우위를 차지하기 시작한 여러 형태도 포함되었다.[11]

오늘날 유럽이 된 일부 지역에는 타니스트로페우스과tanystropheid라는 반수생 생물이 산다. 이 과科에 속하는 많은 동물은 길이가 5~6m에 이른다. 이 거대한 짐승은 모두 수역 인근에서 발견되는데, 몸길이의 절반을 차지하는 목을 이용해 오징어와 물고기를 사냥한다. 3m에 달하는 긴 목은 눈에 확 띄는 거구에 주의를 빼앗긴 먹잇감을 급습할 수 있게 도와준다. 타니스트로페우스과는 초대형 개구리처럼 뒷발로 몸을 추진시키면서 불시에 머리를 낚싯대처럼 휘둘러 수심이 얕은 진흙탕에서 빠르게 헤엄치는 먹잇감을 습격한다. 이들의 발은 수장룡이나 어룡과 달리 육상에서 이동할 수 있는 것으로 보인다. 언뜻 걸어 다니는 낚싯대로 보이지만 골반이 튼튼한 타니스트로페우스과는 무게중심을 뒤쪽에 두어 체중을 지탱했으리라고 추측한다.[12]

샤로빕테릭스과 외에도 마디겐 숲에 사는 기이한 파충류는 또 있다. 양치종자류를 따라 강둑을 기어오르면서 생긴 발자국 등이 그들의 흔적이다. 그들이 활동한 흔적은 곳곳에 있다. 나무줄기의 이끼를 긁고 간 흔적은 이곳에 마디겐의 또 다른 별종인 드레파노사우루스류dre-panosaurs가 있음을 알려준다. 다람쥐 크기에 다람쥐처럼 나무를 타는 이 파충류도 여기서 탄생했다. 키르기즈사우루스 부칸첸코이*Kyrgyzsaurus bukhanchenkoi*는 드레파노사우루스류 중 가장 오래된 종으로, 북반구 전역에 퍼지게 된다. 이구아나처럼 주름진 피부와 축 늘어진 목주머니를 지닌 키르기즈사우루스는 우아한 생명체는 아니다. 드레파노사우루스류는 여러모로 트라이아스기의 카멜레온이라고 할 수 있다.

키르기즈사우루스는 짧고 정교한 삼각형 얼굴에 수많은 미세한 이빨로 무장하고 있는데, 그 이빨로 곤충을 물어뜯는다. 드레파노사우루스류 중 평균 크기(고양이만 한 종도 있다)에 해당한다. 나무에서의 생활에 익숙한 드레파노사우루스류는 앞발과 뒷발의 발가락이 반대 방향이어서 나뭇가지를 더 단단히 잡을 수 있다. 몇몇 종은 꼬리가 제5의 다리 역할을 한다. 길고 좌우로 납작하게 생긴 꼬리가 다리처럼 쓰인다. 척추 마지막 마디가 미끄러운 나무껍질을 더 잘 잡을 수 있게 발톱처럼 변형되기도 했다. 이 무리의 이름이 된 드레파노사우루스는 엄지 발톱이 나머지 발가락을 모두 합친 것만큼 큰데, 아마 이 발톱으로 나무껍질을 뜯어 그 밑에 사는 먹잇감을 찾았을 것이다.[13]

강물이 앞쪽으로 튀면서 자갈이 깔린 굴곡부가 진흙 둑 안으로 파고들고 석회암 조약돌들은 그 아래로 사라진다. 넘쳐흐르는 물은 젖은 땅에 고이기 시작한다. 여기서 흙과 식물이 합해져 이탄이 만들어지기 시작한다. 점점 더 많은 수분을 빨아들이고 점점 더 응축되어 아직 굳지 않은 석탄으로 변한다. 이 과정에서 석회가 녹아서 물의 미네랄 농도가 높아지고 산소 농도는 낮아진다. 강물은 호수로 느긋하게 흘러들어간다. 물 밑에서는 벌레들이 진흙에 구멍을 뚫고 여러 갈래의 복잡한 굴을 만든다. 이 벌레는 태양의 온기가 닿는 곳에만 집을 짓는다.[14]

높은 데서 내려다보면 무척 맑은 호수이지만 호안에서는 물속이 보이지 않는다. 습지 쇠뜨기의 일종인 네오칼라미테스가 얕게 잠긴 진흙에 2m 높이의 벽을 이루고 있다. 굵고 거친 줄기에는 대나무처럼 마디가 있고 그 연결부에 잎이 달려 있다. 쇠뜨기 군락 너머는 물이 깊어져서 물 밑으로부터 표면장력이 작용한다. 빽빽하게 떠 있는 라임색 수초 카펫 덕분에 그 표면장력이 깨질 일은 드물다. 수면에 비치는 숲은 이 땅에 서식하는 수백 종의 곤충 유충과 초기 도롱뇽 트리아수루스 *Triassurus* 알 덩어리에게 보금자리가 되어준다. 물이 찰랑거리는 호안의 축축한 이끼도 번식지 역할을 한다. 여기에는 중무장한 큰 머리가 사과 단면을 닮은 카자카르트라류kazacharthran(카자흐새각류) 새우 수천 마리가 운집해 있다. 투구를 쓴 머리 앞쪽으로는 용의 수염을 닮은 더듬이를 휙휙 움직이면서 주변을 탐색한다. 다리를 몸 아래쪽에 숨기고 꼬물거리며 서투르게 헤엄치는 것을 보면 언뜻 올챙이 같기도 한데, 사실 이들은 현대의 이른바 올챙이새우(미국투구새우를 칭하는 일반 명칭–옮긴이)의 친척이다. 이들은 강에서 떠내려온 쓰레기나 파리가 잔잔한 수면에 낳은 알을 따라다며 중앙아시아에만 서식한다.[15]

강물이 불어 있는 봄에는 각자에게 돌아갈 먹이가 풍부하지만 형편이 각박해지면 카자흐새각류는 헤엄쳐 다니는 절지동물뿐만 아니라 움직이지 않는 군체들과도 먹이 경쟁을 해야 한다. 바위 하나가 조류 점액으로 덮여 있는 것처럼 보이는데, 실은 바위가 아니라 태형동물 또는 이끼벌레라고 불리는 동물의 군체다. 태형동물 군체의 미세한 개체는 모두 호수 바닥에 사는 원래의 동물을 복제한 것이며, 수컷이면서 동시에 암컷이기도 한 자웅동체다. 이들의 골격은 산호나 유리해면 같은 다른 군체 동물과 달리 광물화되어 있지 않다. 대신에 젤리 같은 단백질로 되어 있어 상대적으로 불안정하게 느껴진다. 대륙성기후인 마디겐은 겨울에 매우 춥고 환경이 매우 변덕스럽다. 태형동물은 여름에 겨울을 대비한다. 키틴질로 단열 처리를 한 특별한 세포 클러스터인 이른바 휴면아休眠芽를 생성하여 육지로 배출한다. 이 휴면아는 혹독한 겨울에 대비한 생물학적 보험이다. 호수가 얼거나 수위가 너무 낮아져 군체가 죽으면 휴면아는 여건이 나아진 환경에서 다시 활동을 재개할 준

비를 한다. 담수호의 한계 지역에 형성되는 작은 규모의 서식지(소, 여울, 암벽 등)는 식물부터 최상위 포식자에 이르는 생태계 전체의 다양성 유지에 대단히 중요하다.[16]

수면의 잔물결이 커진다면 자일리아우초 호수에서 가장 큰 동물이자 이전 시대부터 살아남은 동물이 죽었다는 뜻이다. 마디겐은 깊은 산속에 고립된 지역이다. 이곳에 사는 많은 생명체(모든 척추동물을 포함)는 다른 세계 어느 곳에서도 알려지지 않은 토착종이다. 꽤 가까운 친척이 다른 어딘가에 있기도 하지만 몸길이가 수달만 한 마디게네르페톤*Madygenerpeton*만큼은 그 어떤 종도 오래 살아남지 못했다. 현대의 모든 네발 달린 척추동물은 조상처럼 여전히 물에서 번식하는 양서류로, 그리고 발생 중인 배아를 일련의 막이나 껍질이 있는 알 또는 자궁으로 감싸 보호하는 양막류로 나뉜다. 양서류와 양막류 모두 마디게네르페톤의 먼 친척이다. 마디게네르페톤은 크로니오수쿠스류chroniosuchian('옛 악어'라는 뜻)에 속한다. 서로 맞물리는 6개의 골편으로 등을 감싼 크로니오수쿠스류 동물은 3,000만 년 동안 아시아의 강물에서 악어와 같은 생활 습성을 따르며 살아왔으나 이제 그 시간이 끝나간다. 하지만 악어와 같은 생활 방식은 성공적이었다. 크로니오수쿠스류 동물들이 내려놓은 바통은 마스토돈사우루스 같은 초대형 양서류들이 넘겨받는다. 마스토돈사우루스는 도롱뇽과 비슷한 동물로, 길이가 6m에 이른다. 두개골은 납작하고 거의 정삼각형이다. 두개골의 앞뒤 길이가 너무 짧아서 날카롭고 가장 큰 원뿔 모양 아랫니 2개가 주둥이 상단의 독특한 구멍에 튀어나와 있다. 트라이아스기 또 다른 지배파충류인 피토사우루스류phytosaurs는 겉모습이 현대 악어와 매우 흡사해서 콧구멍이 주둥이의 한참 뒤쪽에 있지 않았다면 악어와 혼동하기 십상이었을 것이다.[17]

마디게네르페톤은 특별한 수중 생활을 선택했다. 몸을 보호해주는 골편이 조상들보다 유연해서 척추를 더 잘 구부릴 수 있게 되었다. 또한 추가된 갑옷의 무게 덕분에 악어를 닮은 작은 머리를 수면 바로 아래에서 간신히 드러낸 채 물속에 낮게 엎드릴 수도 있다. 마디게네르페톤의 등 때문에 거칠고 울퉁불퉁해진 수면에는 수초들이 얽혀 있는데, 눈과 콧구멍이 그 사이를 뚫고 살짝 나와 있다. 페름기 말 대멸종은 크로니오수쿠스류의 종 분화가 시작될 무렵에 일어나 이 그룹의 싹을 잘랐다. 살아남은 크로니오수쿠스류 동물은 트라이아스기에 명맥만 겨우 유지하고, 마디게네르페톤이 그 마지막 종으로 여겨진다. 마디게네르페톤이 다시 수초 속으로 조용히 몸을 감춘다.[18]

수면 근처에 사는 동물들이 신경 쓰지 못할 만큼 깊은 호수 바닥까지 내려가면 실러캔스와 폐어, 상어가 살고 있다. 이 산악 호수가 얼마나 깊은 내륙에 있는지를 생각하면 상어가 존재한다는 것은 놀라운 일이다. 자일리아우초 호수의 수면에서 평생을 기다려도 상어는 절대로 볼 수 없겠지만 상어 알 주머니는 이따금 물가로 떠밀려 올라오기도 한다. 가죽 같은 재질의 알 주머니는 나선형 굴곡이 있으며 가늘고 긴 레몬처럼 끝이 뾰족하다. 이 깊은 내륙의 고산지대에서 상어 알 주머니를 발견한다는 것은 바다 밑바닥에서 염소 사체를 찾는 것과 같다. 자일리아우초 호수에서 상어 알 주머니가 발견되기 전까지, 알을 낳는 상어들은 모두 바다에 서식했다고 알려졌기 때문이다. 그러나 이곳 마디겐에는 두 종류의 난생 상어가 있는데 가장 많은 것은 혹니상어hump-tooth shark가 가장 많다. 히보돈트류hybodont는 각 지느러미 끝에 유난히 길고 휘어진 가시가 있다. 마디겐의 히보돈트류는 상어치고는 작고 느려서 백상아리보다 곱상어에 가깝다.[19]

히보돈트류의 번식 방법은 오랫동안 다른 상어들에 관한 지식에 기대어 추측만 했을 뿐 그 누구도 제대로 알지 못했다. 그러나 자일리아우초 호수에서 알 주머니가 발견되면서 상황이 급변했다. 적어도 한 종의 히보돈트류에게 이 중앙아시아의 산악 호수는 성체의 짝짓기 장소이자 새끼를 키울 보금자리였다. 새끼 상어들은 얕은 물속 쇠뜨기의 줄기와 줄기 사이 골에서 부화하여 그들만의 슬로 라이프를 시작한다. 성장하면 물가를 떠나 더 깊은 물에서 살기 시작한다. 그 후 정확히 어디로 가는지는 전혀 알려지지 않았다. 히보돈트류에 속한 많은 종은 평생 민물에 머물지만 바다에 사는 종도 있다. 자일리아우초 호수는 바다에서 멀리 떨어져 있으므로 히보돈트류가 이곳에 나타난 이유에 관한 가장 간단한 설명은, 성체들이 수면에서 멀고 강 하구나 침전물이 유입되는 지점에서도 먼 곳을 찾아왔다는 것이다. 가능성은 작지만 히보돈트류 중 페르가나랜스상어*Fergana lance-shark*가 홍연어처럼 바다에서 안전한 내륙의 보금자리로 번식을 위해 여행을 하는 종일 수도 있다.[20]

확실히 밝혀진 바에 따르면 자일리아우초 호수 호안선에서 가장 피하기 힘든 게 파리매다. 마디겐에는 드레파노사우루스류와 샤로빕테릭스류부터 어류와 카자흐새각류에 이르기까지 식충 동물도 다양하지만 곡예비행을 하는 쌍시류 곤충인 파리류 개체군도 크고 다양하다. 파리는 최근에 종 분화를 이루었지만 교묘한 기술 때문에 쫓아내기 까다로운 생명체다. 대대로 곤충은 날개가 4개였고 나비, 딱정벌레, 귀뚜라미, 벌 등 거의 모든 곤충이 이 계통학적 제약을 벗어나지 않았다. 초파리, 집파리, 모기 등 파리류 곤충들은 이 기본적 제약을 받아들였지만 적절히 변형했다. 이들은 두 번째 날개 쌍, 즉 뒷날개 2개를 더는 양력을 만드는 데 사용하지 않았다. 뒷날개는 평형곤haltere이라고 불리는 곤봉 모양의 지지대로 변했다. 평형곤은 수평 경첩으로 파리의 몸에 부착되어 비행하는 동안 격렬하게 진동한다. 파리가 경첩에 대해 일정 각도로 방향을 바꿀 때마다 흔들림으로 평형곤은 아래가 구부러지면서 일종의 자이로스코프가 된다. 이 움직임이 감지되면 파리의 근육은 자동으로 위치를 조정하고 수정한다. 실제로 파리가 비행할 때 다른 곤충보다 더 대담하게 움직일 수 있는 것도 바로 이 때문이다. 샤로빕테릭스가 입을 벌리고 달려든다거나 누군가 신문으로 후려치려고 할 때 평형곤은 비행 제어력을 잃지 않고 빠르게 탈출할 수 있게 해준다.[21]

마디겐의 낙엽에서 가장흔히 발견되는 곤충은 바퀴벌레지만 곤충학자가 꿈에도 그리는 곤충은 분명 타이탄윙이라는 수수께끼 같은 존재일 것이다. 메뚜기의 친척으로 추정되는 이 곤충은 양치식물 잎 사이에서 죽은 척 꼼짝 않고 잘 위장하고 있다. 페름기 러시아에서 처음 나타난 이들은 전 세계 여러 지역에서 발견되지만 그중 여러 속屬이 마디겐에서 탄생했다. 행동이나 외양은 사마귀와 비슷하지만 현생 사마귀나 메뚜기보다 훨씬 크다. 오늘날 날개 폭이 가장 긴 곤충은 왕나비와 여왕흰밤나방으로 한쪽 날개 끝에서 다른 쪽 날개 끝까지의 길이가 최대 약 28cm인데, 타이탄윙은 그보다 더 클 수 있다. 학명도 기가티탄*Gigatitan*인 이 곤충은 한쪽 날개만 25cm에 달한다. 이 메뚜기는 네발로 앉아 있기만 할 뿐 뛰지는 못한다. 맨 앞의 한 쌍의 다리를 들고 거기에 달린 뾰족한 가시로 불운한 먹잇감을 잡아먹는다. 그러나 현생 메뚜기처럼 노래를 부를 줄 안다. 날개를 따라 마찰편과 줄칼이 있어서 이를 문지르면 황소개구리처럼 깊은 저음의 울음소리가 난다.[22]

기가티탄은 이 숲에 사는 여러 사지동물보다 월등히 크다. 자일리아우초 호수 주변 나무에 서식하는 롱기스쿼마 인시그니스*Longisquama insignis*('눈에 띄게 긴 비늘'이라는 뜻)라는 사지동물도 신기한 생명체다. 도마뱀을 닮은 이 파충류는 지배파충류와 근연 관계에 있다고 추정된다. 길이가 15cm밖에 안 되는 이 독특하고 조그마한 동물이 다리로 나무를 잡고 기어오르는 모습도 신기하지만 이 동물을 더욱 눈에 띄게 만드는 것은 등뼈를 따라 나란히 나 있는, 아이스하키 스틱처럼 생긴 거대한 비늘이다. 척추를 따라 6개 이상의 돌기가 나 있는데, 하나의 높이가 롱기스쿼마의 몸길이만큼 크다. 그 용도는 정확히 알 수 없지만 매우 얇아서 실질적인 쓸모가 있었을 것 같지는 않고 대개 과시용이나 위장용이리라 추정한다. 롱기스쿼마는 화석이 단 한 개밖에 발견되지 않았고 그마저도 표본의 상태가 썩 좋지 않다. 늘 그렇듯 숲에서 이상한 생명체가 발견되었을 때 의문을 해소하려면 더 많은 단서가 있어야 한다.[23]

마디겐의 숲과 호수는 깊은 시간 앞에서 겸손해져야 한다는 소중한 교훈을 준다. 롱기스쿼마처럼 해석하기 힘든 생물, 샤로빕테릭스나 랜스상어처럼 현대의 친척과 너무 다른 생활 방식, 마디사우루스와 마디게네르페톤처럼 아주 국지적으로만 나타났던 마지막 생존 종 등은 지구에 살았던 옛 생명체들에 관해 우리가 아직 알지 못하는 게 얼마나 많은지 일깨워준다. 마디겐은 하나의 사례일 뿐이며 비교 대상이 너무 적다. 우리는 이 생태계가 얼마나 독특한지, 샤로빕테릭스가 얼마나 멀리까지 날아다녔는지, 다른 내륙 지형에는 또 어떤 고유한 일들이 있었는지 알지 못한다.

마디겐과 페르가나 분지는 우연에 관해 이야기해준다. 이곳의 사지동물은 기본 얼개로부터 신체 구조의 다양한 변형을 만들어냈다. 하지만 각 변형은 기본 얼개의 한계 속에서 이루어졌다. 진화란 제약 안에서 적응해나가는 과정이자 그 제약을 깰 방법을 개발하는 과정이다. 트라이아스기에 처음 나타난 파리류 곤충 날개의 변형물인 평형곤에서부터 샤로빕테릭스와 그 근연종의 늘어난 피부에 이르기까지, 기존의 신체 구조를 새로운 용도로 사용하는 전략은 동물이 환경을 탐색하는 방식을 바꾼다. 실제로 진화에서 난제를 해결한 기발한 방법은 계통수 곳곳에서 나타난다. 트라이아스기는 변화와 실험의 시대다. 현대의 관점으로 보면 지구에서 무슨 일이든 가능했을 것 같은 시기다.

역설적이게도 이런 실험은 페름기와 트라이아스기 경계에서 발생한 대량 멸종 후유증에 그 빚을 지고 있을 것이다. 지구 최악의 멸종 사건은 생명체의 95%를 절멸시킨다. 대량 멸종 후에는 새로운 종이 출현하는 속도가 빨라지고, 개별 종의 멸종은 일시적으로 드문 현상이 된다. 마디겐 지층이 보여주는 시대는 트라이아스기 초기의 황량함이 가시고 생명체들이 다시 찬란하게 꽃을 피우던 때다. 쥐라기가 시작될 무렵에는 중생대의 나머지 기간을 대표하게 되는 생물이 생태적으로 지배적 위치로 올라가고 떠들썩하던 실험의 시대는 그렇게 막을 내린다.[24]

페름기와 트라이아스기 내내 마디겐 주변 지역은 전형적인 중고도 산악 지대였고 침식과 융기가 같은 속도로 서서히 일어나 산 정상의 높이가 거의 일정하게 유지되었다. 그러나 곧 무너지고 2억 년쯤 지나 올리고세가 되면 이 산은 다시 한번 바다에 자리를 내준다. 우연하게도 투르키스탄산맥 북쪽 기슭에 숨어 있는 현대의 마디겐 화석지는 트라이아스기 지형을 그대로 재현한다. 북쪽의 톈산에서 남쪽의 히소르와 알라이에 이르는 현대의 산맥은 동일한 고생대 해저가 융기해 만들어진 지형이며, 키르기스스탄, 우즈베키스탄, 타지키스탄 사이의 국경 지대를 형성하는 장대한 페르가나 계곡으로 이어진다. 현대의 식물 군락은 풀로 가득한 반건조 스텝이어서 이곳에 사는 사람들은 대대로 유목민으로 살아왔다.

생물학과 역사는 떼어놓을 수 없다. 모든 살아 있는 생명은 생물학적 진화의 결과물이며 조상의 삶에 영향을 받는다. 그 영향은 척추동물이 다리를 활용하려 할 때 마주하는 여러 방법과 제약처럼 해부학적일 수도 있고, 플라이스토세의 탁 트인 매머드 스텝을 가로지를 때처럼 지리적인 것일 수도 있다. 트라이아스기가 시작될 무렵에는 모든 주요 대륙판이 연결되어 판게아라는 초대륙을 형성하고 있었다. 육상생태계 사이에 큰 장벽이 없었으므로 페름기-트라이아스기 대멸종의 먼지가 가라앉고 깊은 바다에 산소가 돌아오고 화염이 사그라든 후에 생존자들이 비교적 쉽게 전 세계로 퍼질 수 있었다. 이로써 전 세계에 동질적

동물상이 형성되었고 나중에야 지역마다 고유한 동물상을 형성할 수 있게 된다. 이에 비해 대륙들이 바다로 분리되어 있었던 백악기 말 대멸종 이후에 남은 동물상은 대륙 간 유사성이 낮았다.[25]

고생물학에서의 우연이라는 요소는 지질학 기록 자체에도 작용한다. 내륙 생태계인 마디겐이 이렇게 세세하게 보존되었다는 것은 엄청난 행운이다. 내륙 생태계는 일반적으로 퇴적물이 가라앉는 곳이 아니다. 바람, 비, 식물의 뿌리는 암석을 더 만들기는커녕 노출된 암석을 풍화시키기 마련이다. 지구 육상 생물의 역사는 강, 연안 지대, 삼각주, 하구 등 수로의 역사나 다름없다. 호수는 보존율은 매우 낮은데, 이 때문에 호수의 화석 기록은 단편적이어서 '메가바이어스mega-bias'라고 불린다. 모든 데이터가 일부 고립된 사례에 집중되어 있어서 장기 분석이 힘들다. 육상 퇴적물이 형성된다고 해도 세세한 부분까지는 잘 보존되지 않는 경우가 많다. 마디겐은 보존 상태가 탁월하여 지구의 생태학적 역사에서의 위치가 대부분의 해양 화석지보다 더 분명하게 밝혀졌다. 자일리아우초 호수 주변 범람원에 곤충이 무리지어 살았다는 증거는 매우 풍부해서 어느 마디겐 지층 전문가는 암석의 특정 층을 "육안으로 보기 힘들 만큼 작은 날개들이 문자 그대로 깔려 있다."라고 묘사했을 정도다. 지금까지 2만 개가 넘는 표본을 이곳에서 수집했다. 마디겐은 보편적으로 알려진 제약을 잠시나마 옆으로 치워두고 우리에게 다른 방식으로는 결코 알 수 없었을 한 시점의 생물상을 선명하게 보여준다.[26]

모든 존재는 이전의 존재에서 비롯할 수밖에 없다. 트라이아스기에는 이전의 모든 것이 완전히 파괴되었다. 살아 있는 거의 모든 게 사라진 상황에서 활용할 만한 것도 거의 없었다. 하지만 진화의 힘은 우연을 돌파하고 진화의 허점을 찾아내며 남아 있는 것을 활용하여 다양성의 경이로움을 새롭게 창출하는 데 탁월한 능력을 발휘했다. 멸종이 일어나면 종 분화가 뒤따르기 마련이다. 트라이아스기의 기이한 동물들은 생태적 선택지가 대단히 개방적인 시기를 살았다. 생존을 위해서 이제껏 전혀 존재하지 않았던 체형을 획득할 수 있었다. 그래서 터무니없이 긴 목을 이용해 먹이를 매복 공격하는 타니스트로페우스과도, 말려 있는 발톱 꼬리를 지닌 드레파노사우루스류도, 곡예비행을 하는 파리도 등장할 수 있었다. 호숫가의 높은 언덕 어딘가에서 샤로빕테릭스가 나무를 기어오른다. 발을 차고 튕길 때마다 한 발짝씩 미지의 세계로 나아가고 있다.

"그런 비는 눈물처럼 후련하다."

- 메리 헌터 오스틴, 《과우寡雨의 땅The Land of Little Rain》

"발걸음이 뜰 때까지 물이 흐르고,
발목이 하늘 깊이 닿는다."

- 레이철 미드, 〈에어호Lake Eyre〉

10

계절

니제르 모라디

2억 5,300만 년 전 페름기

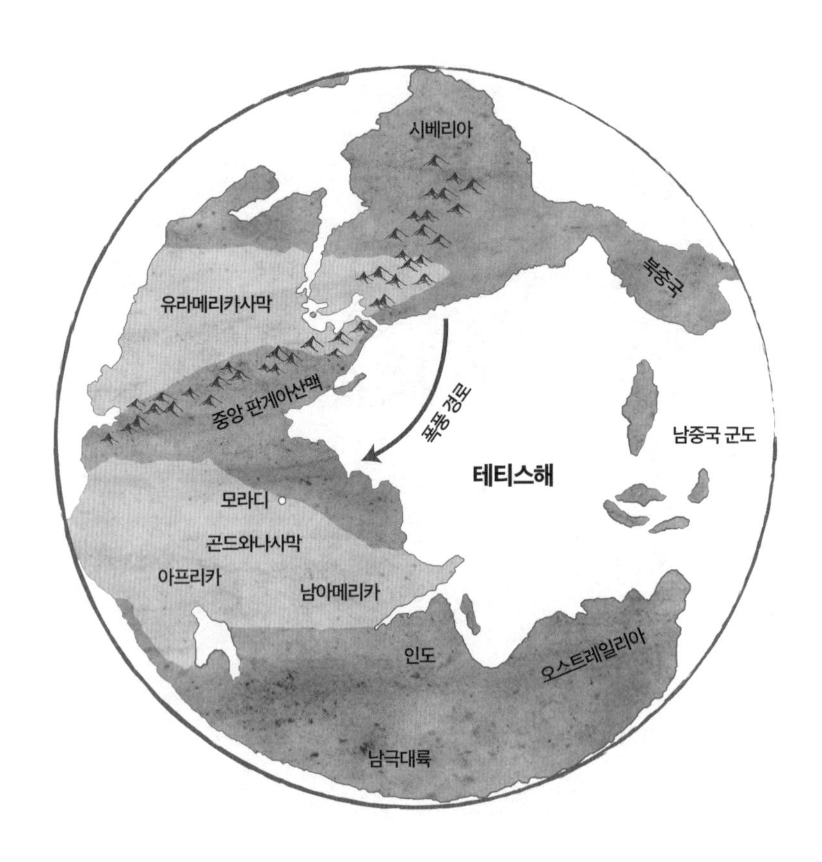

지도10 2억 5,300만 년 전 판게아와 테티스

바람이 바뀌었다. 북풍은 드문드문한 사구 지대를 통과하면서 능선을 휘젓고 날카로운 규산염 파편을 거세고 빠르게 공중으로 날려 보낸다. 아무것도 선명하게 보이지 않는다. 소금 평원에는 한숨 돌릴 곳도 매서운 붉은 바람을 피해 쉴 곳도 없다. 암컷 고르곤gorgon 한 마리가 몸에 쌓인 모래를 털어내며 땅에서 몸을 일으켜 한 걸음 더 내딛으려 애쓰고 있다. 계속 쌓이는 모래에 저항하기란 진이 빠지는 일이지만 허구한 날 불어오는 모래 폭풍을 이 고르곤도 처음 겪는 일은 아닐 것이다. 세월의 상처를 입은 두꺼운 피부가 완벽하지는 않아도 어느 정도 보호막이 되어준다. 북풍의 귀환이 알려주듯 우기가 임박했지만 모래 폭풍이 잦아들 때까지는 배회하며 기다리는 것 말고는 할 수 있는 일이 없다. 고르곤의 턱은 부어올랐고 다리는 절뚝거린다. 먹잇감으로 노리던 부노스테고스*Bunostegos*에게 발길질을 당해 다리가 부러진 이후로는 예전 같지가 않다. 다친 곳은 나았다. 골절 부위에 피가 흘러 살아 있는 조직이 빨리 봉합되는 데 도움이 되었다. 활동적이고 열정적인 생활 습성에 유용한 생리작용이다. 새로운 뼈가 자라면서 외부로부터 골절 부위를 단단하게 잡아주는 혹이 생겼지만 다리는 전보다 약해졌다.[1]

모래 먼지가 자욱한 모라디의 최상위 포식자인 고르고놉스류 동물에게 이런 부상은 흔하다. 하지만 치명적일 때도 있다. 특히 턱이 부어오르면 심상치 않은 것이다. 길고 뾰족한 왼쪽 송곳니가 흔들거리는 것은 새 이빨이 나고 있기 때문일 수도 있다. 앞니, 송곳니, 송곳니 이후의 이빨 등으로 치아가 분화되어 있다는 점은 포유류와 비슷하지만 계속 치아를 교체한다는 점에서는 현대의 파충류를 더 닮았다. 고르곤은 활동적인 포식자다. 잡은 먹잇감을 뜯어 먹으려면 위아래 송곳니가 모두 제 기능을 해야 한다. 그래서 고르곤은 좌우에 있는 위아래 송곳니를 번갈아 교체한다. 그런데 지금 우리 눈앞에 있는 고르곤은 오른쪽 송곳니가 다시 나는 중이므로 단단해야 할 왼쪽 이빨이 헐거워졌다는 것은 뭔가 다른 문제가 생겼다고 보아야 한다. 세포 분열 사고다. 더 시급한 국면이다. 턱뼈 안에 치아종, 즉 치성 종양이 생겨 송곳니 뿌리를 압박하고 있다. 종양은 작은 이빨들로 채워져 있는데, 이 이빨들이 자라면서 주변의 치근을 천천히 침식하고 있다. 고르곤이 턱과 입술을 불편하게 움직인다. 폭풍이 곧 그친다.[2]

폭풍이 잦아들면서 번개가 아이르산맥 정상을 번쩍 밝혀 고르곤의 주의를 환기한다. 녀석은 고개를 앞으로 기울여 불테리어 같은 주둥이 너머로 불어오는 모래를 응시한다. 쫙 편 발아래는 직경이 80m쯤 되는 호수 바닥이다. 모든 방향이 동일한 흰색인 바닥에는 불규칙한 기하학적 무늬가 있는데, 점토 위에 결정질 석고가 만든 이랑들이다. 이 호수는 매년 담수가 찼다가 마른다. 물의 흔적은 굳어진 진흙의 얕은 굴곡에 남는다. 산에서 동쪽으로 내려온 강물이 이 호수로 흘러들어오기는 하되 물이 흘러나가지는 않는다. 물의 일부는 토양으로 스며들어가지만 대개는 뜨겁고 건조한 공기가 증발을 일으켜 진공청소기처럼 수분을 빨아들인다. 이곳은 입구만 있고 출구는 없는 종착지인 플라야 호수playa lake이자 광활한 땅덩어리의 함몰지다.[3]

해안의 섬들을 제외하면 전 세계 거의 모든 육지가 판게아라는 하나의 초대륙으로 묶여 있다. 그 안에 북극에 가까운 땅과 남극에 가까운 땅이 있으며, 그 사이에 서늘하고 온화한 땅과 다습한 숲, 적도 근처의 붉고 광활한 서부 내륙 사막이 연속적인 띠처럼 나타난다. 구름과 비의 원천인 바다가 있어야 물의 순환이 일어나는데 초대륙 표면 대부분이 깊은 내륙이면 얼마 안 내리는 귀한 비가 매우 건조한 대륙 한가운데까지 도달하기 힘들다. 그러나 비가 한번 내리면 그 양이 엄청나다. 판게아는 적도 부근에서 동쪽으로 열려 있는 C 자 혹은 거대한 컵 모양이다. 그리고 그 열린 부분에서 테티스해가 형성되기 시작한다. 이 바다의 동쪽으로는 늘 습한 열대 섬들이 큰 군도(이 섬들은 남중국과 동남아시아가 된다)를 이루어 판탈라사해가 황폐해지는 것을 막는 장벽 역할을 한다. 판탈라사해는 지구의 나머지 전체를 덮고 있는 초거대 대양이다. 오늘날 태평양과 대서양을 합한 것보다 크며, 지구의 절반 이상을 차지한다. 북쪽과 남쪽에는 넓은 육지가 있고 서쪽과 동쪽에는 장벽이 있다는 점에서 테티스만은 카리브해의 더 넓고 깊은 버전이라고 할 수 있다. 카리브해 연안에 살아본 사람은 너무 잘 알겠지만 이런 지형에서는 폭풍이 발생하기 쉽다.[4]

북반구가 여름일 때는 판게아의 북쪽 땅이 더워지고 겨울인 남쪽은 차갑게 식는다. 그 사이에 있는 바다는 열을 보존하여 거의 같은 온도를 유지한다. 동쪽이 섬으로 둘러싸여 있는 테티스해에는 강한 해류가 거의 없으므로 해수면 온도가 32°C인 온수 풀이 만들어지고 이 따뜻한 물은 계절의 변화에 따라 북쪽으로 또는 남쪽으로 이동한다. 온수 풀이 있는 곳은 기압이 낮아서 지구 절반의 서늘한 공기를 빨아들여 테티스에서 증발한 신선한 수분을 채운 다음 나머지 절반에 있는 여름 해안으로 보낸다. 우기의 절정인 8월에 이 바람은 매일 $1m^2$당 8L에 달하는 비를 지나가는 경로에 뿌린다. 판게아는 메가 몬순mega monsoon(강력한 계절풍)의 땅이다.[5]

모라디는 판게아의 남쪽 절반에 위치한다. 주요 강우대에 속하는 적도에 걸쳐 있는 울창한 열대지방 바로 남쪽에 있다. 한편 오로지 가뭄만 존재하는 남부 사막대의 북단이기도 하다. 모라디는 그 경계에 위치한다. 가장 가까운 바다가 약 2,000km나 떨어져 있는 깊은 내륙에서 극단적인 두 기후를 모두 경험한다. 건조한 사막과 다습한 열대 사이의 땅은 따뜻하면서 극도로 건조하지만 1년 중 잠시 이례적인 강우량을 보인다. 지구의 남반구가 태양을 향할 때 동쪽의 아이르산맥에는 폭우가 쏟아진다. 이 생명수는 가파른 경사면을 타고 내려와 팀메르소이 분지의 메마른 풍경을 되살리고 진흙을 기울어진 부채꼴 모양으로 펼쳐놓는다. 이는 천천히 선회하고 굽이쳐 끊임없이 분기와 합류를 반복하는 수로망을 형성한다.[6]

희고 평평한 플라야 호수에서 멀어지면 황토로 덮인 적갈색 평야를 향해 지면이 조금 높아진다. 작은 침엽수 관목인 볼치아voltzia 군락이 곳곳에 있다. 모래 폭풍의 타격으로 끈 모양의 긴 잎들과 많은 바늘이 달린 짧은 가지들이 찢기고 흩어져 날아와 쌓인 모래에 반쯤 파묻히기도 한다. 이 침엽수들은 팀메르소이의 여러 갈래 강줄기를 따라 띄엄띄엄 군락을 이루어 모라디의 동물들에게 쉴 곳과 그늘을 제공한다.[7]

고르곤은 페름기 후기 대형 포식자다. 최후의 고르곤인 루비드게아아과rubidgeinae 동물들은 판게아의 아프리카 부근에서만 발견된다. 디노고르곤*Dinogorgon* 같은 일부 루비드게아아과 동물은 머리가 북극곰보다 크고 몸도 그에 걸맞게 컸다. 이들은 강해 보이는 눈썹과 짧고 굵은 꼬리, 한 쌍의 긴 송곳니, 시어 칸(《정글북》에 등장하는 벵골호랑이-옮긴이) 같은 깊은 턱선 덕분에 위엄이 느껴진다. 전체적으로 볼 때 모래 위를 걷는 고르곤은 대형 고양이와 왕도마뱀 사이 어디쯤 있는 것으로 보인다. 발이 뭔가를 잡는 데 특화되어 있어서 버둥거리는 큰 먹잇감을 제압할 수 있다는 점에서는 대형 고양이와 비슷하지만 털이 없고 약간 벌어진 자세를 하고 있어서 도마뱀처럼 보이기도 한다. 사막에 서식하는 육식동물인 모라디의 루비드게아아과는 물을 구하는 데 어려움을 겪는다. 사막에는 1년 내내 시원하고 그늘진 웅덩이도 있다. 그런 웅덩이에는 필요에 따라 공기로 호흡할 수 있는 폐어와 구호품이 올 때까지 생명을 붙잡고 있는 팔라이오무텔라*Palaeomutella* 같은 민물 이매패류 연체동물이 작은 군집을 이루어 살고 있다. 물론 고르곤도 여름에는 이 웅덩이에 와서 수분을 보충하겠지만 사막에 사는 다른 대형 육식동물들과 마찬가지로 필요한 수분 대부분은 고기와 피에서 얻는다.[8]

모라디에서 잡을 수 있는 먹잇감 중 가장 큰 것은 아코칸 노블헤드Akokan knobblehead라고 불리는 부노스테고스 아코카넨시스*Bunostegos akokanensis*다. 둔하지만 매력적으로 생긴 이 동물은 두 마른 수로 사이

그림10 부노스테고스 아코카넨시스

수풀 근처에 모여 작은 무리를 이룬다. 부노스테고스가 다니는 닳고 닳은 길은 끊임없는 발자국으로 완전히 단단하게 굳어졌다. 덩치가 들소만 한 부노스테고스는 땅딸막하고 몸에 털이 없다. 꼬리는 짧고 굵으며 발은 삽처럼 생겼다. 노블헤드라는 이름을 갖게 된 이유는 뼈가 변형되어 튀어나온 돌기들 때문이다. 주둥이 앞에 2, 3개의 돌기가 있다. 머리 뒤의 양쪽 위에 더 큰 돌기가 하나씩 있고 눈 위에도 하나씩 있다. 등 아래쪽으로는 골편osteoderm이라는 뼈 덩어리들이 줄지어 있어서 고르곤의 공격으로부터 몸을 보호해준다. 큰 체구는 이 동물의 강점이다. 부노스테고스가 속한 파레이아사우루스류pareiasaurs 동물은 모두 빠르게 성체 크기로 성장한다. 모라디의 다른 사지동물 사이에서 부노스테고스는 말 그대로 우뚝 서 있다. 다리를 펼치고 기어다니는 도마뱀과 달리 몸통 아래쪽을 향한 다리로 똑바로 선다. 부노스테고스는 가장 처음으로 직립보행을 한 사지동물이다.[9]

이런 지형에 사는 대형동물에게 직립보행은 유용한 적응 방법이다. 초식동물은 생존에 충분한 물과 식량을 얻기 위해 남아 있는 자원을 찾아 효율적으로 이동해야 한다. 체중을 다리와 다리 사이가 아닌 다리 자체에 실으면 더 적은 에너지로 걸을 수 있다. 개방적이고 건조한 서식지에서는 식량과 식수의 공급원이 대부분 멀리 떨어져 있어 동물의 활동 범위가 넓기 마련이다. 부노스테고스가 근연종들보다 더 꼿꼿이 선 자세를 취하여 큰 몸집에 비해 에너지를 효율적으로 사용하게 된 까닭은 바로 이러한 이유에서다. 부노스테고스는 이 자세를 채택한 최초의 동물이지만 직립보행을 하는 모든 사지동물이 부노스테고스의 후손은 아니다. 뒷다리는 직립하지만 앞다리는 좌우로 펼치고 걷는 공룡이나 네다리를 똑바로 세우고 걷는 포유류나 모두 부노스테고스의 아주 먼 친척일 뿐이다. 이들은 모두 '양막류'(껍질이 있는 알을 발달시킨 동물을 가리키며 양서류와 구별하기 위해 붙인 이름)이지만 그 계통수에서 초기에 분화해 나왔다.[10]

양막류가 육상을 장악하기 시작한 때가 페름기다. 상대적으로 건조한 기후나 극심한 계절성은 이 시기의 새로운 현상이다. 석탄기 동안 양서류는 알의 해부학적 구조를 영리하게 진화시켰다. 물에 사는 어류의 후손인 이들의 알은 조상의 알과 마찬가지로 바다처럼 짠 화학적 조성을 보인다. 발생과 DNA 복제에 관여하는 단백질은 수중 환경에서 작동하도록 적응되었으므로 물기가 마르면 제 기능을 발휘할 수 없다. 양서류는 물 밖으로 나올 수 있지만 어릴 때는 고인 물이 없다면 살아남을 수 없다. 양막류는 일련의 막으로 각각의 알을 감싸서 보호함으로써 처음으로 이 문제를 해결한 종의 후손에게 붙여진 이름이다. 양막란에는 물리적으로 보호해주는 껍질 안에 배아가 발달하는 두 겹의 보호 주머니인 장막과 양막, 배아의 폐 역할을 하는 요막이 존재한다. 요막은 다공성 껍질을 통해 들어온 산소를 배아에 전달하여 호흡을 지속할 수 있게 하고 호흡 노폐물의 저장소로도 기능한다. 이러한 보호막들은 습기가 전혀 없는 환경에서도 발생이 진행되는 동안 알 내부의 화학적 조성을 유지해준다.[11]

석탄기 말에서 페름기 초에 걸친 3,000만 년 동안 지구는 상당히 습한 기후에서 극심한 건조 기후로 바뀌었다. 새로운 건조한 세계가 완전히 자리를 잡자 양막류도 자리를 굳힌다. 일시적 가뭄에 대비한 예비 수단이었던 것이 이들에게 새로운 살 곳을 탐색하고 내륙에 새로운 군집을 만들 기회를 가져다준다. 알을 낳을 담수를 찾아야 한다는 제약에서 벗어난 양막류는 예전 같으면 가까이 가지도 않았을 판게아대륙의 사막과 고지대에 정착했다. 곤충류, 거미류, 균류, 식물이 각자 가뭄에 강하게 개조한 알, 포자, 종자를 가지고 들어선 길에 척추동물도 마침내 뒤따른 것이다.

현대에 비양막류 사지동물은 이른바 진양서류(현생 양서류)에 속하는 개구리류, 도롱뇽류 그리고 앞을 보지 못하는 굴 서식 동물인 무족영원류뿐이다. 인간을 포함하여 그 외의 모든 사지동물은 양막류를 주제로 한 변주곡들이다. 양막은 인간이 분만할 때 터지는 물이 담긴 용기를 가리키는 용어로 우리에게 익숙하다. 그 '물'은 우리가 발생 단계에 있을 때 우리 자신을 보호하기 위해 만들어낸 작은 바다다. 한편 우리가 아는 태반은 장막과 요막이 힘을 합해 만들어낸 기관이다. 우리에게는 아직도 그 먼 옛날의 생태적 특성이 남아 있다. 우리의 세포는 가장 기본적인 화학적 제약을 깰 수 없으며, 우리의 몸에는 조상을 육지로 이동할 수 있게 해준, 발생학적 과정에서 생긴 허점이 유산으로 남아 있다.[12]

모라디에 서식하는 동물 중 우리와 가장 가까운 친척인 고르곤은 부노스테고스 무리와 마찬가지로 껍질이 부드러운 알을 낳는다. 그러나 이곳에는 의외로 강인한 양서류도 몇몇 존재한다. 자갈이 깔린 강바닥 중앙 수로를 정찰하고 있는 한 동물이 있는데, 크기와 생김새가 대형 악어를 닮았다. 툭 불거진 작은 눈은 악어보다 더 우스꽝스럽게 보인다. 작은 화산구처럼 솟아 있는 콧구멍은 주둥이 끝이 아니라 중간쯤에 있고 끝에는 기이하게도 긴 아래 송곳니 2개가 살을 뚫고 튀어나와 있다. 니게르페톤Nigerpeton은 양막류보다 현생 양서류와 더 가까운 분추류分椎類 동물이지만 오늘날의 자그마한 양서류보다 훨씬 크다. 현대에도 중국과 일본의 몇몇 강에서 발견되는 왕도롱뇽은 180cm까지 자라는데, 니게르페톤은 그보다 60cm나 더 길다. 니게르페톤과 가까운 친척이며 모라디에 서식하는 또 다른 초대형 분추류인 사하라스테가Saharastega는 여전히 번식을 위해서 물이 있어야 하지만 어쨌든 육상 동물이다.[13]

아마도 모라디의 습윤한 사막 생태계에서 가장 편안히 사는 주민은 모라디사우루스Moradisaurus일 것이다. 모라디에서 최초로 발견된 종으로, 그 이름은 '모라디 도마뱀'이라는 뜻이지만 사실 도마뱀이 아니다. '그랩스나우트grabsnout'라고도 불리는 캅토리누스과captorhinid다. 이 동물은 살아 있는 가까운 친척이 없는 초기 양막류의 또 다른 유형이다. 모라디사우루스 같은 그랩스나우트를 포함하여 초기 양막류의 섭식에서 중요한 변화는 섬유질이 많은 식물을 먹는 데 적응했다는 점이다. 섬유질은 대부분 셀룰로스라는 탄수화물로 구성되는데, 척추동물은 셀룰로스 분자를 소화하는 데 필요한 효소를 생성할 수 없다. 예를 들어 인간은 셀룰로스를 전혀 소화할 수 없으므로 우리가 식물성 물질을 먹어서 얻는 에너지는 전분이나 당분 등 다른 영양소에서 나온다. 이 때문에 우리가 곡물, 견과류를 포함한 열매나 씨앗, 감자나 순무 같은 덩이뿌리를 주로 먹는 것이다. 우리가 시금치, 양배추, 셀러리 같은 잎이나 줄기를 먹는 것은 에너지를 얻기 위해서가 아니라 소화할 수 없는 셀룰로스 섬유질 자체가 필요하거나 비타민, 미네랄 등 다른 영양분을 얻기 위해서다.

에너지 공급원이 있으나 접근할 수 없을 때 가장 좋은 방법은 산호가 빛을 얻기 위해 조류와 협력하듯이 거기에 접근할 수 있는 미생물과 협력하는 것이다. 고셀룰로스 식단에도 이러한 연대가 필요하다. 부노스테고스를 비롯한 파레이아사우루스류는 박테리아로 꽉 차 있는 항아리 모양의 위에서 음식을 발효시킨다. 다른 동물들, 예컨대 모라디사우루스를 닮은 작은 그랩스나우트 같은 동물은 최대 12줄에 이르는 치아로 식물을 얇게 잘라서 처리 속도를 높인다. 이 새로운 생태는 다른 곳에서도 진화의 기회를 열어주었다. 트라이아스기 초에 살았던 다른 단궁류 동물의 배설물에는 초식동물의 장에서만 산다고 알려진 독특한 기생충 알이 보존되어 있다.[14]

* * *

나무 그림자가 열기로 어른거리던 강바닥은 이제 나무를 어둡게 반사하고 모래는 거품을 일으킨다. 며칠 전 몬순이 아이르산맥을 강타했고 그 이후로 이 분지에 비가 줄기차게 내리고 있다. 결국 장마 전선이 도착해 이 오래된 강의 짠 침전물을 헤집고 공기만 가득 찬 호수에 잎맥이 있는 얇은 나뭇잎들을 떨어뜨린다. 물이 수로에 차오르고 희기만 했던 강바닥을 어둠이 덮치며 끊임없이 물이 흘러들어오는 광경을 보면, 강물이 흐르지 않을 때가 있었다는 것은 상상조차 하기 힘들다. 호수로 나온 물은 평지를 만나 흰 캔버스 위에 검은 물감으로 그려진 한 그루의 나무를 끼며 둘로 갈라지고 천천히 가장 낮은 지점을 찾아간다. 그 지류들은 확장되고 다시 합해지면서 맨땅이었던 플라야 호수 바닥을 부풀린다. 땅속의 결정체들이 쏟아지는 물을 받아들이면서 갈라진 땅이 메워진다.

느린 흐름을 타고 산의 토사가 가라앉으면 호수의 염도는 점점 더 낮아지고 물은 점점 더 맑아진다. 몇 해 동안 강둑은 일정하지 않고 울퉁불퉁하며 낮았다. 강물이 불규칙하게 유입되었기 때문이다. 호숫가에서 자라던 건조한 기후를 좋아하는 식물들이 물에 잠겨 듬성듬성한 초목의 머리카락 같은 가닥들을 수면 위로 올려 보낸다. 햇빛을 받으면 물은 하늘을 비추는 완벽한 거울이 된다. 호수 바닥이었던 곳이 지금은 거꾸로 뒤집힌 공기 덩어리로 보인다. 분명 수백 킬로미터 떨어진 상류에서는 폭풍우가 귀청이 터질 듯한 굉음을 내며 나뭇잎을 갈기갈기 찢고 뿌리를 흔들고 있을 것이다. 그러나 이곳 모래 폭풍의 끝자락은 평온하기만 하다.

쐐기 모양의 머리를 가진 작은 모라디사우루스 한 마리가 뒤뚱거리며 걸어온다. 짧은 몸통 때문에 한 걸음 내디딜 때마다 더 짧은 다리를 던지듯 내밀며 보폭을 넓힌다. 몸은 이리 휘었다 저리 휘었다 하고 발은 젖은 진흙탕을 빠져나오기 위해 버둥거린다. 물속으로 들어갔다가 수면 위로 떠오른 모라디사우루스는 늘어뜨린 다리를 이용해 몸을 튕긴다. 그러자 꼬리 중간이 갑자기 끊어지더니 나무 그루터기에서 새순이 돋듯이 더 작고 가는 꼬리가 나타난다. 현대의 이구아나처럼 어린 캅토리누스과도 포식자에게 잡히면 꼬리를 잘라내며, 잘린 꼬리는 나중에 다시 자라난다.[15]

두 달 동안 강이 불어나 소금 평원이 완전히 물에 잠긴다. 부노스테고스는 호수로 내려와서 그 묵직한 골격을 질척한 땅에 파묻고 뒹군다. 침엽수는 뿌리를 지하수면까지 내려뜨리고 푸르도록 무성해진다. 남아 있는 어두운 웅덩이에서는 살기 위해 안간힘을 쓰고 있는 연체동물들이 마침내 세상에 나와 번식할 기회를 잡는다. 도마뱀과 비슷한 작은 파충류 한 마리가 여기저기서 바삐 움직인다. 물이 다시 차오르는 강의 만곡부와 호숫가에서 모라디의 서식자들이 나타나 양껏 물을 마신다.

상류에서 떠내려온 식물의 부유물이 수로 가장자리에 걸리거나 급류에 쓸려 얕은 웅덩이로 모일 때가 종종 있다. 1년 내내 느리게 성장하는 모라디의 식물과 비교할 때 이 부유물들은 상류에 더 울창한 식생에서 온 것이다. 부노스테고스와 모라디사우루스의 뼈도 모래톱에서 떠내려온다. 다만 그 뚜렷한 특징은 물살에 침식되어 밋밋해져 있다. 건조한 땅에서는 느리게 부패한다. 어쩌면 이 뼈의 주인은 죽은 지 5년이나 10년이 지났을지도 모른다. 그 시간 동안의 부패로 골격은 뼛조각으로 분리되었고 팽팽한 종잇장처럼 마른 피부에는 바람에 날아온 모래가 붙었다. 모래 폭풍이 뼈에 긁힌 자국을 남기면 표면의 화학적 성질이 변화하여, 그 주변에 결정 작용을 일어나게 하는, 일종의 맹아가 된다. 다시 강이 굽이쳐 흐르면서 아직 화석화되지 않은 뼈들은 물살에 휩쓸려 또 다른 강둑에 다시 묻힌다.

생명체에서 화석이 되는 여정은 대체로 순탄하지 않다. 그러나 때로는 매우 간단할 수도 있다. 굽이치는 강물은 강둑과 모래톱을 침식하지만 동물들이 파놓은 굴을 망가뜨리기도 한다. 모라디에 그런 굴이 하나 있다. 여름날 열기를 피해 편안히 몸을 웅크리고 잠들어 있었을 모라디사우루스 새끼 네 마리가 영문도 모른 채 범람한 물과 무너진 굴에 파묻혀 애처롭게 보존되어 있다. 강물이 불어나면 물을 마시러 온 동물에게는 새로운 위험이 닥칠 수 있다. 굴곡진 모래톱에는 동물 뼈와 같은 가벼운 부유물이 붙잡히기도 한다. 이곳의 강은 심지어 아이르산맥으로부터 쓸려 내려온 커다란 통나무 같은 더 큰 생물 잔해도 실어 나를 만큼 넓고 깊다.

모래톱 한 모퉁이에 쓰러진 25m 길이의 통나무가 물길을 가로막는다. 점점 더 많은 나무 잔해가 쌓여 천연 댐을 형성한다. 100km의 여정 동안 나무의 연약한 가지들은 떨어져 나가고 큰 줄기만 남았다. 이 통나무의 단면에는 나이테가 거의 보이지 않는다. 1년 내내 비가 내려 나무가 몬순에 쓰러질 때까지 멈추지 않고 계속 자랐기 때문이다. 이 통나무는 물의 흐름을 차단하여 우기에 강물의 속도를 늦추고, 물이 졸졸 흐르다 말라버리는 계절이 오면 작은 동물에게 그늘을 제공한다.[16]

통나무 천연 댐은 하천 생태계의 큰 영향을 미친다. 돌발 홍수로 넘친 물은 통나무 댐을 만나면서 울퉁불퉁한 장벽을 뚫느라 에너지의 상당 부분을 잃게 된다. 그래서 통나무 댐 전후에서는 유속이 느려진다. 이처럼 가로놓인 나무는 강을 진정시키고 하류의 피해를 줄여준다. 상류에서는 물이 범람원으로 우회하면서 일시적으로 웅덩이가 생긴다.

이것이 모라비에서 1년 내내 양서류가 살 수 있는 이유다. 이곳처럼 경사가 완만하여 유속이 느린 지형에서는 통나무 천연 댐이 지질에 미치는 영향이 미미하지만 더 넓은 수계에서는 그 규모와 영향이 훨씬 광범위할 수 있다. 카도 미시시피 문화권(오늘날 루이지애나)에 있던 역사상 가장 큰 천연 댐은 거의 1,000년 동안 지속했다. 거대한 뗏목Great Raft이라고 알려진 이 천염 댐은 한때 240km가 넘는 강을 가로막고 있었다. 물속에서 서서히 부패하는 나무줄기들이 끊임없이 움직이는 카펫을 이루어서 농작물에 비옥한 물과 흙을 공급하여 이 지역의 삶과 농업에 중요한 요소로 작동했다. 배의 통행을 위해 폭파하지 않았다면 이 천연 댐은 오늘날에도 여전히 그 자리에 있었을 것이다. 거대한 뗏목을 제거하자 하류의 육지에 강이 범람하여 추가로 댐을 건설해야 했고 이 지역 하천 흐름의 역학도 바뀌었다.[17]

모라디의 생태계는 페름기의 기준으로 보아도 특이하다. 우리는 과거의 특정 시대가 전 세계적으로 균질했으리라 상상하곤 한다. 그러나 지구 전체에 설원만 있거나 사막만 있거나 숲만 있을 수는 없다. 언제나 지역에 따라 변주된다. 전 세계적으로 생물 종은 기후에 대한 내성과 지금껏 걸어온 역사의 조합에 따라 분포한다. 모라디는 더위와 건조함의 정도가 극단에 가까워서 이곳에 서식하는 생물은 여타의 페름기 생태계와 다르다. 예컨대 남아프리카의 카루고원이나 동유럽에서 발견된 페름기 지층은 당시의 기후가 온대성이다. 겨울도 그렇게 춥지 않고 여름도 그렇게 덥지 않았으며, 모라디와는 상당히 다른 종이 살았음을 말해준다. 고르곤이 속한 수궁류therapsid는 전 세계에 존재하지만 생태학상 엄청나게 다양하다. 예를 들어 원숭이와 비슷해 보이는 수미니아*Suminia*는 러시아에만 사는 수궁류의 한 속으로, 엄지를 다른 손가락과 맞댈 수 있는 최초의 동물이자 나무에 오르는 최초의 척추동물이다.[18] 모라디의 독특한 생태계가 만들어진 요인은 잎이 혀 모양을 한 글로소프테리스라는 양치종자류가 없어서일 것이다. 글로소프테리스 숲은 판게아 남부를 뒤덮고 있는데, 디키노돈트류dicynodont(쌍아류)가 선호하는 먹이다. 이 식물이 없는 곳에서는 파레이아사우루스나 캅토리누스과 같은 다른 초식동물이 번성한다.[19]

극한의 계절은 모든 생태계에 극복해야 할 과제다. 플라이스토세 이크피크룩의 말들이 겨울에 성장을 중단했던 것과 똑같이 부노스테고스도 건기마다 성장을 멈춘다. 부노스테고스의 다리에 새겨진 성장테 하나하나는 성장이 억제된 때, 즉 그들이 극복한 가뭄을 기억하고 있다. 그러나 그 삶의 혹독함에도 불구하고 건기를 견뎌낸 사막의 생태계는 믿기 힘들 정도로 다양한 경우가 많다. 현대의 나미비아에는 높이가 수백 미터나 되는 우뚝 솟은 사구를 관통하여 흐르는 강이 하나 있다. 낮은 지대에서는 점토와 소금으로 이루어진 평원에 물이 고인다. 소수스블레이라는 이름의 이 플라야 호수는 현대에서 보기 드물게 모라비 습윤 사막과 닮은꼴이다. 빗물이 나미브사막의 사구 지대를 관통하여 흐르는 일은 몇 년에 한 번뿐이므로 소수스블레이는 대체로 메마른 상태다. 그러나 지하수가 충분해 낙타가시나무가 60m나 되는 원뿌리로 모래 깊이 파고들면 (염도가 높기는 해도) 물을 추출할 수 있어서 1년 내내 동일한 수분 섭취량을 유지할 수 있다. 낙타가시나무는 또한 도마뱀과 포유류 군집을 번성하게 한다.

소수스블레이 인근의 또 다른 플라야 호수는 물 공급이 아예 안 될 때 어떤 일이 일어나는지를 보여준다. 데드블레이는 나미비아의 주요 관광 명소다. 늘 구름 한 점 없는 푸른 하늘 아래 산화철 빛깔이 도는 주황색 사구와 새하얀 점토질 땅, 흑연처럼 검게 말라버린 낙타가시나무들이 묘한 풍경을 이룬다. 이곳에서는 수백 년 전 사구가 이동해 강의 경로를 막아버렸다. 그 후 부패조차 불가능할 정도로 건조해져서 이곳의 나무들은 사라진 생태계를 기리는 기념비처럼 햇볕에 검게 타 앙상하게 서 있다. 매년 홍수가 나지 않았다면, 아이르산맥에 비가 내리지 않았다면, 몬순이 없었다면, 대륙의 모양이 달랐다면 페름기 모라디 역시 정말 사막이 되었을 것이다.[20]

그러나 안정적인 강수량도 다가오는 변화를 막을 수는 없다. 모라디의 암석 기록은 지금으로부터 2억 5,200만 년 전까지 계속된 다음 갑자기 중단되어 1,500만 년의 시간적 공백이 생겼다. 잃어버린 것은 기록만이 아니다. 판게아에 뜨거운 바람이 불어오고 지구의 꼭대기에서는 북극이 전례 없는 폭발을 일으키려 한다. 시베리아가 폭발하게 된다. 시베리아가 폭발해 현대 지중해를 채울 수 있는 400만km^3의 용암이 분출되어 오스트레일리아 면적을 덮는다. 그 화산 폭발은 최근에 형성된 탄층을 파열시켜 지구를 연료에 심지를 묻은 양초로 만들고 석탄재와 유독성 금속이 대지 위를 떠다니게 하며, 물이 흐르던 곳에 죽음의 슬러리가 흐르게 한다. 바다에서는 산소가 끓어오르고 박테리아가 급격히 늘어나 유독성 기체인 황화수소가 생성된다. 역겨운 냄새를 풍기는 황화수소는 바다와 하늘에 스며든다. 지구상의 생물 중 95%의 종이 이른바 '대멸종Great Dying'의 일원이 되어 절멸한다.[21]

모라디의 하늘이 어두워지면서 메가 몬순은 아랑곳하지 않고 불어오지만 아이르산맥에서 내려오는 물은 이제 마실 수 없게 되었다. 비소, 크롬, 몰리브덴이 섞여 있기 때문이다. 생명의 원천을 빼앗긴 사막의 버려진 뼈들은 폭풍우 아래로 가라앉는다.

"나는 여러 갈래 잎이 달린
메둘로사를 보았네.
그리고 칼라미테스 지팡이에서
장밋빛 석양을 보았네."

- 영국 식물학자 E. 매리언 델프 스미스, 〈식물의 꿈A Botanical Dream〉

"세상의 절반을 차지하며
이름 모를 꽃 가득하고
기후도 없는 이 미개척지에서는
모든 계절이 폐지되었네."

- 장 조제프 라베아리벨로, 《밤으로부터의 번역Traduit de la Nuit》

11

연료

미국 일리노이주 메이존크리크

3억 900만 년 전 석탄기

지도11 3억 900만 년 전 석탄기 지구

습기가 내리누르지만 열기는 힘을 북돋는다. 초목이 뚫고 지나가기가 거의 불가능할 만큼 빽빽한 늪이 고요하기만 한 검은 물속으로 가라앉고 있다. 위풍당당하게 곧게 뻗은 쇠뜨기와 나무고사리 가지들이 햇빛에 닿기 위해 서로 경쟁하며 우뚝 서 있다. 공기는 활력이 넘친다. 대기 중 산소 농도가 높기 때문이다. 지구 곳곳에 대량으로 존재하는 식물성 물질이 대기를 산소로 가득 채워 대기 중 산소 농도가 현대보다 50%나 높다. 판게아 서부 해안에서 강 하나가 빽빽한 적도 습지를 지나면서 실트 쐐기를 파내 거대한 대륙붕이 있는 연안 바다로 쏟아붓는다. 오늘날 일리노이주 그런디카운티에서 볼 수 있는 드넓은 콘벨트, 즉 옥수수 재배 지역과는 전혀 다른 풍경이다. 현대 일리노이강이 단일 경작지를 지나 넓은 미시시피강으로 향하는 여정을 시작하는 이곳에서 석탄기의 한 이름 없는 강은 초기 앨러게니산맥에서 깎아낸 토사를 바다로 데려가 비옥한 삼각주를 만든다.[1]

이탄 습지 바로 곁에는 큰 나무 군락이 하나 있다. 나무와 나무 사이의 간격이 몇 미터 되지 않으며 나무의 높이는 10m 정도로 비교적 균일하다. 나무줄기는 초록빛을 띠는 악어 색깔이며 비늘처럼 마름모가 겹쳐 있다. 각각의 비늘은 위아래가 약간씩 어긋나 있는데 전체적으로 보면 바둑판을 사선으로 일그러뜨린 모양이어서 어두운 풀숲으로 올라가는 나선형 계단처럼 보인다. 나무 아래 5m 정도는 반짝이는 비늘만 덮여 있는 반면에 그 위로 꼭대기까지는 비늘마다 길고 가는 잎사귀가 하나씩 달려 있다. 짙은 색의 빳빳한 털 같은 잎은 서로 얽혀서 나무 아래 고여 있는 얕은 물에 어둠을 드리운다. 아래쪽 비늘에서 떨어진 가느다란 잎들이 물그림자 위에 떠 있다. 이 나무들은 오늘날 활엽수처럼 빛을 완전히 차단하지는 않지만, 그렇다고 해서 빛을 포착하는 데 비효율적인 것도 아니다. 성긴 숲우듬지를 뚫고 들어오는 빛을 사용할 수 있기 때문이다. 인목鱗木('비늘 나무'라는 뜻)이라고도 불리는 레피노덴드론*Lepidodendron*은 마름모꼴 무늬가 있는 면을 통해 광합성을 한다. 이는 곧 나무껍질 전체가 공기와 햇빛을 식물성 물질로 바꿀 수 있다는 뜻이다.[2]

초저녁에는 이 병 솔 같은 숲우듬지 아래로 대부분 빛이 수평으로 들어온다. 나무가 없고 하늘이 탁 트여 있는 깊은 웅덩이가 석양을 반사하기 때문이다. 그늘은 시원하지만 석탄기 일리노이를 비추던 적도의 태양은 눈부시게 희다. 인목의 나무줄기와 검게 변해가는 고사리 줄기가 서서히 썩으면서 물에서는 지독한 악취가 풍기고 물가의 부드러운 땅은 쓰러진 통나무의 무게로 가라앉고 있다. 맞은편에는 또 다른 인목 군락이 있지만 하나의 줄기만 일자로 뻗어 있는 모양이 아니다. 맨 위에서 줄기가 둘로 갈라지고 갈라진 줄기가 또다시 둘로 갈라지면서 빈틈없이 숲우듬지를 채워나간다. 물에 잠긴 토양에 술에 취한 듯 기울어 있어도 수면 위 30m 정도의 일정한 높이로 자라는 까닭에 이 군락 전체를 보고 있으면 마치 나선형의 무늬가 새겨진 아름다운 기둥

그림11 레피도덴드론

에 짙은 녹색 천막을 친 베네치아의 시장에 와 있는 듯한 느낌을 준다. 빽빽하고 질서 없이 얽인 듯 보이지만 각 군락에 속한 나무의 높이는 놀랍도록 일정하다. 이 군락은 모든 나무가 다 자란 나무다. 아주 어린 나무나 덥수룩해진 청소년기 나무는 섞여 있지 않다. 기하학적 감각이 있는 조경사가 성실하게 심은 것 같다. 물론 누군가 의도적으로 혹은 계획적으로 심은 나무가 아니다. 토질이나 일조량의 국지적 특성과도 무관하다. 이 나무들은 모두 동일한 종이며, 각 군락에 속한 모든 나무는 정확히 수령이 같다. 이웃한 나무들은 말 그대로 함께 자란 코호트다.[3]

나무들이 다닥다닥 붙어서 자라는 데는 그럴 만한 이유가 있다. 식물공학계의 혁신가 인목은 최초로 단단한 수피를 만든 수종으로 추정되지만, 내부는 제대로 된 목질이 아니다. 우리가 나무에서 기대하는 단단하고 치밀한 진정한 목질은 드물다. 주로 목질로 이루어져 있는 이곳의 흔한 식물은 겉씨식물뿐이다. 인목에서 진정한 목질은 줄기 중심에서만 아주 소량 발견될 뿐이다. 나머지 대부분은 초본류에서 훨씬 더 많이 나타날 법한 해면질 같은 가벼운 조직으로 이루어져 있다. 튼튼한 나무껍질 덕분에 높이 자랄 수 있지만 줄기는 단단한 목재만큼 견고하지 못하다. 땅 밑에서 일어나는 일이 아니었다면 인목은 이같은 나무줄기 때문에 불안정해졌을지도 모른다.

상처가 난 듯 구멍이 나 있어서 스티그마리아*Stigmaria*라고 불리는 인목의 뿌리는 초기 이탄 토양에서 이웃한 개체의 뿌리와 서로 단단히 얽혀서 자란다. 스티그마리아는 죽 이어지는 얕은 판을 형성하는데, 이는 군락의 모든 나무를 지탱하는 넓고 단단한 기초가 된다. 잔뿌리의 개수가 1m²당 2만 6,000개에 육박할 만큼 높은 밀도 덕분에 물을 흡수하는 뿌리 표면적이 엄청나게 넓다. 나무 한 그루가 쓰러지면 바로 옆에 있는 나무도 함께 쓰러지기 쉽지만 이 강력한 뿌리 시스템으로 인해 강풍에 나무가 쓰러질 가능성이 거의 없다. 나무들이 서로를 붙잡고 있어 안정적이기 때문이다.[4]

이 얕은 뿌리 판이 세계를 변화시키고 있다. 뿌리는 주로 식물을 고정하고 물과 영양분을 흡수하는 기관이지만 개별 개체를 넘어 훨씬 더 광범위하게 영향을 끼친다. 뿌리는 지형도 변화시킨다. 뿌리는 말 그대로 땅을 다른 식물에게 열어준다. 그래서 속흙에서 일어나는 상호작용의 세계를 '근권根圈', 즉 뿌리의 세계라고 부른다. 뿌리는 땅속을 파고들어가서 암석을 풍화시켜 가차 없이 모래로 만들고 썩어가는 부식토를 한곳에 가둔다. 뿌리가 없으면 파편이 생겨도 바람에 날리거나 빗물에 씻기기 때문에 토양이 형성될 수 없다. 단단하게 압축된 토양을 뿌리가 고정해주지 않는다면 빗물은 둑을 무너뜨리면서 식물 없는 세상을 거침없이 일직선으로 흘러내려가 넓고 평평한 강으로 합해질 것이다. 자연적으로 생긴 수계의 굴곡, 끊임없이 변화하는 수백 개의 수로와 범람원과 버려진 우각호는 수천 그루의 나무가 유수에 맞서 단단히 자리를 지키며 강물을 우회하게 하여 창조한 작품이다. 강의 경로는 식물에 의해 정해진다.

뿌리는 땅을 파고들기도 하지만 잎처럼 대기의 화학적 조성을 변화시키기도 한다. 뿌리는 나트륨, 칼슘, 칼륨과 같이 알칼리 금속인 규산염이 풍부한 사암을 계속해서 뚫고 들어가 미생물과 균류의 도움을 받아 미네랄을 포집한 다음 물에 배출한다. 이 새로운 수로에 배출된 용존 금속은 강을 더 알칼리성으로 만들 수 있지만 물에 녹아 있는 이산화탄소와 반응하여 급격한 변화가 방지된다. 계속 이러한 완충작용이 일어나다 보면 더 많은 이산화탄소가 공기에서 물로 들어온다. 뿌리가 규산염 광물을 풍화함으로써 대기에 미치는 영향은 매우 강력해서 현대에도 대나무 같은 고풍화 식물을 활용해 탄소를 포집하는 방안이 제안될 정도다. 지질학적 시간 척도에서 보자면 그 변화는 분명 엄청날 수 있다. 데본기가 시작되던 1억 1,000만 년 전보다 지구 대기 중 이산화탄소 농도가 4,000ppm 낮아졌다. 이는 오늘날 대기 중 이산화탄소 총량의 10배에 해당하는 수치다. 그리고 그 주요 원인은 바로 땅속을 파고드는 식물의 뿌리에 있다.[5]

날씨 변화는 이뿐만이 아니다. 메이존크리크의 강우량이 예전보다 늘었다. 앨러게니산맥의 융기로 바람이 바뀌고 더 가팔라진 경사면을 따라 더 많은 비가 내리고 있다. 침식작용이 활발한 강이 형성되면서 메이존의 열대 바다로 흘러들어가는 물은 둑에서 씻겨 내려온 양치종자류와 다른 고지대 식물의 잔해 때문에 뿌연 다갈색을 띠게 되었다. 만에는 잔잔한 조류가 하루에 두 번씩 밀려들어오고 계절에 따라 주기적으로 홍수가 발생한다. 메이존크리크는 그야말로 늪 중의 늪이다. 어떤 구역은 늘 물이 차 있고 또 어떤 곳은 습한 공기에 노출되어 썩어가는 나뭇가지와 잎들로 덮여 있다.[6]

홍수는 이곳을 쓸고 지나가면서 지형을 뒤흔든다. 가라앉아 있던 것을 드러내고 땅이었던 것을 파내며 물가를 따라 생태 천이(생물군집의 연속적 회복)를 유발시킨다. 인목은 진흙이 부드럽고 땅이 침수된 곳에 뿌리를 내린다. 그러고는 강물에서 진흙이 섞인 실트를 모아 지반을 안정시킨다. 인목은 곧게 자라므로 그늘을 거의 드리우지 않는다. 이는 주변에서 다른 종들이 자랄 수 있다는 뜻이다. 인목도 종에 따라 내습성이 서로 다르다. 인목은 대부분 줄기 주변에서 물이 찰랑거려도 잘 자라지만 어떤 종은 물가나 축축한 곳을 좋아하면서도 배수가 잘되는 땅을 선호한다. 인목 주변에서는 거대 쇠뜨기인 칼라미테스가 자란다. 칼라미테스는 수평으로 연결되는 줄기인 뿌리줄기rhizome로 고정되며, 보통 산소가 희박한 물에서 산다. 쇠뜨기는 산소 부족을 극복하기 위해 뿌리줄기로 기체를 이동시켜 효율적으로 기능하게 하는데, 그 양이 분당 70L에 이른다. 인목과 쇠뜨기 다음에는 잎이 돌돌 말려 있는 진짜 고사리가 나타난다. 그리고 볼 수 있는 게 나무와 비슷한 양치종자류와 침엽수와 비슷한 코르다이테스다. 코르다이테스는 메이존크리크 주변 지역 중 배수가 잘되는 산등성이와 고지대에서만 자란다.[7]

양치종자류와 침엽수 대부분은 비교적 건조한 토양에 서식하므로 홍수가 위험을 초래하는 일이 거의 없다. 그러나 화재는 피할 수 없다. 강우량이 늘어나도 화재를 막을 수는 없는 법이다. 고생대 말에 숲에 서식하는 생물에게 화재는 실질적이고 특별한 위협이다. 석탄기 말에는 들불이 매우 흔했다. 페름기 초반의 정점을 제외하면 지구 역사상 가장 들불이 많이 난 시기가 석탄기 말이다. 불이 나려면 연료, 산소, 열이라는 3요소가 있어야 한다. 석탄기에 나무처럼 키가 큰 식물이었던 칼라미테스, 인목, 코르다이테스가 등장하면서 이 3요소가 가장 풍부해진다. 이전까지는 식물에 이렇게 많은 유기물질이 농축된 적이 한 번도 없었다. 게다가 이 식물들이 광합성을 하면서 대기 중 산소 농도도 높아졌다. 이 시기에 산소는 공기의 32%를 차지했는데, 오늘날 대기 중 산소 비율이 20%라는 점을 감안하면 놀라운 수치다. 대부분의 석탄기 동안 지구 평균 기온은 오늘날보다 최대 6°C가 높았다. 극지방에 얼음이 얼면서 기온이 떨어지기는 했지만 열기는 적도 부근의 열대지방인 메이존크리크를 떠나지 않았다. 습하고 이탄이 많다고는 해도 대기 중 산소 농도가 23% 이상으로 올라가면 식물성 물질에 들어 있는 수분과 관계없이 불이 붙을 수 있다. 현대 세계에서 축축해 불이 붙지 않는 장작도 이곳에서는 불이 붙을 수 있다.[8]

인목이 그렇게 앙상하고 헐벗은 줄기를 갖게 된 까닭도 화재 가능성 때문일 것이다. 발아를 위해 불에 타야 하는 식물도 있기는 하지만 식물은 대부분 불이 날 가능성이 가장 낮을 때, 즉 화재가 일어난 직후에 빠르게 성장하거나 씨앗을 내보낸다. 그래서 불이 자주 나는 환경에서도 버틸 수 있다. 생장 속도가 빠른 인목은 자라면서 낮게 달린 가는 잎들을 땅에 떨어뜨린다. 그 잎들은 표면적이 넓은 낙엽층을 형성한다. 소나무가 타는 것을 본 사람이라면 유분이 많은 소나무의 바늘잎에 얼마나 빠르게 불이 붙는지 알 것이다. 불이 붙으면 낮은 온도로 금세 지면 위를 휩쓸고 지나가며 연료를 빠르게 소진하므로 숲우듬지까지 불길이 닿을 겨를이 없다. 자주 화재를 겪으며 살아가는 침엽수는 다른 곳의 침엽수보다 더 잘 타는 잎을 갖고 있다. 숲 바닥과 나무 꼭대기 사이의 간격은 불길이 올라갈 공간을 제공하지만 그리 높이 치솟을 수는

없다.[9]

깃털 카펫 같은 마리옵테리스*Mariopteris*(양치종자류)의 덩굴과 인목의 울퉁불퉁한 뿌리 사이를 바삐 움직이는 지네, 주변에 윙윙거리는 수천 마리의 곤충들 사이에 딱정벌레도 있다. 메이존크리크는 지구상에서 최초로 딱정벌레가 살았던 장소다. 이곳에서는 잠자리부터 노래기, 갑각류, 거미류에 이르기까지 절지동물을 흔하게 볼 수 있다. 조류에 떠밀려 온 낯선 절지동물도 보인다. 둥근 몸통이 뒤집힌 소쿠리를 닮은 에우프로옵스*Euproops*(투구게류)다. 현생 투구게는 갈색에 껍데기가 있고 느릿느릿 움직이는 동물로 친숙한데, 매년 짝짓기와 산란을 위해 북아메리카 동부 해안과 카리브해 연안, 남아시아 및 동아시아 전역에 나타난다. 어떤 사람의 눈에는 에우프로옵스가 투구게류에서 보기 드물게 모방에 재능이 있다고 보일 것이다. 눈을 가늘게 뜨고 보면 이 동물의 가시는 석송류의 잎사귀와 무척 닮았다. 다리는 나뭇가지를 잡거나 당기는 데 특화되어 있다. 이곳의 투구게는 육지에서 살기에 적합해 보이는 외양을 하고 있으나 이는 우연이며, 메이존크리크가 오랜 시간을 버티며 살아남는 결과를 낳는다.[10]

메이존크리크의 생명체들은 대개 다른 곳에서 보존된다. 죽은 후에도 옮겨 다니기 때문이다. 유수에 의해 바다나 동굴로 떠내려갈 수도 있고 청소동물이나 비바람에 의해 부서질 수도 있다. 우리가 지금 여행 온 메이존크리크에서는 검은 홍수가 높은 산에서 진흙을 쓸어내고 땅이 바다로 쓸려가면서 석송 습지의 손상된 식물 사체들도 함께 운반되고 있다. 죽음 안에서 바다와 육지는 하나가 되고 해저의 기록 위에 습지의 기록이 덧쓰이며 수없이 고쳐 쓴 고생물학적 기록을 남긴다. 해수면 상승은 바닷가의 인목숲을 침수시켰다. 이제 그 숲에서 바다전갈은 낡은 껍데기를 털어냈고 해파리가 떠다닌다. 고지대 침엽수의 젖은 가지와 민물 분추류의 말랑거리는 발가락이 해안의 퇴적물 더미 안에 한꺼번에 묻혀 있다.[11]

아마도 이 늪에서 가장 중요한 물질은 물 밑 흙 속에서 천천히 썩어가고 있을 것이다. 뿌리, 잎, 가지, 이 모두는 서서히 푸른빛을 잃어 이탄이 되고 이탄은 석탄으로 바뀐다. 석탄기를 대표하는 존재가 바로 석탄인데 그 이유는 단 하나, 집단 죽음에 있다.

가장 키 큰 인목들 사이에서 공기가 요동치고 30m 높이의 숲우듬지가 바스락거린다. 폭죽이 터지는 것 같은 소리가 나무와 나무 사이로 울려 퍼지는데 소리의 출처는 알 수가 없다. 잠시 멈추는 듯하더니 폭죽 소리가 대포 소리처럼 바뀌고 인목 한 그루의 밑동이 손가락처럼 갈라지면서 죽어가는 나무의 한쪽 옆면이 쭉 갈라진다. 똑바로 서 있던 줄기가 가지들을 이끌고 쓰러지면서 녹색 나무껍질은 최후의 굉음을 내며 울부짖는다. 쓰러질 공간이 거의 없다 보니 나무가 이미 썩어 갈색으로 변한 이웃 나무 쪽으로 방향을 바꾼다. 도미노처럼 둘 다 쓰러지면서 검은 이탄수가 공중으로 튀고 메아리가 만 주변에 울려 퍼진다. 줄기가 끊어진 그루터기에서는 아직 남아 있는 나무껍질의 뾰족한 비늘들이 더 강렬하게 햇빛이 들어오는 숲우듬지의 틈새를 향해 오만하게 날을 세우고 있다. 인목이 기울어지고 숲우듬지가 듬성듬성해진 이유가 분명해진다. 인목들이 쓰러지고 있기 때문이다.

비 오는 날의 우산처럼 잎을 넓게 펼친 성목은 오래 버티지 못한다. 수십 년, 길게는 한 세기에 걸쳐 자랐지만 인목의 존재에 치명적인 한 순간이 임박하고 있다. 인목의 구과는 정확히 이 식물의 생장점에서 발달한다. 따라서 구과가 열리면 성장이 멈춘다. 계속 성장하느냐 아니면 번식을 멈추느냐가 매일의 선택 과제다. 번식은 혼자 할 수 있는 일도 아니다. 번식의 성공 확률을 최대화하기 위해 한 코호트 내 모든 인목은 동시에 번식을 선택하고 동시에 포자를 바람에 날린다. 포자가 땅에 떨어져 다음 세대로 이어지길 바라며 바람에 실어 보낸다. 흔한 번식 방식은 아니다. 이런 방식을 취하는 식물들은 더 빨리 성장하고 더 빨리 생식 연령에 도달하며 더 많은 씨앗을 배출한다. 인목은 포자를 대량으로 배출하고 나면 성장을 지속할 이유가 없다. 이제 다 자란 인목은 다음 세대에게 필요한 빛을 독차지하기만 할 뿐 쓸모가 없어진다. 따라서 한 세대 인목이 한꺼번에 죽는다. 수피의 구조적 짜임새가 유지되는 동안만 서 있다가 해면 조직의 가벼운 줄기가 더는 견디지 못하면 쓰러지기 시작한다. 한 번의 삐걱거림과 한 번의 바스러짐으로 시작하여 수개월 동안 한 세대 전체가 무너진다.[12]

* * *

생명체들은 흔히 가장자리를 따라 체계화되고 동질적인 지역이 서로 접하는 곳에서 다양성은 가장 높아진다. 강의 삼각주가 바로 그러한 경계다. 삼각주에서 만나는 담수 환경과 염수 환경은 각자 매우 다른 생리적 과제를 안고 있다. 바닷물과 강물이 섞여 때로 염도가 바닷물보다 낮은 영구 기수역이 되어 중간 환경intermediate environment으로 기능하기도 한다. 메이존 삼각주처럼 강이 깊은 만으로 흘러들어가는 곳에서는 그 구분선이 바다 쪽으로 한참 밀려날 수도 있다. 염도가 높은 물은 밀도도 더 높다. 따라서 강이 바다로 흘러나갈 때 염수 쐐기 위에 확실한 경계가 있는 담수 플룸plume을 남기는데, 육지 쪽으로 갈수록 해저가 상승하여 하구를 만나게 되므로 플룸은 얇아진다. 물의 성질은 모두 같지 않다. 온도와 염도가 다른 물은 물리적 장벽이 없어도 분리된 채 있을 수 있다. 보통 이 분리는 수평적으로 이루어진다. 예를 들어 대서양과 태평양이 만나는 북극에서는 물 덩어리들이 서로 조금씩만 섞인 채 세로로 겹겹이 쌓인다. 남극에서 가장 긴 하천인 오닉스강은 내륙의 반다호로 흐르는데, 이 호수의 물은 염분 농도가 서로 다른 세 층으로 이루어져 있다. 염분의 차이는 극단적인 온도 차이도 극복한다. 반다호의 맨 아래층은 늘 23°C의 따뜻한 수온을 유지하지만 최상층은 거의 얼어붙을 정도로 차갑다. 관성에 의해 수직 방향으로 분리가 일어나는 예도 있다. 현대의 독일 바이에른주 파사우에서는 검푸른 일츠강, 흰 인강, 갈색의 도나우강이 합류하는데, 수 킬로미터를 흘러 하구에 도달할 때까지 서로 섞이지 않아 계속 3가지 색을 띤 채 한 방향으로 흐른다.[13]

메이존크리크 하구 아래 있는 염수 쐐기에는 우리가 지금까지 알고 있던 바를 완전히 뒤흔드는 기이한 생물이 살고 있다. 숙련된 박물학자라면 미세한 시각적 단서만 포착해도 육안으로 종을 식별하는 능력이 있어야 한다. 그런데 편안하고 익숙한 생물학적 영역을 벗어나면 당황스러운 상황이 생긴다. 유럽의 미숙한 조류 관찰자가 북아메리카의 개똥지빠귀나 홍관조나 흉내지빠귀를 처음 마주친다면 낯선 생물의 바다에서 완전히 길을 잃고 표류할 테지만, 유럽에서 온 침입종인 찌르레기 같은 익숙한 새를 알아보면 비로소 안도감이 들 것이다. 바로 일반명을 댈 수 있는 특정 종이 아니더라도 익숙함이 느껴지는 특징을 포착할 수 있다면 그렇게 불안하지는 않을 것이다. 가령 큰어치라는 이름은 몰라도 그 새를 보면 익히 아는 까마귓과와 비슷하다는 감은 가질 수 있다. 우리는 낯선 대상을 마주치면 어떻게든 머릿속의 분류 체계에 넣어보려고 한다.

고생물학자에게 시간을 거슬러 올라가는 일은 새로운 생물군계를 만나러 우주 밖으로 떠나는 일과 같다. 화석 기록에는 기존의 웅대한 계통수에 쉽게 배치할 수 있는 친숙한 생물들이 가득해서 우리는 그 차이점을 해석하고 경이로움을 느끼기도 하고 더 폭넓게 계통수가 진화한 맥락을 이해하기도 한다. 공룡의 하위분류처럼 다양한 그룹이 나타나더라도 우리는 현대의 후손에 보존된 구조에서 유사점을 찾아 오늘날 조류가 공룡의 한 그룹임을 알고 이를 바탕으로 낯선 특징을 해석할 수도 있다. 그러나 때로는 강과 바다가 만나는 메이존크리크의 하구에 사는 한 동물처럼 계통수에 연결할 수 없는 예도 있다. 자연선택의 변덕 때문이거나 동물의 화석 기록이 없어서 그 해부학적 구조를 기존에 알려진 그룹에 연결하는 게 전혀 불가능하다. 완전히 새로운 무언가를 접하면 우리는 우선 본능적으로 초자연적인, 즉 자연법칙을 벗어난 은유에 손을 뻗는다. 염수 쐐기 위로 밀려오는 파도 아래 종 모양 해파리 에

섹셀라Essexella가, 창백하게 펄럭이는 기괴한 커튼 사이로 우리가 툴리 괴물Tully Monster이라고 부르는 미지의 생명체가 헤엄치고 있다.[14]

네시, 사스콰치, 추파카브라 같은 현대 신비동물학에서 다루는 전설 속 괴물과 달리 툴리 괴물은 실재한다. 하지만 우리가 이 동물에 관해 아는 것은 실재한다는 것뿐이다. 희귀하지도 않았다. 청어만 한 이 동물은 수백 마리가 발견될 정도로 많다. 발견된 툴리몬스트룸Tullimon-strum 체화석의 개수는 최초의 새로 유명한 시조새 화석의 30배가 넘는다. 이 수치상으로만 보자면 정체가 간단히 밝혀져야 마땅하다. 그러나 표본에 보존된 특징들이 오히려 해석을 어렵게 만든다. 몸은 분절된 어뢰처럼 생겼고 뒤쪽에는 물결 모양의 꼬리지느러미 2개가 달려 있는데 오징어 날개와 조금 비슷하다. 앞쪽에는 진공청소기 호스처럼 길고 가는 무엇인가가 꿈틀거리고 그 끝에는 이빨이 가득한 집게발이 있다. 혼란을 가중하는 것은 몸 윗부분을 좌우로 가로지르는 단단한 막대기다. 이 수평 자루 양쪽에는 둥글납작한 어떤 기관들이 있는데 일반적으로 눈이라고 추정한다. 대체로 5억 년이 넘는 동물 진화에서 우리가 알고 있는 그 어떤 종과도 닮지 않았다. 외관상 눈이 5개 달린 캄브리아기의 기이한 동물 오파비니아와 가장 닮았다. 하지만 툴리몬스트룸이 오파비니아라면 2억 5,000만 년 동안 흔적을 남기지 않다가 나타난 셈이다. 이렇게 긴 화석 기록의 공백은 독일 보덴제 호수에서 낚시꾼들에게 쥐라기 유럽의 람포링쿠스 무리가 갑자기 나타나거나 네스 호수에서 살아 있는 플레시오사우루스를 발견하는 것과 마찬가지다.

툴리몬스트룸이 제기하는 문제는 존재 유무가 아니라 정체다. 고

생물학자들은 수년 동안 이 별난 해부학적 구조를 더 면밀하게 들여다본 끝에 다양한 결론에 이르렀다. 툴리몬스트룸이 끈벌레 같은 벌레의 일종이라거나 지렁이 같은 환형동물과 유연관계가 있다고 말이다. 그런가 하면 어떤 학자는 툴리몬스트룸이 선충류(사실상 지구상 모든 곳에 수조 마리가 존재하는 대체로 미세한 크기의 동물 그룹)라고 하기도 한다. 어쩌면 거미, 게, 쥐며느리 같은 절지동물일 수도 있고 달팽이 같은 연체동물일지도 모르며, 심지어 척추동물일 가능성도 있다. 가로 막대 끝에 달린 저 혹은 눈일까, 아니면 수압 감지기일까? 생식기일까, 아니면 헤엄칠 때 균형을 잡는 도구일까? 이 괴물 사냥만큼 논쟁적인 주제도 없을 것이다.[15]

툴리몬스트룸의 해부학적 구조를 하나하나 떼어놓고 보면 모두 동물계에 널리 퍼져 있는 종들에서 그 모습을 찾을 수 있다. 오늘날 심해에는 블랙드래곤피시가 도사리고 있다. 성체는 장어와 유사하고 입이 벌어져 있으므로 툴리몬스트룸의 닮은꼴 후보가 될 것 같지 않다. 그러나 블랙드래곤피시는 성체가 되기 전 수면 가까이에서 지내는데, 이 시기에 툴리몬스트룸의 막대 기관과 닮은 부위가 나타난다. 작고 거의 투명한 어린 블랙드래곤피시는 긴 자루에 눈이 달려 있다. 자루 끝에 눈이 달린 종은 연체동물과 절지동물 중에도 있다. 생태적으로 유용한 적응이어서 진화사의 여러 곳에서 등장한다. 툴리몬스트룸의 눈자루 안에 멜라닌이 들어 있다는 점은 척추동물과 유사하고 일부 반점은 모든 척추동물의 기본 등 지지 기관인 척삭을 닮았다. 하지만 청진기 같은 집게발에 달린 이빨 비슷한 기관이 유일한 경조직이라는 점을 포함하여 척추동물의 다른 여러 특징이 없다는 사실은 툴리몬스트룸이 특이한 어류라는 주장이 설득력을 잃는 부분이다. 모든 괴물의 목격담이 그렇듯 증거들이 너무 모호하다.[16]

연조직만 있는 동물이 화석으로 보존되었다는 점은 놀랍다. 내륙의 적색 사암에서 씻겨 내려온 철 성분은 이산화탄소와 강하게 반응을 일으켜 둥근 단괴에 잔해를 가둔 후 땅에 묻힌다. 이 단괴는 천천히 석회화되고 강의 빙하 유수성 퇴적물에서, 침투불가한 단단한 능철석 타임캡슐로 바뀐다. 이때 이탄 습지에서는 식물성 물질이 혐기성 세균에 의해 서서히 석탄으로 바뀌는 과정이 진행된다.[17]

유기물질이 석탄기 적도 석탄 지대 전역에 그렇게 빠른 속도로 매장된 이유는 아무도 제대로 알지 못한다. 한 가지 가설은 목질부의 주성분인 리그닌이 비교적 새로운 물질이어서 미생물이 쉽게 소화할 수 없었다는 것이다. 미생물이 아직 리그닌을 처리할 능력을 진화시키지 못해 리그닌이 석탄이 될 수 있었다는 설명이다. 또 어떤 학자는 석탄기 특유의 지형이 석탄 매장을 야기했다고 본다. 석탄기는 지구 역사상 유일하게 열대지방 대부분이 습한 분지였던 시기다. 미생물이 감당할 수 있는 속도보다 빠르게 새로운 물질이 실험되고 있었기 때문이든, 기후와 지형의 우연한 조합에 의해서든 인목 같은 혁신적 생명체가 대기 구성을 근본적으로 변화시킨다. 지구는 기후변화를 향해 돌진한다. 이 기후변화로 지구는 전 세계적 빙하기에 가까울 정도로 냉각되고 계절적 변동과 가뭄은 심해져 결국 인목이 뿌리내린 생태계를 모조리 파괴한다.

석탄기의 흠뻑 젖은 석탄 습지는 결국 페름기의 건조한 기후에 자리를 내주고 인목은 멸종에 이른다. 이들은 대기에서 대량의 탄소를 제거하여 다가올 3억 년 동안 진화가 펼쳐질 무대를 마련했는데, 그 무대에서 인목 자신은 생존할 수 없게 된 것이다. 메이존크리크의 석송류가 국지적인 해수면 상승으로 침수된 지 불과 400만 년 만에 일어난 석탄기 열대우림 붕괴는, 단지 하나의 숲을 무너뜨리는 데서 끝나지 않고 대륙 수준의 사건이 되어 유럽과 아메리카 전체의 열대 석탄림을 산산조각낸다. 이는 식물에 중대한 영향을 끼친 단 두 번의 대량 멸종 사건 중 하나다. 다른 하나는 페름기 말 멸종이다. 건조한 페름기 세계가 자리를 잡으면서 석탄기에 등장하기 시작한 단궁류와 석형류 등 초기 양막류는 건조한 기후에 적응하는 데 강점을 보여 마른 수로를 통해 퍼져나가 판게아 전역에서 서식하게 된다.[18]

아이러니한 것은 중앙 판게아산맥 전체에 매장된 석탄이 지난 3억 900만 년 동안 지구 아래 저장되어 있던 탄소를 다시 대기에 내뿜게 한 동력이 되었다는 사실이다. 판게아산맥에 매장된 석탄 덕분에 미국의 일리노이와 켄터키, 영국의 웨일스와 웨스트미들랜즈, 독일의 베스트팔렌 등이 18~19세기 급속한 산업화에 핵심 역할을 담당할 수 있었다. 오늘날 지구상에 존재하는 석탄의 약 90%는 석탄기에 매장되었다. 석탄이 산업화 시대의 값싸고 효율 좋은 연료로서 증기기관을 돌리고 품질 좋은 탄소강의 원료가 된 까닭은 그 풍부한 매장량 때문이다. 인목의 유산은 우리가 석탄을 태울 때마다 다시 뜨거워지는 기후변화 속에서 여전히 살아 숨 쉰다. 가장 훌륭한 석탄기 화석층인 메이존크리크에도 아이러니가 있다. 연료용 석탄이 전 세계에서 끊임없이 채굴되고 있지만 메이존크리크의 화석은 전혀 다른 에너지 때문에 사실상 발굴이 불가능해졌다. 석탄기 태양 아래 따뜻하게 데워진 습지 물 밑에서 돌로 변한 화석들은 이제 더 깨끗하고 효율적인 에너지에 관여하는 온수 풀 아래 있다. 화석 노출층이 일리노이주 윌카운티 브레이드우드 원자력발전소의 원자로 냉각수용 저수지에 잠긴 것이다.

이런 일은 석탄기 메이존 삼각주에 사는 생명체들에게 까마득한 미래의 일이다. 지금으로서는 홍수와 화재 그리고 밀려드는 해수를 견디며 살아남은 석송 습지의 생명체들은 불굴의 변하지 않는 존재로 보인다. 나무고사리의 목질 줄기 사이로 햇살이 반짝이면 수면은 동화 속의 아름다운 무지개처럼 다채로운 스펙트럼으로 빛난다.

모든 식물이 죽어서 굳어가는 진흙 속에 잠기고 이탄과 석탄으로 분해되어 식물성 기름을 방출하면 그 유분이 수면에 떠오른다. 고요한 오후에는 축적된 유분이 분자 하나 두께로 수면에 넓게 퍼지면서 거울 같던 물을 몽롱한 환상의 세계로 바꾸어놓는다. 석송 그림자 때문에 줄무늬가 진 이 소용돌이치는 비누 거품 팔레트를 이따금 아주 작은 물고기들이 작은 파문으로 헤쳐놓는다. 이 고요는 조수가 밀려들어올 때까지 지속된다.

"아, 이제 그들은
푸른 들판과
그 은빛 분수를 보러
보니하이랜드산으로 가버렸네."

- 스코틀랜드 민요 〈밸퀴더의 언덕The Braes of Balquhidder〉

"물이라고 부르기엔 너무 순수하고 정제된,
맑고 투명한 정수가 사용할수록
점점 더 아름다워지는 침전물이 컵과
사발에 담긴 채 은근히 끓고 있다."

- 옐로스톤에서 존 뮤어, 1898

12

협력

영국 스코틀랜드 라이니

4억 700만 년 전 데본기

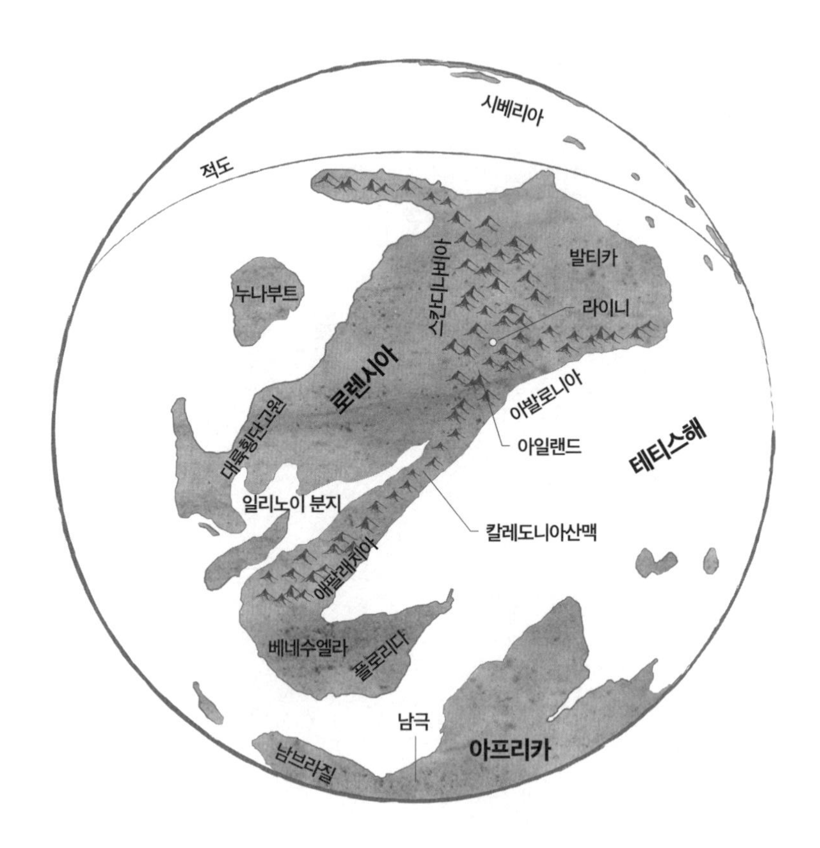

지도12 4억 700만 년 전 옛 붉은 대륙

스코틀랜드의 케언곰산맥, 노르웨이의 하르당에르비다고원, 아일랜드 도니골의 검은 언덕, 북아메리카의 애팔래치아산맥을 하나로 묶는 것이 있다면 민속 현악기인 피들일 것이다. 피들은 소음과 흙과 숨이 만들어내는 나무의 원초적인 소리를 구현한다. 피들은 시간상으로는 세대를 관통하고 공간상으로는 대륙을 가로질러 전해진 전통이다. 골짜기마다 노래는 다르지만 더 오래되고 더 드넓은 문화의 일부다. 케언곰산맥을 비롯한 산지들은 역사적으로 음악보다 훨씬 더 많은 것을 공유하고 있다. 개별적으로 이 산지들은 비교적 최근에 융기했지만 그 뿌리는 암석의 무게에 의해 맨틀까지 깊이 박혀 있다. 애팔래치아, 아일랜드, 스코틀랜드, 스칸디나비아는 동일한 지질학적 사건을 통해 탄생했으며 그 기반은 동일한 깊은 시간 범위에 속해 있다. 이곳들이 모두 융기한 지대라는 사실은 아득한 과거가 공유했던 고지대의 메아리다.[1]

지질학적으로 말하자면 산과 바다는 임시 구조물이다. 판끼리 충돌하면서 한 판이 가라앉아 밑으로 미끄러져 들어오면서 다른 판이 밀려 올라가면 산이 형성된다. 침식으로 인해 암석이 입자들로 변해 바다로 돌아가면 산은 낮아진다. 바다는 해령에서 판이 분리되면서 형성된다. 해양판이 다른 해양판 밑으로 미끄러져 들어가면 바다는 점차 작아진다. 데본기 말에는 한때 세계 최대의 바다였던 이아페투스 대양이 줄어든다. 이아페투스 대양은 데본기 이전부터 줄어들어 대륙들을 가깝게 끌어당기고 있었는데, 데본기에 들어서며 결국 그 간격이 완전히 좁아졌다. 수백만 년 동안 이아페투스는 남반구의 분리된 세 대륙, 즉 발티카(주로 스칸디나비아와 러시아 서부 등으로 구성), 로렌시아(대부분이 북아메리카와 그린란드에 해당되며 스코틀랜드와 아일랜드 북부 및 서부도 포함됨), 아발로니아(뉴잉글랜드, 영국의 남부 및 아일랜드, 저지대 국가들이 포함됨) 사이에 있었다. 그런데 판들의 힘 때문에 로렌시아가 해저를 집어삼키고 그 사이의 지각을 먹어치우면서 이 땅덩어리들을 끌어모으고 있는 것이다.

실루리아기가 시작되었을 때는 이아페투스 대양이 지중해 크기로 축소되었고 그 후 충돌하는 대륙 덩어리에 둘러싸여 완전히 사라졌다. 발티카와 로렌시아는 마그마 위에 떠 있는데 둘 중 밀도가 더 낮은 암석으로 만들어진 로렌시아가 발티카의 가장자리를 아래쪽으로 밀어내면서 그 위로 미끄러져 올라가는 경향이 있다. 이 모든 과정이 말처럼 깔끔하게 이루어진 것은 아니다. 대륙들이 일그러지면서 자체 추진력으로 땅이 하늘을 향해 치솟거나 맨틀 쪽으로 떨어지고 지각은 평균보다 2배 가까이 두꺼워진다. 자동차 충돌 시험에서 보닛이 찌그러지면 원래 평평했던 금속판에 위로 튀어나온 부분과 아래로 우묵하게 들어가는 부분이 나타나는 것과 정확히 같은 원리다. 분리와 충돌을 끊임없이 반복해온 지구상의 땅덩어리들은 지금 데본기에 다시 한번 서로를 향해 모여들고 있다. 쥐라기에 분열될 때까지 지구상의 단일 대륙으로 존재하게 되는 판게아가 생겨나고 있다. 북쪽의 절반은 완성되었다. 그리고 석탄기에 곤드와나가 합류하게 된다. 세 방향의 다중 충돌로 생긴

이 대륙은 로라시아대륙이나 옛 붉은 대륙, 유라메리카대륙 등으로 불린다. 새로운 봉우리들은 현대의 테네시주에서 핀란드에 걸쳐 칼레도니아 조산대가 되는데, 이는 데본기인 지금 지구상에서 가장 큰 산맥이다.[2]

트라이아스기에서 보았듯이 산지 생태계가 형성되고 나면 그 존재의 기록이 보존되지 않고 침식되는 경향이 있다. 데본기부터 현대에 이르는 4억 년 동안 칼레도니아 조산대는 바람과 비에 의해 서서히 닳아 없어졌다. 한때 산악 지대였던 핀란드의 지형에 지금은 칼레도니아 조산대의 기저층이었던 평평한 선캄브리아시대 암반만 남아 있다. 동쪽으로 멀리 뻗어나가는 산맥이 있었음을 알 수 있는 단서는 이따금 평지에 튀어나와 있는 탄성 좋은 젊은 암석뿐이다. 아일랜드 칼레도니아 조산대는 완만한 빙하 지형이 되었으며, 표면에 어떤 흔적조차 남아 있지 않다. 산지 생태계는 이례적인 상황에서만 보존되는데, 온천이 있는 계곡인 이곳 라이니가 바로 그런 장소다. 오늘날 라이니는 애버딘셔 품종의 소를 키우기에 알맞은 언덕이 많은 목초지다. 그러나 데본기 초 라이니는 바위에서 수증기와 소금과 생명이 솟아나는 다채롭고 영묘한 산골짜기로, 장차 현악기 피들이 되는 나무의 초기 조상이 자라고 있다.[3]

활력 넘치는 석탄기 공기에 비해 데본기의 공기는 답답하다. 산소가 부족하기 때문이다. 땅에는 식물이 거의 없지만 라이니는 식물로 푸르러지고 있는 선구적인 생태계 중 하나다. 생명이 생명을 낳고 한 종이 발판을 마련하고 또 다른 종들이 뒤따르면서 활기찬 습지가 될 토대를 쌓고 있다. 아무도 살 수 없었지만 수십억 년 동안 땅은 존재했는데, 데본기에 이르러서야 비로소 최초의 제대로 된 생물군집이 만들어져 매우 세밀하게 보존되고 있다. 아무도 계획하지 않았지만 동물과 식물, 균류와 미생물이 복잡한 방식으로 경쟁하고 협력하면서 함께 살아가는 법을 연습하고 있다. 이는 생태계가 스스로를 발견하고 육지 생활의 기본적인 패턴이 확립되는 과정이다.[4]

그늘진 산비탈에서 바라본 적도 부근의 하늘은 구름 한 점 없이 푸르다. 위쪽의 들쭉날쭉한 능선은 분홍색에 가까운 화강암 특유의 회백색이지만 경사면은 자갈 더미로 덮여 있어 검고 거칠고 험하다. 남동쪽 골짜기 맞은편의 무너진 낙석들은 화성 표면에 오후의 햇살이 흩어지는 가운데 부드러운 먼지가 이는 것처럼 보인다. 여기저기 난파선의 뱃머리처럼 주변에서 침식된 탄성 약한 돌이 겹겹이 공중으로 돌출되어 있다. 바람과 가끔 내리는 비 때문에 거칠게 파헤쳐져서 표면이 날카롭고 움푹 팬 부분도 많다.[5]

말라버린 물길은 바위의 높은 돌출부를 피하려고 이리저리 방향을 바꾸며 맨 경사면을 따라 골짜기 바닥까지 내려간다. 춤추듯 4분의 3 정도 내려오면 뱃머리들이 북동쪽으로 나란히 방향을 튼다. 그 길을 안내하는 것은 단층 지형으로, 마치 산맥 자체가 협곡을 따라 걷는 것 같다. 빗방울이 흐르는 경로는 바로 대륙 간 충돌 때 약해진 경계선이다. 모래가 차 있는 그 경로에는 지금은 비가 자주 오지 않지만 마지막으로 내렸던 이슬비가 물길의 흔적을 작게나마 남겨놓았다. 빗물 웅덩이도 잠시 생겼다가 없어지곤 하지만 개울을 막고 있는 바위 언저리에는 물이 꽤 모였다. 다음 비가 내릴 때까지 마르지 않을 만큼 깊어서 내륙에서 알려진 최초의 아메바가 서식한다. 지금은 비가 내린 지 한 달이 넘어 웅덩이는 조류의 섬유로 병들고 정체된 상태다. 하늘에는 구름이 없지만 희뿌연 계곡에는 낮게 구름이 퍼져 있는 가운데 계곡을 따라 여기저기 불명확한 녹색 반점이 있는 게 보인다. 그 녹색 반점에는 기둥 같은 것이 올라와 있다. 웅덩이에서는 하얗게 김이 피어오른다. 창백한 땅에서 온천이 솟아나고 있다. 물은 눈부신 파란색에서 무지개 빛깔로 시시각각 변한다. 그 너머 간헐호의 말라버린 흔적이 흩어져 있는 범람원은 갈색의 마른 강바닥으로 이어지고 오그라든 강은 그 길을 따라 북쪽으로 흐른다. 라이니는 마치 검은 화산 암반인 오르도비스 반려암에 드리운 총천연색의 띠 같다.[6]

계곡 바닥으로 내려오면 유황 냄새로 공기가 매캐하고 분홍색과 검은색으로 이루어진 높은 암벽은 알칼리성 웅덩이에서 뿜어져 나오는 안개 때문에 일부밖에 보이지 않는다. 대륙이 서로를 밀면 단층이 여러 개 생긴다. 라이니는 지표가 얇고 마그마 기둥이 지표면 근처까지 올라와 있어 분출할 위험이 있다. 히말라야산맥만큼 높은 데다가 아직 젊고 성장 중인 칼레도니아 조산대의 계곡에서 지구의 균열이 나타난다. 서쪽에서는 거대한 벤네비스산 같은 초대형 화산들이 용암을 토해내고 있다. 이미 슈퍼 화산이 폭발하여 50km^{2}짜리 분화구를 만든 곳도 있다. 오늘날 스코틀랜드 글렌코 지역인 이곳의 화산은 불과 1,300만 년 전 실루리아기 말에 재앙적 폭발로 붕괴했다. 벤네비스산도 머지않아 폭발한다. 그 위력은 수천 킬로미터 밖에서도 그 폭발음이 들릴 정도다. 현대의 벤네비스산은 침식되고 붕괴된 분화구의 중심일 뿐이다. 데본기에는 분화구 가장자리가 수백 미터 더 높게 솟아 있었다.

라이니에서는 빗물이 스며들어 형성된 지하 호수로 인해 그 열기가 몇 킬로미터나 되는 긴 온천 계곡에 나타난다. 다채로운 색을 띤 화구가 거의 보이지 않는 물을 쏟아내 멋모르고 가까이에서 자란 식물에 얇은 실리콘 껍질을 씌우는 마술을 부린다. 통통마디처럼 돋아나는 그 촉촉한 작은 가지에 퍼부어지는 물은 목욕물과 비슷한 온도로 30°C 정도다. 표면 가까이에서 녹아내린 바위 때문에 땅이 데워진 곳에서는 샘물의 온도는 120°C에 이르기도 한다. 지하에서 높은 압력을 받고 있다가 땅 위로 나오면 곧바로 냉각이 일어나기 때문에 그 온도에서도 액체 상태를 유지한다.[7]

라이니의 샘은 여러모로 극한의 환경이다. 물은 대체로 뜨겁고 강한 알칼리성이라 생물 대부분이 살아가기 힘들다. 하지만 이곳에 정착한 생물이 있다. 여전히 열악한 땅이지만 식물들은 내륙에 서식하기 시작했다. 최소 40종의 서로 다른 식물이 라이니의 물과 그 주변에서 산다. 이들은 협력과 경쟁, 기생과 포식을 바탕으로 안전한 물이 없는 곳에서도 기능적 군집 형태를 확립했고 거주 가능한 땅의 크기도 늘렸다. 식물들은 균류와 거래하여 크게 성장하고 균류는 더 크게 자라기 위해 남세균을 끌어들인다. 절지동물은 균류와 함께 죽은 동식물의 분해를 도와 새로운 식물이 자랄 토양을 만든다.[8]

가장 뜨거운 물의 유일한 거주자는 이 같은 극한의 조건에서 더 잘 번식하는 이른바 호알칼리성·호열성 박테리아이다. 이들 중 대다수는 유황 박테리아다. 다른 생물들은 광합성(대략 75°C가 넘는 온도에서는 광합성이 일어나지 않는다)을 하거나 광합성을 하는 식물을 먹어서 에너지를 얻지만 유황 박테리아는 바위를 직접 분해해서 에너지를 얻는다. 유황 박테리아는 알칼리성 조건을 완충하기 위해 아미노산 가닥들로 단백질 사슬을 만든다. 이 산은 알칼리성 물을 어느 정도 중화시켜 생명체의 정상적인 화학반응이 진행될 수 있게 한다. 더 뜨거운 웅덩이에서는 이 바위를 먹는 세포들밖에 생존할 수 없으므로 물이 아주 투명하다. 강물이나 바닷물만큼 맑지는 않고 여전히 작은 생물들 때문에 옅은 연무가 드리워져 있지만 증류주처럼 투명하다. 이 생물의 존재는 물속에서 올라오는 기포로 수면이 흔들려 반짝거릴 때만 보인다. 여기에 햇빛이 정확하게 특정 각도로 들어오면 지구의 중심으로 이어지는 텅 빈 터널 입구에 조명을 비추는 것처럼 보이는데, 빛이 약간만 굴절되어도 이 환상은 깨진다.[9]

지하수가 있는 지층의 돌개구멍kettle에서 멀리 떨어진 웅덩이들은 더 밝은색을 띤다. 이곳의 물도 60°C나 되지만 남세균만은 이러한 조건에서도 생존할 수 있다. 남세균은 세계에서 가장 오래된 광합성 생물로, 30억 년 동안 햇빛을 먹고 살아왔다. 남세균 세포 하나하나가 빛 에너지를 특수한 색소에 가두는데, 어떤 지점에서 광자, 즉 빛의 입자가 그 색소에 닿으면 화학변화가 일어나 덜 안정적인 배열이 되고 다시 안정된 상태로 돌아갈 때 당이나 전분 등 다른 세포 반응에 사용할 수 있는 형태의 에너지를 생성한다. 수백만 개의 남세균 색소가 결합하면 놀랍도록 순수한 원색이 만들어지며, 그 색조는 종에 따라 미묘하게 다르다. 웅덩이 중앙에서 가장자리로 가면서 수온의 변화와 함께 색도 달라진다. 물에 하늘이 비치는 가운데는 파란색이고 바깥쪽으로 갈수록 녹색과 노란색으로 변하다가 끝으로 갈수록 주황색, 빨간색에 이른다. 종마다 선호하는 온도가 다르기 때문이다. 라이니의 남세균은 개별 세포부터 수백 개의 세포로 구성된 정육면체 모양의 군체에 이르기까지 놀라운 다양성을 보여준다.[10]

투명한 물이든 총천연색 물이든 웅덩이 주변의 모든 곳에는 규소가 다량 함유된 퇴적물층이 겹겹이 쌓여 있다. 이는 흘러나온 온천수가 증발하면서 남긴 흰 침전물이다. 각설탕처럼 하얗고 부서지기 쉬운 이 광물의 주기적 배출 때문에 온천 가장자리는 계속 높아지고, 이에 따라 먼지 쌓인 팬케이크를 계속 쌓아 올리는 것처럼, 계단식 고원 위의 물웅덩이도 금세 몇 센티미터씩 상승한다. 범람한 물이 부채꼴 모양으로 아래에 있는 식물들 사이로 스며들어간다. 물은 상승한 흰 침전물의 계단 사이로 흐르며 칼레도니아 조산대에 솟은 봉우리가 애써 얻은 어두운색의 반려암 모래를 어둡고 얕은 못으로 실어 나른다. 흐르는 차가운 물은 뜨거운 물과 균형을 이룬다. 개울의 물살 속에서도 차축조류가 달라붙어 있다. 하지만 개울에서 먼 곳의 경사면에는 아무것도 없다. 물에서 멀리 떨어진 곳에서 살 수 있는 생물은 아직 거의 없고 계곡 바닥에만 식물의 푸른빛이 존재한다. 이끼보다 크지 않은 녹색 줄기가 숲을 이뤄 계곡 바닥을 덮고 있다. 이곳에 통거미, 응애, 곤충류, 민물 다지류, 갑각류가 땅위 5분의 2를 차지하며 미니어처 생태계를 이루고 있다.[11]

뜨거운 웅덩이에서 넘치는 물은 이처럼 바닥 가까이에 사는 동식물과 균류 위로 쏟아지고 스며든다. 물이 식으면 과포화된 규소가 침전되어 주변에서 결정화할 수 있는 틈새를 찾아내 이곳에 사는 생명체의 구석구석에 스며든다. 세포 내 구조까지도 작은 거푸집 역할을 한다. 규소는 그 자리에서 빠르게 얼어붙으면서 불안정한 반투명 오팔을 주조한다. 시간이 지나면 오팔은 석영으로 안정화되고 그곳으로 씻겨 내려오는 모래 퇴적물과 결합하여 처트라는 유형의 암석을 형성한다. 그리고 바로 이 암석에 이곳의 생물군집 전체가 입체적으로 보존된다.[12]

이 김이 자욱한 계곡에서 주민들을 엄습하는 옅은 회색 기둥보다 협력과 경쟁 사이의 긴장을 더 잘 보여주는 것은 없다. 이 매끈한 선인장 같은 가죽질의 거대 유기체는 키가 3m까지 자란다. 미니어처 마을의 마천루 같은 프로토탁시테스*Prototaxites*는 데본기 지구에서 가장 큰 생물이다. 비슷한 시기에 다른 곳에서 발견된 프로토탁시테스 중에는 9m 가까이 자란 개체도 있고, 직경이 1m인 개체도 있다. 다른 식물들보다 100배나 큰 이들은 별종이다. 오직 하나의 부드러운 외피만 있는데 그 외피에 혹이 잔뜩 나 있어 이 생물 군락은 반쯤 녹은 잿빛 눈사람들이 모여 있는 것 같다. 갈라진 부분도 없고 가지도 없이 탑처럼 가늘고 키 큰 유기체가 풍경을 압도한다. 프토로탁시테스는 아래 미니어처 숲에 사는 그 어떤 생물과도 다르다. 이 유기체가 이렇게 다른 데는 사실 그럴 만한 이유가 있다. 프로토탁시테스는 놀랍게도 식물이 아니라 균류다. 오늘날 근연종에는 느릅나무시들음병의 원인균, 맥주 효모, 페니실륨, 송로버섯 등 각양각색의 균류가 포함된다. 프로토탁시테스가 왜 그렇게 컸는지는 미스터리이다. 땅속에 묻힌 부분의 구조에 관해서도 전혀 알려진 바가 없다. 한 가지 가설은 다른 여러 친척과 마찬가지로 프로토탁시테스가 지의류의 일종이라는 것이다.[13]

균류는 생명의 위대한 협력자다. 유연관계가 너무 멀어서 우리가 다른 '계界'로 분류하는 종들과도 긴밀한 연대를 형성한다. 그중에서도 광합성을 하는 유기체들과 가장 밀접하게 관계를 맺는다. 그러한 유기체는 식물일 수도 있고 남세균일 수도 있다. 남세균과의 연대로 형성되는 것이 바로 지의류다. 균류의 파트너로서 함께 지의류를 형성하는 남세균은 유기물 분해에 탁월해서 아주 작은 표면도 엄청난 양의 미네랄 영양분을 추출하여 튼튼한 조직으로 이루어진 피막으로 보호할 수 있다. 영양분은 광합성 파트너, 즉 광합성 공생자와 공유한다. 광합성 공생자는 그 대가로 빛으로 에너지를 만들어 균류를 먹여 살린다. 이 강력한 조합은 빛과 물에 노출된 표면만 있으면 어디서든 지의류가 자랄 수 있게 한다.[14]

라이니에는 두 유형의 지의류가 살고 있는데, 이 둘은 놀랄 정도로 다르다. 프로토탁시테스는 지구 최초의 초대형 유기체이자 눈으로 볼 수 있는 생물의 초기 형태라 할 수 있다. 바깥층은 복잡하게 얽힌 균사(영양분을 흡수하는 매우 미세한 세포 가닥으로, 균류 구조의 대부분을 구성한다)의 그물망으로 이루어진다. 이것이 정말 지의류라면 이 바깥층에서 광합성 공생자를 제 위치에 고정하는 역할을 할 것이다. 그 측면에 동물들이 구멍을 뚫어서 작은 생태계를 이루면 더 매끄럽고 가지가 없는 나무처럼 보이게 된다. 프로토탁시테스에게 광합성 공생자가 있었지만, 동위원소분석은 이 생물이 일상적으로 다른 유기체를 소비하기도 했다는 사실을 보여준다. 프로토탁시테스는 소비자이자 협력자로서 이 두 에너지원을 이용해서 크기가 그렇게 커졌는지도 모른다.[15]

낙석 중에는 페인트 얼룩 같은 검은 반점이 있는 것이 많은데, 이것이 오늘날의 지의류와 더 비슷하다. 윈프레나티아*Winfrenatia*의 구조는 단순하다. 매트처럼 평평한 껍질 대부분은 미분화된 균사로 이루어져 있으며 착생할 표면에 고정하는 역할을 한다. 이 구조의 표면 전체에는 미세한 함몰부가 있고 그 안에 남세균 세포가 하나씩 들어 있다. 마치 한 칸에 한 마리씩 들어 있는 돼지 축사 같다. 축사에 비유하는 것이 그럴듯한 이유는 또 있다. 어떤 상호작용이 얼마나 서로에게 유익한지를 기준으로 볼 때 이와 같은 관계는 가축 사육과 특별히 다르지 않다. 심지어 도둑질에 가까운 예도 있다. 일부 균류는 오직 다른 지의류 형성 균류를 죽이고 그 광합성 공생자를 훔치는 방식으로만 자신의 지의류를 만들어 정착한다.

종과 종 사이의 사육 같은 관계는 생명의 역사에서 진화를 거듭해왔다. 동물 중에는 땅속의 특별한 방에서 나뭇잎으로 퇴비를 만들어 균류의 열매(자실체)인 버섯을 키우는 가위개미가 있다. 또 다른 개미는 당분이 든 배설물을 얻기 위해 진딧물을 보호하거나 고기를 얻기 위해 깍지벌레를 키우기도 한다. 자리돔은 산호초 사이에 홍조류 정원을 가꾼 다음 수확해서 먹는다. 인간 또한 수많은 동식물을 키운다. 농부는 그 동식물을 보호해준 대가로 에너지를 얻는다. 균류가 광합성 공생자로부터 에너지를 추출할 때 공생자도 같이 먹어버리는 경우가 많은 것으로 보아 균류가 지의류에서 우위를 점하고 있는 것은 확실하다. 지의류도 그 어느 때보다 긴밀한 사육 관계의 필연적 최종 산물이 아닐까? 최초의 애버딘셔 농부는 균류였던 것일까? 그렇다면 그 농부는 이미 다양한 작물을 키우고 있었던 것 같다. 윈프레나티아에게는 서로 다른 두 종의 남세균 광합성 공생자가 있었고, 그렇게 셋이 긴밀하고 상호 의존적인 관계를 맺고 함께 살았다.[16]

현대 균류의 주요 유형들은 모두 라이니에서 초기 형태를 볼 수 있는데, 그중에는 식물과 상호작용하는 종들도 있다. 오늘날 빵곰팡이의 친척인 한 균류는 아글라오피톤Aglaophyton이라는 식물의 줄기 벽을 통해 머리카락처럼 가는 균사를 키운다. 이를 '균근mycorrhiza' 관계라고 하는데, 여기서 '마이코myco'는 균류, '라이잘rhizal'은 뿌리를 뜻한다. 계곡을 따라 늘어서서 더 잘 정착된 녹색 구역들을 지배하는 식물이 아글라오피톤이다. 이 작고 매끄러운 줄기의 식물은 땅에 넓게 퍼져서 자라며, 수직으로 갈라지는 각 줄기 끝에는 포자를 배출하는 알 모양의 기관이 있다. 줄기들이 수평 방향의 작은 기는줄기로 연결되어 있어서 하나의 개체로 군락 하나를 이룬다. 띄엄띄엄 있는 결절이 철도 침목처럼 누워 있는 줄기들을 지탱한다. 아글라오피톤은 매우 느슨하게 구조화된 식물로, 가느다란 헛뿌리로 물을 흡수한다. 적절한 광합성을 위해서는 꾸준히 충분한 물이 공급되어야 하는데, 균류가 기꺼이 그 역할을 담당한다. 균류는 토양의 물과 영양분을 이 식물에 공급하고 그 대가로 광합성의 산물인 당분의 일부를 가져간다. 균근은 현대 식물 종의 약 80%에 영양을 공급하는 역할을 한다. 균근이 식물의 진화사에서 이렇게 일찍부터 존재한다는 사실은 이 관계가 단지 생태학적으로 중요할 뿐만 아니라 육상 생물 발달에 기초적인 역할을 했음을 시사한다.[17]

육지로의 진출은 종과 종 사이의 관계뿐만 아니라 지질학적 시간

규모에서 일어난 세대 간의 역학 관계 변화에 의해서도 촉진되었다. 식물에는 그 진화적 유산에 의해 동물과는 근본적으로 다른 성 체계가 있다. 동물은 부모와 자녀가 생리학적으로 동일하다. 유성생식을 하는 종은 성체 염색체의 절반을 갖는 정자와 난자를 생성하고 이들이 결합하여 새로운 개체로 성장한다. 무성 생식을 하는 종은 성체에 의해 전체 염색체가 있는 난자가 생성되고 그것이 곧장 새로운 개체로 성장한다. 여기까지는 간단하다.

하지만 식물은 자녀가 부모를 전혀 닮지 않는데, 이러한 세대 간 복잡성이 육지를 지배하는 무기가 된다. 식물의 조상인 녹조류의 번식은 2단계로 이루어진다. 첫 번째 단계에서는 정자와 난자가 수정하여 성체 염색체의 2배를 가진 단세포 세대를 생성한다. 그러고 나면 염색체를 섞은 후 2개의 포자로 분리되고 각 포자는 새로운 성체 조류로 성장하여 같은 과정을 반복한다.[18]

현대의 모든 식물도 정자와 난자를 만드는 세대인 배우체와 포자를 만드는 세대인 포자체를 오가지만 주도권이 바뀌었다. 초기 육상 식물은 건조에 대비해 포자벽을 개발했는데, 이는 양막류의 껍질 있는 알처럼 육상 생물의 번식에 결정적인 역할을 한다. 더 많은 포자를 만들 수 있는 식물에게 더 많은 번식 기회가 주어졌고, 이에 따라 포자체 세대가 점점 더 중요해져서 세포 하나에 불과했던 것이 배우체와 완전히 분리된 몸을 갖게 되었다. 라이니는 지금 이 세대교체의 진통을 겪는 중이다.[19]

오늘날 습한 환경에 특화된 선류, 태류, 뿔이끼류의 포자체는 본질적으로 부모에게 기생하는 작은 존재다. 그러나 배우체가 정자를 옮기려면 아주 작은 절지동물들에게 의존해야 하므로 그 중요성은 여전하다. 양치식물의 본체는 포자체이지만 독립적으로 살아가는 배우체도 볼 수 있다. 새로운 잎을 만드는 것은 결국 이 작고 평평한 하트 모양의 배우체다. 종자식물의 경우에는 배우체가 거의 보이지 않게 축소되었다. 대신에 자이언트 레드우드든 데이지든 모든 종자식물은 눈에 보이는 모든 부분에서 포자를 생산한다. 꽃이 피는 식물은 조상과 크게 달라졌다. 웅성 포자(꽃가루)는 수분을 통해 자성 포자에 도달한다. 자성 포자의 벽 안에서 정자와 난자를 배출하는 미세한 구조가 발달하는데, 이것은 바로 거대한 해조류의 흔적이다.[20]

데본기 라이니에서 아글라오피톤 포자체는 독립을 시작하고 있다.* 뿌리도 잎 같은 구조물도 없는 단세포 발달 단계에서 진화한 지 얼마 안 된 이 포자체는 이제 자신만의 해부학적 구조를 찾아나가고 있다. 이들은 균류와 연대하여 영양분을 공급받고 자신의 발달 한계를 극복하여 이제껏 어떤 다세포생물도 할 수 없었던 일을 해낸다. 아글라오피톤과 균류는 물에서 해방된 최초의 생물군이자 앞으로 구축될 육상 생태계의 토대가 된다.

* 데본기 라이니에 서식했던 식물은 모두 다세포 포자체 상태와 배우체 상태를 번갈아 산다. 이런 경우 일반적으로 고생물학자들은 난점에 부딪힌다. 두 상태 모두 체화석으로 보존될 수는 있지만 그들이 분리되어 살며 완전히 다른 모양을 띠기 때문이다. 화석 기록에서 발견된 종을 명명할 때 유일한 자료는 모양뿐일 때가 많고 이따금 화학적 특징이 추가될 뿐이다. 따라서 포자체와 배우체를 연결하는 일이 불가능할 때가 많은데, 라이니의 화석 기록은 보존 상태가 훌륭하여 개별 정자 세포도 발견되었고, 이와 함께 두 세대의 공통된 정체성을 확인시켜주는 세포 단위의 세부 구조와 전체 생애주기를 연결하는 발달 단계까지 알 수 있었다.[21]

개체라는 개념은 매우 동물 중심적인 발상이어서 다른 계에서는 완전히 무시된다. 포자체는 유성생식을 할 필요가 전혀 없지만 때에 따라서는 다른 식물들처럼 스스로를 복제하여 따로 떼어낼 수 있다. 별도의 식물 개체와 연대한 균류 네트워크인 균근 망의 존재는 개체 개념을 더 모호하게 만든다. 균근 망은 일종의 전달자로서 균사를 사용해 식물 간에 신호뿐만 아니라 때로는 영양분도 전달할 수 있게 해주기 때문이다. 가까이 있는 이웃이 자신의 유전적 클론일 가능성이 큰 세계에서 균류 파트너는 힘든 시기에 자원을 공유할 수 있게 해준다. 협력은 이점이 크다. 어떠한 종도 홀로 고립되어 진화할 수 없지만, 식물과 균류의 시너지는 어떤 다른 진화적 혁신보다 지구 생명체의 미래를 크게 변화시켰다.[22]

라이니의 규소 웅덩이에는 더 복잡한 식물도 산다. 스타우드starwood라고도 불리는 아스테록실론은 가늘고 녹색을 띠는 전나무 구과를 닮았으며, 잎처럼 광합성을 하는 비늘 같은 부분이 있다. 그러나 '진짜' 잎보다는 단순하다. 현대의 잎처럼 골격화된 구조는 아직 나타나지 않았다. 현대 관다발식물이 내부에서 영양분과 물을 운반할 수 있는 까닭은 뿌리에서 잎까지 이어져 있는 물관부와 체관부 그리고 물이 빠져나가는 기공이 있기 때문이다. 그러나 초기의 식물들에는 이런 기관들이 없었고 심지어 뿌리 대신 머리카락처럼 가느다란 헛뿌리만 있었다. 이 헛뿌리를 통해 물과 미네랄을 흡수했다.

스타우드는 라이니에서 큰 식물 중 하나다. 퇴적물에 고정된 채 거의 50cm까지 자란다. 스타우드의 싹은 뿌리와 비슷하게 진화하여 관다발식물과는 별개로 또 다른 뿌리의 기원이다. 스타우드의 뿌리 같은 싹은 땅속 약 20cm 아래까지 뻗어 있다. 새로운 자원을 찾기 위해 다른 식물보다 깊이 내려간다. 스타우드의 조직은 광합성과 빠른 성장을 위해 다량의 물을 빠르게 옮길 수 있게 진화했다. 하지만 이렇게 하면 건기에는 흡수하는 것보다 더 많은 양의 물을 잃게 되기 때문에 오히려 문제가 된다. 빠른 성장과 물 이용의 효율성 사이의 균형은 모든 식물이 직면하는 문제다. 스타우드는 이 문제를 해결하기 위해 기공 수를 줄이고 간격을 넓혔다. 평상시에는 성장이 더 중요하고 물을 보존해야 한다는 압박이 비교적 적다. 그러나 번식기에는 더 까다로워져야 한다. 라이니의 열대기후는 매우 변덕스러워서 스타우드 줄기에서는 번식을 하는 부분과 그렇지 않은 부분이 번갈아 나타난다. 이는 척박한 환경에서 에너지를 절약하는 방법이기도 하다.[23]

이 모든 성장에는 결국 끝이 있다. 죽은 스타우드는 균류 공생체에게 더 이상 쓸모가 없어지고, 부패한다. 자낭균 같은 다른 균류는 벌어진 기공에 침투하여 안에서부터 식물을 먹어치운다. 이 균류는 식물에 남은 마지막 영양분을 추출해서 최초의 토양을 배양한다. 시간이 지남에 따라 여기에 더 부드럽고 질 좋은 기층이 만들어져 식물이 석탄기 습지의 석송만큼 더 크게 자랄 수 있게 된다. 낮게 깔린 생물 군락에 묻혀서 썩어가는 식물을 먹는 생명체로는 정적인 균류만 있는 게 아니다. 육상의 유일한 동물인 작은 절지동물들도 썩어가는 스타우드를 먹으러 온다. 아직 등뼈가 있는 그 어떤 동물도 뭍으로 올라오지 못했다. 생태학적으로 말하자면 척추동물은 모두 아직 수중에만 살 수 있는 어류

뿐이다. 길이가 1m 남짓 되고 다육질의 잎 모양 지느러미가 있으며 최초의 네발 달린 척추동물인 데본기 어류 중 한 그룹이 육상에 나타나기까지는 3,500만 년이 더 지나야 한다. 그런데 그 사지동물이 나타나는 곳은 라이니에서 멀지 않다. 최초의 사지동물 뒷다리 화석은 데본기 말의 것으로 라이니에서 해안 쪽으로 올라가면 바로 있는 엘진이라는 지역의 비탈에서 나왔다. 5,000만 년 후 석탄기가 시작될 무렵에는 불과 300km 떨어진 오늘날의 트위드강 유역에서 양서류와 파충류의 다양화가 시작되면서 척추동물이 처음 호흡한다.[24]

절지동물arthropod은 '관절arthro 있는 발pous'이 달린 동물이라는 뜻이다. 절지동물에게는 다리를 지지하고 관절을 연결하는 딱딱한 외골격이 있다. 절지동물은 현대 동물 중 가장 많은 종이 속한 문門이며, 동물이 처음 여러 갈래로 분화되던 캄브리아기(5억 4,000만 년 전) 때부터 존재했다. 데본기 초에 절지동물은 갑각류, 바다전갈, 바다거미, 삼엽충 등 대부분이 해양 동물이지만 몇몇은 육지로 진출했다. 거미류는 실루리아기 초에 육지에 등장했으며, 건조한 환경에 빠르게 적응하여 가장 먼저 분화했다. 데본기 거미류에는 이미 전갈, 응애, 통거미를 비롯해 겉모습이 거미처럼 생긴 트리고노타르부스과trigonotarbid가 포함되었다.[25]

분해되고 있는 석송 줄기에서 흙냄새와 함께 악취가 풍긴다. 거기에는 길이가 몇 밀리미터밖에 안 되는 작은 동물들이 득실거린다. 다리가 6개이고 분절된 몸에 긴 더듬이와 짧은 털이 나 있다. 톡토기라고 불리는 이 동물은 구기口器의 위치상 엄격하게 말하면 곤충은 아니며, 곤충과 가장 가까운 사촌이다. 톡토기에 코르셋을 입히고 허리를 조이면 개미처럼 보일 수도 있겠다. 썩어가는 식물을 먹이로 삼는 리니엘라 프라이쿠르소르*Rhyniella praecursor*('작은 라이니 조상'이라는 뜻)는 덤불 속을 기어다니기도 하지만 워낙 작아서 물 위에서 스케이트를 타면서 수면에 떠다니는 조류를 먹기도 한다. 대기 중 산소 농도가 낮지만 산소가 몸 전체에 직접 퍼질 수 있을 정도로 체구가 작은 리니엘라에게는 큰 문제가 되지 않는다.[26]

작은 동물은 안전이 보장되지 않는다. 끝이 뚫려 있는 스타우드 줄기 안 은신처에서 갑옷 입은 포식자의 팔이 나타나더니 발톱으로 불운한 리니엘라를 붙잡는다. 이때 작고 검은 톡토기springtail들이 불꽃처럼 넓게 흩어지면서 그 이름이 붙은 이유를 보여준다. 이들에게는 도약기furcula라는 특화된 기관을 갖고 있다. 도약기는 간단히 말해 몸 아래쪽에서 높은 장력을 유지하고 있는 길고 단단한 막대인데, 압력을 풀면 중세의 투석기를 뒤집어 놓은 것처럼 막대가 땅이나 수면으로 밀려 내려가고 몸은 공중으로 발사된다. 움직임을 완전히 제어할 수는 없지만 어디에 착지하든 적어도 자신을 놀라게 한 동물로부터 멀리 떨어질 수는 있다.[27]

리니엘라를 몸 아래에 직접 고정하여 도망치지 못하게 다리 8개로 만든 철창 안에 가두고 있는 동물은 팔라이오카리누스*Palaeocharinus*('고대 채찍 거미'라는 뜻)다. 진짜 거미는 아직 등장하지 않았지만 팔라이오카리누스가 속한 트리고노타르부스과는 외형상 거미를 빼닮았다. 부분적으로 차이가 있지만 둘 다 갑옷을 입고 있고, 두 개의 판 사이에 머리가 끼여 있으며 그 안에 눈과 입이 있다. 아주 작은 먹잇감이라도 매복 장소에 다가오면 털이 수북한 다리들로 진동을 감지할 수 있다. 이 활동적인 포식자는 등갑 밑에 구멍이 나 있어서 '서폐book lung'라는 복잡하고 효율적인 호흡기로 호흡할 수 있다.[28]

트리고노타르부스과가 만든 우리 바깥에서는 별다른 일이 일어나지 않는 것처럼 보이지만 톡토기는 안타까운 운명을 맞는다. 트리고노타르부스과는 먹잇감을 마비시킬 독이나 거미줄이 없어 이 희생양을 찌르고 찌그러뜨리고 부서뜨린다. 트리고노타르부스과의 입은 구멍이라기보다는 체에 가까워서 톡토기는 이 포식자의 몸 바깥에서 소화된 다음 일련의 더 미세한 털을 통해 빨려 들어간다.

고여 있는 담수 연못 안에서는 끈적끈적한 남세균의 점액이나 차축조 사이에 숨어 있는 편이 더 안전하다. 일시적으로 존재하는 연못에서는 복잡한 내부 먹이그물이 발달하지 않는다. 대신에 다른 생물의 잔해를 먹고 사는 갑각류가 주류를 이룬다. 날씬한 몸에 밀리미터 단위의 비늘과 자루눈이 달렸으며 조류를 먹고 사는 레피도카리스*Lepidocaris*와 긴 몸에 투구를 쓴 듯한 독특한 머리가 달린 카스트라콜리스*Castracollis*(미국투구새우의 일종), 작고 둥글고 갑옷을 입은 에불리티오카리스 오비포르미스*Ebullitiocaris oviformis*(고온의 알칼리성 환경에서 살기 때문에 '알 모양의 삶은 새우'라는 뜻의 이름이 붙었다) 등이 연못에 산다.[29]

담수 연못에서 동물들 간 관계는 대체로 단순하지만 라이니의 다른 여러 광합성 생물이 그렇듯 차축조류도 균류와 생태학적으로 깊은 관계를 맺고 있다. 차축조는 육상 식물과 가까운 민물 조류다. 라이니의 냉수 웅덩이에서 가장 흔한 차축조류는 곧은 줄기 하나에 곁가지가

그림12 팔라이오카리누스 리니엔시스

나선형으로 뻗어 나오는 형태다. 육지에서 아글라오피톤과 균근, 프로토탁시테스와 윈프레나티아가 맺고 있는 협력 관계와 달리 차축조류와 균류의 관계는 일방적이고 불량하다. 수생 곰팡이는 차축조에 붙어서 세포벽에 몸을 넣거나 관으로 세포벽을 뚫는다. 그러고는 아무런 대가 없이 차축조로부터 영양분을 빨아들인다. 가장 일찍이 알려진 기생균류인 쿨토라콰티쿠스*Cultoraquaticus*를 비롯해 다른 균류는 갑각류 알을 먹는다. 이 모든 곰팡이는 한 가지 형태의 기생에 특화된 항아리곰팡이균류에 속하며, 특히 조류에 기생하는 종이 많다.[30]

기생생물의 공격을 받은 식물은 대부분 크기가 커진다. 이 같은 비대증 지금도 식물 질병의 흔한 증상이다. 세포 크기를 최대 10배까지 키워 병균을 하나 또는 몇 개의 세포에 가두려는 반응이다. 또 이와 비슷한 과다형성 반응을 보이기도 한다. 이 증식증은 더 많은 세포를 만들어 질병을 조직의 한 부분에 제한하려는 반응이며, 그 결과로 혹 같은 게 생긴다. 라이니의 차축조류 중에는 기생균류에 감염되어 길이 방향으로 구근 모양의 부종이 생긴 것들이 있다.[31]

기생생물은 육상에서도 문제를 일으키고 있다. 아글라오피톤의 기공에서는 선충이 부화, 성장, 번식하는데, 이 모든 과정이 식물을 한 번도 떠나지 않고 이루어진다. 노티아 아필라*Nothia aphylla*는 초기 육상 식물로, 몸 대부분이 땅속에 묻혀 있어서, 모래가 많은 토양 위에 수평 방향의 줄기가 떠 있는 대부분 경쟁자보다 지하수에 접근하기 쉽다. 그러나 이 전략은 노티아를 기생균류에 더 노출되게 했다. 그래서 이 식물은 균류의 공격을 물리치고자 비대증이라는 방안을 마련한다. 헛뿌리가 균류의 공격을 받으면 노티아의 세포벽은 더 단단해지면서 균사가 더 깊이 침투하지 못하게 막고 그럼으로써 감염을 억제한다. 그러나 여기에는 반전이 있다.

노티아에게는 다른 기생생물과 동일한 방식으로 식물과 관계를 맺으면서도 면역 반응 때문에 격리되지 않는 균근 파트너도 있다. 이들은 진화적 독점 계약을 맺고 있는 셈이다. 균류 공생체를 식물의 세포 안에 들어오도록 허락하는 대신 숙주와 공생체는 자원을 교환한다. 화학적 방문증 없이 동일한 침투를 시도하는 다른 균류는 잡혀서 격리 조치를 당한다. 선택받은 균류는 다른 종에게는 허락되지 않는 자원을 보장받으며, 식물은 착취당하지 않고 구하기 힘든 소중한 미네랄을 얻을 수 있다. 생물은 본능적으로 선행을 베푸는 존재가 아니다. 자연선택을 통해 여러 세대에 걸쳐 흥정이 이루어져야 이런 거래가 가능하다. 이러한 관계는 노티아가 몸 일부에서 균류의 활동을 용인함으로써 낯선 불청객 균류를 점점 더 잘 식별할 수 있게 되었기 때문에 형성되었을 것이다. 서로에게 도움이 되는 관계가 반드시 평화로운 수단으로 구축되지는 않는다.[32]

새로운 환경의 정복이 공생에서 기생에 이르는 다른 생물과의 상호작용 없이 고립 속에서 이루어질 수 없다. 척박하고 종잡을 수 없는 환경이었던 지구가 이제는 생명으로 가득 차 있다. 데본기 이후 4억 년 동안 이 행성은 식물의 세계이자 균류의 세계이자 절지동물의 세계가 된다. 그리고 차차 등장하는, 대형동물을 비롯한 걸어 다니거나 기어다니는 모든 생명체는 라이니 같은 공동체적 혁신에 빚지게 된다. 뿌리와 균사는 무용수가 파트너와 손깍지를 끼듯이 그 어느 때보다 더 서로를 단단히 잡고 연약한 바위 안으로 깊이 파고든다. 이들은 함께 모든 것을 변화시킬 것이다.

“나는 빛이다.
나는 자세히 들여다본다.
깊은 곳에서 숨결이 일어난다.”

- 나탈리아 몰차노바, 〈그리고 아무것도 없음을 깨달았다 И осознала я небытие〉

“모든 깊은 곳 아래 더 깊은 곳이 열린다.”

- 랠프 월도 에머슨, 《순환 Circles》

13

깊이

러시아 야만카시

4억 3,500만 년 전 실루리아기

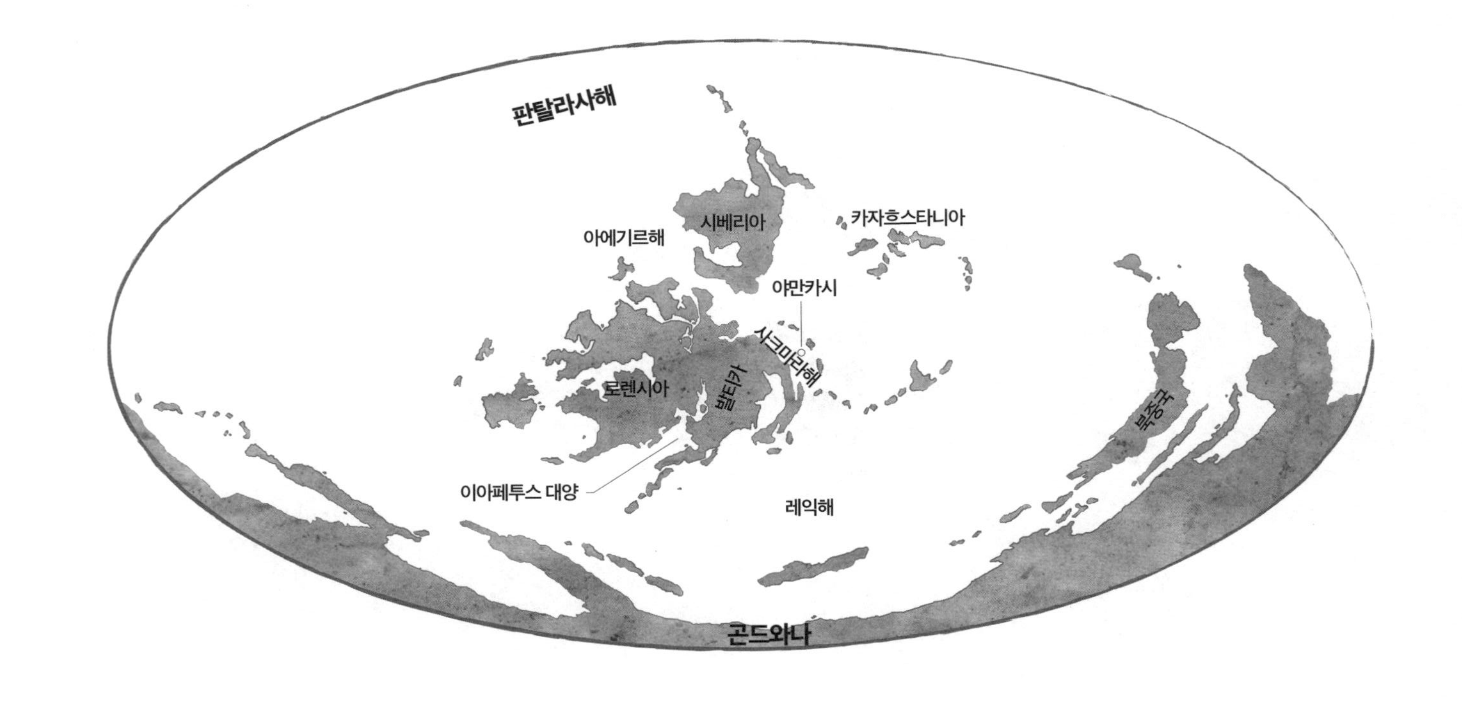

지도13 4억 3,500만 년 전 실루리아기 지구

지표 위에 사는 우리는 태양에 의존하는 빛의 피조물이다. 지구의 얇은 대기권에 거주하는 우리는 매일 가장 가까이 있는 별에서 나오는 전자기파를 받는다. 태양은 우리가 먹는 식량을 키운다. 이 빛은 공기를 따뜻하게 데우고 물을 증발시켜 비로 내리게 하며 체내의 생물학적 리듬을 설정하는 에너지원이다. 카르스트 동굴 깊숙한 곳에 사는 생물조차도 태양에 의존한다. 미주리주 오자크고원 지하 동굴의 장님동굴물고기는 셰일층 바닥에 형성된 웅덩이에서 산다. 단일 지층에 서식하는 장님동굴물고기는 조상 대대로 너무 오래 빛을 피해왔기 때문에 원시적인 눈이 광자를 감지하더라도 시신경이 없어서 뇌에 경고를 보내지 못한다. 그러나 장님동굴물고기의 먹이사슬조차도 강물에 떠서 동굴까지 흘러들어온 낙엽과, 태양이 키운 양분을 지하 깊은 곳까지 운반하는 박쥐 배설물 구아노에 의존한다. 그러나 심해로 내려가는 것은 진정으로 태양과 태양이 의미하는 모든 것을 뒤로하고 떠나는 일이다.[1]

아무리 물이 맑다고 해도 미세한 입자들은 빛을 모두 산란시킨다. 게다가 물은 빛도 흡수하기도 한다. 파장이 길수록 빛은 더 빨리 감쇄된다. 약 15m 수심에 도달하면 적색광이 가장 먼저 사라진다. 주황색, 노란색, 녹색도 더 투사되지 못하고 결국 빛의 스펙트럼은 서서히 소멸한다. 녹색 파장이 없는 약 100m 아래, 즉 유광층euphotic zone의 맨 밑에

도달하면 광합성이 불가능해진다. 약광층twilight zone이라고 부르는 이 깊이 너머로는 오직 짙은 청색광에서 보라색광까지만 통과할 수 있다. 그곳에 사는 모든 생명체는 위에서 떨어지는 먹이 혹은 태양 이외의 에너지원에 의존해야 한다. 해수면에서 1,000m 아래로는 마지막 빛줄기도 통과하는 데 실패하고 생명체들은 영원한 암흑인 무광층midnight zone으로 들어간다.

수심 1km에서는 세제곱미터마다 약 10t의 바닷물 탑이 내리누르는 하중인 대기 압력의 100배를 견뎌야 한다. 10m 더 내려갈 때마다 그 하중은 계속 추가된다. 지질시대와 상관없이 극지방이든 적도든 해저에 사는 생물은 수면의 익숙한 세계와 결별해야 한다. 이는 단순히 경험 차원의 문제가 아니다. 동물 생리작용의 대부분 기능은 표면 조건에 따라 달라진다. 해저는 온도가 3°C 정도로 유지되는데, 이로 인해 동물의 중요한 신진대사 과정이 느려진다. 바다의 압도적인 무게도 생리작용에 심대한 영향을 끼친다. 단백질은 반복적으로 모양을 바꾸면서 역할을 수행하는 경우가 많다. 심해의 압력은 세포 안 깊숙한 곳의 단백질마저도 으스러뜨려 새로운 구조를 갖게 할 만큼 높아서 더 높은 압력 견딜 수 있게 진화하지 않는다면 단백질이 제대로 기능할 수 없다. 저서생물의 후손이 심해에 서식하려면 생명체의 분자구조까지 변형시켜야 한다.[2]

1977년까지만 해도 우리가 아는 심해 생태계는 대륙과 해구와 해령 사이에 별다른 특징도 없이 드넓게 펼쳐진 심해저평원뿐이었다. 심해저평원에는 미생물이 엄청나게 풍부하고 심해에 적응한 어류와 갑각류, 벌레가 놀라울 정도로 많이 서식하지만 먹이가 귀하여 널리 흩어져 살아간다. 그러나 대양 열개oceanic rift의 지질과 화학을 조사하던 잠수정 카메라에 한 풍경이 찍히면서 기존의 심해저평원에 대한 인식이 바뀌기 시작했다. 잠수정 탐조등 불빛에 신기루처럼 뜨거운 열수 분출공 물이 반짝거리면서 유령 같은 연체동물과 청소 중인 게 무리의 빽빽한 모습이 카메라에 담겼다. 이 숨겨진 복잡한 생명체들은 바다 깊은 곳에서 오래전부터 살고 있었다. 열수 분출공은 특히 전자기파가 아니라 산화환원반응에 기초하여 세워진 생태계라는 점에서 극한 생물이 살던 라이니의 웅덩이와 크게 다르지 않다. 열수 분출공 생태계는 미생물 연금술사가 녹은 암석을 먹이로 바꾸는 곳이다.[3]

실루리아기 우랄해는 수심이 약 1,600m밖에 안 되는 자그마한 바다로, 적도 양쪽에 걸쳐 있다. 적도 북쪽에서는 해저가 가파르게 상승하여 생명체가 살지 않는 시베리아섬의 대륙붕과 만난다. 동쪽으로는 카자흐스타니아라는 젊은 대륙이 깊은 곳에서 솟아올라와 있다. 우랄해의 남서쪽 귀퉁이에는 발티카라는 또 다른 대륙의 대륙붕 가까이에 사크마라해라는 독특한 구역이 있다. 사크마라해 중에서도 발티카의 동쪽 해안에 바로 인접한 이 구역에서는 지진이 자주 일어난다. 지진은 물속에서 인간의 청각으로 들을 수 있는 범위보다 낮은 소리로 울려 퍼지지만 수면에 바람이 불거나 비가 내리면 울부짖는 소리나 북소리로 바뀌어 해저까지 전달될 수 있다. 다만 실루리아기에는 이 소리를 들을 수 있는 생물이 살지 않는다.

이상하게도 완전히 깜깜하지는 않다. 거의 감지하기 힘들 정도로 미묘하게 희미한 적외선이 어둠 속에서 퍼져나가고 있다. 그 빛을 감지할 수 있는 눈은 없지만 거기에는 무엇인가가 있고 광자의 윙윙거리는 소리도 약하게 들린다. 소리의 근원은 심해의 안식처이자 오아시스인 야만카시 열수 분출공이다. 최근에 생긴 이 지질학적 에너지원이 어두운 심해에 생명을 불어넣고 있다. 해안선을 따라 길고 평행하게 형성된 울타리섬인 사크마리안제도는 섬과 본토 사이 수면을 진정시킨다. 그러나 이 울타리섬은 해저에 난류를 일으키는 원인이기도 하다.

사크마리안제도는 수백만 년에 걸쳐 발티카대륙으로 점점 다가왔다. 섬들을 지탱하는 판이 이웃한 해양판 밑으로 미끄러져 들어가고 있기 때문이다. 이 섭입은 맨틀에 마그마의 소용돌이를 일으킨다. 액체 암석의 복잡한 소용돌이는 열도 뒤에서 판이 갈라지게 만든다. 가늘고 긴 균열은 해저를 넓게 펼치는데, 이를 후열도분지라고 한다. 야만카시에서 올라온 뜨거운 맨틀 마그마는 차가운 해수를 만나 화산암, 즉 현무암과 유문암, 안산암과 사문암으로 분출하고 굳어진다. 그리고 이때 화학에너지와 열에너지가 황화물 함량이 높은 유체 형태로 분출되는데, 이는 특히 생명체에 중요한 작용을 한다. 지구의 자기 파괴가 자기 창조와 균형을 이루는 현장이다. 다른 곳의 화석 지대는 천천히 가라앉은 모래, 내려앉은 대륙붕이나 사구, 여러 상태를 단계적으로 거쳐 매장된 암석에 의해 형성된다. 하지만 야만카시에서는 용광로에서 막 꺼내 담금질을 갓 마친 암석이 이곳에 사는 생명체를 보존한다.[4]

그 담금질은 적외선을 생성한다. 이 빛은 햇빛이 아닌 지구광이다. 과열된 물이 주변 온도에 의해 식으면서 광자, 즉 열복사를 방출한다.

현대 박테리아 중에 태양이 도달하는 곳으로부터 약 2.5km 아래에서 그 빛을 이용해 광합성을 하는 종이 있다고 알려져 있을 정도로 열수 분출공에서 나오는 빛은 강하다. 어쩌면 실루리아기의 박테리아 중 어떤 한 종도 같은 일을 하고 있을지도 모른다.[5]

이런 일이 일어날 수 있는 해저는 분명 많다. 오늘날 지구 표면의 71%는 바닷물이고 바다의 평균 수심은 3,700m다. 아무리 높은 산지와 고원이 있다 해도 오늘날 지구 표면의 평균 고도는 해수면보다 2km 이상 낮다. 이는 실루리아기 초중반과 비교하면 아무것도 아니다. 당시 해수면은 역대 최고로 높아서 주기적으로 오르내렸지만 가장 낮았을 때도 오늘날보다 100m가 높았고, 가장 높았을 때는 200m가 더 높았다. 현대 대륙 배치에서 해수면이 150m 높아진다면 세계 지도가 완전히 바뀔 것이다. 아마존 유역은 대부분 물에 잠기고 페루는 동해안을 갖게 될 것이다. 베이징, 세인트루이스, 모스크바는 육지를 잠식해 들어오는 바다로 인해 해안 도시로 변모할 것이다. 지표 세계는 드물어질 것이다. 대륙들은 이상하게 파편적으로 솟아 있을 것이고 대부분 갈라져 가스를 뿜어내는 저지대 해양 지각으로 만들어진, 한 행성에 박힌 암석 덩어리들에 불과해진다.[6]

야만카시에서는 분출공이라는 굴뚝이 있는 완전히 산업화된 공장이 가동 중이다. 빽빽한 돌들 위에 광물성 광택이 나는 탑들이 솟아 있고 그 가는 꼭대기에서는 온도가 수백 도에 이르는 검은 물이 끊임없이 쏟아져 나온다. 연기를 뿜어내는 연통 아래는 마치 L. S. 로리(영국 북서부 공업 지대 풍경을 주로 그린 20세기 화가-옮긴이)가 그린 무채색에 가까운 도시 풍경에서 튀어나온 것처럼 많은 생명체가 모여든다. 로리의 그림에서처럼 여기서도 자욱하게 피어오르는 검은 연기는 이 작은 생명체들을 먹여 살린다.[7]

야만카시아*Yamankasia*는 환형동물이다. 일반적인 지렁이도 포함되는 이 동물 그룹은 몸이 고리 모양의 체절로 나뉜다. 야만카시아는 열수 분출공이나 다른 생물의 사체 주변 혹은 심해 오아시스 근처에서 자주 발견되는 심해 특화종인 갯지렁이류와 비슷하다. 야만카시아도 갯지렁이처럼 자신만의 굴뚝, 즉 키틴 같은 단백질과 다당류 혼합물로 만든 유연한 관 안에서 생활한다. 먹이를 먹을 때는 수백 개의 미세한 촉수로 덮인 머리를 리드미컬하게 앞뒤로 움직이는 모습이 마치 유원지의 망치 게임 표적 같다. 야마카시아는 갯지렁이류 중에서 관벌레(출수공에 특화된 초대형 벌레로 관의 직경이 약 4cm다)와 비슷한 크기지만, 어떤 특정 문門의 동물과도 명백하게 일치하는 특징이 없다. 야만카시아와 관벌레가 이러한 생활 방식에 수렴한 까닭은 다른 여러 심해 동물과 마찬가지로 유리한 협력 관계를 우연히 똑같이 발견했기 때문일 가능성이 크다. 주변 바닥의 아주 작은 벌레들, 예컨대 관의 굵기가 겨우 몇 밀리미터에 불과한 에오알비넬로데스*Eoalvinellodes*와 비교하면 둘은 분명 거구다. 야만카시아의 관은 몇 개의 섬유질 유기물층으로 이루어져 있으며, 세로로 주름이 있고 유연하다. 그러나 이곳에서 이 유연한 관을 구부릴 수 있는 물살은 열수 분출공에서 나온 물이 상승했다가 냉각되어 다시 하강하면서 발생하는 대류뿐이다.[8]

그림13 야만카시아 리페이아

* * *

식물 표면이 햇빛으로부터 에너지를 추출할 때 이는 유전적으로 식물 고유의 구조에서 일어나는 일이 아니다. 초식동물이 발효 박테리아의 도움을 받듯이 식물은 남세균이라는 단세포생물을 끌어들여 광합성을 한다. 남세균은 식물세포에 매우 깊숙이 박혀 수억 년을 보내면서 자신의 DNA 일부를 잃어버리고 더는 독립적으로 살아갈 수 없게 되었다. 이제 남세균은 알약 모양의 세포 내 소기관인 엽록체라고 불리며 식물과 완전히 상호 의존적으로 작동하며 생존한다. 데본기 식물과 균류의 공생과 협업은 가까이 살아가는 다른 종들 사이의 관계를 보여주는 반면에, 박테리아 엽록체와 진핵생물의 관계는 너무 긴밀하고 분리할 수 없게 되어 아예 한 개체를 형성한다. 여기서 에너지를 분해하는 주체는 진핵생물이 아니라 여행의 동반자인 박테리아다.[9]

야만카시아나 열수 분출공에 사는 생물들도 유황 성분이 든 분출공 유체의 에너지에 직접 접근할 수 없다. 대신 에너지에 접근할 수 있는 박테리아를 끌어들인다. 오늘날 황화물을 침전시키는 열수 분출공에 서식하는 가장 큰 벌레인 현생 관벌레에는 영양체라는 특수 기관이 있다. 관벌레 한 마리의 영양체에는 열수 분출공에서 나오는 에너지를 추출하려는 공생 유황 박테리아가 수십억 마리나 존재한다. 이들처럼 야만카시아도 관에 사는 박테리아와 긴밀한 관계를 맺는다. 야만카시아는 공생체를 보호하고, 공생체는 야만카시아에게 먹이를 제공한다. 둘의 상호작용은 진핵생물이 소기관과 맺는 관계와 지의류의 긴밀한 상호 의존 관계 사이 어디쯤 해당하며, 개체란 정말 무엇인지 더욱 모호하게 만든다. 이 중간 단계를 부르는 용어가 '홀로바이온트holobiont'(통생명체, 전생명체)다. 홀로바이온트란 둘 이상의 명백히 다른 유기체로 이루어진, 살아 있고 분리할 수 없는 전체를 말한다. 그들은 함께해야 번성하고 떨어지면 죽는다. 예를 들어 오늘날 일부 열수 분출공에 사는 관벌레는 소화 시스템이 전혀 없어서 박테리아가 모든 먹이를 제공한다. 분출공에 서식하는 어떤 조개는 한 걸음 더 나아간 동화작용으로 황화물 결합 단백질 공장이 되어 유황 박테리아 본연의 능력을 강화하는 데 도움을 준다. 둘의 체내 과정이 서로 섞여서 하나가 되기 시작하는 것이다.[10]

야만카시에서는 액체 암석이 바다로 나오면서 온도와 압력이 낮아질 때 유체의 미량 원소가 광석으로 굳어진다. 열수 유체와 바닷물 사이의 화학적 차이는 전자의 흐름을 유발하여 일종의 천연 발전소를 만들며, 일부 분출공에서는 그 전압이 700mV에 이르기도 한다. 이 기이한 굴뚝의 연통, 즉 중앙 도관은 셀레늄과 주석으로 코팅되어 있다. 더 바깥쪽의 용액에서는 비스무트, 코발트, 몰리브덴, 비소, 텔루륨 원자를 비롯해 금, 은, 납 원자도 나온다. 현대에 와서는 이 원소 침전물에서 형성되는 모든 광석이 탐나는 상품이 되었다. 지층 형성 후 처음 공기에 노출된 우랄해 연안은 노천 광산이 되었다. 베스티멘티페라류vestimentifera라는 관벌레의 연약한 관이 들어 있는 암석은 그 안의 금속을 추출하기 위해 파쇄, 분쇄, 융해, 제련되고 전기장으로 처리된다. 초기 열수 분출공 동물상이 발견된 야만카시에서 채굴은 지금도 계속되고 있다.[11]

심해 생태계에서 거듭 발견되는 매우 놀라운 측면 중 하나는 서식하는 종이 서로의 유사성에도 불구하고 근연종이 아니라는 점이다. 분출공에 사는 생물들은 시대에 따라 상당히 달라졌다. 현대 분출공 생물군의 구성원들은 훨씬 얕은 물에서 살던 종이 최근에 심해로 내려온 경우가 일반적이다. 기압, 온도, 빛의 극한 조건을 고려할 때 심해 생활에 적응하는 것이 쉽지 않다고 생각할 수 있다. 그러나 사실 그렇지 않은 듯하다. 분출공에 사는 생물은 다양한 동물계에서 왔다. 오늘날 열수 분출공에 서식하는 산호는 없는 듯하지만 데본기에는 분출공 산호가 상당히 흔했던 것으로 나타난다. 모두 독립적으로 두 번째 층을 악부calyx라는 외부 경조직으로 진화시켰다. 악부는 온도를 완충시키는 역할을 한 것으로 여겨지는데 그 안에 부드러운 폴립이 산다.[12]

열수 분출공 동물상에 서로 다른 과의 동물들이 존재한다는 사실은 고립된 환경에서도 어두운 바다를 서식지로 삼는 일이 꽤 흔하게 일어난다고 우리에게 말해준다. 분출공 지대는 밀집되어 있을 때가 많지만 그렇다고 해도 몇 킬로미터씩 떨어져 있다. 분출공에서 아무리 풍부한 광물이 나와도 그 주변은 아무런 생명도 살 수 없는 해저로 둘러싸여 있다. 그러나 더 큰 규모로 보면 분출공은 지각 균열에 연관되는 선들을 형성하고 그렇게 만들어진 환경은 깊은 곳에서도 생명체가 번성할 기회를 제공한다. 해류는 보통 지각 균열 방향과 같은 방향으로 흐르며 후열도분지에서도 마찬가지다. 이는 유충이 수백 킬로미터를 떠다니다가 새로운 터전을 찾을 수도 있다는 뜻이다. 그렇게 되면 아무리 멀리 떨어진 군집도 연결된 동일 개체군의 일부가 되며, 오직 새로 부화한 유충만이 쇠퇴하는 개체군을 확산하고 회복시킬 수 있다.

분출공은 수면 위 섬과 유사한 역할을 한다. 둘 다 메타개체군을 형성하기 때문이다. 메타개체군이란 외부 세계와 섞이는 일이 제한적인 반고립 군집을 뜻한다. 각각의 작은 분출공은 전체의 유전적 다양성에 기여한다. 이것이 중요한 이유는 분출공은 마그마의 열기가 균열 가까이에서 압력을 가하는 동안에만 존재하는 일시적 지형이기 때문이다. 지각 변화가 일어나면 에너지원이 사라져 이곳 생태계 전체가 사멸의 길에 들어설 수 있다. 새로운 균열이 열리면 어딘가 다른 곳에서 유충이 떠내려오고 이내 적응한 종들에 의해 식민화될 확률이 높다. 그러나 그 식민화도 언젠가는 끝날 수밖에 없다. 태양과 달리 심해는 무상함과 덧없음, 새로움과 파괴가 공존하는 곳이기 때문이다.[13]

빽빽하게 모여 있는 작은 조개류는 파이어디스크firedisc 또는 피로디스쿠스*Pyrodiscus*다. 피로디스쿠스는 완족류로, 연체동물이 외투막을 발달시키기 전까지 고생대 바다의 해안에서 심해까지를 두루 지배하고 있던 조개의 한 종류다. 피로디스쿠스의 껍질은 홍합처럼 혀 모양이지만 힘줄 같은 긴 자루를 이용해 바위 표면을 붙잡고 있다. 실루리아기 초의 완족류는 몇 안 되는 운 좋은 종에 속한다. 오르도비스기 말 대량 멸종이 완족류에 속하는 종 대부분을 절멸시켰기 때문이다. 전 세계의 냉각이 촉발한 멸종 사건 동안 심해의 생태계는 특히 큰 타격을 입었다. 이론적으로 멸종에 견딜 수 있는 모든 특징을 갖춘 것 같았던 생물군집도 예외가 아니었다. 물론 추위도 관건이었지만 오르도비스기 대량 멸종 당시의 다른 복합적인 상황도 영향을 미쳤다. 지구의 냉각은 그 자체로 보면 심해보다 따뜻한 표층에 더 많은 영향을 끼쳤을 것으로 보인다. 그러나 냉각이 심해지면서 심해 순환에도 변화가 일어났고 일반적으로 산소 농도가 부족한 대륙붕 위로 해수에 녹아 있는 공기가 이동했다. 이런 일이 발생하면 얕은 물에 살던 종들, 즉 높은 산소 농도에 적응한 종이 대륙붕에 진출하여 저산소 환경에 특화된 기존의 심해 종과 경쟁할 가능성이 있다.[14]

야만카시의 물에도 더 많은 산소가 공급되면 같은 운명이 닥칠 수 있다. 이곳에서 먹이사슬의 기초를 형성하는 박테리아는 저산소 환경에서 가장 잘 산다. 만일 이들의 상태가 나빠지면 생태계는 빠르게 파괴될 수밖에 없다. 분출공은 한 번에 모든 것이 뒤바뀔 수 있는 것처럼 보이는 기묘한 장소다. 분출공에는 영양분이 풍부하고, 수천 제곱킬로미터의 미생물 평원 사이에 동물이 빽빽하게 모여 사는 번화한 도심 같은 곳이지만, 종의 숫자가 적다. 야만카시는 지금까지 발견된 열수 분출공 화석 지대 중 가장 오래되고 가장 다양한 곳이지만 발견된 종 수는 10종 미만이다.[15]

분출공 생태계는 대개 바위 사이의 웅덩이처럼 다양성이 낮아서 소수의 우세 분류군과 몇몇 희귀 분류군이 각각 단일 종으로 존재한다. 화재가 자주 일어나는 숲이나 조수가 들이치는 암반 웅덩이 등 다른 불안정한 생태계들과 비슷하다. 대개 비슷한 생산성을 가진 다른 지역에 비해 3분의 1 정도의 종을 보유한다. 그러나 분출공은 변화가 없는 곳이기도 하다. 분출공에는 밤낮도 계절도 없고 장기적인 주기도 없다. 따라서 생물의 성장이 빠르고 번식이 빈번하게 이루어진다. 작은 규모의 교란이 일어났을 때는 쉽게 회복할 수 있지만 대규모의 동요에는

매우 취약한 곳이 바로 분출공 생태계다.[16]

분출공 생태계는 고립되어 있으며 각각은 몽생미셸만큼 눈에 띄게 우뚝 솟아 있다. 그러나 생물군 내부는 연결되어 있다. 연결 범위는 개별 분출공이 아니라 분출공이 포함된 해령 전체에 해당한다. 야만카시는 우랄해의 지각 가장자리를 따라 이어지는 희미한 봉화대들의 연쇄에 속한 하나의 분출공에 불과하다. 열수 분출공은 우리가 어떤 척도로 보느냐에 따라 특성이 달라진다. 국지적인 관점에서 보는지 혹은 전지구적인 관점에서 보는지, 현재 시점에서 보는지 혹은 지질학적 시간 척도에서 보는지에 따라 분출공에 달리 접근할 수 있다.

육안으로 보이는 종을 기준으로 하면 빈약한 생태계일 수 있지만 심해 분출공 주변의 미생물 생태계는 매우 풍부하다. 새로 형성되는 암석의 화학적 특성 때문에 박테리아가 먹이를 얻기 위해 보이는 여러 반응이 더 쉽게 일어나는데, 이는 해수에서 유기물 분자를 추출하여 살아 있는 조직에 고정하는 데 도움이 된다. 해수에 노출된 현무암은 세계 곳곳에서 이런 박테리아의 서식처 역할을 하며, 심해의 유기물량 증가에 막대하게 기여한다. 전 세계 심해 현무암 생물군집을 코팅하고 있는 투명한 박테리아 필름은 매년 최대 10억t의 탄소를 고정한다. 분출공 주변에는 생산성 높은 해저 박테리아 군집도 존재한다. 이 박테리아들은 바닥에서 올라오는 영양분이 풍부한 유체를 이용한다. 가장 놀라운 사실은 심해에만 서식하는 미세한 균류가 수백 종이나 존재한다는 것이다.[17]

사크마라해의 지각 표면으로 흘러나오는 마그마의 온도는 평균보다 약간 낮으며 규소, 칼륨, 나트륨이 특히 풍부하다. 유문암을 생성하는 이런 종류의 용암은 가스를 많이 함유하고 있어 다공질의 가벼운 부석 덩어리를 형성한다. 이 덩어리들은 깊은 곳에서 떠올라 유황 뗏목을 만든다. 유황 뗏목은 (적어도 처음에는) 성인 인간이 위에서 걸을 수 있을 정도로 튼튼할 때가 많다. 2012년에 태평양 한가운데 있는 통가 인근의 한 후열도분지에서 일어난 화산 폭발로 하루에 400km^{2}의 부석 뗏목이 만들어졌고, 얇은 층으로 소멸할 당시의 면적은 2만km^2 이상이었다. 바다 밑에서 용암이 은신처와 틈새로 표면이 울퉁불퉁한 바위로 굳어지면 야만카시의 많은 생명체가 닻을 내릴 수 있는 장소가 된다.[18]

직경이 몇 밀리미터밖에 안 되는 섬세한 바다달팽이가 작고 뾰족뾰족한 흰 조개들과 함께 유유히 지나간다. 테르모코누스*Thermoconus*('뜨거운 원뿔'이라는 뜻)는 연체동물에 속하는 단판류다. 테르모코누스는 마치 열에 녹아내린 삿갓조개처럼 윗부분이 튀어나와 있다. 하지만 삿갓조개와 달리 테르모코누스는 자라면서 여러 개의 쌓인 원뿔 아래로 계속 원뿔을 추가하면서 넓어져 작은 크리스마스트리 모양이 된다. 분출공에서 가까운 곳과 먼 곳의 비옥도 차이는 테르모코누스의 크기에서 확연히 드러난다. 분출공에서 멀어질수록 모든 것이 작아져 원근법이 왜곡된다. 물이 소용돌이치는 곳에 바로 인접한 개체는 키가 약 6cm까지 자란다.[19]

단판류는 화석 기록상 가장 오래된 연체동물이다. 몸 중앙에 있는 물결 모양의 발 하나로 퇴적물 속을 기어다닌다. 단판류는 치설로 미세한 먹이를 뜯어내면서 바위에 긁은 자국을 남긴다. 화석 기록으로 남은 단판류의 대부분은 해안 가까이에 살았던 반면에 오늘날 단판류는 오직 심해에서만 산다. 단판류 중 가장 먼저 심해로 진출한 종이 야만카시의 테르모코누스다. 이를 증명하기에는 화석 기록이 너무 드물지만 야만카시의 단판류는 다른 어떤 동물도 생존할 수 없는 세계로 물러나 접근하기 어려운 생태지위 공간에 은신처를 마련해 경쟁에서 벗어나 진화하기 시작했음을 보여준다.[20]

* * *

심해는 훌륭한 은신처다. 1952년에 살아 있는 단판류 한 마리가 멕시코 해안 인근의 수심 3,500m가 넘는 심해에서 건져 올려져 과학자들을 깜짝 놀라게 했다. 심해에서 올라온 단판류는 3억 7,500만 년 전 데본기에 멸종한 것으로 알려진 종이었다. 그 발견은 부활(멸종한 줄 알았으나 다시 나타난 종을 나사로 분류군Lazarus taxon이라고 한다)의 신호탄이었다. 심해의 오랜 비밀이 밝혀진 사례는 몇 차례 더 있다. 실러캔스는 대칭형의 다육질 꼬리와 지느러미가 달린 두툼한 육기어류lobe-finned fish다. 실러캔스는 수명이 길고 해덕대구 같은 다른 어류보다 인간과 더 유연관계가 가까운 동물이다. 오랫동안 사지동물 외에는 폐어가 육기어류의 유일한 생존군인 것으로 알려져 있었다. 하지만 백악기 말 대량 멸종 때 멸종한 것으로 여겨졌던 실러캔스가 1938년 인도양에서 그물에 걸려 나타났다. 실러캔스는 우리가 알 일 없는 칠흑 같은 어둠 속에서 생존해온 것이다.[21]

멸종한 생물군 내에서도 일정 기간 사라졌다 다시 등장하는 생물이 있다. 얕은 후열도분지를 보존하고 있는 독일 데본기 화석 지대 훈스뤼크 슬레이트에서 대표적인 데본기 어류들뿐만 아니라 스킨데르한네스*Schinderhannes*라는 아노말로카리스과anomalocaridid 동물의 흔적이 나왔다. 포식 절지동물의 한 종류인 이 동물은 캄브리아기와 오르도비스기 초에 살았다고 알려져 있었다. 그러나 오르도비스기 이후 이 동물은 1억 년 동안 그 자취를 감춘다. 지금까지 발견된 가장 가까운 시기에 살았던 아노말로카리스과 동물은 모로코 페주아타의 오르도비스기 심해 지층에 묻혀 있던 아이기로카시스*Aegirocassis*다. 이 기괴한 초대형 동물은 길이가 2m에 달하고 오늘날 수염고래처럼 엄청난 양의 물에서 먹이를 걸러 먹는 여과섭식자였다. 이 동물은 다른 아노말로카리스과와 상당히 달라 심해에 아직 관찰되지 않은, 어쩌면 관찰할 수 없는 것이 많음을 시사한다. 심해는 저서생물의 눈을 피할 수 있는 장소일 뿐만 아니라 육지의 침식물이 흘러내려오지 않는다면 한 계통이 한동안 화석 기록으로 남는 일 없이 살아갈 수 있는 곳이기도 하다. 지구가 숨겨져 있던 그 계통의 이미지를 다시 한번 포착할 때는 알아볼 수 없을 만큼 변해 있을 수 있다.[22]

그 이미지가 형성되는 매체인 암석은 처음 만들어질 때 원소들이 섞여 화성火成 결정 형태가 된다. 각 원소에는 여러 동위원소가 있다. 동위원소란 화학적으로 동일하지만 무게가 서로 다르며 자연에 일정한 비율로 존재한다. 이들 중 일부는 방사성을 띠며 예측 가능한 속도로 다른 원소로 전환되는데, 그 시계는 암석이 액체에서 고체가 될 때 똑딱거리기 시작한다. 탄소 연대 측정이 생명체에 단기간 시계 역할을 한다면 다른 원소는 암석 자체의 내부에서 그 깊은 시간을 알려준다. 화성암에서 아주 흔한 광물인 지르콘에는 대부분 우라늄이 함유되어 있고 형성 시에는 납을 함유하지 않는다. 우라늄에는 두 종류의 동위원소가 있다. 이 두 동위원소가 붕괴되면 반감기가 서로 다른 납의 동위원소들이 생성된다. 따라서 지르콘 결정의 납 함유량은 나이를 직접적으로 측정하는 척도가 된다. 운모와 각섬석이 풍부한 오래된 암석은 칼륨의 방사성 동위원소가 아르곤으로 붕괴되는 것을 통해 연대를 측정할 수 있다.[23]

바다의 시간은 천천히 흐른다. 전 세계 대양의 물은 적도에서 극지방 사이, 심해에서 파도 꼭대기 사이를 영원할 것처럼 돌고 또 도는데, 그 속도는 매우 느리다. 거대한 컨베이어벨트에 비유하지만 그 벨트의 가장 빠른 부분, 예컨대 멕시코만류 같은 곳에서도 수면에서의 최대 속도는 빠른 걸음 정도인 시속 9km밖에 안 된다. 물 한 방울이 유유자적하는 컨베이어벨트를 타고 지구 한 바퀴를 돌려면 1,000년이 꼬박 걸린다. 오늘날 아이슬란드에서 그린란드를 거쳐 캐나다 래브라도로 흐르는 해류에는 레이프 에릭손과 선원들(대서양을 건넌 최초의 유럽인으로, 귀환할 때 최초로 이 해로를 이용했다)이 항해했던 물 일부가 아직 남아 있을 것이다.[24]

차가운 극지방의 물은 따뜻한 물보다 밀도가 높아 가라앉으면서 산소를 심해로 운반한다. 물은 고체가 액체보다 밀도가 더 낮은 독특한 성질을 갖고 있다. 그래서 얼음이 물에 뜨는 것이다. 물의 밀도는 약 4°C에서 가장 높으며, 이 때문에 우랄해의 표층수가 계절이나 날씨에 따라 따뜻해지거나 차가워져도 바닥의 물은 일정한 온도로 유지된다. 야만카시는 심해가 수면으로 올라오기 시작하는 용승 구역에 속하지만 수면에서 일어나는 일의 일부는 여전히 해저에 영향을 끼친다. 예를 들어 큰 폭풍은 퇴적물을 효율적으로 얕은 바다에서 심해로 옮길 수 있다. 무광층에는 위에서 먹을거리가 떨어진다. 하늘에서 만나가 떨어지는 일은 거의 없지만 심해에는 이른바 '바다 눈marine snow', 즉 남세균과 조류의 부패한 사체인 유기물질이 끊임없이 떨어져 가라앉고 진흙에 묻힌다. 현대에는 생명체가 포집한 이산화탄소의 절반 가까이가 종국에는 해저로 가라앉는다.[25]

어떤 의미에서 우리는 모두 심해 생물이다. 풍부한 미네랄이 과열된 물기둥인 열수 분출공은 화학적 잠재력으로 가득하고 개발을 기다리는 듯 무르익어 있으며, 생명의 기원에도 중요한 역할을 담당했다. 생명이 없던 행성에서 생명체가 탄생하는 순간이라고 하면 원시 수프에 번개가 치면서 프랑켄슈타인 같은 생명체가 만들어지는 장면이 전형적으로 연상되지만 실제로 그런 일은 일어나지 않았다. 다만 심해 분출공의 화학적 산물이 오늘날의 모든 생명체 체내에서 일어나는 화학적 과정의 기초를 마련했다는 데는 강력한 증거가 있다.

학계에 널리 퍼져 있는 가설에 의하면 야만카시보다 35억 년 전 특정 종류의 알칼리성 분출공들은 2가지 의미에서 생명체가 탄생할 수 있는 기본 환경을 제공했다. 이 분출공들은 지구 깊은 곳에서 질산염이 풍부한 약산성의 해수에 수소와 메탄을 쏟아부었다. 산소가 없고 알칼리성을 띠는 분출공 내부의 환경 때문에 지방산 거품이 저절로 만들어지는데 그 구조가 세포막과 유사하다. 이 지방막은 분출공에서 나오는 유체와 해수 모두와 접촉한, 내부가 약 알칼리성인 원시세포protocell다. 산성 해수와 알칼리성 분출공의 차이는 해수에서 원세포를 거쳐 분출공으로 수소 이온을 흐르게 만든다. 이 과정은 물이 흐르는 곳이라면 어디서든 일어날 수 있다. 또한 알칼리성 분출공은 푸제리트fougèrite라는 분자 층상 광물을 자연적으로 생성할 수 있다. 푸제리트는 '그린 러스트green rust'라고 흔히 알려져 있으며, 생명의 기원을 둘러싼 수수께끼를 풀어줄 열쇠가 될 수 있다. 푸제리트는 천연 촉매제(화학반응을 촉진하는 물질) 역할을 함으로써 암모니아, 메탄올, 아미노산의 기본 구조 등 생명의 기초가 되는 여러 분자를 생성하는 데 기여한다. 푸제리트 결정은 대개 원시세포의 세포막에 심어질 수 있을 만큼 작으므로 천연 도관이 되어 세포막 내에서 피로인산염이라는 화학물질을 운반하고 농축한다.[26]

오늘날 지구상의 모든 생명체는 에너지원(태양, 광물, 생명체 등)이 무엇이든 간에 그 에너지를 우선 파이로인산 화합물인 ATP, 이른바 '생명의 보편적 에너지 통화'로 변환한다. 이 변환은 특정한 수소이온이 화학적 기울기 차이로 인해 약간의 투과성이 있는 막을 통해 흐를 수 있을 때만 모든 생명체에서 일어난다. 신경을 자극하든, 침을 분비하든, 근육을 수축하든, DNA를 복제하든 어떤 행위를 하려면 체내의 모든 세포는 우선 지구가 바다 속에서 피를 흘리고 있을 때 일어났던 어떤 화학반응을 되풀이해야 한다.[27]

심해의 고요함 위로 빗소리의 리듬만 울린다. 가열된 물에서 퍼져나가는 희미한 지구광은 한겨울 모닥불처럼 분출공 주변에 옹기종기 모여든 생명체를 비춘다. 그 별 볼 일 없는 적외선은 에너지로 사용하기에는 너무 약하지만 맨틀의 유황 냄새나는 숨결이 스며들어 있다. 유광층 생물들이나 수면에서의 변화 따위는 알지도 못하는 심해 동물들은 늘 하던 일을 계속한다. 이 생물들은 성장하고 채취하고 이동하고 생존한다. 지구의 연약한 표면이 계속 갈라지고 하나의 틈이 열렸을 때, 생물들에게는 태양 없는 바다에서 번성할 기회가 생긴다.

"깨진 얼음, 불길한 혼돈."

- 극지 탐험가 매슈 헨슨

"시간이 흐르면 바다는 땅이 되고 땅은 바다가 된다."

- 아부 레이한 알바루니, 〈고대 국가 연대기Chronology of Ancient Nations〉

14

변형

남아프리카 숲

4억 4,400만 년 전 오르도비스기

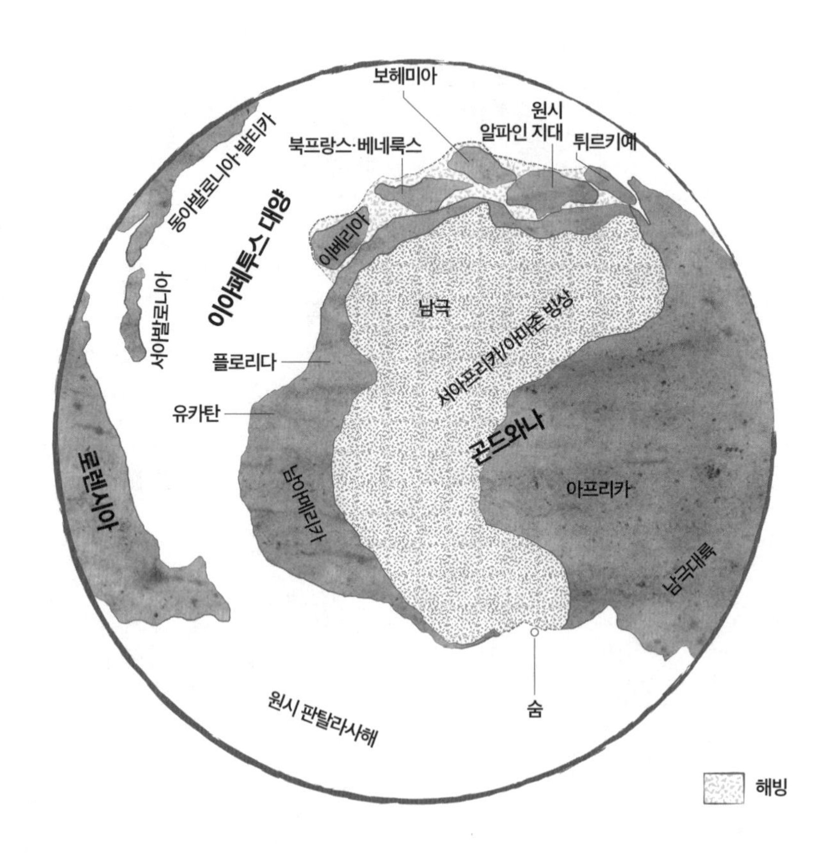

지도14 4억 4,400만 년 전 남반구

청회색을 띤 얼음 강 위로 얼어붙은 고지대에서 차갑게 식어 눈밖에 실려 있지 않은 강한 내리바람이 빙붕을 향해 포효하며 바다로 추락하고 있다. 이런 강풍을 활강바람이라고 한다. 차고 밀도 높은 공기가 지구 자체의 무게에 의해 허리케인에 가까운 힘으로 높은 곳에서 끌어내려지면서 부는 바람이다. 파쿠이 빙상이 점차 후퇴하여 마침내 만으로 그 육중한 얼음 덩어리가 가라앉을 때쯤 이 바람은 빙상의 중심에서 한참 멀어진다. 이제 겨울바람은 떠다니는 해빙의 불규칙한 표면을 붙잡아 육지에서 밀어내고 판탈라사해 남쪽 가장자리에 얼지 않은 빙호polynya를 남긴다. 빙호의 수면은 공기가 너무 차가워 얼지도 녹지도 않은 중간 상태를 유지한다. 해수와 뾰족한 얼음 결정이 섞인 얼음장은 매끄러우면서도 슬러시 같아 파도를 따라 이리저리 움직이며 끊임없이 만들어지고 흩어지기를 반복한다. 이 흩어진 얼음은 해안으로 모이는데, 이 해안도 분리된 빙하의 파편이나 얼음덩어리로 이루어진 지형으로 불안정하기는 마찬가지다.[1]

더 멀리에서는 흩어진 얼음과 빙하의 분리된 조각들이 다져져서 얼음 표층이 된다. 바다는 유빙과 얼음 언덕으로 이루어진 이 부유하는 표층으로 꽉 찬다. 바람은 눈 없는 계곡의 침식된 가장자리를 긁고 아프리카 끝자락의 빙퇴구를 휩쓸고 지나가면서 먼지 제거 송풍기가 되어 빙하가 후퇴하고 드러난 암석의 파편들을 날려 보낸다. 하늘에 떠 있는 땅, 총빙은 바람이 부는 방향으로 정교하게 파여 능선을 이룬 사스트루기sastrugi와 얼음 파도로 줄무늬가 져 있다. 이 얼음 땅은 때로는 구겨진 실크처럼 매끄럽지만 때로는 그 아래 발이 묶인 바다의 성난 파도를 그대로 보여준다. 주황색 빛무리와 흩어지는 겨울 햇빛이 주위를 둘러싸고 있다. 모래는 겨울 동안 점점 자라날 얼음 위에 가라앉아 얼어붙은 혼합물의 일부가 되어 제자리를 지키며 때를 기다린다.[2]

빙하 아래 빙호에는 두 강이 흐른다. 하나는 소금 강, 다른 하나는 흙 강이다. 소금 강의 상류는 전부 얼어 있다. 지표수가 얼면 물 분자와 함께 녹아 있던 소금이 결정 구조에 고정되지 못하고 밀려난다. 이 때문에 주변의 얼지 않은 물은 염도와 밀도가 더 높아진다. 이 염수는 빙호 표면으로부터 바닷속으로 가라앉아 해안에서 멀리 떨어진 어두운 심해로 흩어졌다가 대륙의 가장자리에서 모여 심해 해류 중 하나에 합류한다. 해저 강은 지표의 강과 똑같은 역할을 한다. 이들도 해저의 지형을 따라 흘러가면서 굽이치는 둑을 짓고 협곡을 깎으며 소금 호수와 폭포를 만든다. 오늘날 보스포루스해협에 이런 강이 하나 흐른다. 이 강은 지중해의 짠물에서 흘러나와 흑해 바닥에서 단 60km를 흐르지만 미시시피강, 나일강, 라인강을 모두 합친 것보다 더 많은 물을 방류한다. 유량으로 치면 세계 10대 강에 든다.

숨Soom에서는 빙호로부터 소금 강이 내려오면서 빙하 아래 있던 신선한 담수가 얼음동굴 바깥으로 흘러나와 합류하며 소용돌이친다. 암석과 얼음 사이 얇은 지대를 여행해본 적 없는 물이 어두운 구멍에서 쏟아져 나온다. 물줄기는 얼음의 무게에 눌려 진흙 섞인 검은 퇴적물이 고압 급류로 배출된다. 물속 땅, 탁하지만 염분 없는 흙탕물이 점차 수면으로 올라오는데, 마치 뭔가가 그 밑에 잠복해 있는 것처럼 부글거린다. 그 아래에는 거의 아무것도 없다. 따뜻한 바닷물과 만나 수십 미터 두께로 피어나는 영하의 지옥 같은 진흙 구름 아래로는 어떤 빛도 통과할 수 없다.[3]

흘러가는 얼음 속에서 소리가 울려 퍼진다. 삐걱거림, 긴 신음, 포효가 울려 퍼진다. 스스로 무게를 견디지 못해 움직일 수밖에 없는 얼음이 내는 소리다. 빙하에는 물 이상의 것들이 담겨 있다. 얼음 속 땅, 빙하는 수백 년 전부터 끊임없이 불규칙하게 흐르면서 바위와 돌을 쓸어 담았다. 이제 그 바위와 돌은 매몰된 채 여정의 끝에 다다라 물에 섞여 배출되고 바닥으로 가라앉는다. 기포 속의 공기, 그것은 과거의 대기가 담긴 작은 주머니다. 과거 수백, 수천 년의 얼어붙은 기록이 이 얼음 안에 담겨 있다. 이 얼음은 약 200km 떨어진 파쿠이 빙상 꼭대기에서 내려온 것이다. 빙하가 푸르게 커지고 점차 축적되면서 그 기록들은 아마도 대기 압력의 20배에 달하는 무게에 짓눌려 있었을 것이다. 빙하가 녹으면서 마침내 기포가 풀려난다. 빙하가 힘차게 갈라지고 부서지면서 물 아래에서 천연 탄산수 벽으로 되살아난다. 삐걱거리는 빙하와 쿵쿵거리는 낙석의 소음이 지방이 튀겨지는 듯 지글거린다. 지구가 따뜻해지면서 1초에 수백만 개의 거품이 물속으로 뿜어져 나오고 그 거품은 계속 늘어만 간다. 빙산도 노래를 부른다. 그 안에서 강이 흐를 만큼 큰 빙산의 노랫소리는 깊은 저음과 어두운 리듬으로 해안을 따라

수백 킬로미터를 진동한다.[4]

숨은 삶의 층과 죽음의 층으로 규정되는 지층의 세계다. 바람, 얼음, 해수, 신선한 흙먼지 기둥 그리고 섞이지 않아 산소가 고갈된 피오르와 만의 고요한 바닥, 이 모든 것은 서로의 위에 쌓이거나 서로의 안에 숨겨진 채 하나의 바다로 나아간다. 숨의 여름은 어디에서도 볼 수 없는 색채를 빙상에 가져다준다. 늦은 저녁의 태양은 녹아내리는 총빙에 반사되어 빙하 동쪽의 헐벗은 산비탈을 진홍색으로 물들인다. 겨울에 빙호를 덮고 있던 낮은 구름은 흩어지고 바람도 조금 잦아든다. 점점 작아지는 빙산이 햇빛을 받아 촉촉하게 빛난다. 표면에서 눈이 쓸려나가고 기포가 오랫동안 압력에 눌려 얼음 구조에 합해졌던 곳에서는 고압의 푸른빛이 감돈다. 탁한 강은 계속해서 진흙을 토해내고 있지만 그 구역을 벗어나면 점점 넓어지는 숨 빙호의 맑은 물이 이곳의 삶을 드러낸다. 빙호는 바다의 오아시스다. 물이 따뜻해지면서 지표수를 통해 보이는 더 작은 빙산의 덮여 있던 부분이 반짝이는 녹색에 가까워진다.[5]

총빙 밑에서는 지층이 섞이고 암석이 비처럼 내리기 시작한다. 수백 년 동안 얼어붙어 있던 빙산이 해수에 녹으면서 돌을 붙잡고 있던 힘을 잃자 돌이 물로 곤두박질쳐 바닷속 맨바닥에 쿵쾅거리며 떨어진다. 겨울의 활강풍이 실어 나른 강하 매진은 입자가 작아 오래 부유하다 차분하게 가라앉는다. 먼지 입자들이 부유하면 물의 위쪽에 떠다니는 미세한 생물인 플랑크톤이 관심을 보인다. 이 입자에 붙은 인화합물 덕분에 바다는 꽃을 피운다. 빛을 먹고 사는 미세한 조류들이 먹이를 찾아 모여들면서 알코올처럼 투명하던 물을 밝은 녹색으로 바꿔놓는다. 지금까지 미네랄 부족 때문에 성장에 제약을 받았던 이 식물성 플랑크톤은 광물을 이용할 수 있을 때를 최대한 활용해 빠르게 번식한다. 먹이가 남아도니 경쟁도 없고 생존 투쟁도 없다. 세대를 거듭하며 끝없이 성장할 뿐이다. 물론 좋은 시절은 영원하지 않다. 자원이 줄어들거나 공급량이 다시 채워지기 전에 소진될 만큼 개체 수가 늘어나면 죽음이 뒤따를 것이다. 성장이 빠를수록 좋은 시절은 짧아진다. 지금 이들은 너무 빠르게 번식하고 있다. 그 개체 수가 너무 빠르게 증가하여 한데 뭉쳐 있고 사체들은 아래층으로 유기물을 비처럼 내리기 시작한다.[6]

극지방 생태계의 시간은 느리게 흘러가는 것처럼 보일 때가 많다. 대개 부족한 자원과 추위가 성장을 비롯한 많은 생물학적 과정을 느리게 한다. 이런 곳에 생물을 대량으로 죽게 만드는 교란, 즉 재난이 일어나면 복구되는 데 극히 오랜 시간이 걸릴 수 있다. 청소동물의 변덕에 생사가 달라질 수 있다. 종 다양성도 떨어지고 구성도 다양하지 않은 군집이 되기 쉽다. 하지만 육지에서 영양분이 날아오는 곳에서는 이야기가 달라진다. 아무리 추운 극지방이라도 국지적으로 영양분이 풍부한 곳에서는 심각한 재난 후 수년 안에 생물군집 전체가 회복될 수 있는데, 숨이 바로 그런 곳이다. 숨에는 해마다 육지로부터 영양분이 유입된다.[7]

숨의 이 같은 환경은 최근의 일이며 영원히 지속되지도 않는다. 수천 년 전 숨에는 빙하 만灣이 존재하지 않았다. 숨은 곧 깊은 물이 된다. 10만 년 전 북쪽에서 얼음이 뚫고 들어왔던 이곳에서 이제 그 얼음이 후퇴하고 있다. 최초로 다세포생물의 대량 멸종 사건이 발생한 오르도비스기의 대대적인 빙결 이후 세계가 따뜻해지면서 생태계는 다시 번성하고 있다.

숨이 생기기 불과 100만 년 전 뜨거웠던 지구가 추운 지구로 돌변했고 허난트 빙결Hirnantian Glaciation이 발생해 해양생태계가 심각하게 변화했다. 그 변화는 미생물에까지 영향을 끼쳤다. 오르도비스기 말 대멸종은 다세포생물이 겪은 두 번째로 큰 대량 멸종으로, 이보다 더 규모가 큰 멸종은 페름기 말의 '대멸종'밖에 없다. 오르도비스기의 마지막 시기인 허난트절Hirnantian age 이전에 오르도비스해 생명체의 삶은 화평했다. 이 기간 내내 다양성이 폭발적으로 증가하여 캄브리아기 수준을 훨씬 뛰어넘었다. 동물들이 본격적으로 생물초를 만들기 시작하고 생명체들이 해저와 그 인근의 군집에 갇히지 않고 완전히 자유롭게 헤엄쳐 다니던 곳이 바로 오르도비스해였다. 그러나 단 20만 년 사이에 오늘날 아프리카 지역을 중심으로 빙하기가 시작되었다. 곤드와나(현대 남반구에 있는 모든 대륙과 인도, 아라비아, 남유럽 일부를 포함하는 초대륙)의 일부인 오르도비스기의 아프리카는 남극 주변에 자리 잡고 있다.

숨 화석 지대는 오늘날 남아프리카 세더버그 야생 지대에 속하며 오르도비스기에는 남위 40도 부근이다. 오늘날의 위치에서 남쪽으로 그리 멀지 않은 곳이다. 오르도비스기 이후 아프리카는 지구 밑바닥 아래로 미끄러져 들어갔다. 숨에 빙하가 있던 시대에는 남극이 오늘날 세네갈에 더 가까웠다. 지구본에서 아프리카는 거꾸로 보인다. 남극에서 보면 곤드와나는 아프리카 남부를 지나 남극대륙을 거쳐 적도 근처의 오스트레일리아까지 팔을 뻗고 있다. 극 자체는 빙상으로 덮여 있지 않지만 중요한 두 지역이 빙상으로 덮여 있다. 하나는 빙하 지대가 북쪽으로 표류하고 있는 현대의 사하라사막 남쪽이다. 다른 하나는 남아프리카와 남아메리카 중부 일부에 걸쳐 있는 빙하 지대로, 대륙의 끝으로 이동하여 페닌슐라해로 나아간다.[8]

오르도비스기 동안 물 밖 생활에 적응하기 시작한 생물들은 더 많아지고 흔해졌다. 아직 대부분 미생물이며, 여기저기 개별 종으로만 존재할 뿐 실루리아기나 데본기 때처럼 번성하는 군집을 이루지는 못하고 있다. 하지만 일부 강가는 생물들의 서식지가 되기 시작했다. 균류와 단순한 식물들은 대륙 표면의 암석들을 침식하고 인화합물을 수로와 해양 상부로 배출하여, 해수에서 희귀한 이 광물자원을 근방에서만은 넘쳐나게 했다. 현대에도 숨 인근에서는 볼 수 있는 조류 번식은 이러한 광물 배출이 일어나는 곳이면 어디에서나 가능하며 더 큰 개체가 더 큰 개체군을 이룬다.

인화합물의 과잉 공급은 이따금 흩뿌리던 바다 눈을 끊임없이 몰아치는 눈보라로 바꾸어놓았다. 탄소가 풍부한 조류의 몸이 가라앉아 묻히면서 대기 중 이산화탄소를 함께 해저로 끌어당겼다. 이와 동시에 칼레도니아 조산대가 융기하면서 공교롭게도 화산 폭발을 증가시켰고 이에 따라 규산염 암석이 훨씬 더 많이 생성되었다. 앞에서 보았듯이 규산염의 풍화는 공기 중 이산화탄소와 반응을 일으킨다. 이 신선한 규산염 또한 대기 중 이산화탄소 농도를 감소시키는 데 기여했다. 그 결과 급격한 기후변화가 일어나 지구상 해양 생물 종의 약 85%가 절멸했다. 빙결화가 오래 지속하지는 않았지만 지구 생태계를 황폐하게 하기에는 충분했다. 이것이 이른바 5대 멸종의 첫 번째 사건이었으며, 지구 냉각 때문에 직접 발행한 유일한 대량 멸종이었다.[9]

멸종에 관한 한 기후 자체나 기후변화의 흐름은 책임이 없다. 문제는 변화의 속도다. 생물군집은 적응할 시간이 필요하다. 너무 많은 변화가 한꺼번에 닥칠 때 흔히 나타나는 반응은 황폐화와 죽음이다. 외계 암석이 거의 즉각적으로 전 지구적 겨울을 초래한 백악기 말 대멸종이나 예기치 않은 화산 폭발로 인한 온실가스 급증이 지구온난화를 촉발한 페름기 말 대멸종 때도 그랬다. 허난트절에는 지구가 빙하 형성 이전의 상태로 되돌아갔고 온난화로 인해 두 번째 작은 멸종의 꿈틀거림이 발생했다. 빙하가 빠르게 후퇴하고 있는 숨에서 바로 그 온난화가 진행되고 있다.[10]

* * *

총빙이 여전히 바다를 덮고 있지만 여름이 오면서 얇아졌다. 부드러운 청록색 빛이 총빙 아래 바다를 감싼다. 해안을 벗어나면 물은 보이지 않는 어둠 속으로 사라진다. 빙상의 밑면에는 둥근 돌기와 종유석 같은 것이 붙어 있고 그 차가운 물을 헤엄쳐 지나가는 생물은 거의 없다. 과냉각 상태인 물에서 결정화된 아주 작은 얼음 조각들이 움직임 없이 매달려 있다. 결코 내리지 않는 눈보라 같다. 더 내려가면 햇빛이 약 50m 아래의 얕은 해저 지층에 도달하지만 이미 흐릿하다. 물은 차고 고요하고 맑아서 공기처럼 보인다. 해류가 빙상 아래 생명체를 방해하는 일도 드물지만 바닥에는 방해할 생명체도 거의 없다. 사실상 거의 생명체가 없는 허허벌판이다. 고요함은 해저를 숨 쉴 수 없는 곳, 산소가 없는 곳으로 만들었다. 쓰러진 조류는 빠르게 소비된다. 그 소비자는 초식동물이나 퇴적물 섭식 동물이 아니다. 저산소에 강한 유황 박테리아다. 고인 물에서 반응 폐기물은 대부분 오직 확산 현상에 의해서만 표류하므로 황화수소 구름은 물속에 황산이 농축된 일종의 주머니 같은 구역을 만든다.[11]

소금 강이 지나가는 곳에서는 일시적으로 해저의 특정 부분에 산소가 공급된다. 이제 막 성장하기 시작한 길이가 0.5cm도 안 되는 작은 완족류가 퇴적물에 몸을 묻고 있다. 몇몇 기어다니는 삼엽충과 부드러운 몸을 가진 로보포디아류lobopod(엽족류)가 위험을 무릅쓰고 바닥까지 내려간다. 위쪽 물에서는 물고기들이 여기저기서 헤엄을 치고 있다. 그중에는 턱도 외피도 다리도 없는 섬뜩한 칠성장어의 친척도 있다. 방향을 바꿀 도구가 꼬리 근처의 등지느러미와 뒷지느러미밖에 없는 이 물고기는 작은 무리를 이루어 헤엄치며, 바닥으로 내려가 다른 연체동물을 먹고 장어처럼 생긴 꼬리를 펄럭여 다시 올라와 숨을 쉰다. 깜깜하고 진흙밖에 없는 바닥에 머무르는 것은 몹시 위험하다. 특히 활동성이 없는 생물에게는 더욱 그렇다.

산성 세계에서 탄산칼슘이 풍부하게 함유된 껍데기가 있다면 활발한 화학반응을 일으킬 것이다. 산성 구름이 농축되는 고요한 시간에 탄산염 껍데기를 두른 심해 동물은 녹아 없어지고 만다. 이 때문에 숨은 유사한 수심의 다른 지역에 비해 생물 다양성이 매우 낮은 곳이 되었다.

숨 해역에서 오래 살려는 생물은 끊임없이 헤엄치거나 다른 해결책을 찾아야 한다. 조개와 비슷하고 껍데기가 인산칼슘으로 이루어진 완족류는 히치하이커처럼 생활해야 했다. 이들은 다른 생물의 표면에 붙어 산소가 있고 부식이 덜한 숨 해역 상층부에서 헤엄친다.[12]

거품이 이는 푸른 빙하 벽 근처에는 한 뼘 길이의 원추형 껍질을 지닌 오소콘이 떠다니고 있고 이들 위에서는 관벌레의 딱딱한 관 사이로 완족류가 자라고 있다. 현대 앵무조개 친척인 오소콘형 두족류*Orthoconic cephalopod*는 암모나이트나 앵무조개의 나선 껍데기를 곧게 펴면 어떤 모양이 되는지를 보여준다. 일부 오소콘은 5m가 넘는 장대한 길이로 자라기도 하지만 숨에서 흔히 볼 수 있는 종은 그보다 작다. 이들은 껍데기 밖으로 다육질의 팔을 내밀고 큰 눈으로 주변 바다를 살피며 제트스키처럼 물속을 누비고 다닌다. 오소콘의 엔진은 껍질 입구에 달린 누두hyponome, siphon라는 특별한 기관이다. 관처럼 생긴 이 기관은 물결처럼 수축하는 근육 고리로 이루어져 있다. 평소에는 앞으로 헤엄치지만 비상시에는 원뿔을 뒤쪽으로 빠르게 보내는 강력한 분사로 길고 가는 갈색 해초와 자욱하게 점점이 흩어지는 새우 사이로 후퇴할 수 있다.[13]

10cm 정도 되는 크기에 큰 머리와 휘적이는 집게와 그 뒤의 노 같은 두 다리, 신장 모양의 반짝이는 눈이 달린 동물은 육식성 바다전갈이다. 크기는 바다전갈 치고 작은 편이다. 바다전갈은 고생대 동물 중 가장 다양한 그룹에 속한다. 그 다양성은 실루리아기와 데본기 전기에 절정에 이른다. 이때가 되면 일부는 숨의 종보다 10배 넘게 커져서 역

그림14 오소콘형 두족류

사상 가장 큰 절지동물이 된다. 진짜 전갈은 아니지만 꽤 가까운 친척이다. 배는 두꺼운 반면에 끝으로 갈수록 가늘어져서 길고 가는 꼬리를 지니는 등 몸의 구조가 전갈과 많이 비슷하다. 하지만 진짜 전갈과 달리 독침은 없다. 다용도 부속지가 6쌍 있다. 한 쌍은 먹이를 잡기 위한 작은 집게, 즉 협각chelicerae이며 나머지 5쌍은 보행지다. 바다전갈은 이후 다리에 거칠거칠한 가시판을 장착하여 먹잇감을 또 다른 부속지로 구성된 입으로 쓸어 넣게 된다.[14]

절지동물이 턱 대신 다리를 사용하는 것은 상당히 일반적인 접근 방식이다. 분절된 절지동물의 머리와 몸통은 발달 면에서 볼 때 스위스 군용 칼과 같아서 체절마다 관절로 연결된 유연한 만능 부속지가 붙어 있다. 협각에 달린 거미 독선은 발생학적으로 그 구조가 곤충의 더듬이와 동일하다. 곤충의 발생 과정에서 구기를 형성하는 것이 거미의 다리 중 처음 3쌍으로 변한다. 숲의 토착종인 바다전갈은 마지막 다리 한 쌍을 보트의 노처럼 납작하고 옆으로 튀어나오게 변형해 헤엄칠 때 활용한다. 이들은 조상의 해부학적 구조 일부를 보유하고 있어서 노의 끝에 작은 집게발톱이 달려 있는데, 이 때문에 '발톱 날개'라는 뜻인 오니콥테렐라Onychopterella라는 이름이 붙었다.[15]

오니콥테렐라는 숲에서 큰 포식자 중 하나지만 수수께끼 같은 또 다른 포식자가 바닷속 어딘가에 있다. 이 동물은 아무도 실제로 본 적이 없다. 오직 흔적으로만 간접적으로 확인된 동물 중 하나다. 그 존재의 유일한 단서는 배설물이다. 진흙 속 그 배설물 덩어리에는 깨지고 으스러진 패각과 이빨 파편이 들어 있었다. 헤엄치는 갑각류 중 몇몇과 또 다른 숨에 사는 기이한 동물 프로미숨 풀크룸*Promissum pulchrum*('아름다운 약속'이라는 뜻)을 먹이로 삼았던 게 틀림없다.[16]

프로미숨은 코노돈트라는 생물의 일종이다. 코노돈트는 어류의 친척인 척삭동물로, 캄브리아기 초부터 트라이아스기 말까지 어디에서나 발견되는 지구상에서 가장 풍부한 생물 그룹이다. 코노돈트의 기록은 매우 긴 기간의 지층에서 조밀하게 발견되므로 어떤 종이 언제 나타났는지를 명확하게 분석할 수 있다. 고생물학에서는 코노돈트를 표준화석이라고 하는데, 그 화석이 발견된 암석의 연대를 측정하는 데 사용할 수 있기 때문이다. 한 세기 넘게 이들에 대해 밝혀진 것은 신비한 이빨뿐이었다. 이 이빨은 뾰족뾰족한 왕관 모양이며 매우 견고하다. 장어처럼 물렁물렁한 이 동물의 몸에서 유일하게 단단한 부분이 이빨이다. 코노돈트는 전체 모습을 알기도 전에 화석 시계로 사용되었다. 지질학자들이 세계 역사를 구분하기 위해 시대를 정의할 때도 이 동물의 특정 종이 언제 처음으로 혹은 언제 마지막으로 나타났는지를 기준으로 한다. 가장 큰 시대 구분에 코노돈트 화석이 사용되기도 했다. 페름기의 시작과 끝은 특정 코노돈트 종이 처음 나타난 시기로 정의된다. 국왕의 연호처럼 코노돈트의 삶은 우리가 시간을 인식하는 데 역할을 한다.[17]

물속을 유연하게 미끄러져 지나가는 한 뼘 길이의 프로미숨이 학계의 오랜 꿈을 실현해주지는 않지만 그 잔해는 모든 코노돈트를 통틀어 가장 상세한 연조직을 보여준다. 이곳 숨과 스코틀랜드의 그랜턴 슈림프 베드Granton Shrimp Beds라는 석탄기 지층에서만 이빨이 아닌 근육 조직이 발견된다. 프로미숨은 일부러 천천히 효율적으로 미끄러지듯 차가운 물속을 헤엄친다. 프로미숨의 근육은 붉은 적색근이다. 지속성이 높아 계속 움직이고 헤엄치는 데 좋다. 물고기는 대부분 백색근이다. 지속적으로 활성화될 필요는 없지만 수축 속도가 빠르다. 척삭동물이 적색근이라는 말은 지속적인 활동이 요구된다는 뜻이다. 근육을 많이 사용할수록 산소 요구량이 높아지므로 근육에 산소를 운반하는 단백질인 붉은색의 미오글로빈이 해당 부분에서 집중적으로 생성된다. 혈액에 들어 있는 헤모글로빈과 마찬가지로 미오글로빈은 자주 사용되는 근육의 색을 붉게 만든다. 이것이 바로 닭이 온종일 서 있을 수 있게 해주는 닭의 다리 근육이 아주 이따금 날 때만 쓰이는 가슴 근육보다 더 짙은 색을 띠는 이유다. 늘 활발하게 헤엄치는 참치의 살이 짙은 색인 이유도 마찬가지다. 프로미숨은 매우 비효율적인 V 자형 적색근만 있어 끊임없이 움직여야 한다. 숨의 지층이 우리에게 이렇게 세부적인 사항까지 알려줄 수 있었던 까닭은 이곳의 보존 방식이 다소 독특했기 때문이다. 이 지층에서 경조직은 보존 상태가 매우 불량했지만 근육은 섬유 하나하나까지 그대로 남아 있었다.[18]

여름에 숨의 바다에 내리는 실트와 조류의 비는 해저에서 화석이 형성될 때 특이한 화학작용을 한다. 프로미숨이 겨울에 죽으면 그 사체는 바닥에 가라앉아 빙하가 끌고 온 검은 흙에 덮여 묻혀버린다. 이렇게 묻힌 몸은 썩고 이빨도 사라져 아무것도 보존되지 않는다. 그러나 여름에는 뢰스가 함께 떨어지며, 그 모두가 동물성 플랑크톤과 유기물을 먹는 박테리아에 의해 처리될 수 없다. 거기에 죽어가는 플랑크톤의 유기물까지 더해져서 옅은 색의 풍부한 퇴적물이 쌓인다. 이러한 계절적 차이는 1년에 한 줄씩 줄무늬가 있는 호상점토층을 형성한다. 숨의 이 이중층은 4억 4,000만 년 전의 환경을 매년 기록한 일종의 연감이다. 이 자료의 보존은 120만 년 전 서유럽의 초기 인류가 매일 쓴 일기에 상응하는 가치를 지닌다.[19]

산성 환경에서도 프로미숨의 연골 골격은 부패하지만 다른 원소의 힘이 크게 작용한다. 근육에 들어 있는 단백질은 분해되기 시작하면 암모니아와 칼륨 성분을 내놓는다. 이들이 철광석과 반응하고 모래 입자 사이의 공간에서 녹으면 풍부한 일라이트 점토로 변한다. 근섬유의 모양은 이 점토의 최종 모양을 결정한다. 근육이 광물의 주형이 되어 복제본을 남기게 된다. 부드러운 근육의 점토로 전환되는 과정은 독특하고 아름답다. 그 과정은 빙하가 후퇴함에 따라 녹아가는 얼음을 쫓아 육지로 전진하는(지질학자들의 표현을 빌리자면 해침海侵하는) 바닷속 생명의 비전과도 같다.

지구 기후가 따뜻해짐에 따라 숨도 (아직 얼음은 있지만) 이제 상당히 온화해졌다. 볼 수도 항해할 수도 없는 녹은 물의 운하 네트워크는 물을 다시 바다로 돌려보내 바다를 더 깊게 만든다. 빙하가 물러서는 동안 해수면은 상승하는데, 숨 같은 곳의 환경이 그 최전선에 있다. 그러나 전 세계적으로 보면 해수면 상승은 지역에 따라 고르게 일어나지 않는다. 역설적이게도 빙상과 가까운 바다보다 가장 먼 바다에서 더 높고 더 빠르게 해수면이 상승한다. 이는 빙하기에 형성된 빙하의 엄청난 규모를 말해준다. 빙하가 너무 거대해서 자체의 중력으로 말 그대로 바다를 끌어당기고 있었다는 뜻이기 때문이다. 얼음이 녹아서 인력이 완

화되면 수심이 더 고른 상태로 돌아간다.[20]

어쩌면 직관에 어긋나는 얘기일 수도 있지만 지구 해수면이 상승한다고 해서 오랫동안 얼음에 덮여 있던 지역이 물에 잠기지는 않는다. 단기적으로는 빙하가 후퇴함에 따라 해수가 대륙 위로 밀려들 수 있겠지만 지각의 구조는 유연하다. 물은 바람에 흔들리고 조수에 뒤틀리고 중력에 쉬이 당겨지기도 하지만 이 모두는 생물학적 시간상 아주 잠시 일어나는 일이다. 지구는 행성으로서의 육중함 때문에 자기만의 속도로 부유하고 반동하고 반응한다. 지각은 매우 얇다. 바다 아래에는 지각 두께가 5km밖에 안 되는 곳도 있다. 이는 지구 중심까지의 거리의 약 0.08%에 해당한다. 그 아래는 모두 요동치는 액체이며 지각은 빙호 위 부빙처럼 액체 위에 떠 있다.

우리의 발아래에는 하늘이 아니라 맨틀을 향해 있는 거울 세계가 있다. 땅 위에 봉우리가 있는 곳에서는 지각이 두꺼워져 지구 중심을 향해 아래로 내려가는 거꾸로 선 봉우리가 만들어진다. 해저가 하강하는 해분에서는 마그마가 상승한다. 현대 히말라야산맥의 지각 두께는 약 70km로 가장 두껍지만 히말라야에서 가장 높은 에베레스트산은 해발 9km에 불과하다. 산이 높은 것은 밀도 높은 맨틀에 깊이 뿌리를 내리고 있기 때문이다. 땅에는 부력이 있으며 그 상당 부분은 지표면 아래에 숨겨져 있다. 우리 역시 빙산 위를 걷고 있는 셈이다.[21]

대륙 위에 빙상이 형성되면 빙상의 무게로 인해 지각을 떠 있게 하는 지각 평형이 교란된다. 지각은 맨틀 안으로 밀려 내려가고 짐을 실은 배처럼 가라앉는다. 그 무게가 녹아서 없어지면 지각은 다시 올라오고 수만 년에 걸쳐 일어나는 이 반등은 바다를 후퇴하게 한다. 빙하가 녹아내리는 최전선에 있는 숨이지만 아직은 후퇴가 일어나고 있지 않다. 그러나 때가 되면 후퇴가 일어난다. 플라이스토세 때 얼음을 실었던 지구의 일부 지역은 오늘날에도 빙하기 때의 무게를 다 떨쳐내지 못하고 여전히 상승하고 있다. 예를 들어 영국은 대략 애버리스트위스에서 요크에 이르는 선을 중심으로 기울어지고 있다. 북쪽 땅은 연간 약 1cm씩 상승하고 마그마가 그 아래 공간으로 흘러들어가면서 남쪽은 가라앉고 있다. 이 과정은 앞으로도 수천 년 넘게 계속될 것이다.[22]

숨에서 일어나는 해침(바다가 육지에 진입해 퍼지는 현상. 영어로 transgression이며 본래 뜻은 '위반', '일탈'이다–옮긴이)은 용어가 풍기는 인상만큼 부당하지 않다. 사실 이 현상은 잃었던 해저를 되찾는 것이다. 오르도비스기 말 세계가 얼어붙기 전까지 해수면은 이례적으로 높았다. 얕은 연해가 대륙에 범람했고 언제나처럼 다양한 생물 종으로 가득했다. 결빙이 일어나기 시작하자 그 물이 어딘가에서 와야 했으므로 해수면이 급격히 낮아졌다. 연해 밑에 있던 땅이 물 밖으로 드러나면서 수십만 제곱킬로미터에 걸쳐 생명체가 말라 죽었다. 이러한 지형은 오르도비스기 말 멸종을 악화한 요인 중 하나다. 올리고세 때도 남극대륙에 유사한 규모로 빙하가 형성되었지만 이때는 연해가 매우 적어서 해수면 하강 때문에 사라진 생명체가 많지 않았다.[23]

환경이 변할 때는 유리한 조건, 즉 생태지위를 규정하는 환경 파라미터를 따르는 것이 가장 쉬운 생존 방법인 경우가 많다. 바다에서 환경 파라미터는 보통 수온, 염분 그리고 특히 수심이다. 지구가 따뜻해지거나 차가워질 때 북쪽 또는 남쪽으로 이동하면 서식할 수 있는 환경을 찾을 수 있다. 그런데 오르도비스기 말에는 적도 이남의 거의 모든 육지가 남극을 중심으로 모여 있었으므로 이동이 불가능했다. 곤드와나의 해안은 수만 킬로미터에 달하지만 대부분 같은 위도선상에 있다. 바다가 차가워져 더 깊은 물에서 생존할 능력이 없는 해양 무척추동물은 북쪽으로 이동하지도, 잠식해 들어오는 추위를 피할 수도 없다. 바다가 다시 따뜻해져도 얕은 물로 이동하지 않는 한 남쪽으로는 이동하여 살아남을 수 없다. 남은 대안은 마른 땅과 죽음뿐이다. 곤드와나에 속하지 않은 대륙들도 취약하기는 마찬가지다. 크기가 작아서 남북으로 뻗은 해안선이 매우 짧기 때문이다. 남북으로 뻗은 올리고세의 대륙과는 상황이 다르다. 빙하 형성이 급격하게 진행되면서 전진하는 빙상은 6종 중 5종의 터전을 밀어내고 파헤치고 무너뜨렸다.[24]

빙하는 수백만 년에 걸쳐 부드러운 암석과 함께 형성된 지형과 생태계를 침식하는 파괴자다. 그러나 그 무엇에도 비할 수 없는 건축가이기도 하다. 가늠하기 힘든 양의 얼음이 지나간 자국은 매끄러운 줄무늬, 넓은 계곡, 구불구불한 빙퇴구 언덕으로 영원히 남는다. 파쿠이 빙하는 고원에서 계곡과 산 주변으로, 조수가 드나드는 만으로 돌진하면서 한 세계를 없애고 그 자리에 다른 세계를 만들어놓았다. 빙하 지형은 장기적 관점, 즉 행성의 속도로 세상을 보게 한다. 이 관점으로 보면 물이 흐르는 것만큼 얼음도 분명 흐른다. 빙하의 풍경에는 크레바스가 많은 빙하 폭포, 절벽 위에 얼어붙은 폭포, 빠르게 흐르는 물길, 얼음 속의 얼음 강이 포함된다. 빙하는 숨을 지나면서 페닌슐라해의 석영 모래를 밀고 들어가 땅을 파내 거대한 기복과 빙퇴석, 빙퇴토, 빙구를 만들었다. 지구의 모양이 달라졌다.[25]

공중에서 보면 산의 모래가 한 층 한 층을 통과해 가라앉으면서 겨울의 병든 진흙 위에 밝은 여름 빛깔을 입힌다. 바다를 꽃피우고 숨에 생명을 불어넣는 과정은 죽음 속에 이곳을 보존하는 과정이기도 하다. 얼음이 사라지면 세상은 패러독스에 내던져지고, 이는 변화의 힘과 전환이 모든 것을 뒤엎는 방식을 상기하게 한다. 빙하는 수 세기 동안 풍경을 노래한 여러 시에서 불굴의 의지와 느림을 상징했지만, 실상은 빠르고 시끄러운 존재, 대지를 뒤흔들고 우그러뜨리는 존재, 암석의 창조자이자 파괴자다. 강은 흐르지 않을 것 같은 곳에서 흐르고, 공기는 공기 안에서, 얼음은 얼음 안에서, 물은 물 안에서 흐른다. 물질의 상태는 서로 섞여 있는 것처럼 보인다. 땅에서 얼음으로, 강으로, 연기 기둥으로 변하고 암석에서 가루로, 바람으로, 부빙으로도 변하며 대륙의 사막 안에 묻혀 있던 생명력을 쏟아내 계절마다 생명이 피어오르게 한다. 숨에서는 이러한 생명의 보존조차 기적적으로 보인다. 부드러운 근육과 아가미는 절묘하게 보존되어 있지만 딱딱한 패각과 연골은 완전히 녹아 사라지고 주형만 보존되어, 우리는 그 부재가 남긴 형상만 알 수 있다. 이곳의 생명체들은 결코 살 수 없었던 진흙 위에만 흔적을 남겼다. 생명이 진흙으로 변한 것이다. 유동하며 탄식하는 땅이 얼음에 갇힌 아프리카를 두들기고 뒤흔들어 밀어 올린다. 무게가 들어 올려지고 있다. 때가 되면 육지의 상승이 바다를 앞지른다.

"바다에서 보편적으로 일어나는 동족상잔에 관해서 다시 한번 생각해보라.
바다의 모든 생명체는 세상이 시작된 이래로
서로를 먹이로 삼는 이 영원한 전쟁을 치르고 있다."

- 허먼 멜빌, 《모비 딕》

"시력을 위해 눈을 아껴두게나.
필요하게 될 테니, 나의 관측자여. 아직 또 다른 밤이 많으니."

- 영국 시인 세라 윌리엄스(새디), **〈늙은 천문학자** The Old Astronomer**〉**

15 소비자

중국 윈난성 청장

5억 2,000만 년 전 캄브리아기

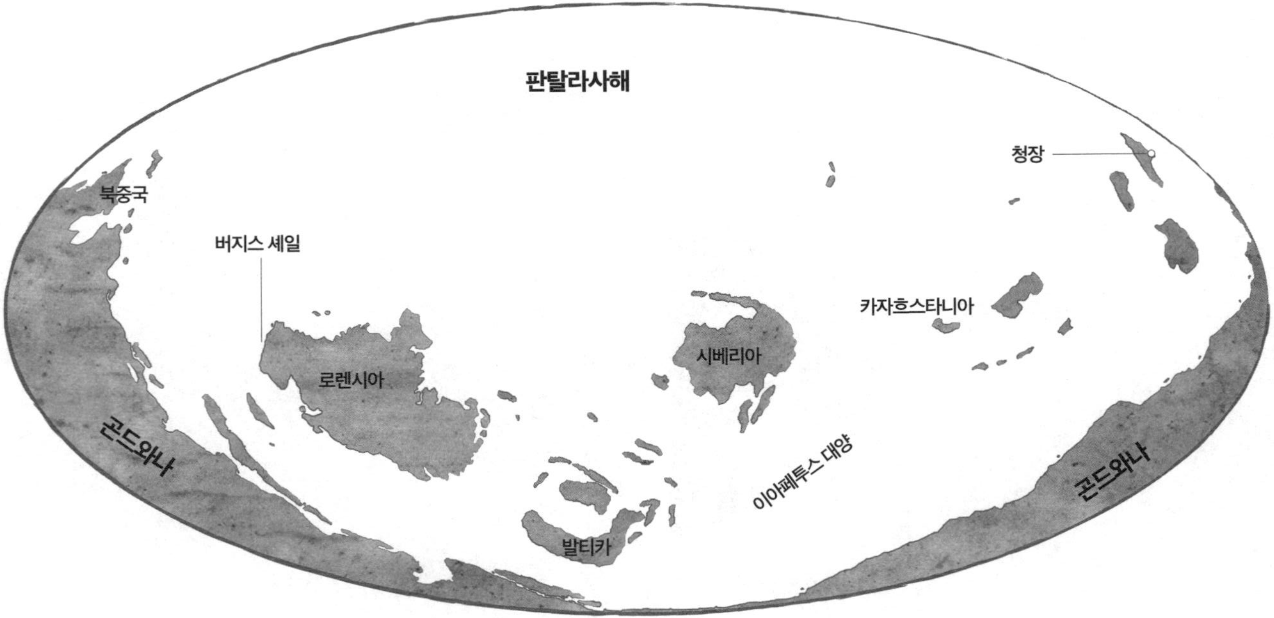

판탈라사해

청장

북중국

버지스 셰일

카자흐스타니아

시베리아

로렌시아

곤드와나

이아페투스 대양

곤드와나

발티카

지도15 5억 2,000만 년 전 캄브리아기 지구

공기는 답답하고 태양은 땅을 굽고 있다. 사실 이 행성에서 땅이라고 할 만한 부분은 거의 없다. 땅은 사포처럼 거칠다. 육지의 맨 위 몇 밀리미터에만 서식하는 미생물이 건조한 지각을 만들어낸다. 이 지각에서는 기껏해야 흙과 비슷한 것이 형성되고 있다. 바다에 이는 물보라는 시원하다. 상대적으로 그렇다는 것뿐이다. 이산화탄소가 오늘날보다 10배나 많아서 4,000ppm이 넘고 산소는 약간 더 적어서 항해 중인 잠수함 안에 있는 것처럼 숨이 막힌다. 위도는 오늘날 온두라스나 예멘과 비슷하지만 해수면은 홍해의 평균 기온보다 몇도 더 높아서 35°C를 훌쩍 넘는다. 그늘도 없이 아침 바다 위에서 태양이 작열하는 이 육지는 황량하고 건조하다. 뜨겁고 먼지가 날리는 사막의 바람이 맨 바위 위에 몰아친다.[1]

이곳 청장의 남쪽에 있는 곤드와나 땅은 기후상으로는 온대 지방이지만 위도상으로는 극지방이며, 지구에서 보기 드물게 해수면보다 훨씬 높은 산맥으로 솟아 있다. 이 극단적인 온실 세계에서 해수면은 현대보다 50m 이상 높고 대륙 표면의 대부분은 파도보다 낮은 높이에 있다. 청장은 곤드와나의 적도 부근 사막 지역과 비가 더 많이 내리는 남부의 경계에 있다. 청장 지역은 침수된 대륙붕에 속한다. 북반구에는 육지가 거의 없다. 이 때문에 초대형 원형 해류가 대륙의 방해를 전혀 받지 않고 북극 주변에서 강력하게 소용돌이친다. 섬 대륙인 시베리아와 로렌시아 북부 해안에는 열대성 폭풍대가 형성되어 있다. 이 난류 지역과 거의 지구 반대편인 청장은 지금 맑고 타는 듯한 더운 날씨다. 이 해안의 숨 막히는 습도에서 물 밖에 머물 이유가 없다. 바닷속으로 뛰어들 이유는 차고 넘친다.[2]

생명이 없는 육지의 고요함이 바닷속에서는 광란으로 바뀐다. 퇴적물이 꿈틀댄다. 퇴적물에는 벌레가 낸 구멍이 숭숭 나 있다. 파도가 밀려오면 그림자가 드리워지고 바닥은 물결치듯 조금씩 앞뒤로 움직인다. 파도가 영향을 미치는 깊이를 파랑작용 한계심도라고 한다. 파랑작용 한계심도 밑의 해저는 평평하고 오직 굴을 파는 생물들만이 바닥을 흩뜨린다. 그 한계심도 위에 있는 해저는 물결 모양의 굴곡이 있고 수면에서 부는 바람의 영향을 받는다. 폭풍이 일면 파도는 더 강해지고 길어지고 파랑작용 한계심도는 더 깊어져서 파도의 영향을 받지 않는 해저 경계가 해안에서 멀어진다. 맑은 날씨와 폭풍이 불어닥치는 한계심도 사이, 때로는 고요하고 때로는 너울로 요동치는 이 경계 지대에서 가장 유명한 캄브리아기 생태계 중 하나인 청장 생물상이 엄청난 다양성을 품고 번성하고 있다.[3]

에오레들리키아*Eoredlichia*라는 작은 삼엽충이 바닥을 바삐 움직이며 다른 작은 절지동물을 노리지만 저쪽에는 더 큰 사냥꾼이 있다. 몸길이는 15cm 정도 된다. 다리가 90개나 되고 커다란 눈이 달렸다. 갑각류 오다라이아*Odaraia*는 뚱뚱한 몸을 이끌고 바위를 가로질러 물속으로 뛰어들더니 180도 회전해 비행기 꼬리 같은 세 갈래 방향타를 이용해 반듯이 누운 자세를 취하고는 헤엄쳐 멀어진다. 기계처럼 바닥을 수색하는 동물은 시드네이아*Sidneyia*다. 납작한 바닷가재처럼 생긴 이 절지동물은 긴 더듬이와 집게발, 연체동물이나 삼엽충 껍질을 으스러뜨릴 수 있는 힘센 턱이 있다. 꿈틀거리면 걷는 것은 푹시안후이아*Fuxianhuia*다. 쥐며느리를 닮은 몸에 눈자루와 집게벌레 같은 꼬리가 달려 있다.[4]

바닥에 난 구멍들은 새예동물priapulid('페니스벌레'라는 뜻)과 그 사촌인 갑옷을 입은 팔라이오스콜레키다과palaeoscolecid가 사는 굴 입구다. 팔라이오스콜레키다과 동물 중에서도 마팡그스콜렉스*Mafangscolex*가 뱀처럼 구불거리는 몸짓으로 퇴적물에서 가시 달린 머리를 쑥 내미는 모습이 흔히 보인다. 이 벌레는 자기 몸의 2배에 가까운 길이의 굴을 파고 몸 끝에 달린 갈고리로 굴에 몸을 고정한다. 굴의 측면에 액체를 분비해서 퇴적물이 서로 느슨하게 결합되게 한다. 구멍이 아래로 깊지는 않다. 팔라이오스콜레키다과는 수평으로 굴을 파는 동물이다.

모래 바닥은 해면이 주를 이룬다. 관, 밧줄, 버섯 모양 등 형형색색으로 자라 바닷물을 미세하게 여과하고 있다. 이들 사이에서 자루가 달린 완족류 동물이 딱딱하고 조개 같은 껍데기를 흔들며 먹이를 걸러내고 있다. 초기 말미잘 크시앙구앙기아*Xianguangia*도 있다. 깃털 모양의 촉수가 달렸다. 이곳은 동물들의 초원과도 같다. 아름다운 수수께끼 디노미스쿠스는 줄기가 달린 생물이다. 생김새도 마구 퍼져서 자라는 모양도 데이지를 닮았다. 복잡하게 배열된 곳도 있다. 이곳에서 가장 흔한 완족류는 디안동기아*Diandongia*다. 작은 생명체들이 디안동기아에 붙어서 자라는 모습도 종종 볼 수 있다. 자루가 있는 완족류 롱그탕쿠넬라*Longtancunella*와 말미잘과 비슷한 아르코투바*Archotuba*는 숙주에 바짝 붙어 있다가 숙주가 먹이를 먹기 위해 껍데기를 여닫을 때 신나게 함께 빨려 들어간다. 절지동물들도 다양한 모습으로 그 주변에서 땅을 파거나 뛰어다니거나 헤엄쳐 다닌다.[5]

오랫동안 캄브리아기 대폭발은 2,000만 년이 넘지 않는 기간 안에 갑자기 그리고 거의 일순간에 모든 문門, phyla이 시작된 현상이라고 설명되어왔다. 지나치게 단순화한 설명이지만 청장(캄브리아기 초반)과 그 유명한 버제스 셰일(캄브리아기 중반)에서 현대 종 다양성의 기본 요소인 모든 문이 이미 존재했다는 것은 이상하다. 현대에 존재하는 모든 동물문은 캄브리아기 또는 경우에 따라 그 이전에 시작되었다. 동물을 하나의 문으로 분류하려면 기본적으로 몸이 동일한 구조를 가져야 한다. 예컨대 척삭동물이라면 몸의 위쪽(척추동물에서 뼈 또는 연골로 이루어진 척추가 지지하는 부분)을 따라 뻗어 있는 빳빳한 막대와 반복되는 V 자형 근육 분절들이 있어야 한다. 해파리나 산호 같은 자포동물은 하나의 세포로 만들어진 두꺼운 조직층이 있어야 하며, 무엇보다 작은 독성 작살로 무장한 특징적인 사냥 세포들이 있어야 한다. 절지동물은 판형 외골격과 분절되고 관절이 있는 다리가 있다.[6] 이 외에도 동물문으로 분류하기 위한 여러 가지 조건이 있다.

오늘날 서로 다른 문에 속하는 생물 사이는 아주 먼 연관성만 있다. 예를 들어 많은 연구가 이루어진 드로소필라, 즉 초파리와 사람 사이에는 기본적인 조직 발달 수준에서 발달상 유사성이 있다. 일례로 인간의 배아와 초파리의 배아에서 동일한 유전자가 앞뒤 방향의 축을 결정한다. 이 유전자는 어떤 기관과 조직이 만들어져야 하는지를 정하기 위해 유전자 복합체를 조정하여 각 세포가 어떻게 발달할지를 수정할 수 있게 한다. 초파리보다 사람과 더 유연관계가 가까운 수십만 종이 있고 사람보다 초파리에 더 가까운 수백만 종이 있지만 이러한 조절 기능은 초파리와 사람이 더 유사하다.[7]

생명체는 종종 나무로 묘사된다. 나무에서 하나의 단일 조상인 줄기가 큰 가지, 작은 가지, 잔가지, 즉 문, 과, 종 등으로 계속 나뉜다. 이 잔가지 끝에서 내려가다 보면 가지들이 만나는 지점이 있다. 두 종이 얼마나 연관되어 있는지를 측정하는 한 가지 방법은 가지 끝에서 가지 끝까지의 거리를 재보는 것이다. 거리가 짧을수록 가까운 관계다. 청장에서는 동물 사이의 거리와 유연관계에 대한 우리의 관념이 매우 기초적인 수준에서부터 모호해지기 시작한다. 청장의 고대 생물을 그에 상응하는 현대 생물들과 비교하다 보면 문제가 생긴다. 시간의 영향이 작용하기 때문이다. 청장에서 흔적이 발견된 동물은 200종에 육박한다. 이 중 척추동물 중심의 관점에서 가장 중요한 한 종을 꼽으면 길이는 몇 센티미터밖에 안 되고 길쭉한 눈물방울이나 낙엽 같은 모양에 꼬리 끝 주변에는 레이스처럼 지느러미가 달린 긴 몸통의 동물을 들 수 있다. 이 동물은 하이코우이크티스*Haikouichthys*('하이커우海口 물고기'라는 뜻)로, 진정한 어류의 최초 후보이자 척추동물의 가장 오래된 확실한 친척이다. 척추는 없지만 척삭이 있다. 척삭은 모든 척삭동물이 등에 가지고 있는 빳빳한 막대 모양의 지지 구조다. 이후 친척들이 이 척삭을 바탕으로 연골과 뼈로 이루어진 척추를 만든다. 이 물고기는 꼬리 외에는 지느러미가 없어서 물속을 물결치듯 미끄러져 나가며 헤엄친다.

저 아래 해저에서는 카리스마 넘치는 고생대의 별 삼엽충이 종종 걸음을 치고 있다. 삼엽충은 몸이 세로로 나뉜 세 부분, 즉 '엽'으로 이루어져 붙은 이름이다. 삼엽충의 매력은 무엇보다 패션 감각에 있다. 삼엽충의 몸에는 종종 의외의 아름다운 가시가 있는데, 장식 이외의 다른 기능은 없어 보인다. 단단한 외골격 덕분에 몸 전체의 모습이 금방이라도 기어서 도망갈 것처럼 생생하게 보존된 경우가 많다. 쥐며느리처럼 웅크리고 있거나 물살을 피하려고 일렬로 반듯하게 줄지어 걷는 모습이 기록되어 있어서 삼엽충의 행동 방식도 쉽게 알 수 있다. 삼엽충은 영국 웨스트미들랜드주 더들리에서 가장 사랑받는 동물이다. 이곳에서 실루리아기 석회암을 채굴하던 채석공들이 '더들리 벌레'를 자주 발견했고 이는 마을의 상징이 될 정도로 지역민들의 관심을 받았다. 전해 내려오기로는 그 채석장에서 더들리 벌레에 관한 공개 강연을 열었는데 19세기 중반 당시 1만 5,000명이 모여들었다고 한다. 오늘날 미국 유타주 파반트밴드에 살던 유트족들은 캄브리아기 삼엽충을 장신구와 의료 시술용으로 사용했다. 유럽에서는 플라이스토세 사람들이 착용했던 1만 5,000년 된 삼엽충 펜던트가 발견된 적도 있다.[8]

돌로 굳어지기 오래전인 캄브리아기 청장의 삼엽충이 다리를 휘저으며 잔잔한 너울에 흔들리고 있다. 큰 눈을 가진 작은 삼엽충인 에오레들리키아는 이곳에서 흔한 삼엽충류다. 초승달 모양의 머리와 흉부의 얼룩덜룩한 부분에 나 있는 작은 가시 커튼이 에오레들리키아의 특징이다. 길이는 2.5cm밖에 안 되지만 그 옆에서 기어다니는 이운나

노케팔루스*Yunnanocephalus*에 비하면 우뚝 솟아 있다. 이운나노케팔루스는 에오레들리키아의 6분의 1 크기밖에 안 되는 아주 작은 삼엽충이다. 삼엽충은 절지동물의 원형이다. 쥐며느리와 다르지 않은 방식으로 고르게 분절되어 있고 각 분절에서 다리와 아가미가 튀어나와 있다.[9]

삼엽충과 초파리는 정의상 최초의 절지동물인 마지막 공통 조상을 공유한다. 하이커우물고기와 사람은 정의상 최초의 척삭동물인 마지막 공통 조상을 공유한다. 따라서 하이코우이크티스와 인간, 에오레들리키아와 초파리는 다른 어떤 조합보다 더 가까운 쌍이라는 결론에 이를 수 있다. 이는 실제로 유연관계를 표현하는 일반적인 방법이다. 그러나 시간이라는 요인도 중요하다. 한 계통에 축적된 돌연변이의 수는 그 돌연변이가 일어나는 속도는 조금씩 다를지라도 계통이 존재한 기간에 대략 비례한다.[10]

네 종 모두의 마지막 공통 조상이 살던 시기에서 청장 지층이 형성된 시기(에오레들리키아와 하이코우이크티스가 살았던 시기)까지의 간격은 인간과 초파리가 마지막 공통 조상에서 갈라져나온 기간보다 훨씬 짧다. 실제로 에오레들리키아와 하이코우이크티스가 분화한 진화 기간도 두 절지동물인 하이코우이크티스와 초파리 혹은 두 척삭동물인 하이코우이크티스와 사람이 분화한 기간보다 짧다.[11]

이런 의미에서 우리와 하이코우이크티스가 등을 지탱하는 막대 모양 기관, 체내의 감각기관과 뇌 보호 구조, V 자형으로 분절된 근육 등 몇 가지 중요한 해부학적 특징을 공통으로 갖고 있기는 하지만 초기 절지동물과 초기 척추동물이 오늘날 캥거루와 사람보다 진화 시간의 면에서는 더 가깝다. 이는 달리 말하면 청장에서 두 동물문은 그 이후 어느 때보다 유사했다고 할 수 있다.

이 사실은 중요한 질문을 제기한다. 에오레들리키아와 하이코우이크티스의 진화 시간이 캥거루와 인간의 진화 시간보다 짧다면, 왜 두 고생물은 해부학적으로 그렇게 구별되는 것일까? 두 포유류의 상대적 유사성과 비교할 때 그렇게 근본적인 차이가 나는 것은 어찌 된 일일까? 1억 년은 긴 시간이지만 놀랍게도 극복 가능한 시간이다. 러시아철갑상어와 아메리카주걱철갑상어라는 두 종의 현생 어류는 지금에 이르기까지 약 1억 5,000만 년 동안 각자 진화의 길을 걸었지만 여전히 교배하여 생존 가능한 자손을 낳을 수 있는 것으로 보고된다. 캄브리아기에 여러 문이 분리된 이유는 무엇일까? 당대에는 각 문의 서로 다른 몸 구조들이 거의 동시에 나타났다. 왜 그랬을까?[12]

그 누구도 확신하지는 못하지만 2가지 가설을 고려하고 있다. 첫 번째 가설은 동물의 내부 구조 자체를 파고든다. 아마 캄브리아기와 그 이전 시대에는 수정란에서 배아로, 배아에서 성체로의 발달이 지금처럼 확실히 정해져 있지 않았을 것이다. 그렇다면 조직과 조직의 배치가 근본적으로 변해도 평균적으로는 심한 손상을 입지 않았을 것이다. 그러나 일단 고정되면 근본적인 변화가 일어나기 힘들다. 컴퓨터 작동과 마찬가지로 응용프로그램의 코드를 수정하는 것은 비교적 간단하고 기계의 기능을 손상할 가능성도 적지만 운영체제에서는 한 줄만 고쳐도 문제가 생길 가능성이 크다. 자연선택은 결국 기본 내부 구조에 큰 망치를 들이대지 못하고 (혹은 적어도 그럴 가능성이 극히 낮고) 땜질하는 정도에 그치고 만다. 이런 관점에서 볼 때 현대에는 새로운 문이 등장할 수 없다. 현대 생물의 해부학적 구조가 캄브리아기나 선캄브리아시대의 조상에 비해 복잡하기 때문이다. 오늘날 진화는 과거가 설정한 한계 내에서만 일어날 수 있다.[13]

두 번째 가설은 외부에서 요인을 찾는다. 선점한 다른 생명체만 없다면 오늘날에도 새로운 몸 구조가 발달하는 데 본질적으로 문제가 없다고 말한다. 이 관점에서 캄브리아기는 지금보다 생태계가 더 단순하고 취할 수 있는 역할이 더 적었다. 가능한 삶의 방식 또한 적었지만 생명체에게 더 선택지가 많은 신선한 세계다. '문'이라는 분류 단위의 기원은 '항아리 채우기' 모형으로 설명된다. 생태계 내에서 기본 역할을 정립하는 것은 항아리에 큰 돌을 먼저 넣는 것과 같다. 만약에 지금 새로운 몸 구조가 등장하면 이 종은 다른 종이 차지하고 있는 생태 공간 안에서 경쟁해야 할 것이다. 기존의 종은 이미 자신의 생태지위 공간에 꼭 맞게 진화해왔으므로 힘든 경쟁이 된다. 이는 새로움을 가로막는 자연 장벽이 된다. 따라서 진화 과정은 큰 돌을 추가하는 대신 자갈과 모래가 큰 돌 사이의 틈을 채우도록 흘려 넣어 다른 구조 위에 새로운 구조를 세운다. 생태 과정을 점점 더 세분하여 생태계를 더 통합적이고 더 복잡하게 만든다.[14]

청장에서는 초기 구조의 하나로 복잡한 먹이그물이 만들어지고 있다. 시작은 좌우대칭동물이 해양 세계를 지배하면서부터다. 좌우대칭동물은 거울 대칭과 더 복잡한 내부 조직 구조로 정의되는 유기체 그룹으로, 이들의 기본 구조는 벌레 형태다. 좌우대칭동물에는 다양한 변형 형태가 있다. 어떤 동물은 하이커우물고기처럼 지느러미를 추가하여 물속을 능률적으로 이동한다. 절지동물은 해저를 기어다니기 위해 다리를 추가하고 또 그중 일부는 기본 벌레 모양을 더 복잡하게 변형하여 외피를 만든다. 특히 삼엽충의 외골격은 깨뜨리기 힘들 정도로 단단하다. 삼엽충은 먹잇감이 되지 않기를 바라며 혹은 먹잇감이 나타나기를 바라며 걸어 다니는 요새와 같다. 다른 많은 생물과 달리 곤충 같은 키틴질이 아니라 게나 바닷가재처럼 석회화된 첨단 보호 장구를 도입하고 광물 렌즈가 있는 포탑 형태의 눈을 장착한다. 좌우대칭동물이 처음 등장한 시대는 이미 벌레가 벌레를 잡아먹는 약육강식의 세계였다.

* * *

캄브리아기 이전의 세계는 비교적 고요한 해저였으며, 바닥 표면만이 다세포생물의 유일한 서식지였다. 진흙 속 깊이 굴을 파는 생명체도 없었고 빠른 속도로 활발하게 헤엄을 쳐서 위쪽 물로 올라가는 생물도 없었다. 동물들은 물에 떠다니는 다른 생물의 잔해나 플랑크톤을 차분히 주워 먹거나 미생물군집을 느긋하게 뜯어 먹었다. 이 안정된 여과섭식의 세계에서 몇몇이 먹이를 찾아 나서기 시작했다. 동물들이 움직이기 시작하고 포식자가 탄생한다.

캄브리아기부터 포식자-피식자 관계망을 본격적으로 연구하는 게 가능해진다. 서로를 잡아먹는 생물은 캄브리아기 이전의 화석 기록에서도 관찰되지만 캄브리아기에 와서야 비로소 그 관계망이 광범위하고 복잡하고 명확해지기 때문이다. 갑자기 생태계 에너지가 생태계를 통해서만, 즉 생산자에서 소비자로 그다음에는 곧바로 부패하는 식으로 흐르지 않게 되었다. 소비자 자신이 소비되는 존재가 될 수도 있다. 동물들은 그렇게 될 운명을 피하려고 온갖 전략을 채택했다. 공격을 예방하거나 저지하기 위해 외골격을 키우고 포식자나 먹잇감을 빠르게 탐지하기 위해 눈 같은 감각기관을 길들이고 먹잇감을 쫓거나 위험에서 탈출하기 위해 효율적인 움직임을 개발한다. 순수했던 선캄브리아시대 에덴동산은 사라지고 군비 경쟁이 시작되었다. 놀랍게도 이 최초의 캄브리아기 먹이그물에는 현대 먹이그물과 흡사한 특징이 있다. 바로 바닥에서 시작된다는 점이다.[15]

먹이그물의 구조는 줄타기 기구와 비슷하다. 종은 고정점 역할을 하며, 상위 종이 하위 종을 먹이로 삼는 상호작용으로 연결된다. 캄브리아기에는 포식자-피식자 관계가 덜 명확하여 먹이사슬이 좀더 길어지는 경향이 있지만 핵심 원리는 동일하다. 생명체는 상호작용할 때 에너지 흐름과 동일한 규칙을 따른다. 그 규칙은 서로 마주칠 확률을 지배하는 규칙이고 우주의 기본 원리다. 먹이그물이 생겨난 이래로 특정 역할은 늘 존재했다. 모든 생물군집의 생태적 구조는 5억 년 넘게 거의 변한 것이 없으며, 태고의 주제를 변주만 했을 뿐이다.

캄브리아기 먹이사슬의 맨 아래에는 햇빛을 받으며 떠다니는 먼지 같은 입자들이 있다. 이들은 식물의 조상인 부유성 식물성플랑크톤과 박테리아로, 광합성이나 화학합성을 통해 스스로 먹이를 만든다. 조류는 죽어서 분해되고 그 잔해는 캄브리아기 위악시아처럼 퇴적물을 먹는 초식동물의 차지가 된다. 부유성 식물성플랑크톤과 박테리아는 물기둥에 녹아 있는 특이한 유기 분자와 함께 생태계를 건설할 원자재가 된다. 어떤 지형에서든 모든 생물은 그 원자 구성을 먹이그물 맨 밑의 1차 생산자에게서 가져오고 1차 생산자는 공기, 물, 바위 등 주변의 화학반응에서 분자를 가져온다. 모든 생명체는 궁극적으로 지구의 미네랄로 만들어진다.

오늘날에는 우리 인간의 먹이그물이 전 세계를 아우른다. 런던에서 초콜릿 비스킷과 함께 홍차를 마시고 있는 사람은 여러 대륙에서 수십억 년에 걸쳐 형성된 광물로부터 풍화된 원자를 소비하고 있는 것일 수 있다. 홍차에는 에오세 대륙 충돌로 가파른 산비탈에 퇴적된 선캄브리아시대 곤드와나 편마암 토양에서 자란 인도의 차나무가 흡수한 이온이 들어 있을 수도 있다. 원자들은 플라이스토세 빙하작용을 재현하듯 밀가루로 제분된다. 빙하기의 비옥한 토양에서 흡수된 이 양분이 밀에 재분배되었을지 모른다. 코트디부아르의 카카오는 끝없이 순환되는 우림의 토양에서 팔레오세 인산염 퇴적물로 만든 비료로 자랐을 것이고, 그 인산염은 청장 생물상 당시에도 지질학적 중심지였던 서아프리카의 화강암, 석영, 편암으로 이루어진 고대 암반에서 30억 년 동안 땅속에 잠들어 있다가 추출되었을 것이다.[16]

흔히 언급되는 통계적 사실 중에 우리가 들이쉬는 모든 숨에 셰익스피어가 내쉰 원자가 포함되었다고 하는 식의 이야기들이 있다. 우리 몸에 지속해서 보충되는 원자가 작년에는 산의 일부였고, 그 산이 한때는 해저였다고 생각하면 어떤가? 실제로 광물은 자연 상태에서 장거리를 이동한다. 예를 들어 아마존 유역은 매년 사하라사막에서 불어오는 모래에 의존해 강으로 유출되는 광물을 보충한다. 그러나 대개 자연 세계에는 풍요로운 현대 사회가 누리는 사치스러운 글로벌 네트워크가 없으므로 먹이사슬 대부분이 철저히 지역적으로 유지된다. 청장도 예외는 아니다.[17]

천천히 물결치는 청장의 해류 속에서 에너지를 소비하지 않고 자유롭게 떠다니는 미세한 동물인 동물성플랑크톤은 식물성플랑크톤과 박테리아를 먹는다. 수세미 모양의 해면은 플랑크톤을 걸러내고 새우와 닮은 카나다스피스Canadaspis는 먹이를 찾아 기어다니면서 진흙 소용돌이를 일으킨다. 페니스벌레는 굴에서 튀어나와 떠다니는 생물 잔해를 노리거나 사체를 청소할 기회를 포착한다. 위에서는 아노말로카리스과가 턱이자 팔인 부속지를 치켜들고 급강하하여 사냥감을 낚아챈다.[18]

로보포디아류 한 마리가 바닥을 뱀처럼 기어다닌다. 로보포디아류는 지렁이처럼 원통형의 긴 몸이 부드러운 고리들로 분절되어 있다. 그러나 지렁이와 달리 부드럽고 유연한 다리 7쌍이 있다. 다리는 정수압에 의해 제어된다. 각 다리 끝에는 발톱이 달려 있다. 등에는 아주 긴 가시가 하나 튀어나와 있는데, 비늘처럼 보이기도 한다. 괴이한 외계 생명체 같은 모습 때문에 할루키게니아라는 이름을 얻었다. 오늘날 할루키게니아의 가장 가까운 친척은 우단벌레라고 불리는 기이하고 묘하게 우아한 동물이다. 다리가 달린 민달팽이와 조금 비슷하지만 점액질 형태의 장난감처럼 질기고 말랑거리는 질감이며, 숲 바닥의 부드러운 부식토에 서식한다. 오늘날 우단벌레는 끈적거리는 점액을 멀리 쏘아서 적극적으로 곤충을 잡지만 해저의 할루키게니아와 로보포디아류과의 다른 종들은 대개 해면을 뜯어먹는다.[19]

초기 로보포디아류는 여러 동물의 특징이 섞여 있어서 계통수에서 그 위치를 정하기가 어렵다. 할루키게니아에게는 첫 번째 내장 기관인 인두에 절지동물에서 흔히 볼 수 있는 이빨이 줄지어 나 있는 반면에 해면이 분해되는 하부 소화 기관은 갑각류와 매우 유사하다. 메가딕티온Megadictyon과 이안스하노포디아Jianshanopodia는 육식성 로보포디아류로, 내장이 더 깊어서 다른 로보포디아류 종과 구별된다. 어떻게 먹느냐가 곧 이들의 정체성인 셈이다. 각 다리 쌍 사이에는 8, 9쌍의 맹장이 있다. 맹장들은 주요 소화관과 별개로 사체나 사체 파편 같은 먹이를 소화하는 데 사용하는 일종의 단순한 샘gland 역할을 한다. 이 같은 생리적 전략은 절지동물과 그 친척들의 다양성 급증에 기여했을 것이다. 할루키게니아와 다른 육식성 로보포디아류에게는 또 다른 비장의 카드가 있다. 이들은 캄브리아기 다른 많은 동물과 마찬가지로 먹잇감을 찾거나 자신을 노리는 포식자를 경계하기 위해 비범한 능력을 개발했다. 전자기파를 탐지하고 활용하는 새로운 능력을 발휘한다. 최초의 눈이 등장하는 것이다.[20]

세상은 정보로 가득한데, 생명체에게는 그중 일부만 유용하다. 정보를 이해하고 그에 반응하는 것은 모든 행동의 바탕이 된다. 자신이 살아가는 환경에서 일어난 새로운 사건에 적절하게 반응하는 생물은 훨씬 더 오래 생존한다. 가장 단순한 감각은 주변의 분자를 감지하는 화학적 감각이다. 박테리아의 초보적 화학 감각 능력이 여기에 포함된다. 박테리아는 먹이가 되는 성분의 농도 기울기를 찾아내 그 방향으로 움직인다. 땅의 기울기를 감지하여 언덕을 오르는 것과 같은 원리다. 동물의 미각과 후각도 화학감각이다. 종 대부분은 염분, 산 등 생존과 관련된 화학물질을 감지한다. 그러나 국소적인 화학적 특성은 여러 감각 대상 중 하나일 뿐이다. 자기장, 중력의 방향, 온도가 모두 위치와 방향, 적절한 반응을 파악하는 데 도움이 된다. 이와 같은 감각의 역사는 수십억 년 전으로 거슬러 올라간다. 역사상 대부분의 시간 동안 감지되어온 빛은 남세균 등 광합성을 하는 생물의 에너지원으로 사용될 때만 실질적으로 유용했다. 하지만 빠르게 이동하는 생물이 등장하고 성장 패턴을 바꾸거나 천천히 이주하는 것만으로는 생존하는 데 부족한 세상이 되면서 빛은 에너지원으로서만이 아니라 정보원으로서도 중요해졌다.[21]

보는 능력을 당연하게 여기기 쉽다. 다세포생물이라면 거의 눈이 있을 정도로 시력은 유용하고 보편적인 능력이기 때문이다. 식물은 광파를 감지하고 그 방향으로 성장하지만 살아가는 방식이 매우 느려서 빛에 초점을 맞추기 위해 특별한 기관이 필요하지 않고 단지 빛이 있다는 것만 알면 된다. 그러나 동물은 활동성이 커지면서 반응을 더 빠르게 해야 했다. 그래서 많은 동물은 전자기 스펙트럼의 특정 파장이 다른 표면에 반사된다는 사실을 이용한다. 특히 할루키게니아에게는 다른 초기 절지동물 및 그 친척들과 유사한 눈이 있지만 눈은 매우 다양하고 여러 독립적인 기원이 있다.[22]

삼엽충의 눈은 인상적이다. 다른 절지동물들의 눈과 마찬가지로 삼엽충의 눈도 렌즈가 여러 개인 겹눈이다. 직경이 0.1mm인 각 렌즈는 고정되어 서로 다른 방향을 향한다. 그래서 삼엽충은 모자이크 같은 방식이기는 하지만 세밀한 세상의 그림을 볼 수 있다. 각각의 렌즈, 즉 수정체는 방해석 결정으로 구성되며 이 투명한 광물을 통해 빛이 선명한 상으로 맺힐 수 있다. 척추동물의 수정체는 초점을 맞추기 위해 근육이 필요하다. 근육이 앞뒤로 움직이거나 구부러지거나 일그러지면서 우리가 어떤 거리에서든 대상의 세부 이미지를 볼 수 있게 해준다. 이것을 '조절accommodation'이라고 한다. 완벽하지는 않다. 한 번에 한 거리에 있는 대상만 정확하게 볼 수 있다. 얼굴 앞에 손을 올리고 그 손에 초점을 맞추면 그 너머 벽에 있는 그림은 또렷하게 볼 수 없다. 그러나 캄브리아기 말 일부 삼엽충의 눈은, 굴절 특성이 다른 두 재료로 만들어진, 이중 초점 렌즈를 사용해서 눈을 변형시키지 않고도 불과 몇 밀리미터 거리에 떠 있는 작은 대상과 멀리 있는 대상에 동시에 초점을 맞출 수 있다. 이론상으로는 그 거리가 무한대라고 한다. 이는 다른 어떤 종도 개발하지 못한 새로운 능력이다. 청장의 동물은 대부분 시각이 발달한 편이며, 시각으로 들어온 정보를 처리하는 두뇌는 훨씬 더 강력하다. 캄브리아기 동안 좋은 시력을 발달시키기 위한 선택압은 강력했을 것이다.[23]

선택압은 아마도 청장의 특화된 최상위 포식자에게서 비롯되었을 것이다. 옴니덴스*Omnidens*('모든 이빨'이라는 뜻)의 섬뜩한 이름은 이 독특한 벌레의 포식 본능을 암시한다. 연구자 중에는 옴니덴스를 〈스타워즈-제다이의 귀환〉에 나오는 엄청난 크기의 벌레인 살락에 비유하기도 한다. 영화에서 살락은 모래에 사는 육식성 동물로 그려진다. 실제 옴니덴스는 길이가 150cm에 달하고 스케이트보드처럼 넓고 납작하다. 이 벌레는 절지동물의 고대 근연종으로 살아 있는 그 어떤 형태보다 먼 친척일 것이다. 이 동물은 24개의 다육질 다리로 해저를 기어다닌다. 숨겨져 있는 입에는 최대 16개의 마녀 손가락 같은 가시가 박혀 있어서 그 모양이 원형 철퇴와 비슷하다. 옴니덴스는 배가 고플 때 카메라 렌즈처럼 입을 보호하고 있는 가시를 열어서 진짜 구기를 몸 밖으로 꺼낼 수 있다. 입안에는 이빨이 나선형으로 최대 6개까지 나 있다. 이빨마다 가시가 6개 나 있는데, 이 이빨들이 소화기관 입구를 둘러싸고 있다.[24]

청장의 또 다른 최상위 포식자는 메가케이라*Megacheira*('거대한 부속지'라는 뜻)라는 절지동물이다. 눈은 두꺼비 같은 자루눈이다. 바닷가재 같은 판 모양 외골격은 10여 쌍으로 날개처럼 펼쳐진다. 굴곡은 돌고래 같고 꼬리는 나팔 모양이다. 게다가 부속지는 아무것도 없이 드러나 있어 정말 외계 동물 같다. 문제의 거대한 부속지는 입 앞의 거대한 가시 송곳니로 양쪽에 하나씩 있다. 손가락처럼 유연한 이 부속지는 먹잇감을 포획하는 데 쓰인다. 뇌의 연결 형태를 볼 때 이 송곳니는 라이니에서 본 작은 포식자 트리고노타르부스과 같은 협각류의 송곳니나, 숨에서 본 바다전갈의 노가 달린 유영지와 상동기관인 것으로 보인다. 생김은 다르지만 비슷한 역할을 했을 것이다. 거대한 부속지 절지동물 중 가장 유명한 아노말로카리스과도 갑각류와 비슷한 로보포디아류의 소화기관을 가진 또 다른 모자이크 생물이다. 청장의 아노말로카리스과

그림15 옴니덴스 암플루스

동물은 길이가 최대 2m에 달했으므로 이 생태계의 다른 모든 동물은 상대적으로 매우 작아 보인다.[25]

캄브리아기라는 이른 시기에도 현대 동물이 보이는 행동 양식이 나타난다. 아주 작은 절지동물들이 진흙을 가로질러 종종걸음을 치고 있다. 휘어진 껍데기는 가운데에서 한 번 접어서 둘로 나눈 것 같은 모습이다. 껍질의 각 반쪽은 루나리아 씨앗의 꼬투리처럼 보름달에 가까운 둥근 모양이다. 걸을 때마다 물결치듯 움직이는 다리 7쌍이 달려 있다. 이 절지동물은 생물군집의 4분의 3을 차지할 정도로 어디에나 존재한다. 쿤밍겔라 도우빌레이*Kunmingella douvillei*는 각 다리에 아가미 기관이라는 보조 기관이 있는데, 암컷은 여기서 새로운 진화적 혁신을 보여준다. 암컷은 마지막 다리 3쌍에 직경이 0.2mm도 안 되는 작은 알들을 낳는다. 암컷 한 마리가 약 80개의 알을 품을 수 있으며, 외골격이 알을 보호한다. 생명의 역사 전체를 통틀어 쿤밍겔라는 부화할 때까지 알을 품는 초기 동물 중 하나다. 푹시안후이아도 알을 품었으리라 추정되는 동물이다. 성체 한 마리가 동령의 새끼 네 마리와 함께 발견되었기 때문이다. 이는 부화 후에 성체가 새끼를 돌보는 증거가 기록된 가장 오래된 화석이다. 부화 후에 성체가 새끼를 돌보는 동물들에게는 한 가지 공통점이 있다. 새끼의 크기는 크고 수는 적었다. 이 같은 공통점은 모든 지구 생명체의 역사를 결정하는 번식이라는 동전의 한 면이다.[26]

생물은 번식에 사용 가능한 에너지가 한정되어 있지만 진화적 관점에서 보자면 멸종을 피하기 위해서도 번식해야만 한다. 한 번의 번식 행위에 모든 에너지를 쏟아붓고 그 과정에서 죽는 것과 생존을 위해 모든 에너지를 투입하고 전혀 번식하지 않는 것 사이에서 균형을 맞추어야 한다는 뜻이다. 최적의 에너지양과 번식기의 시작은 종에 따라 크게 다른데, 몇 가지 중요한 요인에 좌우된다. 언제나 그렇듯 죽음은 가장 절박한 문제다. 한 종의 성체 사망률이 특히 높다면 조기 사망에 대비해 가능한 한 어릴 때 번식을 완료하는 것이 진화의 관점에서 볼 때 합리적이다. 성체의 사망률이 다 자라기 전의 사망률보다 낮은 종은 일단 성체가 되면 기대 수명이 길어져 평생 더 많은 자손을 낳을 수 있다. 새끼를 여러 번 낳을 수 있다면 각각의 자녀에게 집중적으로 투자하여 위험한 어린 시기를 잘 넘기고 살아남을 확률을 극대화하는 것이 합리적이다. 인구 밀도, 식량의 가용성, 계절 등에 따라 연령별 사망률이 어떻게 달라지는지 등을 고려하면 문제는 더 복잡해진다. 그러나 일반적으로 인간이나 쿤밍겔라, 푹시안후이아처럼 성숙하는 데 시간이 오래 걸리고 자녀의 수가 적은 종은 자연적인 영아 사망률이 높은데, 이는 각 개체를 키우는 데 큰 노력을 기울임으로써 보완된다. 한 번에 낳는 새끼의 수가 적으므로 한 바구니에 계란을 모두 담는 것과 같은 위험이 있지만, 이번에 낳은 새끼들이 살아남지 못한다고 해도 자신이 계속 생존하여 더 많은 자손을 낳을 확률에 의해 균형이 맞춰진다.[27]

번식 방법으로 양보다 질을 택하는 이런 실험이 가능했던 것은 캄브리아기 동물상의 장기적 안정성 덕분이다. 이 시기의 해저 생물군집은 주기적으로 발생하는 폭풍으로 국지적 피해를 보더라도 다시 회복된다. 급격한 변화가 폭발하는 시기와 거리가 먼 청장의 생태는 충분히 안정적이고 충분히 예측 가능했기에 자연선택의 힘도 한 번에 적은 수의 새끼만 낳는 도박을 용인한다.

* * *

청장 해안에는 한 해가 지나가는 것을 알려줄 꽃도 낙엽도 곤충 떼도 그 어떤 생명체도 없을지 모르지만 땅은 여전히 우기와 건기라는 두 계절을 겪는다. 다양한 생물군집이 두 계절 모두를 살아가지만 건기에는 화석이 보존되지 않는다. 사실상 생명에 관한 모든 정보가 죽음으로부터만 나온다는 사실은 고생물학의 핵심에 존재하는 중대한 역설이다. 화석이 보존된 장소는 죽음이 일어난 시기의 환경과, 사체가 결국 이른 곳을 보여줄 수 있다. 생명체의 행동이 고형화된 생흔 화석은 살아 있는 생명체를 직접 관찰하는 데 가장 근접한 자료다. 하지만 그 흔적을 연결할 사체가 없어서 화석의 주인을 추론해야 하는 경우가 많다.

화석 생성은 공간 환경뿐만 아니라 시간의 영향도 받는다. 건기에는 담수의 흐름이 느려진다. 바다선반에 염분이 남고 부패는 빨라진다. 우기에는 폭풍이 거세게 몰아치고 파도가 깊은 곳까지 밀려들며 강물이 바다의 염분을 줄이고, 퇴적물은 찢어져 폭풍의 흔적이 표면 질감에 그대로 담긴 폭풍퇴적물로 바뀐다. 해저가 안정되고 육지의 규산염이 유입되어야 비로소 사체가 묻힐 수 있다. 철이 풍부하게 함유되어 있지만 탄소 함량은 매우 적은 점토질 바닥에서는, 미네랄을 좋아하는 박테리아가 모여들어 생물의 잔해를 먹고 철을 환원시키며, 근육 등 연조직을 '바보의 금' 황철석으로 바꿔놓는 바보 미다스 노릇을 한다.[28]

캄브리아기를 40억 년 동안 가만히 있다가 광란의 폭발을 일으킨 시기로 보는 견해에는 캄브리아기 여러 동물의 딱딱한 부위에서 비롯된 착각이 섞여 있다. 구기, 외골격, 광물성 눈은 근육이나 신경보다 화석 기록에 보존될 확률이 훨씬 높다. 이 딱딱한 부분들은 새롭게 등장한 포식의 세계에 적응하기 위한 것으로 생각된다. 캄브리아기는 다세포생물이 스스로 먹이를 구하러 본격적으로 나선 시기다. 그 세계에서 살아남아야 한다는 압력은 사냥하거나 포획을 피하기 위한 특화된 도구를 점점 더 발달시켰다. 이는 자연이 입oral plate과 사냥 기관들을 핏빛으로 물들인, 우리가 오늘날 알고 있는 생태계 기원의 결정적 발전이지만 캄브리아기 폭발이 그 시작은 아니었다. 좌우대칭동물이 대소동을 일으키며 갑자기 등장하기 전, 경쟁과 혼돈이 일어나고 알려진 혹은 알려지지 않은 수많은 동물이 번성하고 몰락하기 전에도 다른 다세포생물군집은 존재했다. 청장 해저에는 깃털 같은 스트로마토베리스*Stromatoveris* 몇 마리가 붙어서 물살에 살랑살랑 흔들리고 있다. 더 평화로웠던 다른 시대에서 뒤늦게 온 구경꾼이다. 폭풍 전 고요 속에서 방문을 기다리는 마지막 장소가 남아 있다.[29]

"자연은 창조의 첫 순간에
그 자손이 무엇이 될지 내다보지 못했다.
식물일지 동물일지 몰랐다."

- 프랑스 자연사가 아테나이스 미슐레, 《자연 Nature》

"그러나 그 이름 모를 평원 한 귀퉁이에
호지는 영원히 머무르리.
북쪽 고향에서 온 그의 가슴과 머리가
남녘의 나무를 자라게 하고
낯선 눈을 지닌 별자리들이
영원히 그의 별들을 다스리리."

- 토머스 하디, 〈북 치는 병사 호지〉

16

출현

오스트레일리아 에디아카라 언덕

5억 5,000만 년 전 에디아카라기

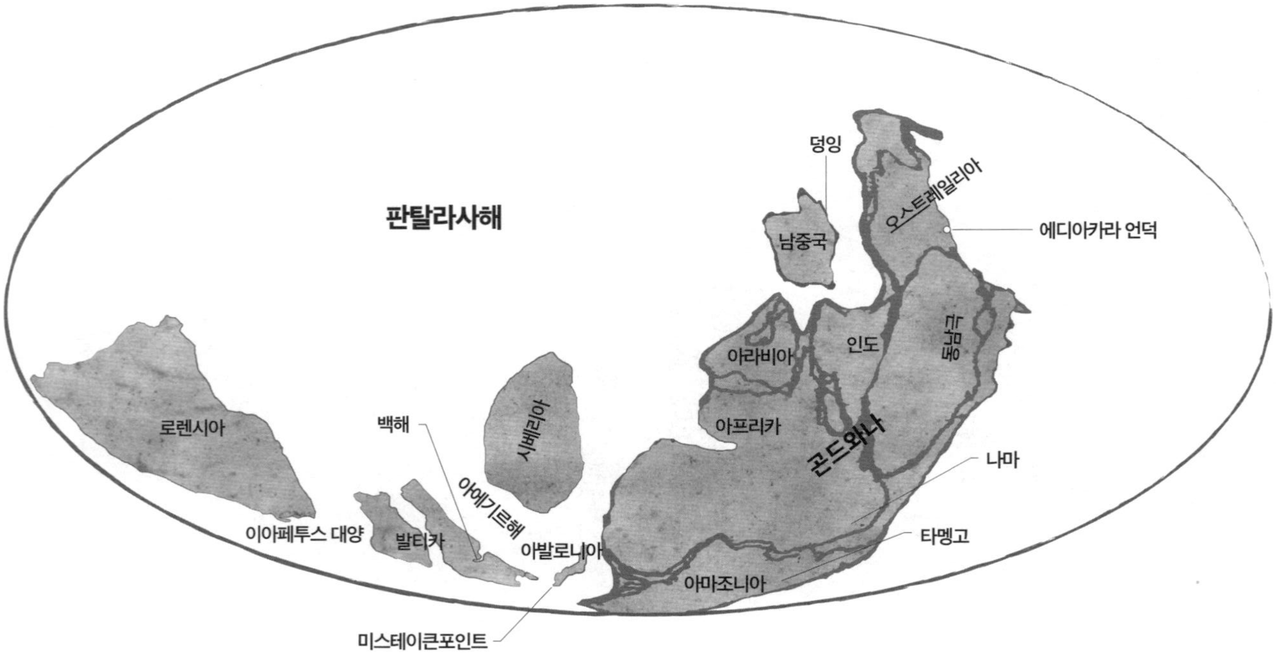

판탈라사해

덩잉
남중국
오스트레일리아
에디아카라 언덕
동남극
인도
아라비아
시베리아
로렌시아
백해
아프리카
곤드와나
나마
아예기르해
이아페투스 대양
발티카
아발로니아
타멩고
아마조니아
미스테이크포인트

지도16 5억 5,000만 년 전 에디아카라기의 지구

사우스오스트레일리아 최대 도시인 애들레이드 중심부에 서서 북쪽을 바라보자. 애들레이드와 포트오거스타에서 한낮의 태양을 향해 달리는 길은 오래된 연속 산맥 중 하나인 플린더스산맥을 지나 드넓고 탁 트인 이 나라 중앙의 광활한 사막으로 이어진다. 계속 길을 따라가면 에뮤와 캥거루의 땅, 건조한 유칼립투스 관목 지대, 심프슨사막 안에 있는 지구상에서 가장 긴 모래언덕을 지나 점점 좁아지고 먼지가 자욱하고 훨씬 더 외진 곳으로 들어가게 된다. 이곳의 땅은 오스트레일리아의 옛 대륙 중심(안정지괴)에 속하는 플린더스산맥보다도 더 오래되었다. 여기에는 수십억 년 전 광석으로 퇴적된 광물들이 매장되어 있다. 도로는 이 금속들을 대규모로 채굴하는 마운트아이자의 광산에서 서쪽으로 꺾여 마침내 북부 최대 도시 다윈에 다다른다.[1]

생명의 역사를 꿰뚫는 여정은 때때로 가늠할 수조차 없이 길다. 물리학 수업에서 말하듯, 다윈이라는 도시는 지구상의 모든 살아 있는 것들이 단일 종인 공통 조상으로 통합되어 있던 장소고, 애들레이드 중심부는 현재라고 가정해보자. 오스트레일리아 생명의 역사 속으로 그 길을 따라 플린더스산맥을 통과하면서 1mm를 지나면 1년을, 총 3,500km의 여정 중 1km를 가면 100만 년을 거슬러 올라가는 셈이다. 단 한 걸음만 내디디면 식민지 시대의 영향은 모두 사라진다. 불과

17m만 길을 따라 내려가면 북부 매머드 스텝의 시대다. 인류가 소만한 웜뱃, 초대형 비단뱀, '유대류 사자'로 알려진 틸라콜레오*Thylacoleo*(고양이처럼 나무를 타는 코알라의 친척으로, 날카롭게 날이 선 소구치가 있었다)와 이 대륙을 공유했던 플라이스토세다. 출발 지점에서 한 블록만 벗어나도 오스트레일리아대륙에서 인간의 역사는 끝난다. 애들레이드 중심부에서 마라톤 코스 거리만큼 가면 시 경계를 지나가게 되는데, 그 때쯤이면 우리는 에오세에 도착한다. 오스트레일리아에서 남극을 가로질러 남아메리카에 이르기는 드넓고 울창한 숲에 유대류가 서식하던 시기다. 우리 앞에는 아직 대륙을 가로질러야 할 만큼의 시간이 남아 있다.[2]

그렇게 계속 걸어가보자. 수천만 년의 세월이 길가에 거꾸로 펼쳐진다. 오스트레일리아 안정지괴가 세계를 떠다니고 다른 대륙들과 합해졌다가 다시 끊어지고 그러는 동안 생물 종의 생몰도 바다도 오르락내리락한다. 그렇게 계속해서 시간을 거슬러 변화하다가 생명체들은 육지를 버리고 바닷속으로 들어간다. 2주간의 하이킹 끝에 550km를 가니 5억 5,000만 년 전 에디아카라 언덕에 도착해 있다. 우리는 위치를 확인하기 위해 잠시 멈춘다. 우리 앞에는 초기 지구 역사의 끝없는 오지가 펼쳐져 있고 오직 미생물만 존재한다.[3]

줄곧 그랬듯이 육지에는 아무것도 살지 않는다. 바닷물이 증발하여 땅에 비를 내릴 수 있겠지만 모래땅에 생명을 불어넣지는 못한다. 지루한 지질학적 시간이 지나는 동안 산은 지각 융기로 솟아올랐다가 비바람의 힘으로 다시 한번 침식되고 모래와 진흙은 생명 없는 빗물과 함께 흘러내린다. 옛 오스트레일리아 해안으로 향하는 가파른 내리막 경사에서는 굽이치는 망상 하천이 바다를 향한다. 그 넓고 끊임없이 변하는 물길이 창문에 부딪힌 빗물처럼 이리저리 방향을 바꾸면서 언덕에서 실어온 퇴적물을 쌓아서 모래톱과 섬을 만든다. 퇴적, 다짐, 광물화 그리고 아마도 약간의 변성, 융기, 침식이 더해지는 광물의 순환은 지칠 줄 모르고 바다에서 빛나는 바다로 빙글빙글 계속된다. 39억 년 전 대륙이 굳어지고 바다가 형성된 이래로 계속 그랬다. 오늘 밤에도 바다는 분명 에디아카라기 하늘에 뜬 거대한 보름달 아래에서 빛나고 있을 것이다.[4]

현대의 별자리에 익숙해진 눈에는 이때의 하늘조차 무척 다르게 보인다. 우리는 별이 영원히 그 자리에 떠 있을 것으로 생각하지만 실제로는 태양의 움직임에 따라 별도 움직인다. 우리는 에디아카라기에 도착하기까지 2은하년이 넘는 시간을 거슬러 올라왔다. 태양계가 우리 은하 중심의 블랙홀 주위를 두 번 이상 공전하는 총 35만 광년 이상의 항해를 했다는 뜻이다. 우리와 가장 가까운 이웃 별들은 서로 다른 궤도에 있어서 우리는 그들을 모두 남겨두고 떠나왔다. 그러지 않았다 하더라도 우리에게 친숙한 많은 별은 아직 태어나지 않았다. 우리가 북반구에 있더라도 북극성은 찾을 수 없을 것이다.

북극성은 백악기에 처음 빛을 발한다. 오리온의 어깨와 발과 허리띠에 해당하는 7개 별 중 어느 것도 마이오세 이전에는 존재하지 않았다. 현대의 밤하늘에서 가장 밝은 별인 시리우스도 긴 역사를 갖고 있다고는 하지만 트라이아스기에 탄생했으므로 홀로세로부터 얼마나 전에 태어났는지를 따지기보다 에디아카라기에서 얼마나 지난 후에 태어났는지를 따지는 게 빠르다. W 자형 별자리인 카시오페이아의 별 5개 중 2개는 은하계 어딘가에 존재할 만큼 유서 깊은 별이지만 이때는 하늘에 도형을 그릴 발판도 아직 만들어지지 않았다.[5]

달에 관해서는 놀라운 사실이 있다. 녹아내린 젊은 지구와 거대한 소행성이 충돌해 달을 하늘에 띄운 이래로 달은 지구로부터 계속 천천히 멀어지고 있으며 앞으로도 계속 그럴 것이다. 인류 역사의 미미한 시간 척도에서 보면 달은 거의 움직이지 않는 것 같지만 작은 변화들이 5억 5,000만 년에 걸쳐 축적된 결과가 우리가 지금 보고 있는 달이어서 에디아카라기의 달은 가장 낭만적인 시에 등장하는 달보다 1만 2,000km 가깝고 15%나 더 밝다. 잠시만 머물러 지켜보면 하루의 길이도 더 짧음을 알아차릴 수 있다. 에디아카라기의 해는 다시 떠오르는 데 22시간밖에 걸리지 않는다. 후에 마찰은 점차 지구의 자전을 늦췄다. 이곳은 진정한 외계다. 우리가 오늘날 알고 있는 지구보다 물이 많은 화성과 더 비슷하다. 하지만 우리는 그 물속에서 복잡한 생명체를 발견한다.[6]

* * *

지금은 지질시대 구분에서 생물학적 세계가 지금과 비슷해지기 시작하는 누대eon인 현생누대가 시작되기 전이다. 지구가 형성된 이래로 지금까지 일어난 변화의 규모는 불가해할 정도다. 심해의 알칼리성 열수 분출공에서 생명의 기원이 시작된 후 바다에 이르기까지 35억 년이 걸렸다. 첫 10억 년 혹은 그 이상은 거의 변화 없이 지나갔다. 그러나 남세균이 광합성의 마법을 발견하고, 1,000만 년에 걸쳐 대기에 산소를 주입한다. 매우 반응성이 높은 기체인 산소가 대기 중에 더해지면서 바다에 녹아 있던 철이 산화되어 독특한 붉은 철광색 층으로 가라앉았다. 그야말로 전 세계 바다를 녹슬게 한 것이다. 지구는 사상 최대 규모의 빙하기를 연이어 겪으면서 반복적으로 얼어붙었고 얼음이 지구를 에워쌌다. 극단적인 경우에는 빙상이 극지방에서부터 전진하여 적도까지 이동했고, 이 때문에 행성 대부분이 눈과 얼음으로 덮였다. 이른바 '눈덩이 지구'가 된다. 고위도의 얼음은 너무 두껍다. 해수면 위로 수백 미터 솟아 올라와 있는 빙상 위에서 빙하가 흐르고 강에 물이 아닌 얼음이 흐르니 그 밑의 액체 세계는 잊혔다. 적도에서도 빙하는 흘러다녔다. 우리는 열대지방의 물 중 적어도 일부는 영구적으로 덮여 있지 않았다는 것을 알고 있지만 말이다.[7]

빙하가 세계를 덮고 있는 동안 광선을 먹고 사는 유일한 생물은 남세균이었다. 이들은 산소가 부족한 바다, 일종의 영양분 사막에 가까웠던 그 바다에서도 다른 생물보다 더 번성할 수 있었다. 빙하가 녹아서 흐르는 강물만이 유일하게 호기성 생명체가 생존하기에 충분한 산소를 바다로 운반했다. 눈덩이가 녹기 시작하자 녹아가는 얼음은 대륙 표면을 깎아내고 수백만 톤의 인산염을 바다로 흘려보내 조류가 바다를 장악할 기회를 주었다. 갑자기 남세균의 이점, 즉 작은 크기 덕분에 영양분을 빠르게 흡수할 수 있다는 이점이 이제 통하지 않게 되었다. 더 큰 생물도 더는 밀려나지 않았고 남세균은 더 큰 미생물이 먹이로 삼을 만큼 충분히 많았다. 큰 몸집은 포식자에게 이점이 된다. 미세한 세포를 먹이로 삼는 포식자라도 크면 유리하다. 그래서 이 무렵에 다세포 조류가 흔해졌다. 에디아카라기가 시작될 때쯤에도 바다에는 대체로 산소가 없었지만 이후 수천만 년에 걸쳐 화학작용이 급격히 변동하여 결국 무산소 세계를 새로운 바다, 잘 혼합된 바다로 바꿔놓았다. 이러한 불안정성 자체가 진화의 혁신을 이끌어냈을 수도 있다.[8]

다세포생물은 10억 년 전부터도 이미 여러 차례 식물 비슷한 생물이나 홍조류 등의 형태로 진화되어 등장한 적이 있다. 하지만 눈덩이 지구 시기에, 그리고 그 이후로 스스로 상호 협력하는 생물이 출현하면서 지구 생태계는 영원히 바뀌었다.[9]

새로운 생태가 가능해졌고 새로운 삶의 방식이 열렸다. 다세포성 덕분에 서로 다른 세포가 조직으로 특화되고 각 조직에 특정 역할이 생겼다. 세포 간 분업이 시작되었다. 목적에 맞게 형태를 제어하고 최적화하는 게 가능해졌고 집단이 개체 단위로 바뀌면서 번식을 더 정밀하게 조절할 수 있게 되었다. 에디아카라기 새로운 온대 해양, 즉 부서진 바위만 가득한 대륙 가장자리의 얕은 진흙탕 바다에서는 생명체가 점점 더 커졌다.[10]

에디아카라 언덕에 보존된 생태계가 생겨날 즈음은 눈에 보이는 크기의 생명체가 나타난 지 약 2,000만 년이 흐른 뒤다. 알려진 최초의 다세포생물은 이아페투스 대양 남쪽 가장자리의 한 진흙 대륙붕에서 나왔다. 이 대륙붕의 본토는 대략 마다가스카르 정도의 크기인 아발로니아다. 아발로니아라는 이름은 캄란 전투에서 패배하여 치명상을 입은 아서왕이 자신을 다시 필요로 할 때까지 잠들어 있던 전설의 섬에서 유래했다. 아발로니아의 자취(이곳에 살았던 생물의 흔적만 있는 것은 아니지만)는 프리지아와 작센의 저지대, 영국과 아일랜드 남부, 뉴펀들랜드와 노바스코샤, 포르투갈의 일부 지역에서 광범위하게 발견된다. 이 섬은 오직 파편만 남아 대륙들의 끊어진 가장자리를 따라 흩어져 있는 태고의 장소다.[11]

그 가장자리 중 하나가 뉴펀들랜드의 미스테이큰포인트라는 곳이다. 다소 시적인 이름을 가진 이곳에서 물에 잠긴 화산재에 찍힌 깃털 모양의 자국들이 초기 대형 생물의 흔적을 드러낸다. 아발로니아 연안의 최초 다세포생물이 크리오스진기의 잠에서 깨어나 전 세계로 퍼져나간 것으로 보인다. 에디아카라 언덕이 형성될 무렵에는 다세포생물의 생태계가 러시아에서 오스트레일리아에 이르는 넓은 범위에서 나타나며, 점차 매우 복잡한 생물이 나타난다.[12]

에디아카라기 하늘은 밝고 달도 빛나지만 물은 어두컴컴하고 폭풍이 몰아치고 있다. 파도 속으로 들어가도 거세고 차가운 물살만 있을 뿐 암갈색 실트 사이로 알아볼 수 있는 것은 거의 없다. 바닥이 가라앉으면서 해안에서 물이 빠져나간다. 물고기는 없다. 능동적으로 헤엄치는 생명체는 아무것도 없다. 이곳에 사는 거의 모든 생물은 해저 바닥에 붙어서 위쪽의 풍랑을 모면한다. 수면에서는 밀물이 큰 파도를 일으키고 물이 괴는 곳마다 어지럽게 수직으로 원을 그리는 소용돌이가 일어난다. 수면 바로 아래는 난류와 혼돈의 세계지만 깊이는 이를 고요로 뒤바꿔 소용돌이는 점차 사라지고 어둡고 푸르고 정지된 세계로 바뀐다.[13]

바닥이 단단하고 주름진 층으로 덮여 있는 곳이 종종 있는데, 질감을 제외하면 해저의 다른 부분과 구별하기 힘들다. 거친 코끼리 가죽 같은 질감의 이 주름은 쏟아부은 정제 설탕 같은 석영 모래의 부드러움과 대조를 이룬다. 거친 주름의 정체는 땅과 물의 경계를 덮고 있는 미생물 매트로, 이미 수십억 년 동안 존재해온 생태 구조다. 박테리아역와 고세균역은 가장 단순한 생물 역域, domain이다. 수천 년 동안 에디아카라에서 먹고 번식하면서 해저를 안정시키고 층을 겹겹이 쌓아 차가운 커스터드 표면처럼 응집성 있는 최상층을 형성했다. 미생물 매트가 남세균으로 이루어지면 스트로마톨라이트라고 하는 독특한 덩어리들이 형성되는데 이것은 끈적거리는 바위처럼 생겼으며 천천히 빛을 향해 자라난다. 그 외의 미생물 매트는 이 삼각주에서와 같이 평평하게 펼쳐져 있어서 마치 해저 바닥에 주름진 종잇장 같은 생명체 하나가 있는 것 같다. 맨 위의 몇 개 층만 살아 있지만 미생물 세포 수백만 개가 여러 세대에 걸쳐 합해지면 센티미터 단위로 재야 할 만큼 두꺼워질 수 있다.[14]

이곳 미생물 매트들에서 깃털 모양을 한 낯선 것들이 최대 30cm까지 물속을 향해 솟아 있다. 그 사이로는 지름이 1cm밖에 안 되는 울퉁불퉁한 럭비공 모양의 생명체들이 부유한다. 위로는 섬뜩한 원뿔 모양의 몇 센티미터짜리 비행접시 하나가 빙글빙글 맴돌다가 다시 바닥에 내려앉는다. 가까이 다가가서 보면 그림자 같은 형체가 선명하게 그 모습을 드러낸다. 8개 방사형 능선이 원뿔의 꼭짓점에서 바닥까지 시계 방향 나선으로 이어져 있다. 이 나선형 미끄럼틀 같은 생명체가 둥둥 떠 있는 모습을 보면 최면에 걸릴 것 같다. 물속을 대단한 속도로 이

동할 수 없고 수영을 잘하지도 못하지만 때로는 미생물 매트 위의 집을 떠나기도 한다. 이것은 폭풍의 기저 아래 잔잔한 바다의 평화와 정적 속에서 발견되며, 헤엄칠 때는 낯선 생물들 위에 가만히 떠 있다. 이와 같이 복잡한 구조를 가진 다세포생물은 이미 존재한다. 그리고 이것은 우리가 확실히 동물이라고 부를 수 있는 최초의 생명체 중 하나다. 그 이름 에오안드로메다*Eoandromeda*는 납작하게 눌려 화석이 된 상태에서 8개 팔이 나선 은하인 안드로메다를 닮았다고 해서 붙여졌다. 에오안드로메다는 어두컴컴한 에디아카라기를 밝히는 등불이며, 이곳에서 드물게 멀리서도 알아볼 수 있는 생물 형태 중 하나다. 에오안드로메다가 정확히 어떤 동물과 유연관계에 있는지 정확히 알려진 바는 없다. 8배수 대칭성과 각 팔의 물결 모양 구조 때문에 빗해파리의 친척으로 추정하고 있다. 빗해파리는 오늘날 넓은 바다에서 자유롭게 헤엄치며 무지갯빛 광자 결정에서 나오는 빛을 발하고 그 빛을 미끼로 먹잇감을 사냥하는 아름다운 동물이다. 그러나 이러한 유사점은 겉모습뿐일 수도 있다.[15]

계통수에서 하나의 멸종 생물 위치가 정해질 때마다 다른 가지들에 관한 우리의 지식도 확장된다. 한 유기체의 유산은 우리에게 진화적 시간 속에서 사건들의 순서, 모호한 해부학적 구조의 본질 등 생명사에 관한 더 많은 것을 알려준다. 다른 질문은 그 종이 무엇을 하는지, 이웃한 종과 어떻게 상호작용하는지 정도로 충분하다. 이는 유산이 아니라 행동으로 판단할 수 있다. 에오안드로메다는 곤드와나 북쪽 오스트레일리아에서 남쪽 중국에 이르기까지 전 세계에 퍼져 있다. 해부학적 구조나 생물학적 기능이 여러모로 모호하지만 에디아카라기 나머지 생물상과 비교하면 에오안드로메다가 빗해파리의 친척이라는 추정은 비교적 정확하다. 어느 정도라고까지는 말하기 힘들지만 말이다. 에오안드로메다가 빗해파리라면 해면류나 작살로 먹이를 잡는 자포동물, 좌우대칭성 벌레 비슷한 생물 등 다른 그룹들도 모두 주변 어딘가에 있어야 한다. 그러나 그들을 식별하는 것은 또 다른 문제다.

에디아카라 생명체들은 처음 표본이 발견되었을 때부터 과학자를 당혹스럽게 했다. 기존 통념에 따르면 선캄브리아시대에는 눈으로 볼 수 있는 화석이 만들어지지 않았기 때문이다. 캄브리아기는 화석 기록이 거슬러 올라갈 수 있는 끝이라고 여겨졌고, 따라서 에디아카라 언덕에서 처음 발견된 화석은 캄브리아기 초반의 것으로 추정했었다. 그런데 1956년 영국 레스터셔주 찬우드숲에서 티나 네거스라는 열다섯 살 난 소녀가 의심할 바 없는 선캄브리아시대 바위에서 깃털 모양의 기이한 화석 흔적을 발견했다. 처음에는 아무도 그 소녀의 말을 믿지 않았다. 또 다른 학생 로저 메이슨이 그 현장을 인근 대학교의 지질학 교수에게 보여주었을 때야 비로소 그 화석이 세상에 드러났고 카르니아*Charnia*라는 이름도 갖게 되었다. 나중에 에디아카라에서 발견된 화석과 동일한 화석이 캐나다 미스테이큰포인트에서도 러시아 시베리아에서도 발견되었다. 카르니아 자체를 비롯해 몇몇은 아직은 정확한 분류를 거부한다. 살아 있는 카르니아는 불룩한 깃 모양이다. 유연한 중심축에 유체로 채워진 깃가지가 여러 개 나 있는 형태이며, 뚱뚱한 흡착 기관을 퇴적물에 묻어서 양치식물의 잎 같은 몸을 고정한다. 잎은 자신을 복제하여 번식한다. 실 같은 필라멘트인 기는줄기가 이 흡착 기관을 연결하여 네트워크를 이루고 이를 통해 영양분을 서로 주고받는다. 현대에는 카르니아와 비슷한 생물을 찾아볼 수 없다. 하지만 카르니아와 에디아카라기의 다른 생물들도 동물계 이야기에 포함된다.[16] 남은 질문은 이야기 속에서 이들이 맡은 배역이 무엇이었느냐다.

한마디로 미생물 매트의 생태계는 불확실성의 세계다. 한 미생물 매트에 연기가 피어오르는 고정된 유기체들의 군집이 있다. 1m²에 수백 개의 개체가 모여 있는데, 각각은 매듭을 지은 밧줄처럼 툭 불거진 부분들이 이어져 수직으로 올라가는 탑 모양이다. 마치 가우디가 설계한 공업 도시 같다. 볼링 핀 같은 배치 사이에는 납작한 원반들이 있다. 원반에는 진흙에 찍힌 거인의 지문처럼 소용돌이 모양의 능선이 있다.

천천히 피어나는 유백색 연기는 혁신적으로 생태에 적응한 산물이다. 각각의 탑은 푸니시아 도로테아*Funisia dorothea*('도로시의 밧줄'이라는 뜻)라고 불리는 종의 개체다. 조류는 이미 5억 년 전부터 유성생식을 해왔지만 푸니시아는 분명 우리가 아는 한 유성생식 동물의 가장 오래된 친척이다. 성性은 동물 대부분에 너무 깊이 자리 잡아서 성이 생태 전략이라는 사실을 잊기 쉽다. 짝짓기가 없다면 자손은 부모의 복제물이 된다. 가능한 한 많은 자손을 낳는 것이 진화적 성공의 유일한 척도라면 무성생식이 이상적일 수 있다. 그러나 모두 동일한 복제물은 위험을 수반한다. 부모와 동일한 환경에서는 잘 적응하겠지만 세상이 더 따뜻해지거나 산성화되거나 먹이가 부족해지는 일이 일어나면 모두 한꺼번에 적응에 실패할 수 있다. 몇몇 예외가 있기는 하지만 일반적으로 무성생식을 하는 동물은 진화의 긴 시간을 버텨내지 못했다. 변화무쌍한 세계에서 유성생식은 유전자 코드에 새로운 재료를 섞어 달걀(직설적으로 말하자면 해당 동물의 진짜 알)을 여러 바구니에 나누어 담음으로써 적어도 일부는 살아남을 확률을 높이는 전략이다. 약간의 유성생식만으로도 복제의 단점을 극복할 수 있으므로 푸니시아는 유성생식과 무성생식을 모두 활용한다.[17]

푸니시아의 가닥과 가닥 사이에 놓인 원반들은 디킨소니아라는 박테리아를 먹는 생물이다. 각각의 능선은 새롭게 성장한 부분이다. 12시 방향에서 한 쌍이 시작하여 천천히 양방향으로 이동해 6시 방향에서 압착된다. 마치 종이를 접어서 만든 화환 같다. 이상하게 들릴지 모르지만 이들은 다른 어떤 생물 형태보다 동물에 가깝다. 푸니시아는 콜레스테롤이라는 증거를 남겼는데, 이는 동물 특유의 분자적 특징이다. 발달 과정은 디킨소니아가 해면보다도 우리 인간과 더 가까운 친척일 수도 있음을 시사한다. 디킨소니아를 충분히 오래 관찰하면 이들이 '움직임'이라는 동물의 조건도 충족함을 알 수 있다. 디킨소니아는 주기적으로 움직이는데, 한 미생물 매트에서 머무르다가 먹이가 떨어지면 새로운 곳으로 이동한다.[18]

주기적으로 움직이는 디킨소니아가 아니더라도 움직이는 동물은 또 있다. 파도가 더 심하게 물살을 일으키는 얕은 물의 모래에는 온통 수로 같은 것들이 뚫려 있다. 마치 손가락 끝으로 바닥을 긁어놓은 것처럼 가장자리가 높은 고랑들이다. 누가 이런 고랑을 팠는지 확인되지 않았다. 하지만 분명 이 흔적의 끝에는 배로 미끄러지듯 움직이는 동물이 있을 것이다. 가장 유력한 후보는 이카리아*Ikaria*다. 이 작은 동물은 앞뒤가 뚜렷한 최초의 좌우대칭동물이다. 에디아카라 동물군집과 정확히 동일한 화석층에서 발견된 적은 없다. 당사자가 확인되지 않은 존재의 흔적은 전 세계 곳곳에서 발견된다.

중국 덩잉에서는 훨씬 더 놀라운 보행 증거가 발견되었다. 미생물 매트 아래에는 은신을 위한 굴 같은 작은 구멍들이 이어져 있다. 이 구멍들 사이를 연결하는 경로에는 쌍을 이룬 발자국이 나 있다. 미지의 동물이 남긴 발자국이다. 몸을 끌고 갔다면 고랑이 생겼을 테지만 발자국은 스스로의 힘으로 몸을 일으킨 흔적이다. 발자국이 불규칙한 것은 아마도 와류에 휩쓸려서 몸이 흔들렸기 때문일 것이다. 놀라운 점은 발자국이 쌍을 이루고 있다는 것이다. 이는 발자국을 남긴 수수께끼 같은 최초의 보행자가 해면이나 해파리와 달리 좌우대칭동물이었다는 뜻이다.[19] 정확히 누가 덩잉에 발자국을 만들었는지는 알려지지 않았다. 어쩌면 영원히 알 수 없을지도 모른다. 셜록 홈스라면 뭐라고 말할지 모르겠지만 쌍을 이룬 발자국에서 세부 사항까지 유추하기에는 한계가 있다.

동물 삶의 흔적은 돌, 뼈, 조개껍데기 등 시간이 지나도 변하지 않는 물질에만 보존된다. 그러므로 살이 있는 동물의 부패는 화석 기록의 불완전성을 고통스럽게 일깨운다. 지구 역사의 에디아카라기에 관한 많은 부분은 불분명하다. 이곳저곳에 흩어진 고랑과 낯선 분포 패턴 등을 가지고 추론한 것에 불과하다. 에디아카라의 실트가 담긴 주형들로 단순한 추측을 넘어설 수는 있지만, 여전히 이 세계에 대한 우리의 인식은 불완전하다. 에디아카라 대륙붕의 부드러운 진흙 속에는 눈에 보이는 것보다 훨씬 더 많은 생명체가 살고 있었을 것이다.

폭풍이 잦아드니 해안으로 이동하기가 더 쉬워졌다. 물이 얕아지면서 휘청이던 푸니시아의 관들은 사라지고 밧줄과 비슷하지만 납작한 코일형 생물들이 그 자리를 대신한다. 이 생물은 길이가 최대 80cm나 되며 수동적으로 해저에 머무른다. 카르니아 친척의 깃털 같은 잎사귀들도 보인다. 디킨소니아는 여전히 미생물 매트를 뜯어먹고 있지만 매트 표면은 해저를 점점 더 넓게 뒤덮는다. 이미 다세포생물의 초기 단계에서도 각 종이 서식할 생태지위가 형성되고 있으며, 종들은 생태계 안의 작은 서식지 조각들인 별개 군집들로 분리되고 있다. 이러한 생태지위 구조는 완전히 새로운 것이다. 이전의 미스테이큰포인트의 생물상에서는 개체의 위치가 생활 습성에 따른 특화가 아니라 부모의 위치에 더 많이 의존하는 것으로 나타났다. 그런데 이제 종들이 자원을 분배하기 시작한다.

수심이 얕은 해저는 파도의 영향을 더 많이 받고 푸니시아는 그 변화에 더 민감하다. 이곳에서는 모래가 물결친다. 그리고 파도가 밀려올 때마다 모래가 작은 모래언덕으로 쌓여 옆으로 넘어진다. 폭풍 기저면 위에 있는 생물들에게 모래언덕은 천연의 방어 능선인 수중 방풍벽이다. 화산처럼 생긴 작은 구조물은 더 큰 도움이 된다. 분화구 모양의 원뿔 가장자리에는 원뿔 높이 2배 길이로 일직선의 가시들이 나 있다. 해면의 친척으로 추정되는 코로나콜리나*Coronacollina*는 세계에서 최초로 몸에 딱딱한 부위를 만든 생물이다. 그 뒤에는 요동치는 바다를 피해

그림16 스프리기나 플로운데르시

웅크리고 있는 스프리기나*Spriggina* 군집이 있다. 머리는 초승달 모양이고 몸은 약 3cm 길이에 분절이 있다. 스프리기나는 납작한 벌레 같은 초기 동물이다.[20]

우려낸 찻물처럼 물이 탁하고 짙게 변하면서 주위가 어두워지고 둔탁한 흔들림이 느껴진다. 폭풍이 일으킨 파도가 망상 하천이 내려놓고 간 성긴 퇴적물을 약화시켰다. 폭풍이 잦아들고 해안을 밀던 힘이 풀리면서 실트가 무너졌다. 이 수중 산사태는 헤엄치던 에오안드로메다를 집어삼키고 미생물 매트를 묻어버린다. 떠 있던 진흙은 아주 서서히 가라앉는다. 파도가 잠잠해져도 여전히 진흙이 이리저리 떠다닌다. 바닥에 고정되어 있던 종들은 살아남지 못하고 결국 부패하여 완벽한 흔적을 남긴다. 이곳에 남는 것은 폼페이 유적과 마찬가지로 굳어진 모래층 아랫면에 완벽한 주조물과 주형뿐이어서 모양만 있고 내용물은 모두 사라진다.[21]

얕은 모래톱 뒤쪽은 물이 더 잔잔하고 파도의 영향도 덜 받는다. 이곳에도 진흙더미가 쌓였지만 더 빨리 가라앉았다. 움직이지 않는 물은 떠 있던 입자들을 천천히 떨어지게 해준다. 계속 병을 흔드는 것과 가만히 놔두는 것의 차이와 같다. 모든 생명체는 묻혀버렸고 해저는 황량하고 균질한 상태로 남았다. 그러나 움직임은 있다. 마치 배수구로 흘러내리는 물처럼 보이지 않는 힘으로 빨려 들어가는 희고 신선한 모래의 원이 규칙적으로 고동치며 내려간다. 비늘 갑옷으로 된 빳빳한 덮개가 나타나고 그 주인은 근육질의 발을 물결치듯 휘저어 이리저리 움직인다. 또 다른 고동치는 모래 원이 나타나고 더 많은 갑옷 입은 생명체들이 뒤따른다. 작은 킴베렐라*Kimberella* 무리다. 각각의 개체는 비늘로 뒤덮인 실리콘 호버크라프트 같은 인상이다. 고무 질감의 유연한 덮개는 견고한 비늘로 덮여 강화된다. 육중한 갑옷 아래로는 근육질의 밑면이 불룩하게 나와 있다. 한쪽 끝에서는 유압식 굴착기처럼 늘어나기도 하고 구부러지기도 하는 팔 끝의 둥근 머리가 모래 속의 먹이를 탐색한다.[22]

매몰되기 전에 킴베렐라는 과자 조각을 긁어모으듯 머리로 퇴적물을 갈퀴질하며 디킨소니아나 잎이 달린 카르니오디스쿠스*Charniodiscus*와 함께 먹이를 뜯어먹고 있었다. 수중 산사태가 일어났을 때 이들은 초기 형태의 외골격 아래 몸을 숨기고 민달팽이 같은 근육조직을 사용하여 붕괴한 선상지에서 수직굴을 파고 들어갔다. 모두 피신에 성공하지는 못했다. 더 어리고 작은 킴베렐라는 흙에 묻혀서 힘을 쓰지 못하거나 표면까지 도달할 만큼 오래 살아남지 못했을 것이다. 다른 개체들이 새로운 표면에 도달한 곳에서 끝나버린 수직굴은 생존을 위한 마지막 몸부림의 기념비가 된다.[23]

이와 같은 사고가 아닌 한 평소에 해저에 굴을 파는 동물은 없다. 에디아카라 세계는 2차원 서식지들로 이루어져 있다. 미생물은 퇴적물을 약간 파고들 수 있지만 산소를 좋아하는 다세포생물은 해저 표면에서만 산다. 견고하게 켜켜이 쌓인 층이 생물에 의해 섞이고 휘저어지면서 해수의 화학물질이 암석에 유입된다. 이른바 '생물 교란'은 근본적으로 현생누대의 발명품이며, 이것이 동물의 종 분화에 기여했을지도 모른다. 에디아카라기의 잎과 흡착 기관은 자멸의 씨앗을 뿌렸을지도 모른다. 각각 바닥 표면의 위와 아래에 돌출되어 있어서 식량 자원의 분포를 변화시키고 생태적으로 그들을 이어받을 좌우대칭동물의 후기 진화를 가능하게 하기 때문이다. 이 에디아카라기의 생물들은 청장 등에서 캄브리아기까지 남아 있지만 이후 벌레들이 경쟁하는 세계에서 개체 수를 많이 유지할 수 없게 된다.[24]

에오안드로메다가 빗해파리로 밝혀지고 자유롭게 헤엄쳐 다니는 자포동물 아텐보리테스*Attenborites*가 해파리의 친척이라면, 스프리기나가 벌레와 비슷하고 코로나콜리나는 해면과 비슷하다면 에디아카라에는 많은 동물군의 초기 구성원이 있었다고 할 수 있다. 다른 곳에서도 동물과 닮은 다른 생물들이 혼탁한 바다의 어둠을 뚫고 출현하고 있다. 찬우드숲의 '새벽의 빛' 아우랄루미나*Auroralumina*는 키가 30cm 가까이 되는 동물로, 각 개체는 촉수가 나오는 단단한 컵 2개로 이루어져 있다. 아우랄루미나는 에디아카라 언덕에서 발견되는 자포동물보다 더 오래된 것으로 보인다. 빗해파리처럼 자포동물도 모두 육식동물이다. 에디아카라 언덕에서 카르니아가 발견되었을 때 상상했던 것보다 훨씬 더 복잡한 생태계가 있었음을 암시한다.[25]

동물들이 전 세계에 자신의 왕국을 세우자 동시에 다른 왕국들도 곳곳에서 등장한다. 중국 더우산퉈와 브라질 타멩고에서는 가지를 뻗은 아주 작은 해초들이 해류에 흔들린다. 해저에 생긴 최초의 해조류 정원이다. 아무것도 없던 곳에서 완전히 새로운 생명의 왕국이 생겨난다는 것은 상상하기 힘들지만, 대개는 시간문제일 뿐이다. 우리가 진정후생동물Eumetazoa을 '계kingdom'로 규정하는 이유는 이 동물들이 지구 역사 깊숙한 곳에서 갈라져 나오기 시작했기 때문이다. 어떤 계는 다른 계보다 더 독립적이고 동물과 균류는 식물보다 서로 가깝다. 에디아카라 생물 중 더는 존재하지 않는 계에 속한 생물이 있다고 해도 이는 현대인의 관점에서만 비정상적으로 보일뿐이다. 에디아카라기 동안 이러한 별종들이 다른 다세포생물군으로부터 분기해 나온 시간은 예컨대 거미원숭이가 호랑꼬리리머(알락꼬리여우원숭이)로부터 갈라져 나온 시간적 거리와 동일하게 수천만 년에 불과할 수 있다.[26]

시간을 거슬러 아주 멀리 여행한 후 돌아서서 현재로 가는 길을 돌아보면서 우리는 비로소 깊은 과거에 존재한 것들을 분류하기 시작한다. 5억 년이 넘는 시간이 주어졌으므로 이론상으로라면 에디아카라기의 그 모든 생물이 하나의 왕국이라고 할 만한 다양성을 구축할 수 있었을 것이다. 에디아카라기 동안 동물에게 일어난 초기 분화는 미래 생태계 주민의 신체 구조와 구성 요소를 규정할 것이다. 디킨소니아, 카르니아, 스프리기나 각각의 세계로부터 우리가 갈 수 있는 경로는 많았다. 우리는 에디아카라기 생물상 대부분이 이러한 갈림길 주변에 서 있다고 본다. 어떤 분기점은 다른 분기점보다 그 경로를 따라 더 멀리 나아가지만 엇비슷하고 확실히 결론을 내릴 수 없을 때가 많다. 대부분의 경로는 아무 곳으로도 이어지지 않으며, 어떤 길은 수백만 년을 거쳐 환상적 세계로 이어지지만 그렇다 한들 결국 다른 길과 마찬가지로 덤불 속으로 사라진다. 에디아카라 생물상은 그 모호한 세계로부터 아직 완전히 구체화되지 않았다. 에디아카라 생물상을 우리가 할 수 있는 방식으로만, 거의 태양계 나이의 8분의 1에 해당하는 2은하년에 걸쳐 현재로 오는 경로를 찾은 소수의 생존자에 근거하여 부분적으로만 규정하려고 하기 때문이다.

앞에서 팔레오세 때 태반 포유류의 종 분화 초기 구성원을 관찰하면서 보았던 것과 비슷하다. 에디아카라 언덕 암석의 주형은 동물과 조류뿐만 아니라, 살아남지 못했다는 이유만으로 일반명common name을 얻지 못했지만 다세포생물 확산에 참여한 생물들에 의해 만들어졌다. 다세포의 기원이 나타난 지 얼마 지나지 않은 에디아카라기는 발달 과정이 유동적인 상태다. 자연선택이 종 분화를 통한 전문화를 유도하면서 발달 과정이 고정되는, 말하자면 항아리가 채워지는 중이다. 생물 유기체가 새로운 과정, 새로운 기능, 새로운 생활 방식을 발달시키면 새로운 제약도 추가된다. 생명체들은 모든 분기점을 지날 때마다 이미 존재하는 생명의 꼭대기에 바로 수정할 수 있는 것을 계속해서 추가해 나간다. 좌우대칭동물은 모두 양쪽이 대칭을 이룬다. 이들은 모두 왼쪽과 오른쪽이 있다. 초기 배아 분화 이면의 근본 메커니즘을 건드리는 것은 이 대칭성에 분명 치명적일 것이다. 이 규칙이 절대불변이라는 뜻은 아니다. 다만 자연선택은 허점을 찾는 데 탁월하지만 일단 기본 규칙이 확립된 후에 체계에 너무 큰 변화를 주면 몸의 다른 모든 부분에 문제를 일으킨다.

한 가지는 확실하다. 우리가 관찰하는 동물이든 아니든 에디아카라기의 바다에는 현재로의 긴 여정, 즉 우리로의 긴 여정을 시작한 존재들이 있다는 사실이다. 에디아카라기 생물상은 동물이라는 존재의 의미를 탐색하고 규정하는 중이다.

에디아카라기 생물의 후손은 대부분 조상의 고향을 떠났다. 미생물 매트 생태계는 거의 다 사라졌고 캄브리아기 동물이 굴을 파기 시작하면서 산소가 필요하지 않은 생물에게 유독한 산소가 공급되었다. 그러나 심해나 암석이 너무 단단해서 구멍을 내기 힘든 곳, 산소 농도가 낮은 곳에서는 예전 방식이 남아 있다. 이런 곳에서는 미생물 매트가 고집스럽게 버티고 있다. 러시아의 백해 주변에서는 5억 년 전 먼 조상이 살았던 곳에서 여전히 미생물들이 살아가고 있다. 현대 오스트레일리아 해안에서는 스트로마톨라이트가 매트를 깔기 시작한 지 35억 년이 지난 지금도 여전히 그 녹색 디딤돌을 쌓아 올리고 있다.[27]

오스트레일리아 오지에서는 에디아카라의 물속에서 주조된 짐승이 조상 묘비의 비문처럼 물에서 솟아오른 바위에 모습을 드러낸다. 지구는 그 동물이 밤하늘 아래 잠들었던 때로부터 지금까지 쉽게 이해할 수 없을 만큼 많은 변화를 겪었다. 주형 위에는 1,000만 년 동안 실트와 모래가 육지로부터 계속해서 쏟아져 내렸다. 캄브리아기에는 그 바위들이 접히고 밀려 플린더스산맥이 되었고, 5억 4,000만 년 동안 끊임없이 침식된 봉우리들은 북쪽에서 남쪽으로 항해하면서 다른 대륙들과 만나 서식자들을 교환했다. 이 서식자들은 변화를 거듭해온 다세포 선구자들의 운 좋은 후계자와 후손이다. 유칼립투스 그늘에서 나타난 그 흔적들은 서쪽으로 기우는 낯설고 어린 별들 아래 얇고 평범한 언덕 경사면에 놓여 있다.

"보이지 않는 땅 때문에 마음이 아플지도 모릅니다.
그 삶이 있었던,
그러나 돌아오지 않는 숲 때문에."

- 영국 작가 바이올렛 제이컵, 〈그림자들 The Shadows〉

"희망을 가질 수 있는 유일한 방법이 있다. 우리가 소매를 걷어붙이는 것이다."

- 과학 저널리스트 디에고 아르게다스 오르티스

에필로그

희망이라는 마을

1978년 지구 역사상 처음으로 실비아 모렐라 데 팔마라는 한 여성이 남극대륙에서 출산했다. 그 이래로 적어도 아이 10명이 남극대륙에서 태어났으며, 대부분 첫 번째와 동일하게 에스페란사라고 불리는 작은 마을에서 태어났다. 에스페란사Esperanza는 스페인어로 희망이라는 뜻이다. 이 마을은 세계 최남단에 있는 단 2곳밖에 없는 영구 민간인 정착지 중 하나다. 에밀리오 마르코스 팔마가 태어난 순간, 지구의 모든 주요 대륙을 서서히 인간의 서식지로 만드는 과업이 완료되었다. 에스페란사는 눈 덮인 검은 산이 그늘을 드리우는 가운데 나지막한 붉은 집들이 모여 있는 아르헨티나 공동체다. 인구는 약 100명쯤 되는데, 그 대부분이 지질학자, 생태학자, 기후학자, 해양학자와 그 가족들이다. 에스페란사는 지구 생명체의 미래를 예측하기 위해 데이터를 수집하는 연구기지이자 최전선이다.[1]

지구는 이제 의심의 여지 없이 인간의 행성이다. 늘 그랬던 것은 아니며 앞으로도 늘 그렇지는 않겠지만 지금으로서는 우리 종이 그 어떤 다른 생물학적 힘과도 견줄 수 없는 영향력을 갖고 있다. 오늘날과 같은 세계는 이전 세계의 직접적인 인과적 결과다. 하지만 논리적 결론이나 의도한 대단원은 아니다. 과거의 삶은 대개 느리게 변화하는 존재가 안정적인 상태를 유지하는 가운데 이루어졌지만 모든 것이 뒤집힐 때가 있다. 우주에서 비롯한 피할 수 없는 충돌과 대륙 규모의 화산 폭발, 전 지구적인 빙하기 도래 등은 생명체 스스로가 몸의 구조를 개조하도록 강요하는 전방위적 전환이었다. 이들 사건 중 어느 하나라도 다른 방식으로 일어났거나 아예 일어나지 않았다면 '아직 쓰이지 않은 미래'는 매우 다른 모습으로 나타났을 수 있다. 고생물학자나 생태학자, 기후학자가 우리 행성의 가까운 혹은 먼 미래에 대한 불확실성을 제거하기 위해 할 수 있는 일은 과거를 돌아보고 과거에 비추어 미래의 가능성을 예측하는 것이다.

해수 내 산소 증가와 석탄 습지 침전처럼 단일 종이나 종의 그룹이 생물권을 근본적으로 변화시켰던 과거와 달리 우리 종은 그 결과를 통제할 수 있는 특별한 위치에 있다. 우리는 변화가 일어나고 있다는 것을 알고 우리에게 책임이 있다는 것도 알고 지금처럼 계속되면 무슨 일이 일어날지도 안다. 우리는 우리가 이를 막을 수 있으며 어떻게 해야 막을 수 있는지도 안다. 문제는 의지에 있다.

고생물학의 관점에서 지구의 과거를 보는 것은 아주 장기적 관점에서 가능한 결과의 범위를 보는 것이다. 한편으로 생명체들은 눈덩이 지구, 오염된 하늘, 운석 충돌, 대륙 규모의 화산 폭발을 겪으면서도 살아남았고 최근의 세계는 그 어느 때보다 다양하고 화려하다. 멸종 뒤에 생명은 복구되고 종 다양화가 뒤따른다. 이렇게 생각하면 위안이 되지만 그것이 전부는 아니다. 복구는 급격한 변화를 가져오고 종종 놀라울 정도로 다른 세상을 창조하지만 최소한 수만 년이 걸린다. 복구는 잃어버린 것을 대체할 수 없다.

에스페란사 공동체는 '영속성, 희생의 행위'를 모토로 삼는다. 우리가 지금까지 보았듯이 지구의 역사에서 진정한 영속성은 존재하지 않는다. 에스페란사에서 주택은 바위 위에 지어진다. 그 바위를 보면 삶이 얼마나 덧없는지를 깨닫게 된다. 바위에는 트라이아스기 초의 얕은 바다, 페름기 말의 대멸종을 건너온 해양 환경이 기록되어 있다. 바위는 생흔 화석, 이암 속에 오랫동안 버려져 있던 U 자형 굴, 모래가 다시 채워진 벌레류와 갑각류의 집 등으로 가득하다.[2]

해저 실트 선상지 붕괴로 형성된 암석인 호프만 지층의 해저는 당시 산소가 매우 부족한 상태였다. 그러한 환경과 패턴이 전 세계에서 발견되는 까닭이 수십 년 동안 밝혀지지 않다가 최근에서야 입증되었다. 2018년 밝혀진 바에 따르면 페름기-트라이아스기 해양은 전례 없는 규모로 일어난 지구온난화라는 재앙으로 산소 부족 현상을 겪었다. 시베리아의 화산 활동은 지구 전체의 온도를 급격히 상승시킬 만큼의 온실가스를 내뿜었고, 이 때문에 해양에서 대량의 산소가 방출되어 전 세계 물고기와 살아 움직이는 해양 생물들을 죽게 했다. 산소가 없는 환경에서 박테리아가 번성하면서 호흡의 부산물이 황화수소 구름을 만들어 대기에 퍼뜨리고 육지와 바다의 생태계를 파괴했다. 생물군집은 붕괴해 거의 살아남지 못했다. 페름기 말은 생명체, 적어도 다세포생물이 거의 절멸한 시기다. 페름기 말의 대멸종은 환경이 직면할 수 있는 최악의 교란을 모두 보여주는 탁월한 사례다. 이 같은 최악의 상황에서 생존은 교란의 시기에 유용한 특성과 약간의 운에 의존하게 된다.[3]

페름기 말과 지금의 세계를 비교하면 우려스러운 유사점을 몇 가지 찾을 수 있다. 해양의 산소 손실은 과거에만 있었던 일이 아니다. 바로 지금도 일어나고 있다. 1998년에서 2013년 사이에 북아메리카 서부 해안에서 남쪽으로 흐르는 캘리포니아해류의 산소 농도가 40% 감소했다. 전 세계적으로 1950년대 이후 저층수의 산소가 부족한 해역의 면적이 8배 증가하여 2018년 기준으로 러시아 면적의 2배에 상응하는 3,200만km^2에 이르렀다. 또한 지난 반세기 동안 매년 1Gt 이상의 산소가 바다에서 손실되었다. 그 원인은 농업으로 발생한 질소 유출로 조류가 급격히 번식하는 일이 더 자주 일어난 탓도 일부 있지만 페름기 말과 마찬가지로 바다가 더 더워진 탓이다.[4]

더워진 바다는 호기성 생물에게 3가지 문제를 야기한다. 첫 번째는 순전히 화학적 문제다. 산소는 수온이 높아지면 쉽게 녹지 않으므로 애초부터 용존산소가 줄어든다. 두 번째는 물리학적 문제로, 따뜻한 물은 차가운 물보다 밀도가 낮아서 위로 상승하는데 여기에 태양의 열기까지 더해지면 표층수가 더 빨리 데워져서 따뜻한 층과 깊은 곳의 차가운 층이 분리된다. 이 두 층은 거의 섞이지 않으므로 용존산소가 심해로 이동하지 않는다. 끝으로 생물학적 문제가 있다. 온난화는 냉혈동물의 대사 작용을 빠르게 하고 그러면 더 많은 산소가 필요해진다. 따라서 녹아 있던 산소가 보다 더 빠르게 소진된다. 움직이는 동물에게 이 3가지 위협은 재앙을 의미한다.[5]

모두에게 나쁜 일은 아니다. 게나 벌레류 같은 저서동물은 일반적으로 낮은 산소 농도에서도 생존할 수 있다. 그러나 다른 가스가 또 다른 문제를 야기한다. 페름기 말에는 이산화탄소가 빠르게 증가했으며 더 강력한 온실가스인 메탄까지 가세했다. 지금은 그 속도를 거뜬히 초과했다. 이산화탄소는 해양 산성화의 주범이기도 하다.[6]

현재 매일 2,000만t이 넘는 이산화탄소가 해수에 녹아들어가고 있다. 이산화탄소가 해수에 용해되면 탄산이 생성되는데, 그러면 산호가 탄산염 골격을 만드는 능력이 떨어진다. 새로운 산호가 만들어지는 속도는 30%가 감소했다. 산호초 소멸 속도는 성장 속도를 능가했다. 이대로 가면 21세기가 끝나기 전에 산호초는 모두 사라질 것이다. 살아남은 산호초도 카리스마 넘쳤던 총천연색의 정교한 나무 모양이 아니라 표면적이 적은 둥글고 땅딸막한 모양이 될 가능성이 크다. 극단적인 사례이기는 하지만 숨에서 보았듯이 산성 환경은 산호와 연체동물처럼 껍질이 있는 동물들에게 중대한 위협이다.

온난화 자체에 의한 피해도 있다. 산호와 협력 관계에 있는 조류는 물이 따뜻해지면 효율성이 떨어지므로 상호 협력적 생활 방식을 포기하고 숙주가 하얗게 변하는 운명에 처하게 내버려둔다. 복잡한 지구 시스템에서 극적 전환점은 찾아보기 힘들지만, 바로 그 대표 사례가 산호초다. 전 세계가 따뜻해지고 더 많은 이산화탄소가 바다에 유입되면 천해의 산호초 대부분은 곧바로 사라질 것이다. 그러나 앞에서 보았듯이 생물초 건축가에는 산호만 있는 게 아니다. 놀랍게도 쥐라기가 한창일 때로 돌아가기라도 하듯 유리해면이 다시 생물초를 건설하고 있다.[7]

지난 2억 년 중 대부분의 시간을 유리해면은 심해에서 고독하고 아름다운 존재로 살아왔다. 유리해면 중 한 종인 에우플렉텔라 아스페르길룸*Euplectella aspergillum*('비너스의 꽃바구니'라는 뜻)은 새우 한 쌍을 잡아서 청소부로 삼는데, 해면의 몸이 성체가 절대 빠져나가지 못할 투명 우리가 된다. 그래서 새우는 해면이 안쪽으로 보내주는 먹이를 먹고 산다. 한 쌍의 새우가 낳은 새끼만은 부모를 가둔 창살 사이를 통과할 만큼 작아서 그곳을 빠져나간다. 에우플렉텔라는 혼자 살아간다. 하지만 캘리포니아해류의 최상단인 캐나다 브리티시컬럼비아 해역에서는 산소가 고갈되면서 이 유리해면이 응집하고 생물초가 다시 자라고 있다. 일부는 벌써 키가 수십 미터에 달하고 수 킬로미터에 퍼져 있다. 유리해면은 물을 천천히 여과하므로 살아가는 데 많은 산소가 필요하지 않고 대부분 규소질로 이루어져 산성 해수의 영향도 덜 받는다. 저인망 어업과 석유 탐사의 위협에 맞설 수만 있다면 유리해면 생물초의 시대와 함께 엄청난 생물 다양성의 시대가 다시 도래할 수 있다. 온난화 시대의 나사로 생태계는 손실만 있던 바다의 작은 이득이 될 것이다.[8]

물 밖에서 온난화의 귀결은 지구 기후의 평준화다. 지구 역사에서 자이언트포레스트펭귄이 살았던 에오세 같은 온실 시대에는 적도에서 극지방까지 위도에 따른 온도 기울기가 지금보다 훨씬 작았다. 시모어섬의 지층 기록에 따르면 당시 극지방에는 숲이 우거졌지만 적도는 지금과 큰 차이가 없었다. 오늘날 우리는 지구가 점점 더 평준화되고 있음을 알 수 있다. 극지방은 나머지 지역보다 3배 빠르게 온난화되고 있다. 또한 이러한 평준화는 이미 지구의 대기 순환을 변화시키기 시작했다.[9]

대기 순환은 고위도와 저위도의 기온 차이에 의해 안정성을 유지한다. 북반구에서는 극지방의 공기는 남쪽으로, 온대 지방의 공기는 북쪽으로 움직이므로 지구 자전 때문에 동쪽으로 이끌려가는 하나의 흐름, 즉 제트기류로 수렴한다. 밀도가 높은 공기 주머니가 밀도가 낮은 공기 주머니와 합쳐지기는 힘들다. 따라서 분리되어 있던 밀도 높은 극지방 공기와 따뜻한 온대 지방 공기가 접촉하는 곳에서 하나의 강한 기류가 형성된다. 지구가 더워지면 고위도의 극지방 공기와 온대 지방 공기의 온도 차이가 줄어들고 공기 주머니가 서로 소용돌이치면서 작은 와류와 환류를 만든다. 흐름이 더 난기류화되어 극소용돌이의 응집성이 약해진다. 극순환과 페렐 순환의 경계가 모호해지고 불안정해지고 있는데, 이는 제트기류의 경로를 남북으로 크게 흔들고 있으며 이 현상은 겨울에 더 심하다. 온도의 상대적 극단은 대륙에서, 예를 들어 북아메리카대륙이라면 겨울에 제트기류가 남쪽으로 크게 흔들리고 대륙 대부분에 극지방의 차가운 공기가 유입되는 결과를 불러온다. 그래서 북아메리카는 전 세계적 기온 상승과 기온 평준화로 인해 최근 몇 년 동안 정기적으로 국지성 한파에 시달리고 있다. 2020년 2월 9일 시모어섬의 한 관측소에서 측정한 기온은 20.75°C로 역대 최고를 기록했고 평균 기온은 수십 년 동안 해마다 꾸준히 상승하고 있다.[10]

놀랄 일이 아니다. 우리는 현재의 대기를 과거와 비교함으로써 지구 기후가 어떻게 될지 예측할 수 있다. 오늘날의 대기 구성은 온실과 냉실 사이 과도기였던 올리고세 때와 유사하다. 기후변화에관한정부간협의체IPCC는 현재 각국이 시행 중인 계획을 그대로 유지한다고 가정할 때 대기 중 이산화탄소 농도가 이미 태어난 아이들의 생애 안에 에오세 이후 볼 수 없었던 수준에 도달하리라는 예상을 내놓았다. 대기 구성이 그렇게 된다는 것은 결국 기온도 에오세의 수준에 도달하게 된다는 뜻이다. 불확실한 것은 최종 기온이 아니라 그렇게 되기까지 걸리는 시간이다. 지구 환경의 피드백 시스템으로 대기가 안정 상태에 도달하는 시간과 최종 기온이 안정 상태에 도달하는 시간 사이에 차이가 있기 때문이다. 이러한 농도와 온도에 도달하지 않기 위한 유일한 방법은 현재의 계획보다 더 빠르게 탄소 배출량을 줄이는 것뿐이다.[11]

탄소는 화석연료의 연소로 가장 많이 배출된다. 화석연료란 석탄, 석유 등과 같이 해양 플랑크톤의 유해가 기름, 석송 습지로 변해 매장된 자원을 말한다. 지금까지 화석연료 매장지에서 3조t의 탄소가 발견되었으며, 그중 약 5,000억t만 연소했지만 우리는 이미 그 영향을 체감하고 있다. 화석 기록은 화석이 묻힌 환경을 보여준다. 석탄기의 드넓은 열대 습지는 오늘날 다시 돌아올 수 없다. 간단히 말해서 세계는 기후변화를 완충하는 데 필요한 만큼의 탄소를 자연적으로 저장할 수 있는 상태가 아니다. 식물은 현대에도 여전히 가장 큰 탄소 흡수원이며, 이산화탄소 수치가 증가하면 광합성을 약간 더 활성화할 수는 있다. 하지만 우리에게는 우리가 태워버리는 화석연료를 상쇄할 만큼의 석탄을 매장할 숲이 우거진 생태계와 드넓은 습지가 없다.[12]

온난화와 함께 매머드 스텝이 습지가 된 이후 이탄으로 저장되었던 탄소가 분해되어 다시 방출되는 현상도 증가한다. 캐나다와 러시아에 걸쳐 영구 동토층 안에 광대한 이탄 지대가 있다. 북반구의 얼어붙은 이탄지에는 전 세계 토양에 함유된 유기물질의 약 절반을 차지하는 1조 1,000억t의 탄소가 저장되어 있는데, 이는 1850년 이후 인류가 화석연료를 태워 배출한 탄소 총량의 2배가 넘는다. 그러나 탄소는 불안정한 상태로 저장된다. 현재 알래스카 노스슬로프 북쪽 보퍼트해에서는 가장자리를 따라 영구 동토층이 녹아내리고 땅이 침식되고 있다. 여전히 토양 안의 얼음에 의해 뭉쳐진 토탄 덩어리는 파헤쳐진 채 해안을 따라 발견되며, 걱정스럽게도 액체 상태가 된 북극해로 무너져 내리고 있다.[13]

영구 동토층이 해빙되면 이탄 토양이 풀려 나오고 얼음이 녹으면서 수축하여 가라앉는다. 부드러워지고 꺼지는 토양은 나무를 쓰러뜨리고 줄기를 사방으로 기울인다. '취한 숲'이라고 알려진 이 삼림 지대는 전기톱 없이도 시야 안에 있는 숲 전체를 한번에 벌목할 수 있다. 일단 얼음이 녹으면 토양의 유기물질이 분해되어 온실가스를 방출하기 시작한다. 이 과정은 오랜 시간이 걸릴 수 있다. 영구 동토층에 저장된 모든 탄소가 이산화탄소와 메탄으로 방출된다면 온난화 효과는 전례 없는 규모가 될 것이다. 그러나 가스 배출이 모두 한꺼번에 일어나는 일은 없을 것이다. 매우 국지적인 요인으로 인해 영구 동토층의 일부 따뜻하고 습한 구렁이 더 빨리 가열되거나 남쪽을 향한 경사면이 더 빨리 녹을 것이다. 영구 동토층은 다시 얼 수 있고 분해되는 데는 수십 년이 걸린다. 페름기 때와 마찬가지로 북쪽의 시베리아는 불길한 존재지만 이번에는 어느 시점에 갑자기 터질 시한폭탄이 아니라 지속적인 압력의 원천이다. 느린 배출 속도를 더 늦추고 심지어 중단시킬 수도 있다. 현재 정책과 행동은 영구 동토층이 녹도록 방치하고 있지만 우리는 이러한 정책을 변경될 수 있고 우리는 문제를 해결할 수 있다. 우리는 화석 기록과 현대의 기후 모델링을 통해 실질적으로 행동하지 않으면 어떤 일이 벌어질지 이미 알고 있다.[14]

영구 동토층만 마지막 최대 빙하기의 잔재가 아니다. 극지방의 빙상과 극지방에서 흘러나오는 빙하뿐만 아니라 고지대의 빙하에도 얼음이 갇혀 있다. 극지방의 빙상은 마지막 빙하기 이후 상당히 줄어들었지만 히말라야 빙하는 수만 년 동안 모든 빙하기와 간빙기를 견뎌내고 여전히 존재한다. 그러나 온난화가 이 고산지대까지 도달하면서 이 빙하도 녹아서 남아시아와 중앙아시아의 모든 생명체가 의존하는 기본 화학물질인 물의 분포에 변화를 일으키고 있다.

인도의 주요 강 중 다수, 특히 인더스강, 갠지스강, 브라마푸트라강은 산악 빙하와 눈이 매년 녹아 흘러내려오는 물로 인해 계절에 따라 수량이 변한다. 브라마푸트라강은 전체 수량의 3분의 1 이상이 녹아서 내려오는 물이다. 단기적으로 눈이 녹는 양이 증가하면 돌발 홍수가 증가하고 유역에 상당한 침식이 발생한다. 이러한 유수 증가는 전적으로 산의 만년설 경계가 상승해서 벌어지는 일이기 때문에 무기한 지속되지는 않는다. 오늘날 브라마푸트라강은 이미 크게 요동하고 있다. 중기적으로는 21세기 후반에 빙하가 완전히 녹으면 건기가 예측 가능한 가뭄으로 바뀔 것이다. 우리는 마이오세에서 바다 전체가 1,000년 만에 어떻게 증발할 수 있는지 보았다. 히말라야의 빙하에는 지중해보다 훨씬 적은 양의 물이 포함되어 있다. 힌두쿠시 빙하 부피의 90%가 사라질 것으로 추정하므로 강둑을 따라 거주하고 있는 인구 7억 명에게는 피할 수 없는 재앙이 될 것이다. 어느 시점부터는 전 세계 인구의

10%가 더는 물을 공급받지 못하게 될 것이다. 주요 한 두 강이 바다로 흘러드는 광활한 갠지스-브라흐마푸트라 삼각주에 사는 방글라데시 사람들이 이 문제에 직면하게 될 것인데, 이는 그들이 맞닥뜨리고 있는 삼중의 위협 중 하나다. 적도의 온난화로 인해 해수면의 증발량이 증가하고 있으며, 이미 몬순 활동이 더 일찍, 더 강하게 일어나고 있다. 더워지는 물은 물리적으로 팽창한다. 이 현상은 남극과 그린란드산맥의 빙하와 빙상이 녹으면서 더 악화하고 있다. 방글라데시는 현재 해수면보다 10m도 채 높지 않은 지역이 대부분이어서 침수될 가능성이 크다. 25억 인구가 사는 나라의 땅과 강, 하늘 모두가 심각한 위협을 받고 있다. 전 세계적으로 인구 10억 명이 만조 수위선에서 10m가 안 되는 지역에 살고 있다.[15]

세계 인구는 상상조차 하기 힘든 속도로 팽창해왔다. 현재 지구상에는 70억 명이 넘는 인구가 살고 있다. 우리는 극소수를 제외하면 모든 생태계에서 지배적인 존재다. 그 원인 중 하나는 낮아진 유아 사망률이다. 이는 당연히 좋은 일이지만 사람들이 흔히 제기하는 우려 중 하나가 인구과잉이다. 모두가 평등하다면 당연히 인구가 많을수록 더 많은 자원을 소비하겠지만 실상은 그렇지 않다. 이 책을 구매한 사람이라면 상대적으로 소비가 많은 삶을 살고 있을 확률이 높다. 2018년 전 세계 1인당 평균 탄소 배출량은 4.8t이었지만 부유한 국가가 배출량을 좌지우지하고 있다. 미국인의 평균 탄소 배출량은 15.7t, 오스트레일리아인은 16.5t, 카타르인은 37.1t이다. 이와 달리 아프리카에서는 남아프리카공화국과 리비아만 1인당 배출량이 세계 평균보다 높았고 대부

분 국가는 1인당 0.5t 미만이었다.[16]

인구과잉은 자연스럽게 해결될 문제다. 전 세계적으로 출산율이 수십 년 동안 감소해왔다. 도시화와 여성 교육률 증가에 따라 세계 인구는 금세기 안에 정점을 찍고 내려오기 시작할 것이다. 더 중요하고 시급한 문제는 그 인구의 소비다. 2018년 IPCC 보고서는 지구온난화를 1.5°C로 제한하려면 이산화탄소 순 배출량을 45% 줄여야 한다고 밝혔다. 미국인의 탄소 배출량을 예컨대 EU 평균 수준(그러면 생활수준이 낮아지지는 않을 것이다)으로 줄일 수 있다면 그것만으로도 전 세계 탄소 배출량이 7.6% 감소할 수 있다. 이와 달리 모든 국제선 항공편을 완전히 중단하는 것으로는 1.5%밖에 줄이지 못한다. 그러나 배출량만 문제가 아니다. 부유한 국가는 다른 자원의 소비량에 대해서도 책임이 있다.[17]

이산화탄소와 함께 플라스틱 사용 문제도 우리가 환경에 미치는 영향을 말할 때 가장 먼저 언급되는 주제가 되었다. 우리는 바다에 떠 있는 거대한 플라스틱 쓰레기 소용돌이 사진과, 해양 동물의 뱃속에서 플라스틱 조각이 점점 더 많이 발견된다는 뉴스를 보고 듣는다. 그 영향은 생물학적인 차원을 넘어선다. 플라스틱 쓰레기는 뱃사람들의 문화유산을 파괴하고 있다. 게다가 플라스틱이 어류 개체 수에 장기적으로 영향을 미쳐 어업이 붕괴하고 있을 뿐만 아니라 떠밀려온 플라스틱 알갱이가 해안을 훼손하면서 지역 주민의 정신 건강에 심각한 영향을 미치고 있다. 이 모두가 당장 눈에 보이지 않는 비용에 추가된다. 막대한 생물학적, 사회적 손실은 차치하더라도 전 세계에서 플라스틱 오염으로 발생하는 경제적 비용이 연간 2조 5,000억 달러에 달한다고 알려

졌다.[18]

플라스틱이 얼마나 광범위하게 영향을 미치는지는 미생물 진화에서 가장 극명하게 드러난다. 화석 기록이 우리에게 되풀이하여 알려주듯이 새로운 생태지위 공간이 열리고 자원이 새롭게 생기면 무엇인가가 진화해서 그 자원을 이용한다. 자연의 힘은 뛰어난 독창성에 있다. 20세기 말에 급증한 플라스틱 생산은 거의 개발되지 않은 새로운 자원이 되었다. 2011년 에콰도르 열대우림에 서식하는 페스탈로티옵시스 마이크로포라*Pestalotiopsis microspora*라는 균류가 폴리우레탄을 소화하는 능력이 있다는 사실이 밝혀졌다. 2016년에는 일본 사카이에 있는 플라스틱 재활용 공장에서 멀지 않은 곳의 진흙에서 이데오넬라 사카이엔시스*Ideonella sakaiensis*라는 박테리아가 발견되었는데, 이 박테리아는 폴리에틸렌테레프탈레이트를 소화하는 능력을 진화시켜 환경에 해를 끼치지 않는 2가지 물질로 분해했다. 당시 이 박테리아는 플라스틱만 먹는 최초 생명체(이후에 여러 종이 발견되었다)로 알려져 재활용 업계의 주목을 받았다. 이데오넬라는 고온의 퇴비 더미가 식물성 물질을 분해하는 데 걸리는 시간과 거의 같은 시간 안에 플라스틱 병 하나를 완전히 그리고 안전하게 분해할 수 있다. 10억 년 전 산소 급증 이후 이처럼 근본적인 생화학적 변화가 있었던 적이 없었지만, 가장 작고 가장 빠르게 번식하는 생물이 이러한 변화를 따라잡고 있다.[19]

매머드 스텝의 생물들이 그랬던 것처럼 끊임없는 변화를 따라잡는 또 다른 방법은 단순히 이동하는 것이다. 에스페란사 남쪽 브라운 블러프의 펭귄들이 기후변화에 따른 이주 유형을 보여준 사례다. 이들은 주로 아델리펭귄으로, 반도 자체에도 서식하지만 로스해 전역의 섬에서도 발견된다. 거대한 군집을 이루어 사는 이 펭귄들의 구아노는 땅속으로 스며들어 해마다 퇴적되므로 우리는 이 배설물층을 통해 펭귄이 한 곳에서 얼마나 오래 살았는지 알 수 있다. 남극은 마지막 빙하기 이후 더 따뜻해지고 더 살기 좋은 환경이 되었다. 수 세기에 걸쳐 아델리펭귄의 배설물을 파헤친 결과 이들은 거의 3,000년 동안 이 섬에 지속해서 살았음을 알 수 있었다. 빙상이 더 오래 덮고 있었던 브라운블러프의 펭귄 서식지는 약 400년밖에 안 된 것으로 나타났다. 생물 종은 서식 범위를 옮길 수 있다. 기온 상승으로 브라운블러프가 새끼를 키우기에 적합한 장소가 되면서 새로운 서식지가 형성된 것이다.[20]

그러나 이것이 모든 종에게 통하는 방법은 아니다. 펭귄은 장소를 옮기는 데 비교적 능숙한 동물이다. 해류의 변화로 바다 낙원이 황량한 물의 사막으로 변해도 시류에 발맞춰 적응하고 이동할 수 있다. 기후변화를 제때 피할 수 없는 종도 많다. 예를 들어 수명이 긴 식물은 각자 환경 내성에 한계가 있으므로 쉽게 날씨를 따라갈 수 없다. 나는 퍼스셔의 시골집 옆 언덕에 있던 작은 잎이 달리는 피나무*Tilia cordata*를 기억한다. 피나무는 매년 열매를 맺었지만 마가목, 자작나무, 소나무와는 달리 이 한 그루가 내가 본 유일한 해당 종의 나무였다. 영국의 여러 지역에서 자생하는 나무였지만 퍼스셔보다 따뜻한 기후에 적응한 종이어서 번식력이 없는 열매가 달린 것이다. 우연히 북쪽으로 실려온 길 잃은 씨앗이 뿌리를 내리고 자라기는 했지만 퍼스셔는 번식 범위 밖이었다. 기후가 변하면 최적의 환경이 지리적으로 이동하고 종의 서식 범위가 그 뒤를 따르면서 힘의 균형이 바뀐다. 1970년부터 2019년까지 북아메리카 대평원의 생태계는 평균 590km 북쪽으로 이동했다. 45분마다 약 1m씩 이동한 셈이다. 넓고 평평한 대륙에서는 이동의 여지가 있지만 작은 섬이나 고위도 해안이나 산 위에서 시원한 기후에 적응했다면 갈 곳이 없다. 자연에서 장거리 분산은 드물다. 서식 범위의 가장자리로 밀려난 많은 종이 사실상 벼랑 끝에 서 있다.[21]

우리는 새로운 생태계를 도입하고 있기도 하다. 나무와 대형동물이 사라지고 생산성이 낮은 멸종 직후의 생태계에 상응하는 현대 생태계는 도시 생태계일 것이다. 많은 종은 이 새로운 세계에서 살아남을 수 없다. 살아남은 종도 기본 행동 방식부터 새롭게 적응해야 한다. 정글의 불협화음조차도 도시에 비하면 거의 정적에 가깝다. 짝짓기 상대나 잠재적 경쟁자에게 자신의 존재를 알리는 동물에게 도시의 소음은 매우 방해된다. 도시에 사는 명금류는 시골 새보다 더 높고, 더 빠르고, 더 짧게 운다. 고주파수로 빽빽거려야만 낮은 엔진 소음을 뚫고 소리를 전달할 수 있다. 후각 신호도 기후변화의 영향을 받는다. 기온이 높으면 수컷 도마뱀이 짝을 찾기 위해 남기는 표시가 더 빨리 휘발되어 사라지기 때문에 짝짓기 기회를 놓칠 수 있다. 해빙이 깨지면 북극곰의 발자국이 남긴 냄새 흔적도 사라져 짝짓기부터 영역 다툼에 이르기까지 모든 것에 영향을 미친다. 한 종의 생존은 개체의 생리학적 환경 내성에 관한 문제만이 아니다. 행동의 탄력성도 영향을 끼친다. 우리가 어떤 식으로든 지구에 사는 생명체의 삶에 영향을 미치지 않는 곳은 지구상 그 어디에도 없다.[22]

개체 수로만 보면 인간은 엄청나게 흔한 존재다. 2000년 11월 2일 이후 지구 대기권 밖에서도 인간은 지속해서 존재하고 있다. 질량 기준으로 인간은 포유류 전체의 36%를 차지하고 소, 돼지, 양, 말, 고양이, 개 등 가축화된 동물이 전체 포유류의 60%를 차지한다. 지구상의 포유류의 중 야생 포유류는 4%밖에 안 된다. 조류는 이러한 경향이 훨씬 더 극명하다. 전 세계 조류의 60%가 사육 닭이라는 단일 종에 속한다. 전체적으로 인간이 생산한 물질의 질량은 지구에 존재하는 생명체의 질량과 거의 같다(2020년 기준). 화석 기록 표본을 조사할 때처럼 오늘날의 지구를 조사한다면 뼈의 분포상 척추동물의 바이오매스 대부분이 극히 소수의 종으로 구성되어 있다는 사실에 매우 이상한 일이 일어났다는 결론을 내릴 것이다. 그리고 그 이상한 일을 치명적인 환경 피해와 대량 멸종과 관련지어 설명하게 될 것이다. 실제로 야생동물의 바이오매스는 끔찍한 속도로 감소하고 있다. 1978년 에밀리오 마르코스 팔마가 태어난 지구에는 2018년 현재보다 2.5배나 많은 야생 척추동물이 살았다. 지질학적 시간 척도로 보자면 우리는 눈 깜짝할 사이에 지구상에 존재하는 척추동물의 절반 이상을 잃었다.

마지막 빙하기 이후 모든 대륙의 가장 큰 종들은 멸종했거나 멸종 위기에 처해 있다. 지구는 대량 멸종 이후의 세계와 닮아가고 있다. 인간 생태계는 재난 분류군 동물의 피난처가 되고 있다. 쥐, 붉은여우, 너구리, 재갈매기, 호주흰따오기처럼 쓰레기를 먹고살 수 있는 다재다능한 동물이나 닭, 소, 개처럼 인간과 협력하거나 인간의 목적을 위해 사육된 동물 등 우리 세계에 적응한 동물 그룹은 번성하고 있다. 많은 식물과 일부 이동성 동물은 우발적이든 의도적이든 인간이 매개하는 원거리 분산의 혜택을 누리고 있다. 선박 항로는 드물었던 뗏목 여행을 대체하고 종의 분산 측면에서 물리적으로 연결되지 않은 대륙을 더 가깝게 연결했다. 동물을 서식지에서 제거할 때 우리는 종종 어떤 동물을 경쟁자로부터 떼어놓아 생태학적으로 중요한 토착종이 번성하고 경쟁할 수 있게도 한다.[23]

수많은 생물 종이 대량 멸종 속도로 사라지고 있는 지금, 우리가 저지른 일을 보고 절망하기 쉽다. 그러나 낙담해서는 안 된다. 인간에 의한 변화는 새삼스러운 일이 아니며 상당 부분은 자연스러운 것으로 간주할 수 있다. 우리는 계통수에 서식하는 생물 영역의 일부다. 다른 많은 종과 마찬가지로 인간도 늘 자연 생태계의 설계자였다는 확실한 증거가 있다. 인류는 거의 8,000년 동안 목초지를 만들어왔다. 그 무렵 소를 키우기 위해 숲과 초원을 태우면서 유라시아 일부 지역의 햇빛 반사가 변화하여 열 흡수에 영향을 미쳤으며 인도와 동남아시아의 몬순 양상이 바뀌었다. 플라이스토세 이후 인간은 의도적으로 동물 종을 이동시켰는데, 솔로몬제도에서 발견된 증거에 따르면 나무에 사는 중요한 사냥감인 얼룩쿠스쿠스가 2만여 년 전 뉴기니에서 유입되었는데, 흑요석 무역과 함께 들어온 것으로 추정한다.[24]

인간의 생물학과 문화에 영향을 받지 않은 자연 그대로의 지구를 생각할 수 없을 정도로 우리는 유능한 생태계 설계자다. 자연 그대로의 에덴동산은 존재하지 않으며 인류가 출현한 이래로 한 번도 존재하지 않았다. 현재 지구 생태계에 가해지고 있는 피해는 우리 종의 역사상 전례가 없는 것이지만 종 보존 프로그램을 마련하려면 인간의 관여가 어느 정도까지가 바람직하고 달성 가능한지 결정해야 한다. 생태계는 어떤 시기 이전의 수준으로 복원되어야 할까? 산업화 이전? 식민지 이전? 인류 이전? 이것은 어려운 질문이다. 현재의 생태계를 완전히 자연 그대로의 상태로 복원하면 토착민이나 빈곤층에게 불균형하게 부정적인 영향을 미칠 것이다. 생태학적 의사 결정은 복잡한 사회적 맥락에서 이루어진다. 방글라데시 철학자 나빌 아메드는 〈얽힌 지구Entangled Earth〉라는 글에서 자국에 대해 "땅과 강, 인구, 퇴적물, 가스, 농작물과 삼림, 정치와 시장을 구분하는 것은 불가능하다."라고 한다. 모든 것이 하나로 통합되어 있으며, 모든 것에 정치적 행위자와 자연적 행위자 간의 상호작용이 담겨 있다. 아메드는 1970년 발생한 사이클론 볼라가 방글라데시라는 국가가 새롭게 탄생하는 데 직접 영향을 미쳤다고 한다. 자연재해와 인도주의적 재난에 대한 정치적 대응에서 독립을 이끌어냈다고 주장한다.[25]

극도로 더웠던 페름기 전 세계 판게아를 둘러싼 바다에 슈퍼 폭풍이 몰아쳤던 것처럼 오늘날 우리는 전 세계적으로 열대성 폭풍이 증가하는 것을 목격하고 있다. 20세기 초 기록이 시작된 이래 대서양 허리케인의 발생은 꾸준히 증가하여 2020년에는 장기 평균의 3배에 달하는 30개의 폭풍이 발생했다. 2018년에는 지중해에서 전례 없는 허리케인급 폭풍이 발생했다. 따뜻해진 물이 열대 위도 주변의 공기 상승 속도를 높이면 허리케인이 더 빠르고 강해져서 육지에 도달할 때쯤에는 심각한 강도로 발전할 가능성이 커진다. 그러면 그 경로에 있는 국가에

심각한 결과를 초래할 수 있다.[26]

기후변화의 사회적 영향은 무시할 수 없다. 북극권 및 그 너머의 부유한 국가들이 녹아내리는 얼음 아래 해저의 광물자원 개발을 두고 벌이는 경쟁에서부터 동아프리카에 댐을 건설하여 줄어드는 물 공급을 통제하려는 국제적인 경쟁에 이르기까지 환경 변화는 수십 년 전부터 이미 정치적 결정에 영향을 미쳐왔다. 하나는 부를 위한 경쟁이고 다른 하나는 기본 자원을 위한 싸움이라는 사실은 기후변화에 가장 적게 기여하고 가장 적게 벌어들인 사람들이 그 비용을 주로 부담하고 있음을 보여준다. 오늘날 우리는 곧 펼쳐질 변화를 예상할 수 있다. 지구의 지질학적 역사는 광범위하지만 분명한 붓질로 가능한 미래를 그려 보여준다. 우리는 지구 전체를 아우르는 인도주의적, 자연적 재앙을 겪고 있지만 이는 우리가 다룰 수 있는 문제다.[27]

* * *

지난 세계가 낯설고 아름다운 이유는 우리가 옛 생물들의 적응력으로부터 무언가를 배우기 때문이다. 하지만 바위들이 가르쳐주는 두 번째 교훈은 우리 세상의 무상함이다. 나는 셸리의 유명한 시 〈오지만디아스〉의 한 구절을 인용하며 책을 시작했다. 이 시가 그의 친구 호러스 스미스와 벌인 소네트 경연을 위해 쓰였다는 사실은 잘 알려지지 않았는데, 같은 유물에서 영감을 받은 문학가들 간의 우호적인 대결이었다. 셸리가 과거를 바라보며 권력자의 오만함을 조롱했다면, 스미스는 좀더 분명한 이유로 미래를 암울하게 바라본다. 그는 받침석으로 존재를 알리지만, 사라진 지 오래인 도시를 생각하는 데 첫 8줄을 할애한 후에 자신이 가장 잘 알고 있는 도시의 덧없음을 반추하며 이렇게 쓴다.

> 우리는 궁금해한다.–우리처럼 어떤 사냥꾼도
> 궁금해할지 모른다. 황야를 가로지르며
> 런던이 자리했던 곳에서 추적하던 늑대를 붙잡은 채
> 거대한 파편을 목격하고 멈춰 서서
> 강력했지만 기록되지 않은 어떤 종족이
> 한때 그곳에 거주했던가, 이제는 폐허가 된 그곳에.

우리가 당연하게 여기는 이 풍경은 세계의 필수적인 부분이 아니며, 생명은 우리가 없어도 계속될 것이다. 언젠가는 우리가 배출한 이산화탄소가 심해에 다시 흡수되고 생명과 광물의 순환도 계속될 것이다. 인간도 지구상의 다른 모든 생명체와 마찬가지로 지금 있는 다른 종과 복잡한 방식으로 상호작용하며 함께 진화해왔다. 우리는 지구 생태계의 일부이며 항상 그래왔다. 따라서 우리가 이 세계에 가하는 변화가 우리에게만 영향을 끼치지 않으리라고 생각한다면 어리석은 생각이다.

한 종으로서 우리 인간은 우리가 지금 일으키고 있는 대량 멸종에서 살아남을 수 있는 유리한 위치에 있다. 의류에서부터 제방, 에어컨, 담수화 장치에 이르기까지 인류는 기술을 통해 과거에는 결코 생존할 수 없었을 곳의 환경을 지속해서 개선해왔다. 하지만 6,600만 년 전 마지막 대량 멸종 이후에 구축된 이 생태계는 극심한 스트레스를 받고 있다. 생물군집들이 파괴되고 세계의 화학작용은 변화하여 세계라는 거미줄이 당겨지거나 찢기고 있다. 이대로 가다가는 우리가 이 세계와 상호작용하는 이러한 방식의 결과는 한 번도 부딪혀본 적 없는 생물학적·사회적 재앙이 될 수 있다. 언뜻 우리를 압도하고 무기력하게 만드는 상황처럼 보일 수 있겠지만 우리에게 현재를 반성하고 과거를 들여다보며 현재와의 유사점을 찾아내는 분석 능력이 있다는 단순한 사실은 희망을 품게 한다.

우리는 지금과 같은 생태적 격변기에 어떤 일이 일어날 수 있는지 안다. 우리는 과거를 통해 미래를 예측하고 재앙을 피할 길을 찾을 수 있다. 몇몇 재앙적 결과가 불가피하다면 우리는 이에 대비하고 피해를 최소화하고 완화할 수 있다. 늦게 잡아도 1970년대부터 사회 기반 시설 건설에 기후변화가 고려되었다. 런던의 주요 홍수 방어 시설인 템스 방조제는 2100년까지 해수면이 90cm 상승할 것으로 예상하여 최대 2.7m의 수위를 감당할 수 있도록 특수하게 설계되었다. 우리는 국제적 협력이 중요하다는 것도 알고 있다. 1987년에 197개국이 서명하여 채택된 몬트리올 의정서에서는 오존층 파괴의 원인이었던 프레온가스의 생산과 사용을 단계적으로 금지하도록 명시했다. 그 덕분에 오존층에 생긴 '구멍'은 메워지고 있다. 또한 이러한 조치의 비용은 1인당 배출량이 가장 높은 국가가 개발도상국의 의무 이행을 지원하는 기금을 통해 지불하고 있다.[28]

이 책을 쓰는 사이에 과거와 미래에 대한 더 집중된 관점의 중요성을 보여주는 2가지 일이 일어났다. 2019년 초 아이슬란드에서는 빙하가 너무 녹아 최초로 얼음 강의 지위를 잃은 오크예퀴들 빙하가 있던 자리에 소박한 추도식과 함께 작은 기념비 하나가 세워졌다. 이 기념비에는 아이슬란드어와 영어로 〈미래에 보내는 편지〉가 적혀 있다. 그 글은 오크예퀴들 빙하가 얼음 호수가 된 과정을 묘사한 후 이렇게 마무리된다. "이 기념비는 우리가 무슨 일이 일어나고 있는지, 무엇을 해야 하는지 알고 있음을 인정하기 위한 것입니다. 우리가 해냈는지는 오직 당신만이 알 수 있습니다."[29] 기념비는 호수에게 미래에 우리의 작품을 보라고 말하고 있다.

두 번째 사건인 코로나19바이러스 팬데믹 확산은 인류가 급격한 변화에 더 즉각적으로 직면하게 했다. 한 달 만에 전 세계 인구의 3분의 1이 강제 또는 자발적 봉쇄에 들어갔고 우리는 실존적 위협에 맞서 삶의 많은 측면을 근본적으로 바꾸어야 했다. 그 변화의 영향은 즉시 나타났다. 교통 체증의 대명사였던 로스앤젤레스가 몇 세대 만에 깨끗한 대기 상태를 보였다. 오랫동안 관광 보트로 꽉 막혔던 베네치아 운하는 역사상 가장 맑아졌다. 탄소 배출량도 약 8% 감소했다. 상점은 가득 차고 배달 물량이 쌓이고 석유는 저렴해졌다. 몇몇 언론 매체는 이러한 고립을 "지구의 자가 치유"라고 칭송하며 인류가 진짜 바이러스라는 부제를 달았다. 하지만 이런 염세주의로까지 치달을 필요는 없다.

사람들이 실제로 착취적으로 살았을 수도 있겠지만 여기서 우리가 배울 수 있는 다른 교훈도 있다. 우리는 행동을 바꾸고 위기에 대응할 수 있으며, 이러한 변화는 즉각적으로 유익한 효과를 나타낼 수 있다. 다른 나라의 고통은 우리 모두에게 영향을 미친다. 함께 협력하고 자원을 모으고 필요한 곳에 지원을 제공해야만 이러한 국제적 위기로 인한 피해를 완화할 수 있다. 몇몇 국가는 전문가의 의견을 경청하고 위협을 심각하게 받아들이고 복지를 최우선으로 생각함으로써 다른 나라들보다 훨씬 더 효과적으로 팬데믹을 관리했다. 기록적인 시간 내에 효과적인 백신을 국제 협력으로 개발해냈고, 이로써 치명적인 위협에 신속하고 효과적으로 대응하는 능력을 입증했다. 한편 백신 배포를 위한 국제적 협력 부재와 그에 따른 감염과 사망의 파장은 글로벌 위기에 배타적, 방어적으로 대응하려는 시도가 얼마나 어리석은 짓인지를 보여주었다.

환경 변화에 직면한 상황에서 가장 치명적인 태도는 안일함이다. 생태계 파괴와 온실가스 배출에 대한 '평소와 다름없는' 접근 방식은 원시인류 이래로 한 번도 직면한 적이 없는 기후 조건을 만들 것이다. 그러나 불가피한 운명을 말하는 사람들도 도움이 되지 않기는 마찬가지다. 보존에는 성공과 실패만 있는 것이 아니다. 언론에서 기후변화를 막을 수 있는 시간이 5년 또는 10년이라고 할 때 이는 삶과 죽음을 가르는 시한이 아니다. 제때 변화를 만든다고 해서 모든 것이 예전으로 돌아갈 수는 없으며, 기한을 넘겼다고 해서 전멸을 의미하지도 않는다. 20세기 전반과 그 이전에 존재했던 생태계는 영구적으로 변화했지만 그 피해는 계속 발생하고 있다. 우리가 더 신속하게 그리고 더 강력하게 행동할수록 피해를 우리가 관리할 수 있는 수준에 묶어둘 가능성이 커진다. 기후변화의 원인과 결과에 대응하기 위해 집단적으로 행동하느냐 마느냐는 우리에게 달려 있다. 첨탑은 무너졌지만 대성당은 여전히 서 있다. 우리는 불길을 끌지 말지 선택해야 한다.

환경 변화가 또 다른 대멸종이라는 전대미문의 재앙으로 이어지지 않게 하려면 우리는 습관을 바꾸고 덜 착취적으로 살기 위해 노력해야만 한다. 지금 지구에는 다른 종들이 먹이를 먹고 짝짓기를 하고 각자의 삶을 살아갈 수 있는 충분한 자원은, 물론 현재 경제 선진국에서 누리는 것과 같은 호화로운 생활을 지속할 만큼의 충분한 자원이 없다. 지금이 미래 박물관에서 잊힌 생태계가 되는 일을 막을 수 있는 유일하고 확실한 방법은 소비를 줄이고 기후변화를 야기하는 에너지원을 포기하는 것이다. 이러한 해결책은 필연적으로 저항에 부딪힐 것이다. 단기적으로 삶의 질에 영향을 미칠 수 있다. 개인적, 사회적 노력이 들 것을 당연히 우려할 수 있다. 그러나 지역사회, 국가, 전 지구적 차원의 행동이 없다면 수십 년 안에 우리는 더 큰 고통을 겪게 될 것이다. 종으로서 그리고 개인으로서 장기적 안녕을 위해 우리는 지구 환경과 더 상호주의적 관계를 구축해야 한다. 그래야만 지구의 무한한 다양성과 그 안에서 우리의 자리를 보존할 수 있다. 결국 변화는 피할 수 없지만, 우리는 미래의 세계로 부드럽게 인도하는 지질학적 시간의 흐름에 우리 자신을 맡기듯이 지구가 변화하는 데 필요한 시간을 허용해야 한다. 희생은 영속성을 가져다줄 것이다. 그러면 우리도 희망을 품고 살 수 있다.

이 책이 시간을 거슬러 올라가는 구성으로 쓰였듯이 나도 같은 방식으로 감사 인사를 해야 할 것 같다. 펭귄프레스의 로라 스티크니와 로언 코프와 랜덤하우스의 힐러리 레드먼, 펭귄캐나다의 닉 개리슨의 노고가 없었다면 더 따분하고 비약이 많고 딱딱한 책이 되었을 것이다. 삽화를 맡은 베스 자이켄과의 작업은 꿈 같았다. 스케치 초안부터 훌륭했다. 아직 작업 중이라는 말을 듣지 않았다면 완성본으로 여겼을 만큼 완벽했고 최종 결과물은 정말 숨 막히게 아름다웠다.

매리언보야즈, 앨리스 타벅 박사, 성서학회, 메겔랑헬 메사, 트레이시 K. 루이스, 존 컬, 캐넌게이트북스, 컬럼비아대학출판부, 로럴 래스플리카 로드, 샴발라, 웨스턴오스트레일리아대학출판부, 레이철 미드, 라스코퍼블리셔스, 로버트 질러, 나탈리아 몰차노바 가족, 빅토르 힐케비치, 유네스코, 디에고 아르게다스 오르티스, BBC퓨처스, 테일러앤드프랜시스의 저작물 또는 저작권 보유 자료 발췌 사용 허가에 대해 감사를 전한다. 바실리 그로스만의《삶과 운명》발췌문은 원서의 저작권은 에디시옹라쥬돔므(1980)에, 영문 번역본의 저작권은 콜린스하빌(1985)에 있고, 랜덤하우스의 허락을 받아 재출간된 빈티지 출판본이 사용했다. 《길가메시 서사시》 발췌문의 저작권은 릴런드스탠퍼드주니어대학 이사회(1985)에 있으며, 스탠퍼드대학출판부(sup.org)의 허락을 받고 사용했다. 베르길리우스의 《아이네이스》 발췌문은 펭귄북스의 허락을 받고 재출간된 펭귄그룹 출판본에서 발췌한 것으로 번역 및 서문 저작권은 데이비드 웨스트(1990, 2003)에게 있다. 랜섬 릭스의 《미스 페레그린과 이상한 아이들의 집》(2013) 발췌문은 랜섬 릭스와 쿼크북스가 제공한 것으로, 이 사용 허가를 받는 데 도움을 준 에마 브라운에게 감사한다. 존 할리데이 박사는 친절하게도 니체의 《유고》 독일어 원문을 번역해주었다. 매슈 헨슨이 1912년에 쓴 자서전 《북극의 흑인 탐험가》의 적절한 인용을 위해 조언해준 아프리카계카리브인연구회 회원들과 이들과의 연락을 도와준 샘 자일스 박사에게도 고마움을 전한다. 저작권이 있는 자료 사용에 대해 모든 저작권자를 찾아 허가를 얻기 위해 최선의 노력을 기울였다.

나의 에이전트 캐서린 클라크를 비롯한 펄리시티브라이언어소시에이츠의 팀원들은 책의 제안 단계 때부터 그 구상이 적절한 출판사에 닿도록 그리고 내가 좋은 결정을 내릴 수 있도록 훌륭하게 일해주었다. ZP에이전시의 조이 파그나멘타와 앤드루넌버그어소시에이츠의 바르바라 바르비에리, 줄리아나 갤비스, 자비네 판넨슈틸, 머레이 피트너, 레이철 샤플스, 루드밀라 서시코바, 수전 시아, 양윤정 과장님 등 이 책이 영국을 넘어 해외에서 출판될 수 있게 도와준 여러 서브에이전트들에게도 감사를 전한다.

현실적으로 이 책을 쓸 수 있는 공간과 시간을 내준 분들에게도 인사를 빠뜨리면 안 될 것이다. 이 책의 상당 부분은 가족을 떠나 크리스 브라이언, 제니 에인스워스에게 신세를 지며 썼다. 대영도서관과 엔필드도서관은 둘 다 훌륭한 집필 공간이었을 뿐만 아니라 풍부한 자료를 찾아볼 수 있는 환상적인 공간이었다. 이 책의 대부분이 코로나19로 인한 봉쇄 기간에 쓰였기 때문에 생물다양성유산도서관에도 감사하다. 그들이 제공하는 오래된 학술 자료에 대한 온라인 오픈 액세스가 없었다면 이 책을 쓰는 데 필요한 자료 조사를 충분히 할 수 없었을 것이다.

캐서린 에인스워스 박사, 유지니 에이치슨, 제마 베네벤토 박사, 앤드루 버튼 박사, 아이번 브렛, 휴 보든 교수, 앤드루 딕슨, 마틴 다울링, 샬럿 할리데이, 메리앤 존슨, 조니 민들린, 트래비스 파크 박사, 타멜라 플랫, 록산느 스콧, 스티브 라이트 등 이 책의 초고를 읽고 많은 유용한 피드백을 제공해준 여러 친구와 가족에게도 감사한다.

생명의 역사를 한 사람이 모두 알 수 없다. 이 책에서 글과 삽화로 재현한 지질시대의 각 장소와 시대, 종, 주제에 관해 나보다 더 잘 알고 있는 동료 고생물학자들이 전문 지식을 제공해줘서 내가 심각한 오류를 피할 수 있었다. 크리스 바수 박사, 제마 베네벤토 박사, 닐 브로클허스트 박사, 토머스 클레먼츠 박사, 마리오 코이로 박사, 다린 크로프트 박사, 에마 던 박사, 대니얼 필드 박사, 세라 개벗 교수, 매기 게오르기에바 박사, 샌디 헤서링턴 박사, 라르스 판 덴 훅 오스텐더 박사, 댄 크셉카 박사, 리즈 마틴실버스톤 박사, 에밀리 미첼 박사, 엘사 판치롤리 박사, 스테퍼니 스미스 박사, 장한웬(스티븐 장) 박사에게 깊은 감사를 표한다. 물론 남아 있는 모든 오류는 나의 책임이다. 천문학적 문제에 관해 조언을 제공해 준 더글러스 부버트 박사와 처음으로 지질학을 대중화했던 빅토리아시대 사람들의 문헌을 소개해준 윌 태터스딜 박사에게도 감사한다. 빅토리아시대 문헌은 초기 지층을 이해하는 데 지대한 도움을 주었다.

엘사 판치롤리 박사에게는 한 번 더 고맙다는 말을 해야겠다. 그가 없었다면 휴밀러글쓰기대회에 참가하지 못했을 것이다. 또한 라리사 리드를 비롯한 다른 심사위원들에게도 감사의 뜻을 전한다. 그 대회에서의 경험은 이 책의 미완의 첫 문장들을 쓰게 만든 직접적인 원인이자 계기였다. 책 출간 제안서의 올바른 방향을 제시하고 이 길에 제대로 발 디딜 수 있게 해준 아이번 브렛도 감사 인사를 받아야 마땅하다.

나는 박사학위 과정 학생으로서, 박사 후 연구원으로서 또한 인도 및 아르헨티나 현장 조사팀 팀원으로서도 박사 과정의 첫 지도교수였던 안잘리 고스와미의 지원과 멘토링, 지도에 영원히 빚졌다. 박사 과정과 첫 번째 박사 후 연구원 시기의 지도교수로서 멘토링을 제공해 준 폴 업처치 교수와 지헝 양 교수, 그 밖의 연구 프로젝트에서 멘토링을 제공해준 리처드 버틀러 교수, 마이크 벤턴 교수, 앤드루 발름퍼드 교수에게도 과학자로서 내 성장에 자신의 시간을 투입해준 데 고마움을 전한다. 모두 언급하기 힘들 만큼 많은 친구와 동료들이 고생물학을 나에게 가장 보람 있는 일 중 하나로 만들어주었다.

한 사람의 자연 세계에 대한 관심이 유지되는 데는 반드시 훌륭한 교육자들이 필요하다. 그런 점에서 나는 강의실과 현장에서 이루어진 롭 애셔 박사, 닉 데이비스 교수 그리고 이제는 고인이 된 위대한 제니 클라크 교수의 강의, 제프 모건과 피오나 그레이엄의 생물학 강의가 지대한 영향을 끼쳤음을 인정한다. 현장에 관해 말하자면, 나에게 처음 잠수를 가르쳐주고 파도 아래의 세계를 소개해준 니오 킴 셍과 화석 발굴에 동행하고 조언해준 페데리코 아놀린 박사, 앤드우 커프 박사, 라이언 펠리스 박사, 안잘리 고스와미 교수, 하비에르 오초아, 군투아팔리 프라사드 교수, 아구스틴 스칸페를라 박사, MS 탕글레모이, 아키 와타나베 박사도 언급해야 할 것이다.

내 인생의 원생누대라고 할 수 있는 시절을 돌이켜 보자면, 린네 분류법에 관한 아홉 살 아이의 발표를 인내심을 가지고 들어주고 실수해도 괜찮다는 것을 가르쳐준 초등학교 선생님들께도 감사하다. 내가 질문할 때마다 지금 생각해보면 답을 알고 있었는데도 늘 책을 찾아보라고 말씀해주신 부모님께 가장 깊은 감사를 드린다. 부모님과 조부모님들은 나에게 매일 아침 새나 나무를 관찰하고 버섯을 따고 강우량을 측정하게 해주었다. 산에서 축구공만 한 우윳빛 규암 덩어리(지구만큼 무거웠다)를 줍든, 외할머니, 외할아버지와 다락방 망원경으로 새끼 물수리를 관찰하든, 친할머니댁 정원에서 비둘기에게 먹이를 주거나 울음소리를 흉내 내든 나는 자연 세계를 보고 들을 기회가 확실히 많은 환경에서 자랐다.

끝으로 이 화석들이 발굴된 땅의 생명체들과 과학자들에게 고마움을 전한다. 암석 기록의 암호를 해독하고 이해할 수 있게 하기 위해 수천 명의 과학자들이 헤아릴 수 없이 많은 시간을 투입하지 않았다면 이 책은 존재할 수도 없었다. 이 책에서 직접적으로 인용한 문헌에만 4,000명이 넘는 과학자의 연구가 담겨 있다. 그중에서도 특히 호셉 알코베르, 마이크 벤턴, 르네 보브, 다린 크로프트, 미카엘 엥겔, 존 플린, 안제이 가지지츠키, 하비에르 헬포, 필 진저리치, 안잘리 고스와미, 데일 거스리, 커크 존슨, 콘래드 라반데이라, 미브 리키, 샐리 레이스, 뤼 쥔창, 프레드릭 만티, 세르히오 마렌시, 장미셸 마쟁, 마르셀로 레게로, 렌 동, 세르히오 산티야나, 구스타프 슈베이게르트, 클라우디아 탐부시, 캐럴 워드, 라르스 베르델린, 그렉 윌슨, 앤디 위스, 제임스 자코스, 장하이춘의 연구는 상당히 여러 번 인용되었다. 여기에 언급했든 하지 않았든 그 놀라운 기록들을 채석하고 용해하고 검사하고 체로 거른 모든 과학자에게 감사의 마음을 전한다.

다시 현재로 돌아와, 이 책을 쓰는 내내 아내 샬럿이 보내준 지지에 고마움을 전한다. 샬럿이 던진 날카롭고 정확한 질문에서 늘 다음 아이디어를 얻을 수 있었다. 그리고 끝으로 이 책을 우리 아이들에게 바친다. 너희가 이 책을 읽을 만큼 컸을 때 세상은 달라져 있을 것이다. 그 세상이 지금보다 나은 세상이기를 바란다.

미주

들어가며

1 Bell, E. A. & others. *PNAS* 2015; 112:14518~14521; Chambers, J. E. *Earth and Planetary Science Letters* 2004; 223:241~252; El Albani, A. & others. Nature 2010; 466:100~104; Miller, H. My *Schools and Schoolmasters*. Edinburgh, UK: George A. Morton; 1905.

2 Leblanc, C. *Museum International* 2005; 57:79~86; Parr, J. *Keats-Shelley Journal* 1957; 6:31~35.

3 Ullmann, M. 'The Temples of Millions of Years at Western Thebes'. In: Wilkinson, R. H. and Weeks, K. R., eds. *The Oxford Handbook of the Valley of the Kings*. Oxford, UK: Oxford University Press; 2016. pp. 417~432.

4 Dunne, J. A. & others. *PLoS Biol.* 2008; 6:693~708; Gingerich, P. D. *Paleobiology* 1981; 7:443~455; Gu, J. J. & others. *PNAS* 2012; 109:3868~3873; Pardo-Pérez, J. M. & others. J. Zool. 2018; 304:21~33; Rayfield, E. J. *Annual Review of Earth and Planetary Sciences* 2007; 35:541~576; Smithwick, F. M. & others. *Curr. Biol.* 2017; 27:3337.

5 Black, M. *The Scientific Monthly* 1945; 61:165~172; Cunningham, J. A. & others. *Trends in Ecology and Evolution* 2014; 29:347~357.

6 Frey, R. W. *The Study of Trace Fossils: A Synthesis of Principles, Problems, and Procedures in Ichnology.* Berlin: Springer-Verlag; 1975; Halliday, T. J. D. & others. *Acta Palaeontologica Polonica* 2013; 60:291~312; Nichols, G. *Sedimentology and Stratigraphy.* Oxford, UK: Blackwell; 2009.

7 Herendeen, P. S. & others. *Nature Plants* 2017; 3:17015; Prasad, V. & others. *Na-*

ture Communications 2011; 2:480; Strömberg, C. A. E. *Annual Review of Earth and Planetary Science* 2011; 39:517~544.

8 Breen, S. P. W. & others. *Frontiers in Environmental Science* 2018; 6:1~8; Ceballos, G. & others. *PNAS* 2017; 114:E6089~6096; Elmendorf, S. C. & others. *Ecology Letters* 2012; 15:164~175.

9 Ezaki, Y. *Paleontological Research* 2009; 13:23~38.

10 Hutterer, R. and Peters, G. *Bonn Zool. Bull.* 2010; 59:3~27.

11 Ashe, T. *Memoirs of Mammoth*. Liverpool, UK: G. F. Harris; 1806; O'Connor, R. *The Earth on Show: Fossils and the Poetics of Popular Science,* 1802~1856. Chicago: University of Chicago Press; 2013; Peale, R. *An historical disquisition on the mammoth: or, great American incognitum, an extinct, immense, carnivorous animal, whose fossil remains have been found in North America.* C. Mercier and Co.; 1803.

1. 해빙

1 Berger, A. & others. *Applied Animal Behaviour Science* 1999; 64:1~17; Bernáldez-Sánchez, E. and García-Viñas, E. *Anthropozoologica* 2019; 54:1~12; Beyer, R. M. & others. *Scientific Data* 2020; 7:236; Burke, A. and Cinq-Mars, J. *Arctic* 1998; 51:105~115; Chen, J. & others. *J. Equine Science* 2008; 19:1~7; Feh, C. 'Relation-ships and communication in socially natural horse herds: social organization of horses and other equids'. In: MacDonnell, S. and Mills, D., eds. Dorothy Russell Havemeyer Foundation Workshop. Holar, Iceland 2002; Forsten, A. J. *Mammalogy* 1986; 67:422~423; Gaglioti, B. V. & others. *Quat. Sci. Rev.* 2018; 182:175~190; Guthrie, R. D. and Stoker, S. *Arctic* 1990; 43:267~274; Janis, C. *Evolution* 1976; 30:757~774; Mann,D. H. & others. *Quat. Sci. Rev.* 2013; 70:91~108; TurnerJr, J. W. and Kirkpatrick, J. F. *J. Equine Veterinary Science* 1986; 6:250~258; Ukraintseva, V. V. *The Selerikan horse. Mammoths and the Environment.* Cambridge, UK: Cambridge University Press; 2013. pp. 87~105.

2 Burke, A. and Castanet, J. *J. Archaeological Science* 1995; 22:479~493; Carter, L. D. *Science* 1981; 211:381~383; Gaglioti, B. V. & others. *Quat. Sci. Rev.* 2018; 182:175~190; Packer, C. & others. *PLoS One* 2011; 6:e22285; Sander, P. M. and Andrássy, P. *Palaeontographica Abteilung A* 2006; 277:143~159; Wathan, J. and McComb, K. *Curr. Biol.* 2014; 24:R677-R679; Yamaguchi, N. & others. *J. Zool.* 2004; 263:329~342.

3 Bar-Oz, G. and Lev-Yadun, S. *PNAS* 2012; 109:E1212; Barnett, R. & others. *Molecular Ecology* 2009; 18:1668~1677; Chernova, O. F. & others. *Quat. Sci. Rev.* 2016; 142:61~73; Chimento, N. R. and Agnolin, F. L. *Comptes Rendus Palevol* 2017; 16:850~864; de Manuel, M. & others. *PNAS* 2020; 117:10927~10934; Nagel, D. & others. *Scripta Geologica* 2003:227~340; Stuart, A. J. and Lister, A. M. *Quat. Sci. Rev.* 2011; 30:2329~2340; Turner, A. *Annales Zoologici Fennici* 1984:1~8; Yamaguchi, N. & others. *J. Zool.* 2004; 263:329~342.

4 Guthrie, R. D. *Frozen Fauna of the Mammoth Steppe: The Story of Blue Babe.* Chicago, USA: The University of Chicago Press; 1990; Kitchener, A. C. & others. 'Felid form and function'. In: Macdonald, D. W. and Loveridge, A. J., eds. *Biology and Conservation of Wild Felids.* Oxford, UK: Oxford University Press; 2010. pp. 83~106; Rothschild, B. M. and Diedrich, C. G. *International J. Paleopathology* 2012; 2:187~198.

5 Sissons, J. B. *Scottish J. Geology* 1974; 10:311~337.

6 Gazin, C. L. *Smithsonian Miscellaneous Collections* 1955; 128:1~96; Jass, C. N. and Allan, T. E. *Can. J. Earth Sci.* 2016; 53:485~493; Merriam, J. C. *University of California Publications of the Geological Society* 1913; 7:305~323; Upham,N. S. & others. *PLoS Biol.* 2019; 17.

7 Bennett, M. R. & others. Science 2021; 373:1528~1531. Goebel, T. & others. *Science* 2008; 319:1497~1502; Kooyman, B. & others. *American Antiquity* 2012; 77:115~124; Seersholm, F. V. & others. *Nature Communications* 2020; 11:2770; Vachula, R. S. & others. *Quat. Sci. Rev.* 2019; 205:35~44; Waters, M. R. & others. *PNAS* 2015; 112:4263~4267.

8 Krane, S. & others. *Naturwissenschaften* 2003; 90:60~62; Madani, G. and Nekaris, K. A. I. *J. Venomous Animals and Toxins Including Tropical Diseases* 2014; 20; Nekaris, K. A. I. and Starr, C. R. *Endangered Species Research* 2015; 28:87~95; Nekaris, K. A. I. & others. *J. Venomous Animals and Toxins Including Tropical Diseases* 2013; 19; Still, J. *Spolia Zeylanica* 1905; 3:155; Wuster, W. and Thorpe, R. S. *Herpetologica* 1992; 48:69~85; Zareyan, S. & others. *Proc. R. Soc. B* 2019; 286:20191425.

9 Begon, M. & others. *Ecology: From Individuals to Ecosystems.* Oxford, UK: Blackwell Publishing; 2006.

10 Alexander, R. M. *J. Zoology* 1993; 231:391~401; Ellis, A. D. 'Biological basis of behaviour in relation to nutrition and feed intake in horses'. In: Ellis, A. D. and others, eds. *The impact of nutrition on the health and welfare of horses.* Netherlands:

Wageningen Academic Publishers; 2010. pp. 53~74; Kuitems, M. & others. *Arch. and Anth. Sci.* 2015; 7:289~295; van Geel, B. & others. *Quat. Sci. Rev.* 2011; 30:2289~2303.

11 Beyer, R. M. & others. *Scientific Data* 2020; 7:236; Hopkins, D. M. 'Aspects of the Paleogeography of Beringia during the Late Pleistocene'. In: Hopkins, D. M. and others, eds. *Paleoecology of Beringia*. Academic Press; 1982. pp. 3~28; Paterson, W. S. *Reviews of Geophysics and Space Physics* 1972; 10:885; Tinkler, K. J. & others. *Quaternary Research* 1994; 42:20~29.

12 Ager, T. A. *Quaternary Research* 2003; 60:19~32; Anderson,L. L. & others. *PNAS* 2006; 103:12447~12450; Brubaker, L. B. & others. *J. Biogeog.* 2005; 32:833~48; Fairbanks, R. G. *Nature* 1989; 342:637~642; Holder, K. & others. *Evolution* 1999; 53:1936~1950; Quinn, T. W. *Molecular Ecology* 1992; 1:105~117; Shaw A. J. & others. *J. Biogeog.* 2015; 42:364~376; *Paleodrainage map of Beringia*: Yukon Geological Survey; 2019; Zazula, G. D. & others. *Nature* 2003; 423:603.

13 Guthrie, R. D. *Quat. Sci. Rev.* 2001; 20:549~574; *Paleodrainage map of Beringia*: Yukon Geological Survey; 2019.

14 Batima, P. & others. 'Vulnerability of Mongolia's pastoralists to climate extremes and changes'. In: Leary, N. and others, eds. *Climate Change and Vulnerability*. London: Earthscan; 2008. pp. 67~87; Clark, J. K. and Crabtree, S. A. *Land* 2015; 4:157~181; Fancy, S. G. & others. *Can. J. Zool.* 1989; 67:644~650; Mann, D. H. & others. *PNAS* 2015; 112:14301~14306.

15 Clark, J. & others. *J. Archaeological Science* 2014; 52:12~23; Lent, P. C. *Biological Conservation* 1971; 3:255~263; Sommer, R. S. & others. *J. Biogeog.* 2014; 41:298~306.

16 Guthrie, R. D. and Stoker, S. *Arctic* 1990; 43:267~274.

17 Kuzmina, S. A. & others. *Invertebrate Zoology.* 2019; 16:89~125; Mann, D. H. & others. *Quat. Sci. Rev.* 2013; 70:91~108.

18 Begon, M. & others. *Ecology*: From Individuals to Ecosystems. Oxford, UK: Blackwell Publishing; 2006; Beyer, R. M. & others. *Scientific Data* 2020; 7:236; Kazakov, K. 2020. *Pogoda i klimat.* 〈http://www.pogodaiklimat.ru〉.

19 Churcher, C. S. & others. *Can. J. Earth Sci.* 1993; 30:1007~1013; Emslie, S. D. and Czaplewski, N. *J. Nat. Hist. Mus. LA County Contributions in Science* 1985; 371:1~12; Figueirido, B. & others. *J. Zool.* 2009; 277:70~80; Figueirido, B. & others. *J. Vert. Paleo.* 2010; 30:262~275; Kurtén, B. *Acta Zoologica Fennica* 1967; 117:1~60; Sorkin, B. *J. Vert. Paleo.* 2004; 24:116A.

20 Chernova, O. F. & others. *Proc. Zool. Inst. Russ. Acad. Sci.* 2015; 319:441~460; Harington, C. R. *Neotoma* 1991; 29:1~3; Matheus, P. E. *Quaternary Research* 1995; 44:447~453.

21 Grayson, J. H. *Folklore* 2015; 126:253~265; Hallowell, A. I. *American Anthropologist* 1926; 28:1~175; Huld, M. E. *Int. J. American Linguistics* 1983; 49:186~195.

22 Mann, D. H. & others. *Quat. Sci. Rev.* 2013; 70:91~108; Zimov, S. A. & others. 'The past and future of the mammoth steppe ecosystem'. In: Louys, J., ed. *Paleontology in Ecology and Conservation.* Berlin: Springer Verlag; 2012. pp. 193~225.

23 Guthrie, R. D. *Quat. Sci. Rev.* 2001; 20:549~574.

24 Chytrý, M. & others. *Boreas* 2019; 48:36~56; Guthrie, R. D. *Quat. Sci. Rev.* 2001; 20:549~574; Kane, D. L. & others. *Northern Research Basins Water Balance* 2004; 290:224~236; Mann, D. H. & others. *Quat. Sci. Rev.* 2013; 70:91~108.

25 Pečnerová, P. & others. *Evolution Letters* 2017; 1:292~303; Rogers, R. L. and Slatkin, M. *PLoS Genetics* 2017; 13:e1006601; Vartanyan, S. L. & others. *Nature* 1993; 362:337~340.

26 Currey, D. R. *Ecology* 1965; 46:564~566; Gunn, R. G. *Artof the Ancestors: spatialand temporal patterning in the ceiling rock art of Nawarla Gabarnmang, Arnhem Land, Australia.* Archaeopress Archaeology; 2019; Paillet, P. *Bulletin de la Société préhistorique française* 1995; 92:37~48; Valladas, H. & others. *Radiocarbon* 2013; 55:1422~1431.

27 Martínez-Meyer, E. and Peterson, A. T. *J. Biogeog.* 2006; 33:1779~1789.

2. 기원

1 Kassagam, J. K. *What is this bird saying?-A study of names and cultural beliefs about birds amongst the Marakwet peoples of Kenya.* Kenya: Binary Computer Services; 1997.

2 Field, D. J. *J. Hum. Evol.* 2020; 140:102384; HollmannJ. C. *South African Archaeological Society Goodwin Series* 2005; 9:21~33; Owen, E. *Welsh Folk-lore.* Woodall, Minshall, & Co.; 1887; Pellegrino, I. & others. *Bird Study* 2017; 64:344~352; Rowley, D. B. and Currie, B. S. *Nature* 2006; 439:677~681; Ruddiman, W. F. & others. *Proc. Ocean Drilling Program,* Scientific Results 1989; 108:463~484.

3 Chorowicz, J. *J. African Earth Sciences* 2005; 43:379~410; Feibel, C. S. *Evol. Anthro.* 2011; 20:206~216; Furman, T. & others. *J. Petrology* 2004; 45:1069~1088; Mohr, P. A. *J. Geophysical Research* 1970; 75:7340~7352.

4 Feibel, C. S. *Evol. Anthro.* 2011; 20:206~216; Furman, T. & others. *J. Petrology* 2006; 47:1221~1244; Hernández Fernández, M. and Vrba, E. S. *J. Hum. Evol.* 2006; 50:595~626; Kolding, J. *Environmental Biology of Fishes* 1993; 37:25~46; Olaka, L. A. & others. *J. Paleolimnology* 2010; 44:629~644; Van Bocxlaer, B. *J. Hum. Evol.* 2020; 140:102341; Yuretich, R. F. & others. *Geochimica Et Cosmochimica Acta* 1983; 47:1099~1109.

5 Alexeev, V. P. *The origin of the human race.* Moscow: Progress Publishers; 1986; Brown, F. & others. *Nature* 1985; 316:788~792; Leakey, M. G. & others. *Nature* 2001; 410:433~440; Lordkipanidze, D. & others. *Science* 2013; 342:326~331; Ward, C. & others. *Evolutionary Anthropology* 1999; 7:197~205.

6 Aldrovandi, U. *Ornithologiae.* Bologna: Francesco de Franceschi; 1599; Hedenström, A. & others. *Curr. Biol.* 2016; 26:3066~3070; Henningsson, P. & others. *J. Avian Biol.* 2010; 41:94~98; Hutson, A. M. *J. Zool.* 1981; 194:305~316; Liechti, F. & others. *Nature Communications* 2013; 4; Manthi, F. K. *The Pliocene micromammalian fauna from Kanapoi, northwestern Kenya, and its contribution to understanding the environment of Australopithecus anamensis.* Cape Town: University of Cape Town; 2006; Mayr, G. *J. Ornithology* 2015; 156:441~450; McCracken, G. F. & others. *Royal Society Open Science* 2016; 3:160398; Zuki, A. B. Z. & others. *Pertanika J. Tropical Agricultural Science* 2012; 35:613~622.

7 Delfino, M. *J. Hum. Evol.* 2020; 140:102353; Field, D. J. *J. Hum. Evol.* 2020; 140:102384; Kyle, K. and du Preez, L. H. *Afr. Zool.* 2020; 55:1~5; Manthi, F. K. and Winkler, A. J. *J. Hum. Evol.* 2020; 140:102338; Werdelin, L and Manthi, F. K. *J. African Earth Sciences* 2012; 64:1~8.

8 Geraads, D. & others. *J. Vert. Paleo.* 2011; 31:447~453; Lewis, M. E. *Comptes Rendus Palevol* 2008; 7:607~627; Stewart, K. M. and Rufolo S. J. *J. Hum. Evol.* 2020; 140:102452; Van Bocxlaer, B. *J. Systematic Palaeontology* 2011; 9:523~550; Van Bocxlaer, B. *J. Hum. Evol.* 2020; 140:102341; Werdelin, Land Lewis, M. E. *J. Hum. Evol.* 2020; 140:102334; Werdelin, L. and Manthi, F. K. *J. African Earth Sciences* 2012; 64:1~8.

9 Stewart, K. *Nat. Hist. Mus. LA County Contributions in Science* 2003; 498:21~38; Stewart, K. M. and Rufolo, S. J. *J. Hum. Evol.* 2020; 140:102452.

10 Field, D. J. *J. Hum. Evol.* 2020; 140:102384; Owry, O. T. *Ornithological Monographs* 1967; 6:60~63; Rijke, A. M. and Jesser, W. A. *Condor* 2011; 113:245~254.

11 Field, D. J. *J. Hum. Evol.* 2020; 140:102384; Kozhinova, A. https://ispan.waw.pl/ireteslaw/handle/20.500.12528/1832017; Louchart, A. & others. *Acta Palaeon-*

tologica Polonica 2005; 50:549~563; Meijer, H. J. M. and Due, R. A. *Zoo. J. Linn. Soc.* 2010; 160:707~724; Ogada, D. L. & others. *Conservation Biology* 2012; 26:453~460; Pomeroy, D. E. *Ibis* 1975; 117:69~81; Szyjewski, A. *Religia Słowian*. Warsaw: Wydawnictwo WAM; 2010; Warren-Chadd, R. and Taylor, M. *Birds: Myth, lore & legend*. London: Bloomsbury; 2016. p. 304.

12 Basu, C. & others. *Biology Letters* 2016; 12:20150940; Brochu, C. A. *J. Hum. Evol.* 2020; 140:102410; Geraads, D. & others. *J. African Earth Sciences* 2013; 85:53~61; Geraads, D. and Bobe, R. *J. Hum. Evol.* 2020; 140:102383; Harris, J. M. *Annals of the South African Museum* 1976; 69:325~353; Nanda, A. C. *J. Palaeont. Soc. India* 2013; 58:75~86.

13 Harris, J. M. *Annals of the South African Museum* 1976; 69:325~353; Solounias,N. *J. Mamm.* 1988; 69:845~848; Spinage, C. A. *J. Zool.* 1993; 230:1~5.

14 Sengani, F. and Mulenga, F. *Applied Sciences* 2020; 10:8824; Wynn, J. G. *J. Hum. Evol.* 2000; 39:411~432.

15 Cerling, T. E. & others. *PNAS* 2015; 112:11467~11472; Wagner, H. H. & others. *Landscape Ecology* 2000; 15:219~227.

16 Farquhar, G. D. and Sharkey, T. D. *Annual Reviews* 1982; 33:317~345; Waggoner, P. E. and Simmonds, N. W. *Plant Physiology* 1966; 41:1268.

17 Pearcy, R. W. and Ehleringer, J. *Plant, Cell, and Environment* 1984; 7:1~13; Spreitzer, R. J. and Salvucci, M. E. *Ann. Rev. Plant Biol.* 2002; 53:449~475; Westhoff, P. and Gowik, U. *Plant Physiology* 2010; 154:598~601.

18 Caswell, H. & others. *American Naturalist* 1973; 107:465~480; Cerling, T. E. & others. *PNAS* 2015; 112:11467~11472; Pearcy, R. W and Ehleringer, J. *Plant, Cell, and Environment* 1984; 7:1~13.

19 Cerling, T. E. & others. *PNAS* 2015; 112:11467~11472; Field, D. J. *J. Hum. Evol.* 2020; 140:102384; Franz-Odendaal, T. A and Solounias, N. *Geodiversitas* 2004; 26:675~685; Geraads, D. & others. *J. African Earth Sciences* 2013; 85:53~61; Harris J. M. *Annals of the South African Museum* 1976; 69:325~53; Uno, K. T. & others. *PNAS* 2011; 108:6509~6514; Wynn, J. G. *J. Hum. Evol.* 2000; 39:411~432.

20 Cerling, T. E. & others. *PNAS* 2015; 112:11467~11472; Sanders, W. J. *J. Hum. Evol.* 2020; 140:102547; Valeix, M. & others. *Biological Conservation* 2011; 144:902~912.

21 Žliobaitė, I. *Data Mining and Knowledge Discovery* 2019; 33:773~803.

22 Gunnell, G. F and Manthi, F. K. *J. Hum. Evol.* 2020; 140:102440; Wynn, J. G. *J. Hum. Evol.* 2000; 39:411~432.

23 Dávid-Barrett, T. and Dunbar, R. I. M. *J. Hum. Evol.* 2016; 94:72~82; Head, J. J. and Müller, J. *J. Hum. Evol.* 2020; 140:102451; Stave, J. & others. *Biodiversity and Conservation* 2007; 16:1471~1489; Ungar, P. S. & others. *Phil. Trans. R. Soc.* B 2010; 365:3345~3354; Ward, C. & others. *Evolutionary Anthropology* 1999; 7:197~205; Ward, C. V. & others. *J. Hum. Evol.* 2001; 41:255~368; Ward, C. V. & others. *J. Hum. Evol.* 2013; 65:501~524.

24 Stave, J. & others. *Biodiversity and Conservation* 2007; 16:1471~1489.

25 Almécija, S. & others. *Nature Communications* 2013; 4; Brunet, M. & others. *Nature* 2002; 418:145~151; Haile-Selassie, Y. & others. *American J. Physical Anthropology* 2010; 141:406~417; Parins-Fukuchi, C. & others. *Paleobiology* 2019; 45:378~393; Pickford, M. and Senut, B. *Comptes Rendus A* 2001; 332:145~152; Sarmiento, E. E. and Meldrum, D. J. *J. Comparative Human Biology* 2011; 62:75~108; Ward,C. V. & others. *Phil. Trans. R. Soc. B* 2010; 365:3333~3344; Wolpoff, M. H. & others. *Nature* 2002; 419:581~582.

26 Rose, D. 'The Ship of Theseus Puzzle'. In: Lombrozo, T. and others, eds. *Oxford Studies in Experimental Philosophy.* Volume 3. Oxford, UK: Oxford University Press; 2020. pp. 158~174.

27 Wagner, P. J. and Erwin, D. H. *Phylogenetic Patterns as Tests of Speciation Models.* New York: Columbia University Press; 1995. pp. 87~122.

28 Kimbel, W. H. & others. *J. Hum. Evol.* 2006; 51:134~152.

29 Lewis, J. E. and Harmand, S. *Phil. Trans. R. Soc. B* 2016; 371:20150233; McHenry, H. M. *American J. Physical Anthropology* 1992; 87:407~431; Reno, P. L. & others. *PNAS* 2003; 100:9404~9409; Ward, C. V. & others. *Phil. Trans. R. Soc. B* 2010; 365:3333~3344.

30 Geraads, D. & others. *J. African Earth Sciences* 2013; 85:53~61; Sanders, W. J. *J. Hum. Evol.* 2020; 140:102547.

31 Faith, J. T. & others. *Quaternary Research* 2020; 96:88~104; Fortelius, M. & others. *Phil. Trans. R. Soc. B* 2016; 371:20150232; Werdelin, L. and Lewis, M. E. *PLoS One* 2013; 8:e57944.

32 Bobe, R. and Carvalho, S. *J. Hum. Evol.* 2019; 126:91~105; Harmand,S. & others. *Nature* 2015; 521:310; Department of Agriculture, Turkana County Government, Kenya. https://www.turkana.go.ke/index.php/ministry-of-pastoral-economies-fisheries/department-of-agriculture. Accessed 07/08/2020.

33 Olff, H. & others. *Nature* 2002; 415:901~904; Ripple, W. J. & others. *Science Advances* 2015; 1:e1400103.

3. 홍수

1 Audra, P. & others. *Geodinamica Acta* 2004; 17:389~400; Fauquette, S. & others. *Palaeo3* 2006; 238:281~301; Mao, K. S. & others. *New Phytologist* 2010; 188:254~272; Young, R. A. 'Pre-Colorado River drainage in western Grand Canyon: Potential influence on Miocene stratigraphy in Grand Wash Trough'. In: Reheis, M. C. and others, eds. *Late Cenozoic Drainage History of the Southwestern Great Basin and Lower Colorado River Region: Geologicand Biotic Perspectives*: The Geological Society of America; 2008. pp. 319~333.

2 Cita, M. B. 'The Messinian Salinity Crisis in the Mediterranean'. In: Briegel, U. and Xiao, W., eds. *Paradoxes in Geology*: Elsevier; 2001. pp. 353~660.

3 Hou, Z. G. and Li, S. Q. *Biological Reviews* 2018; 93:874~896.

4 Hsü, K. J. 'The desiccated deep basin model for the Messinian events'. In: Drooger, C. W, ed. *Messinian Events in the Mediterranean*. Amsterdam: Noord-Halland Publ. Co.; 1973. pp. 60~67; Madof, A. S. & others. *Geology* 2019; 47:171~174; Popov, S. V. & others. *Palaeo3* 2006; 238:91~106; Wang, F. X. and Polcher, J. *Sci. Reports* 2019; 9:8024.

5 Barber, P. M. *Marine Geology* 1981; 44:253~272; Cita, M. B. 'The Messinian Salinity Crisis in the Mediterranean'. In: Briegel, U. and Xiao, W., eds. *Paradoxes in Geology*: Elsevier; 2001. pp.353~360; El Fadli, K. I. & others. *Bull. Am. Meteorological Soc.* 2013; 94:199~204; Haq, B. U. & others. *Global and Planetary Change* 2020; 184:103052; Kontakiotis, G. & others. *Palaeo3* 2019; 534; Murphy, L. N. & others. *Palaeo3* 2009; 279:41~59; Natalicchio, M. & others. *Organic Geochemistry* 2017; 113:242~253.

6 Anzidei, M. & others. 'Coastal structure, sea-level changes and vertical motion of the land in the Mediterranean'. In: Martini, I. P. and Wanless, H. R., eds. *Sedimentary Coastal Zones from High to Low Latitudes: Similarities and Differences*. Volume 388. London: Geological Society of London Special Publications; 2014; Dobson, M. and Wright, A. *J. Biogeog.* 2000; 27:417~424; Meulenkamp, J. E. & others. *Tectonophysics* 1994; 234:53~72.

7 Fauquette, S. & others. *Palaeo3* 2006; 238:281~301; Freudenthal, M. and Martín-Suárez, E. *Comptes Rendus Palevol* 2010; 9:95~100.

8 Kleyheeg, E. and van Leeuwen, C. H. A. *Aquatic Botany* 2015; 127:1~5; Meijer, H. J. M. *Comptes Rendus Palevol* 2014; 13:19~26; Pavia, M. & others. *Royal Society Open Science* 2017; 4:160722.

9 Mas, G. & others. *Geology* 2018; 46:527~530; van der Geer, A. & others. *Gargano.*

Evolution of Island Mammals: Adaptationand Extinction of Placental Mammals on Islands, 1st edition: Blackwell Publishing Ltd; 2010. pp. 62~79; Willemsen, G. F. *Scripta Geologica* 1983; 72:1~9.

10 Kotrschal, K. & others. 'Making the best of a bad situation: homosociality in male greylag geese'. In: Sommer, V. and Vasey, P. L., eds. *Homosexual Behaviour in Animals: An Evolutionary Perspective.* Cambridge, UK: Cambridge University Press; 2006. pp. 45~76; Meijer, H. J. M. *Comptes Rendus Palevol* 2014; 13:19~26; Pavia, M. & others. *Royal Society Open Science* 2017; 4:160722.

11 Alcover, J. A and McMinn, M. *Bioscience* 1994; 44:12~18; Ballmann, P. *Scripta Geologica* 1973; 17:1~75; Brathwaite, D. H. *Notornis* 1992; 39:239~247; Wehi, P. M. & others. *Human Ecology* 2018; 46:461~470.

12 Guthrie, R. D. *J. Mamm.* 1971; 52:209~212; Mazza, P. P. A. and Rustioni, M. *Zoo. J. Linn. Soc.* 2011; 163:1304~1333.

13 Bazely, D. R. *Trends in Ecology & Evolution* 1989; 4:155~156; Wang, Y. & others. *Science* 2019; 364:1153.

14 Mazza, P. P. A. *Geobios* 2013; 46:33~42; Patton, T. H. and Taylor, B. E. *Bull. Am. Mus. Nat. Hist.* 1971; 145:119~218.

15 Jaksić, F. M. and Braker, H. E. *Can. J. Zool.* 1983; 61:2230~2241; Leinders, J. J. M. *Scripta Geologica* 1983; 70:1~68; Mazza, P. & others. *Palaeontographica Abteilung A* 2016; 307:105~147.

16 Freudenthal, M. *Scripta Geologica* 1971; 3:1~10.

17 Van Hinsbergen, D. J. J. & others. *Gondwana Research* 2020; 81:79~229.

18 Angelone, C. and Čermák, S. *Palaeontologische Zeitschrift* 2015; 89:1023~1038; Ballmann, P. *Scripta Geologica* 1973; 17:1~75; Delfino, M. & others. *Zoo. J. Linn. Soc.* 2007; 149:293~307; Mazza, P. *Bull. Palaeont. Soc.* Italy 1987; 26:233~243; Moncunill-Solé, B. & others. *Geobios* 2018; 51:359~366.

19 Benton, M. J. & others. *Palaeo3* 2010; 293:438~454; Itescu, Y. & others. *Global Ecology and Biogeography* 2014; 23:689~700; Lomolino, M. V. *J. Biogeog.* 2005; 32:1683~1699; Marra, A. C. *Quaternary International* 2005; 129:5~14; Meiri, S. & others. *Proc. R. Soc. B* 2008; 275:141~148; Mitchell, K. J. & others. *Science* 2014; 344:898~900; Nopcsa, F. *Verhandlungen der zoologische-botanischen Gesellschaft.* Volume 54. Vienna 1914. pp. 12~14; van Valen, L. M. *Evolutionary Theory* 1973; 1:31~49; Worthy, T. H. & others. *Biology Letters* 2019; 15:20190467.

20 Alcover, J. A. & others. *Biol. J. Linn. Soc.* 1999; 66:57~74; Bover, P. & others. *Geological Magazine* 2010; 147:871~885; Köhler, M. & others. *PNAS* 2009;

106:20354~20358; Kurakina, I. O. & others. *Chemistry of Natural Compounds* 1969; 5:337~339; Quintana, J. & others. *J. Vert. Paleo.* 2011; 31:231~240; Welker, F. & others. *Quaternary Research* 2014; 81:106~116; Winkler, D. E. & others. *Mammalian Biology* 2013; 78:430~437.

21 Caro, T. *Phil. Trans. R. Soc. B* 2009; 364:537~548; Freudenthal, M. *Scripta Geol.* 1972; 14:1~19; Nowak, R. M. *Walker's Mammals of the World I.* 5th ed. Baltimore, Maryland: Johns Hopkins University Press; 1991. pp. 1~162; Wilson, D. E. and Reeder, D. M. *Mammal Species of the World. A Taxonomic and Geographic Reference.* Baltimore, Maryland, USA: Johns Hopkins University Press; 2005.

22 Abril, J. M. and Periáñez, R. *Marine Geology* 2016; 382:242~256; Balanyá, J. C. & others. *Tectonics* 2007; 26:TC2005; Garcia-Castellanos, D. & others. *Nature* 2009; 462:778-U. & 96; Pliny the Elder. *Natural History.* Volume 11855.

23 Garcia-Castellanos, D. & others. *Nature* 2009; 462:778-U96; Micallef, A. & others. *Sci. Reports* 2018; 8:1078.

24 Marra, A. C. *Quaternary International* 2005; 129:5~14; Northcote, E.M. *Ibis* 1982; 124:148~158.

25 Ermakhanov, Z. K. & others. *Lakes & Reservoirs* 2012; 17:3~9; Hammer, U. T. *Saline Lake Ecosystems of the World.* Springer Netherlands; 1986; Lehmann, P. N. *American Historical Review* 2016; 121:70~100; O'Hara S. L. & others. *Lancet* 2000; 355:627~628; Rögl, F. and Steininger, F. F. 'Neogene Paratethys, Mediterranean and Indopacific Seaways'. In: Brenchley, P., ed. *Fossils and Climate.* London: Wiley and Sons; 1984. pp. 171~200; Walthan, T. and Sholji, I. *Geology Today* 2002; 17:218~224; Yechieli, Y. *Ground Water* 2000; 38:615~623; Yoshida, M. *Geology* 2016; 44:755~758.

26 Billi, A. & others. *Geosphere* 2007; 3:1~15.

27 Black, T. *Ecology of anisland mouse, Apodemus sylvaticus hirtensis*: University of Edinburgh; 2013; Bover, P. & others. *Holocene* 2016; 26:1887~1691; Kidjo, N. & others. *Bioacoustics* 2008; 18:159~181; Vigne, J. D. *Mammal Review* 1992; 22:87~96; Vigne, J. D. 'Preliminary results on the exploitation of animal resources in Corsica during the Preneolithic'. In: Balmuth, M. S. and Tykot, R. H., eds. *Sardinian and Aegean Chronology.* Oxford, UK: Oxbow Books; 1998. pp. 57~62.

4. 고향

1 Diester-Haass, L. and Zahn, R. *Geology* 1996; 24:163~166; Flynn, J. J. & oth-

ers. *Palaeo3* 2003; 195:229~259; Kedves, M. *Acta Bot. Acad. Sci. Hung.* 1971; 17:371~378; Kohn, M. J. & others. *Palaeo3* 2015; 435:24~37; Liu, Z. & others. *Science* 2009; 323:1187~1190; Prasad, V. & others. *Science* 2005; 310:1177~1180; Sarmiento, G. *Boletín Geológico Ingeominas* 1992; 32; Strömberg, C. A. E. *Annual Review of Earth and Planetary Sciences,* Vol. 39 2011; 39:517~544.

2 Croft, D. A. & others. *Arquivos do Museu Nacional* 2008; 66:191~211; Folguera, A. and Ramos, V. A. *J. South American Earth Sciences* 2011; 32:531~546; Lockley, M. & others. *Cretaceous Research* 2002; 23:383~400.

3 Houston, J. and Hartley, A. J. *Int. J. Climatol.* 2003; 23:1453~1464; Mattison, L. and Phillips, I. D. *Scottish Geographical Journal* 2016; 132:21~41; Nanzyo, M. & others. 'Physical characteristics of volcanic ash soils'. In: Shoji, S. and others, eds. *Volcanic Ash Soils, Genesis, Properties, and Utilization.* Tokyo: Elsevier; 1993. pp. 189~207; Williams, M. A. J. 'Cenozoic climate changes in deserts: a synthesis'. In: Abrahams, A. D. and Parsons, A. J., eds. *Geomorphology of Desert Environments.* London: Chapman and Hall; 1994. pp. 644~670.

4 Hernández-Hernández, T. & others. *New Phytologist* 2014; 202:1382~1397.

5 Croft, D. A. & others. *Fieldiana* 2003; 1527:1~38; Hester, A. J. & others. *Forestry* 2000; 73:381~391; McKenna, M. C. & others. *Am. Mus.* Nov. 2006; 3536:1~18; Milchunas, D. G. & others. *American Naturalist* 1988; 132:87~106; Scanlon, T. M. & others. *Advances in Water Resources* 2005; 28:291~302; Simpson, G. G. *South American Mammals.* In: Fittkau, J. J., editor. *Biogeography and Ecology in South America.* The Hague: Dr. W. Junk N.V; 1969. pp. 879~909.

6 De Muizon, C. & others. *J. Vert. Paleo.* 2003; 23:886~894; De Muizon, C. & others. *J. Vert. Paleo.* 2004; 24:398~410; Delsuc, F. & others. *Curr. Biol.* 2019; 29:2031; McKenna, M. C. & others. *Am. Mus.* Nov. 2006; 3536:1~18; Patiño, S. & others. *Hist. Biol.* 2019, DOI: 10.1080/08912963.2019.1664504; Urbani, B. and Bosque, C. *Mammalian Biology* 2007; 72:321~329.

7 Croft D. A. & others. *Annual Review of Earth and Planetary Sciences* 2020; 48:259~290; Hautier L. & others. *J. Mamm. Evol.* 2018; 25:507~523.

8 Barry, R. E. and Shoshani, J. *Mammalian Species* 2000; 645:1~7; Croft, D. A. *Evolutionary Ecology* Research 2006; 8:1193~1214; Croft, D. A. *Horned Armadillos and Rafting Monkeys: The Fascinating Fossil Mammals of South America. Bloomington and Indianapolis*: Indiana University Press; 2016; Flynn, J. J. & others. *Palaeo3* 2003; 195:229~259.

9 Croft D. A. & others. *Annual Review of Earth and Planetary Sciences* 2020;

48:259~290; Winemiller, K. O. & others. *Ecology Letters* 2015; 18:737~751.

10 Rose, K.D. & others. 'Xenarthra and Pholidota'. In: Rose, K. D. and Archibald, J. D., eds. *The Rise of Placental Mammals: Origins and Relationships of the Major Extant Clades.* Baltimore, USA: Johns Hopkins University Press; 2005. pp. 106~126.

11 Costa, E. & others. *Palaeo3* 2011; 301:97~107; Köhler, M. and Moyà-Solà, S. *PNAS* 1999; 96:14664~14667.

12 Guerrero, E. L. & others. *Rodriguésia* 2018; 69.

13 Bond, M. & others. *Nature* 2015; 520:538; Martin, T. *Paleobiology* 1994; 20:5~13.

14 Capobianco, A. and Friedman M. *Biological Reviews* 2019; 94:662~699; Chakrabarty, P. & others. *PLoS One* 2012; 7:e44083; Martin, C. H. and Turner, B. J. *Proc. R. Soc. B* 2018; 285:20172436; Pyron, R. A. *Syst. Biol.* 2014; 63:779~797; Richetti, P. C. & others. *Tectonophysics* 2018; 747:79~98.

15 Bertrand, O. C. & others. *Am. Mus.* Nov. 2012; 3750:1~36.

16 Linder, H. P. & others. *Biological Reviews* 2018; 93:1125~1144.

17 Cully, A. C. & others. *Conservation Biology* 2003; 17:990~998; Hooftman, D. A. P. & others. *Basic and Applied Ecology* 2006; 7:507~519; Pereyra, P. J. *Conservation Biology* 2020; 34:373~377; Preston, C. D. & others. *Bot. J. Linn. Soc.* 2004; 145:257~294; Thomas, C. D. and Palmer, G. *PNAS* 2015; 112:4387~4392; van de Wiel, C. C. M. & others. *Plant Genetic Resources* 2010; 8:171~181; Wildlife and Countryside Act.
Parliament of the United Kingdom 1981.

18 Ameghino, F. *Anales del Museo Nacional* (Buenos Aires) 1907; 9:107~242; Benton, M. J. *Palaeontology* 2015; 58:1003~1029; Gaudry, A. *Bulletin de la Société Géologique de France* 1891; 19:1024~1035; Podgorny, I. *Science in Context* 2005; 18:249~283; Vilhena, D. A. and Smith, A. B. *PLoS One* 2013; 8:e74470.

19 Hochadel, O. *Studies in Ethnicity and Nationalism* 2015; 15:389~410; McPherson, A. *State Geosymbols: Geological Symbols of the 50 United States.* Bloomington: AuthorHouse; 2011; Rowland, S. M. 'Thomas Jefferson, extinction, and the evolving view of Earth history in the late eighteenth and early nineteenth centuries'. In: Rosenberg, G. D., ed. *The Revolution in Geology from the Renaissance to the Enlightenment*: Geological Society of America Memoir 2009; 203: pp. 225~246.

20 McKenna, M. C. & others. *Am. Mus.* Nov. 2006; 3536:1~18; Waitt, R. B. *Bulletin of Volcanology* 1989; 52:138~157.

21 Flynn, J. J. & others. *Palaeo3* 2003; 195:229~259; Travouillon, K. J. and Legendre, S. *Palaeo3* 2009; 272:69~84.

22 Barton, H. & others. *J. Archaeological Science* 2018; 99:99~111; Lucas, P. W. & others. *Annales Zoologici Fennici* 2014; 51:143~152; Massey, F. P. & others. *Oecologia* 2007; 152:677~683; Massey, F. P. & others. *Basic and Applied Ecology* 2009; 10:622~630; Rudall, P. J. & others. *Botanical Review* 2014; 80:59~71; Veits, M. & others. *Ecology Letters* 2019; 22:1483~1492.

23 McHorse, B. K. & others. *Integrative and Comparative Biol.* 2019; 59:638~655; Mihlbachler, M. C. & others. *Science* 2011; 331:1178~1181; Saarinen, J. *The Palaeontology of Browsing and Grazing*. In: Gordon, I. J. and Prins H. H. T., eds. *The Ecology of Browsing and Grazing II*. Cham: Springer Nature Switzerland; 2019. pp. 5~59; Tapaltsyan, V. & others. *Cell Reports* 2015; 11:673~680.

24 Bacon, C. D. & others. *PNAS* 2015; 112:6110~6115; Woodburne, M. O. *J. Mamm. Evol.* 2010; 17:245~264.

25 Barnosky, A. D. and Lindsey, E. L. *Quaternary International* 2010; 217:10~29; Barnosky, A. D. & others. *PNAS* 2016; 113:856~861; Frank, H. T. & others. *Revista Brasileira de Paleontologia* 2015; 18:273~284; MacPhee, R. D. E. & others. *Am. Mus.* Nov. 1999; 3261:1~20; McKenna, M. C. and Bell, S. K. *Classification of Mammals Above the Species Level*. New York Columbia University Press; 1997; Vizcaíno, S. F. & others. *Acta Palaeontologica Polonica* 2001; 46:289~301.

26 MacPhee, R. & others. *Society of Vertebrate Palaeontology 74th Annual Meeting*. Berlin, Germany 2014; Welker, F. & others. *Nature* 2015; 522:81~84.

27 Bai, B. & others. *Communications Biology* 2018; 1; Osborn, H. F. *Bull. Am. Mus. Nat. Hist.* 1898; 10:159~165; Rose, K. D. & others. *Nature Communications* 2014; 5.

5. 순환

1 Bowman, V. C. & others. *Palaeo3* 2014; 408:26~47; Case, J. A. *Geological Society of America Memoirs* 1988; 169:523~530; Doktor, M. & others. *Acta Palaeontologica Polonica* 1996; 55:127~146; Marenssi, S. A. & others. *Sedimentary Geology* 2002; 150:301~321; Poole, I. & others. *Annals of Botany* 2001; 88:33~54; Poole, I. & others. *Palaeo3* 2005; 222:95~121; Pujana, R. R. & others. *Review of Palaeobotany and Palynology* 2014; 200:122~137; Seddon, P. J. and Davis, L. S. Condor 1989; 91:653~659; Tatur, A. and Keck, A. *Proceedings of the NIPR Symposium on Polar Biology* 1990; 3:133~150; Zinsmeister, W. B. and Camacho, H. H. 'Late Eocene (to possibly earliest Oligocene) molluscan fauna of the La Meseta Formation of Seymour Island, Antarctic Peninsula'. In: Craddock, C., ed. *Antarctic Geoscience*. Madison,

Wisconsin: University of Wisconsin Press; 1982. pp. 299~304.

2 Buffo, J. & others. *USDA Forest Service Research Paper* 1972; 142:1~74.

3 Wyatt, B. M. & others. J. *Astrophysics and Astronomy* 2018; 39:0026.

4 Fricke, HC. & others. *Earth and Planetary Science Letters* 1998; 160:193~208; Frieling, J. & others. *Paleoceanography and Paleoclimatology* 2019; 34:546~566; Gehler, A. & others. *PNAS* 2016; 113:7739~7744; Gingerich, P. D. *Paleoceanography and Paleoclimatology* 2019; 34:329~335; Higgins, J. A. and Schrag D. P. *Earth and Planetary Science Letters* 2006; 245:523~537; Storey, M. & others. *Science* 2007; 316:587~589; Zachos, J. C. & others. *Science* 2003; 302:1551~1554.

5 D'Ambrosia, A. R. & others. *Science Advances* 2017; 3:e1601430; Hooker, J. J. and Collinson, M. E. *Austrian J. Earth Sciences* 2012; 105:17~28; Porter, W. P. and Kearney, M. *PNAS* 2009; 106:19666~19672; Shukla, A. & others. *Palaeo3* 2014; 412:187~198; Sluijs, A. & others. *Nature* 2006; 441:610~613; Zachos, J. C. & others. *Science* 2005; 308:1611~1615.

6 Bijl, P. K. & others. *PNAS* 2013; 110:9645~9650; Dutton, A. L. & others. *Paleoceanography* 2002; 17:6-1-6-13.

7 Slack, K. E. & others. *Mol. Biol. Evo.* 2006; 23:1144~1155; Tambussi, C. P. & others. *Geobios* 2005; 38:667~675.

8 Acosta Hospitaleche, C. *Comptes Rendus Palevol* 2014; 13:555~560; Davis, S. N. & others. *Peer J* 2020; 8; Jadwiszczak, P. *Polish Polar Research* 2006; 27:3~62; Levins, R. *Evolutionin Changing Environments: Some Theoretical Explorations.* Princeton, New Jersey: Princeton University Press; 1968.

9 Acosta Hospitaleche, C. & others. *Lethaia* 2020; 53:409~420; Dzik, J. and Gaździcki, A. *Palaeo3* 2001; 172:297~312; Jadwiszczak, P. and Gaździcki, A. *Antarctic Science* 2014; 26:279~280; Reguero, M. A. & others. *Rev. Peru. Biol.* 2012; 19:275~284; Schwarzhans, W. & others. *J. Systematic Palaeontology* 2017; 15:147~170.

10 Reguero, M. A. & others. *Rev. Peru. Biol.* 2012; 19:275~284; Scher,H. D. & others. *Science* 2006; 312:428~430.

11 Randall, D. *An Introduction to the Global Circulation of the Atmosphere.* Princeton: Princeton University Press; 2015.

12 Acosta Hospitaleche, C. and Reguero, M. *J. South American Earth Sciences* 2020; 99; Bourdon, E. *Naturwissenschaften* 2005; 92:586~591; Ivany, L. C. & others. *Bull. Geol. Soc. Am.* 2008; 120:659~678; Jadwiszczak P. & others. *Antarctic Science* 2008; 20:413~414; Ksepka, D. T. *PNAS* 2014; 111:10624~10629; Louchart, A. & others. *PLoS One* 2013; 8:e80372; Phillips, G. C. *Survival Valueof the White Color-*

ation of Gulls and Other Sea Birds: Oxford University, UK; 1962.

13 Ksepka, D. T. *PNAS* 2014; 111:10624~10629; Mackley, E. K. & others. *Marine Ecology Progress Series* 2010; 406:291~303.

14 Reguero, M. A. & others. *Rev. Peru. Biol.* 2012; 19:275~284; Wueringer, B. E. & others. *PLoS One* 2012; 7:e41605; Wueringer, B. E. & others. *Curr. Biol.* 2012; 22:R150~R151.

15 Buono,M. R. & others. *Ameghiniana* 2016; 53:296~315; Gingerich, P. D. & others. *Science* 1983; 220:403~406; Nummela, S. & others. *J. Vert. Paleo.* 2006; 26:746~759.

16 Ekdale, E. G. and Racicot, R. A. *J. Anatomy* 2015; 226:22~39; Park, T. & others. *Proc. R. Soc. B* 2017; 284:20171836.

17 Bond, M. & others. *Am. Mus.* Nov. 2011; 3718:1~16; Mörs, T. & others. *Sci. Reports* 2020; 10:5051.

18 Reguero, M. A. & others. *Palaeo3* 2002; 179:189~210; Reguero M. A. & others. *Global and Planetary Change* 2014; 123:400~413.

19 Gelfo, J. N. *Ameghiniana* 2016; 53:316~332; Gelfo, J. N. & others. *Antarctic Science* 2017; 29:445~455.

20 Amico, G. and Aizen, M. A. *Nature* 2000; 408:929~930; Goin, F. J. & others. *Revista de la Asociación Geológica Argentina* 2007; 62:597~603; Goin, F. J. & others. *J. Mamm. Evol.* 2020; 27:17~36; Muñoz-Pedreros, A. & others. *Gayana* 2005; 69:225~233; Springer, M. S. & others. *Proc. R. Soc. B* 1998; 265:2381~2386.

21 Tambussi, C. P. & others. *Polish Polar Research* 1994; 15:15~20; Torres, C. R. and Clarke, J. A. *Proc. R. Soc. B* 2018; 285:20181540.

22 Alvarenga, H. M. F. & others. *Pap. Avulsos Zool.* 2003; 43:55~91; Bertelli, S. & others. *J. Vert. Paleo.* 2007; 27:409~419; Mazzetta, G. V. & others. *J. Vert. Paleo.* 2009; 29:822~830; Tambussi, C. and Acosta Hospitaleche, C. *Revista de la Asociación Geológica Argentina* 2007; 62:604~617; Worthy, T. H. & others. *Royal Society Open Science* 2017; 4:170975.

23 Degrange, F. J. & others. *International Congress on Vertebrate Morphology* 2016. Volume 299. Washington, DC, USA, 29 Jun-03 Jul 2016. p. 224.

24 Arendt, J. *Chronobiology International* 2012; 29:379~394; Geiser, F. *Clinical and Experimental Pharmacology and Physiology* 1998; 25:736~739; Grenvald, J. C. & others. *Polar Biology* 2016; 39:1879~1895; Peri, P. L. & others. *Forest Ecology and Management* 2008; 255:2502~2511; Williams, C. T. & others. *Physiology* 2015; 30:86~96.

25 Goin, F. J. & others. *Geological Society of London Special Publications* 2006; 258:135~144; Krause, D. W. & others. *Nature* 2014; 515:512; KrauseD. W. & others. *Nature* 2020; 581:421~427; Monks, A. and Kelly D. *Austral Ecology* 2006; 31:366~375.

26 Case, J. A. *Geological Society of London Special Publications* 2006; 258:177~186.

27 Goldner, A. & others. *Nature* 2014; 511:574; Ivany, L. C. & others. *Geology* 2006; 34:377~380; Kennedy, A. T. & others. *Phil. Trans. R. Soc. A* 2015; 373:20150092; Zachos, J. C. and Kump, L. R. *Global and Planetary Change* 2005; 47:51~66.

28 Burckle, L. H and Pokras, E. M. *Antarctic Science* 1991; 3:389~403; Holderegger, R. & others. *Arctic Antarctic and Alpine Research* 2003; 35:214~217; Peat, H. J. & others. *J. Biogeog.* 2007; 34:132~146; Veblen, T. T. & others. *The Ecologyand Biogeography of Nothofagus forests.* New Haven and London: Yale University Press; 1996; Zitterbart, D. P. & others. *Antarctic Science* 2014; 26:563~564.

29 Bonadonna, F. & others. *Proc. R. Soc. B* 2005; 272:489~495.

6. 재생

1 Alvarez, L. W. & others. *Science* 1980; 208:1095~1108; Arthur, M. A. & others. *Cretaceous Research* 1987; 8:43~54; Byrnes, J. S. & others. *Science Advances* 2018; 4:eaao2994; Chiarenza, A. A. & others. *PNAS* 2020; 117:17084~17093; Collins, G. S. & others. *Nature Communications* 2020; 11:1480; DePalma, R. A. & others. *PNAS* 2019; 116:8190~8199; Goto, K. & others. 'Deep sea tsunami deposits in the Proto-Caribbean Sea at the Cretaceous/Tertiary Boundary'. In: Shiki, T. and others, eds. *Tsunamites*: Elsevier; 2008. pp. 251~275; Jablonski, D. and Chaloner, W. G. *Trans. R. Soc. B* 1994; 344:11~16; Kaiho, K. & others. *Sci. Reports* 2016; 6:28427; Morgan J. & others. *Nature* 1997; 390:472~476; Sanford J. C. & others. *J. Geophysical Research-Solid Earth* 2016; 121:1240~1261; Tyrrell, T. & others. *PNAS* 2015; 112:6556~6561; Vajda, V. and McLoughlin S. *Science* 2004; 303:1489; Vajda, V. & others. *Science* 2001; 294:1700~1702; Vellekoop J. & others. *PNAS* 2014; 111:7537~7541; Witts, J. D. & others. *Cretaceous Research* 2018; 91:147~167.

2 Alvarez, L. W. & others. *Science* 1980; 208:1095~108; Field, D. J. & others. *Curr. Biol.* 2018; 28:1825; Harrell, T. L. and Martin, J. E. *Netherlands J. Geosciences* 2015; 94:23~37; Henderson, M. D. and Petterson, J. E. *J. Vert. Paleo.* 2006; 26:192~195; Kaiho, K. and Oshima, N. *Sci. Reports* 2017; 7:14855; Robinson, L. N. and Honey, J. G. *PALAIOS* 1987; 2:87~90; Schimper, W. D. *Traité de paléontologie végétale.* Par-

is: Ballière; 1874; Swisher III, C. C. & others. *Can J. Earth Sci.* 1993; 30:1981~1996; Weishampel, D. B. & others. 'Dinosaur Distribution'. In: Weishampel, D. B. and others, eds. *The Dinosauria.* 2nd ed.: Universityof California Press; 2004. pp. 517~606; Wilf, P. and Johnson, K. R. *Paleobiology* 2004; 30:347~368; Wilson, G. P. 2014; 503:365~392.

3 Smith, S. M. & others. *Bull. Geol. Soc. Am.* 2018; 130:2000~2014; Wells, H. G. *A Short History of the World.* New York: The MacMillan and Company; 1922.

4 Berry, K. *Rocky Mountain Geology* 2017; 52:1~16; Diemer, J. A. and BeltE. S. *Sedimentary Geology* 1991; 75:85~108; Fastovsky, D. E. *PALAIOS* 1987; 2:282~295; Fastovsky. D. E. and Bercovici, A. *Cretaceous Research* 2016; 57:368~390; Robertson, D. S. & others. *J. Geophysical Research* 2013; 118:329~336; Russell, D. A. & others. *Geological Society of America Special Paper* 361; 2002. pp. 169~176; Slattery, J. S. & others. *Wyoming Geological Association Guidebook 2015*; 2015:22~60.

5 Correa, A. M. S. and Baker, A. C. *Global Change Biology* 2011; 17:68~75; Harries, P. J. & others. *Biotic Recovery from Mass Extinction Events 1996*:41~60; Jolley, D. W. & others. *J. Geol. Soc.* 2013; 170:477~482; Lehtonen,S. & others. *Sci. Reports* 2017; 7:4831; Vajda, V. and Bercovici, A. *Global and Planetary Change* 2014; 122:29~49; Walker, K. R. and Alberstadt, L. P. *Paleobiology* 1975; 1:238~257.

6 Johnson, K. R. *Geological Society of America Special Papers* 361; 2002. pp. 329~391.

7 Arakaki, M. & others. *PNAS* 2011; 108:8379~8384; Ivey, C. T. and DeSilva, N. *Biotropica* 2001; 33:188~191; Malhado, A. C. M. & others. 2012; 44:728~737.

8 Bush, R. T. and McInerney, F. A. *Geochimica Et Cosmochimica Acta 2013*; 117:161~179; Lichtfouse, E. & others. *Organic Geochemistry* 1994; 22:349~351; Tipple, B. J. & others. *PNAS* 2013; 110:2659~2664.

9 Simpson, G. G. *J. Mamm.* 1933; 14:97~107; Wilson, G. P. & others. *Nature* 2012; 483:457~460.

10 Ameghino, F. *Revista Argentina de Historia Natural* 1891; 1:289~328; Bonaparte, J. F. & others. *Evolutionary Monographs* 1990; 14:1~61; Fox, R. C. & others. *Nature* 1992; 358:233~235; Rich, T. H. & others. *Alcheringa* 2016; 40:475~501; Wible, J. R. and Rougier, G. W. *Annals of Carnegie Museum* 2017; 84:183~252.

11 Behrensmeyer, A. K. & others. *Paleobiology* 2000; 26:103~147; Grossnickle, D. M. & others. *Trends in Ecology & Evolution* 2019; 34:936~949; Trueman, C. N. *Palaeontology* 2013; 56:475~486.

12 Friedman, M. *Proc. R. Soc. B* 2010; 277:1675~1683; Grossnickle, D. M. and Newham, E. *Proc. R. Soc. B* 2016; 283:20160256; Wilson, G. P. & others. *Nature Communications* 2016; 7:13734.

13 Dos Reis, M. & others. *Biology Letters* 2014; 10:20131003; Goswami, A & others. *PNAS* 2011; 108:16333~16338; Halliday, T. J. D. & others. *Proc. R. Soc. B* 2016; 283:20153026; O'Leary M. A. & others. *Science* 2013; 339:662~667; Prasad, G. V. R. and Goswami, A. *12th Symposium on Mesozoic Terrestrial Ecosystems* 2015. pp. 75~77; Wible, J. R. & others. *Bull. Am. Mus. Nat. Hist.* 2009; 327:1~123.

14 Halliday, T. J. D. & others. *Biological Reviews* 2017; 92:521~550; Halliday, T. J. D. & others. *Proc. R. Soc. B* 2016; 283:20153026.

15 Lindqvist, C. and Rajora, O. P. *Paleogenomics: Genome-Scale Analysis of Ancient DNA*. Cham, Switzerland: Springer Nature; 2019.

16 Archibald, J. D. 'Archaic ungulates ("Condylarthra")'. In: Janis, C. M. and others, eds. *Evolution of Tertiary Mammals of North America. Terrestrial Carnivores, Ungulates, and Ungulate-like Mammals.* Cambridge, UK: Cambridge University Press; 1998. pp. 292~331; De Bast, E. and Smith, T. *J. Vert. Paleo.* 2013; 33:964~976.

17 Emerling, C. A. & others. *Science Advances* 2018; 4:eaar6478.

18 Barbosa-Filho, J. M. & others. 'Alkaloids of the Menispermaceae'. In: Cordell, G. A., ed. *The Alkaloids: Chemistry and Biology.* Volume 54: Elsevier; 2000. pp. 1~190; Clemens, W. A. *PaleoBios* 2017; 34:1~26; Field, D. J. & others. *Curr. Biol.* 2018; 28:1825; Johnson, K. R. *Geological Society of America Special Papers* 361; 2002. pp. 329~391; Parris, D. C. and Hope, S. *Proceedings of the 5th Symposium of the Society of Avian Paleontology and Evolution* 2002:113~124.

19 Anderson, A. O. and Allred, D. M. *The Great Basin Naturalist* 1964; 24:93~101; Botha-Brink, J. & others. *Sci. Reports* 2016; 6:24053; Robertson, D. S. & others. *Bull. Geol. Soc. Am.* 2004; 116:760~768.

20 Holroyd, P. A. & others. *Geological Society of America Special Paper* 503; 2014. pp. 299~312; Milner, A. C. *Geological Society Special Publications* 140; 1998. pp. 247~257; O'Connor, P. M. & others. *Nature* 2010; 466:748~751; Turner, A. H. and Sertich, J. J. W. *J. Vert. Paleo.* 2010; 30:177~236; Young, M. T. & others. *Zoo. J. Linn. Soc.* 2010; 158:801~859.

21 Bryant, L. J. *Nondinosaurian lower vertebrates across the Cretaceous-Tertiary Boundary in Northeastern Montana.* Berkeley: University of California Press; 1989; Katsura, Y. *Paleoenvironment and taphonomy of the fauna of the Tull-*

ock Formation (early Paleocene), McGuire Creek area, McCone County, Montana. Bozeman: Montana State University; 1992; Keller, G. & others. *Palaeo3* 2002; 178:257~297; Puértolas-Pascual, E. & others. *Cretaceous Research* 2016; 57:565~590; Wilson, G. P. & others. *Geological Society of America Special* Paper 503; 2014. pp. 271~297.

22 Johnson, K. R. *Geological Society of America Special Papers* 361; 2002. pp. 329~391; Lofgren, D. L. *The Bug Creek problem and the Cretaceous-Tertiary transition at McGuire Creek, Montana.* Berkeley, California: University of California Press; 1995; Shelley, S. L. & others. *PLoS One* 2018; 13:e0200132; Wilson, M. V. H. *Quaestiones Entomologicae* 1978; 14:13~34.

23 Donovan, M. P. & others. *PLoS One* 2014; 9:e103542.

24 Labandeira, C. C. & others. *Geological Society of America Special Paper 361*; 2002. pp. 297~327.

25 Crossley-Holland, K. *The Penguin Book of Norse Myths: Gods of the Vikings.* London: Penguin Books Ltd; 1993; van Valen, L. M. *Evolutionary Theory* 1978; 4:45~80.

26 Carroll, R. L. *Vertebrate Paleontology and Evolution.* New York, USA: W. H. Freeman and Company; 1988; Hostetter, C. F. *Mythlore* 1991; 3:5~10; van Valen, L. M. *Evolutionary Theory* 1978; 4:45~80.

27 Cooke, R. S. C. & others. *Nature Communications* 2019; 10.

28 Halliday, T. J. D. and Goswami, A. *Biol. J. Linn. Soc.* 2016; 118:152~168; Halliday, T. J. D. & others. *Biological Reviews* 2017; 92:521~550; Puechmaille, S. J. & others. *Nature* Communications 2011; 2; Smith, F. A. & others. *Science* 2010; 330:1216~1219.

29 Coxall, H. K. & others. *Geology* 2006; 34:297~300; Dashzeveg, D. and Russell, D. E. *Geobios* 1992; 25:647~650; Storer, J. E. *Can. J. Earth Sci.* 1993; 30:1613~1617.

30 Koenen, E. J. M. & others. *Syst. Biol.* 2020; 70:508~526; Lowery, C. M. & others. *Nature* 2018; 558:288; Lyson, T. R. & others. *Science* 2019; 366:977~983.

7. 신호

1 Hone, D. W. E. and Henderson, D. M. *Palaeo3* 2014; 394:89~98; Henderson, D. M. *J. Vert. Paleo.* 2010; 30:768~785; Lü, J. *Memoir of the Fukui Prefecture Dinosaur Museum* 2003; 2:153~160; Lü, J. & others. *Acta Geologica Sinica* 2005; 79:766~769; Martill, D. M. & others. *Cretaceous Research* 2006; 27:603~610;

Modesto, S. P. and Anderson, J. S. *Syst. Biol.* 2004; 53:815~821.

2 Chen, P. J. & others. *Science in China Series D* 2005; 48:298~312; Fricke, H. C. & others. *Nature* 2011; 480:513~515; Wang, X. R. & others. *Acta Geologica Sinica* 2007; 81:911~916.

3 Falkingham, P. L. & others. *PLoS One* 2014; 9:e93247; Mallison, H. 'Rearing Giants: Kinetic-dynamic modeling of sauropod bipedal and tripedal poses'. In: Klein, N. and others, eds. *Biology of the Sauropod Dinosaurs.* Indianapolis: Indiana University Press; 2011. pp. 237~250; Taylor M. P. & others. *Acta Palaeontologica Polonica* 2009; 54:213~220.

4 Cerda, I. A. and Powell, J. E. *Acta Palaeontologica Polonica* 2010; 55:389~398; Gallina, P. A. & others. *Sci. Reports* 2019; 9:1392; Gill, F. L. & others. *Palaeontology* 2018; 61:647~658; Twyman, H. & others. *Proc. R. Soc. B* 2016; 283:20161208; Wedel, M. J. *Paleobiology* 2003; 29:243~255; Wedel, M. J. *J. Exp. Zool. A* 2009; 311A:611~628.

5 Chen, P. J. & others. *Science in China Series D* 2005; 48:298~312; Xing, L. D. & others. *Lethaia* 2012; 45:500~506.

6 Gu, J. J. & others. *PNAS* 2012; 109:3868~3873; Heads, S. W. and Leuzinger, L. *Zookeys* 2011; 77:17~30; Li, J. J. & others. *Mitochondrial DNA Part A* 2019; 30:385~396; Moyle, R. G. & others. *Nature Communications* 2016; 7:12709; Wang, B. & others. *J. Systematic Palaeontology* 2014; 12:565~574; Wang, H. & others. *Cretaceous Research* 2018; 89:148~153.

7 Frederiksen, N. O. *Geoscience and Man* 1972; 4:17~28; Hethke, M. & others. *International J. Earth Sciences* 2013; 102:351~378; Labandeira, C. C. *Annals of the Missouri Botanical Garden* 2010; 97:469~513; Wu, S. Q. *Palaeoworld* 1999; 11:7~57; Yang, Y. & others. *American J. Botany* 2005; 92:231~241.

8 Dilcher, D. L. & others. *PNAS* 2007; 104:9370~9374; Eriksson, O. & others. *International J. Plant Sci.* 2000; 161:319~329; Friis, E.M. & others. *Nature*; 410:357~360; Gomez, B. & others. *PNAS* 2015; 112:10985~10988; Ji, Q. & others. *Acta Geologica Sinica* 2004; 78:883~896.

9 Chinsamy, A. & others. *Nature Communications* 2013; 4; Hou, L. H. & others. *Chinese Science Bulletin* 1995; 40:1545~1551; Ji, S. & others. *Acta Geologica Sinica* 2007; 81:8~15; Xing, L. D. & others. *J. Palaeogeography* 2018; 7:13.

10 Chen, P. J. & others. *Science in China Series D* 2005; 48:298~312; Hedrick, A. V. *Proc. R. Soc. B* 2000; 267:671~675; Igaune, K. & others. *J. Avian Biology* 2008; 39:229~232; Yuan, W. & others. *Naturwissenschaften* 2000; 87:417~420.

11 Chen, P. J. & others. *Science in China Series* D 2005; 48:298~312; Clarke, J. A. & others.*Nature*2016; 538:502~505; Habib, M. B.*Zitteliana*2008; B28:159~166; Kojima, T. & others. *PLoS One* 2019; 14:e0223447; Senter, P. *Hist. Biol.* 2008; 20:255~287; Vinther, J. & others. *Curr. Biol.* 2016; 26:2456~2462; Woodruff, D. C. & others. *Hist. Biol.* 2020: DOI: 10.1080/08912963.2020.1731806; Xu, X. & others. *Nature* 2012; 484:92~95.

12 Bestwick, J. & others. *Biological Reviews* 2018; 93:2021~2048; Lü, J. C. & others. *Acta Geologica Sinica* 2012; 86:287~293; Pan, H. Z. and Zhu, X. G. *Cretaceous Research* 2007; 28:215~224; Tong, H. Y. & others. *Am. Mus.* Nov. 2004; 3438:1~20; Zhou, Z. H. & others. *Can. J. Earth Sci.* 2005; 42:1331~1338.

13 Gao, T. P. & others. *J. Systematic Palaeontology* 2019; 17:379~391; Li, L. F. & others. *Systematic Entomology* 2018; 43:810~842; ZhangJ. F. *Cretaceous Research* 2012; 36:1~5.

14 Schuler, W. and Hesse, E. *Behavioral Ecology and Sociobiology* 1985; 16:249~255.

15 Lautenschlager, S. *Proc. R. Soc. B* 2014; 281:20140497; Xu, X. & others. *PNAS* 2009; 106:832~834.

16 McNamara, M. E. & others. *Nature Communications* 2018; 9:2072.

17 Nel, A. and Delfosse, E. *Acta Palaeontologica Polonica* 2011; 56:429~432; Shang, L. J. & others. *European J. Entomology* 2011; 108:677~685; Wang, M. M. & others. *PLoS One* 2014; 9:e91290; Wang, Y. J. & others. *PNAS* 2010; 107:16212~16215.

18 De Bona, S. & others. *Proc. R. Soc. B* 2015; 282:20150202; Dong, R. *Acta Zootaxonomica Sinica* 2003; 28:105~109.

19 Pérez-de la Fuente, R. & others. *Palaeontology* 2019; 62:547~559; Wang, B. & others. *Science Advances* 2016; 2:e1501918.

20 Hu, Y. M. & others. *Nature* 1997; 390:137~142; Hurum, J. H. & others. *Acta Palaeontologica Polonica* 2006; 51:1~11; Smithwick, F. M. & others. *Curr. Biol.* 2017; 27:3337; Wong, E. S. W. & others. *PLoS One* 2013; 8:e79092.

21 Li, J. L. & others. *Chinese Science Bulletin* 2001; 46:782~786; Xu, X. and Norell, M. A. *Nature* 2004; 431:838~841; Hu, Y. M. & others. *Nature* 2005; 433:149~152.

22 Angielczyk, K. D. and Schmitz, L. *Proc. R. Soc. B* 2014; 281:20141642; Cerda, I. A. and Powell, J. E. *Acta Palaeontologica Polonica* 2010; 55:389~398; Schmitz, L. and Motani, R. *Science* 2011; 332:705~707.

23 Arrese, C. A. & others. *Curr. Biol.* 2002; 12:657~660; Hunt, D. M. & others. *Vision Research* 1998; 38:3299~3306; Onishi, A. & others. *Nature* 1999; 402:139~140.

24 Evans, S. E. and Wang, Y. *J. Systematic Palaeontology* 2010; 8:81~95.

25 Evans, S. E. & others. *Senckenbergiana Lethaea* 2007; 87:109~118; Hechenleitner, E. M. & others. *Palaeontology* 2016; 59:433~446; Norell, M. A. & others. *Nature* 2020; 583:406~410; Rogers, K. C. & others. *Science* 2016; 352:450~453; Sander, P. M. & others. *Palaeontographica Abteilung A* 2008; 284:69~107; Vila, B. & others. *Lethaia* 2010; 43:197~208; Wilson, J. A. & others. *PLoS Biol.* 2010; 8:e1000322.

26 Amiot, R. & others. *Palaeontology* 2017; 60:633~647; Ji, Q. & others. *Nature* 1998; 393:753~761; Moreno, J. and Osorno, J. L. *Ecology Letters* 2003; 6:803~806; Wiemann, J. & others. *Peer J* 2017; 5; Wiemann, J. & others. *Nature* 2018; 563:555; Yang, T. R. & others. *Acta Palaeontologica Polonica* 2019; 64:581~596.

27 Yang, Y. and Ferguson, D. K. *Perspectives in Plant Ecology Evolutionand Systematics* 2015; 17:331~346.

28 Jiang, B. Y. & others. *Sedimentary Geology* 2012; 257:31~44.

29 Zhang, X. L. and Sha, J. G. *Cretaceous Research* 2012; 36:96~105.

30 Wu, C. E. *Journey to the West* (tr. Jenner, W. J. F.). Beijing: Collinson Fair; 1955.

8. 기초

1 Bennett, S. C. *J. Paleontology* 1995; 69:569~580; Frey, E. and Tischlinger, H. *PLoS One* 2012; 7:e31945; Frey, E. & others. *Geological Society of London Special Publications* 2003; 217:233~266; Hone, D. W. E. and Henderson, D. M. *Palaeo3* 2014; 394:89~98; Upchurch, P. & others. *Hist. Biol.* 2015; 27:696~716; Wellnhofer, P. *Palaeontographica* A 1975; 149:1~30; Witton, M. P. *Geological Society of London Special Publication* 2018; 455:7~23.

2 Arkhangelsky, M. S. & others. *Paleontological Journal* 2018; 52:49~57; Lanyon, J. M. and Burgess E. A. *Reproductive Sciences in Animal Conservation* 2014; 753:241~274; Vallarino, O. and Weldon, P. J. *Zoo Biology* 1996; 15:309~314.

3 Davies, J. & others. *Nature Communications* 2017; 8; Foffa, D. & others. *J. Anatomy* 2014; 225:209~219; Foffa, D. & others. *Nature Ecology & Evolution* 2018; 2:1548~1555; Jones, M. E. H. and Cree, A. *Curr. Biol.* 2012; 22:R986~R987; Schweigert, G. & others. *Zitteliana* 2005; B26:87~95; Stubbs, T. L. and Benton, M. J. *Paleobiology* 2016; 42:547~573; Thorne, P. M. & others. *PNAS* 2011; 108:8339~8344; Young, M. T. & others. *PLoS One* 2012; 7:e44985.

4 Collini, C. A. *Acta Theodoro-Palatinae* Mannheim 1784; 5 Physicum:58~103; O'Connor, R. *The Earth on Show: Fossils and the Poetics of Popular Science 1802~1856*. Chicago: University of Chicago Press; 2013; Ruxton, G. D. and

Johnsen, S. *Proc. R. Soc. B* 2016; 283:20161463; Torrens, H. *British Journal for the History of Science* 1995; 28:257~284.

5 Danise, S. and Holland, S. M. *Palaeontology* 2017; 60:213~232; Scotese, C. R. *Palaeo3* 1991; 87:493~501; Sellwood, B. W. and Valdes, P. J. *Proceedings of the Geologists' Association* 2008; 119:5~17; Vörös, A. and Escarguel, G. *Lethaia* 2020; 53:72~90.

6 Gill, G. A. & others. *Sedimentary Geology* 2004; 166:311~334; Hosseinpour, M. & others. *International Geology Review* 2016; 58:1616~1645; Korte, C. & others. *Nature Communications* 2015; 6; Maffione, M. and van Hinsbergen, D. J. J. *Tectonics* 2018; 37:858~887; Scotese, C. R. *Palaeo3* 1991; 87:493~501.

7 Armstrong, H. A. & others. *Paleoceanography* 2016; 31:1041~1053; Korte, C. & others. *Nature Communications* 2015; 6.

8 Morton, N. *Episodes* 2012; 35:328~332.

9 Ereskovsky, A. V. and Dondua, A. K. *Zoologischer Anzeiger* 2006; 245:65~76; Lavrov, A. I. and Kosevich, I. A. *Russ. J. Dev. Biol.* 2014; 45:205~523; Leinfelder, R. R. 'Jurassic Reef Ecosystems'. In: Stanley, G. D., ed. *The History and Sedimentology of Ancient Reef Systems.* Boston, MA, USA: Springer; 2001; Ludeman, D. A. & others. *BMC Evol. Biol.* 2014; 14; Reitner, J. and Mehl, D. *Geol. Palaeont.* 1995. Mitt. Innsbruck: Helfried Mostler Festschrift; 335~347.

10 Leys, S. P. *Integrative and Comparative Biology* 2003; 43:19~27; Leys S. P. & others. *Advances in Marine Biology,* Vol. 52 2007; 52:1~145; Müller, W. E. G. & others. *Chemistry of Materials* 2008; 20:4703~4711.

11 Colombié, C. & others. *Global and Planetary Change* 2018; 170:126~145; Leinfelder, R. R. 'Jurassic Reef Ecosystems'. In: Stanley, G. D., ed. *The History and Sedimentology of Ancient Reef Systems.* Boston, MA, USA: Springer; 2001.

12 Tompkins-MacDonald, G. J. and Leys. S. P. *Marine Biology* 2008; 154:973~984; Vogel, S. *PNAS* 1977; 74:2069~2071; Yahel, G. & others. *Limnology and Oceanography* 2007; 52:428~440.

13 Krautter, M. & others. *Facies* 2001; 44:265~282; Pisera, A. *Palaeontologia Polonica* 1997; 57:3~216.

14 Brunetti, M. & others. *J. Palaeogeography-English* 2015; 4:371~383; Krautter, M. & others. *Facies* 2001; 44:265~282; Leinfelder, R. R. 'Jurassic Reef Ecosystems'. In: Stanley, G. D., ed. *The History and Sedimentology of Ancient Reef Systems.* Boston, MA, USA: Springer; 2001.

15 Dommergues, J. L. & others. *Paleobiology* 2002; 28:423~434; Landois, H. *Jahresb.*

Des Westfälischen Provinzial-Vereins für Wissenschaft und Kunst 1895; 23:99~108.

16 Inoue, S. and Kondo, S. *Sci. Reports* 2016; 6:33489; Lukeneder, A. and Lukeneder, S. *Acta Palaeontologica Polonica* 2014; 59:663~680; Stahl, W. and Jordan, R. *Earth and Planetary Science Letters* 1969; 6:173; Ward, P. *Paleobiology* 1979; 5:415~422.

17 Kastens, K. A. and Cita, M. B. *Bull. Geol. Soc. Am.* 1981; 92:845~857; Schweigert, G. & others. *Zitteliana* 2005; B26:87~95; Solé, M. & others. *Biology Open* 2018; 7:bio033860; Zhang, Y. & others. *Integrated Zoology* 2015; 10:141~151.

18 Allain, R. *J. Vert. Paleo.* 2005; 25:850~858; Mazin, J. M. & others. *Geobios* 2016; 49:211~228; Meyer, C. A. and Thüring, B. *Comptes Rendus Palevol* 2003; 2:103~117; Moreau, J. D. & others. *Bulletin de laSociété Géologique de France* 2016; 187:121~127; Owen R. *Rep. Brit. Ass. Adv. Sci* 1842; 11:32~37; Wellnhofer, P. *Palaeontographica A* 1975; 149:1~30; Witton, M. P. *Zitteliana* 2008; 28:143~159.

19 Elliott, G. F. *Geology Today* 1986; Jan-Feb: 20~23; Schweigert, G. and Dietl, G. *Jb. Mitt. Oberrhein Geol. Ver. NF* 2003; 85:473~483; Schweigert, G. & others. *Zitteliana* 2005; B26:87~95; Uhl, D. & others. *Palaeobiodiversity and Palaeoenvironments* 2012; 92:329~341.

20 Mazin, J. M. and Pouech, P. *Geobios* 2020; 58:39~53; Unwin, D. M. *Geological Society of London Special Publications* 2003; 217:139~190.

21 Bennett, S. C. . *Neues Jahrbuch für Geologie und Palaontologie-Abhandlungen* 2013; 267:23~41.

22 Bennett, S. C. *J. Paleontology* 1995; 69:569~580; Bennett, S. C. *J. Vert. Paleo.* 1996; 16:432~444; Bennett, S. C. *J. Paleontology* 2018; 92:254~271; Black, R. 'A Flock of Flaplings'. *Laelaps: Scientific American*; 2017; Lü, J. C. & others. *Science* 2011; 331:321~324; Prondvai, E. & others. *PLoS One* 2012; 7:e31392; Unwin, D. and Deeming, C. *Proc. R. Soc. B* 2019; 286:20190409.

23 Frey, E. and Tischlinger, H. *PLoS One* 2012; 7 e31945; Hoffmann, R. & others. *Sci. Reports* 2020; 10:1230.

24 Briggs, D. E. G. & others. *Proc. R. Soc. B* 2005; 272:627~632; Klug, C. & others. *Lethaia* 2010; 43:445~456; Mazin, J. M. and Pouech, P. *Geobios* 2020; 58:39~53; Mazin, J. M. & others. *Proc. R. Soc. B* 2009; 276:3881~3886.

25 Hoffmann, R. & others. *J. Geol. Soc.* 2020; 177:82~102; Knaust, D. and Hoffmann, R. *Papers in Palaeontology* 2020; https://doi.org/10.1002/spp2.1311; Mehl, J. *Jahresberichte der Wetterauischen Gesellschaft für Naturkunde* 1978; 85~89;

Schweigert, G. *Berliner Paläobiologische Abhandlungen* 2009; 10:321~330; Vallon, L. *New Mexico Museum of Natural History and Science Bulletin* 2012; 57:131~135.

26 Baumiller, T. K. *Annual Review of Earth and Planetary Sciences* 2008; 36:221~249; Macurda, D. B. and Meyer, D. L. *Nature* 1974; 247:394~396; Matzke, A. T. and Maisch M. W. *Neues Jahrbuch für Geologie und Palaontologie-Abhandlungen* 2019; 291:89~107.

27 Thiel, M and Gutow, L. 'The Ecology of Raftingin the Marine Environment I: The Floating Substrata'. In: Gibson, R. N. and others, eds. *Oceanography and MarineBiology: An Annual Review*. Volume 42. London: CRC Press; 2004. p. 432.

28 Hunter, A. W. & others. *Royal Society Open Science* 2020; 7:200142; McGaw, I. J. and Twitchit, T. A. *Comparative Biochemistry and Physiology A* 2012; 161:287~295; Robin, N. & others. *Palaeontology* 2018; 61:905~918; Seilacher, A. and Hauff, R. B. *PALAIOS* 2004; 19:3~16.

29 Camerini, J. R. *Isis* 1993; 84:700~727; Hunter, A. W. & others. *Paleontological Research* 2011; 15:12~22; Philippe, M. & others. *Review of Palaeobotany and Palynology* 2006; 142:15~32.

9. 우연

1 Levis, C. & others. *Science* 2017; 355:925; Lloyd, G. T. & others. *Biology Letters* 2016; 12:20160609; Moisan, P. & others. *Review of Palaeobotany and Palynology* 2012; 187:29~37; Shcherbakov, D. E. *Alavesia* 2008; 2:113~124; Voigt, S. & others. *Terrestrial Conservation Lagerstätten* 2017; 65~104.

2 Li, H. T. & others. *Nature Plants* 2019; 5:461~470; Pole, M. & others. *Palaeo3* 2016; 464:97~109.

3 Biffin, E. & others. *Proc. R. Soc. B* 2012; 279:341~348; Dobruskina, I. A. *Bulletin of the New Mexico Museum of Natural History and Science* 1995; 5:1~49.

4 Dobruskina,I. A. *Bulletin of the New Mexico Museum of Natural History and Science* 1995; 5:1~49; Fedorenko, O. A. and Miletenko, N. V. *Atlas of Lithology-Paleogeographical, Structural, Palinspastic, and Geoenvironmental Maps of Central Eurasia*. Almaty: YUGGEO; 2002; Marler, T. E. *Plant Signaling and Behavior* 2012; 7:1484~1487; Moisan, P. and Voigt S. *Review of Palaeobotany and Palynology* 2013; 192:42~64; Shcherbakov, D. E. *Alavesia* 2008; 2:113~124; Shcherbakov, D. E. *Alavesia* 2008; 2:125~131; Voigt, S. & others. *Terrestrial Con-*

servation Lagerstätten 2017; 65~104.

5 Burtman, V. S. *Russian J. Earth Sciences* 2008; 10:ES1006; Dobruskina, I. A. *Bulletin of the New Mexico Museum of Natural History and Science* 1995; 5:1~49; Konopelko, D. & others. *Lithos* 2018; 302:405~420; Moisan, P. & others. *Review of Palaeobotany and Palynology* 2012; 187:29~37; Nevolko P. A. & others. *Ore Geology Reviews* 2019; 105:551~571; Shcherbakov, D. E. *Alavesia* 2008; 2:113~124.

6 Dyke, G. J. & others. *J. Evol. Biol.* 2006; 19:1040~1043; Ericsson, L. E. *J. Aircraft* 1999; 36:349~356; Gans, C. & others. *Paleobiology* 1987; 13:415~426; Sharov, A. G. *Akad. Nauk. SSSR. Trudy Paleont. Inst.* 1971; 130:104~113.

7 Dzik, J. and Sulej, T. *Acta Palaeontologica Polonica* 2016; 61:805~823.

8 Butler, R. J. & others. *Biology Letters* 2009; 5:557~560; Chatterjee, S. and Templin, R. J. *PNAS* 2007; 104:1576~1580; Fraser, N. C. & others. *J. Vert. Paleo.* 2007; 27:261~265; Simmons, N. B. & others. *Nature* 2008; 451:818–U6; Xu, X. & others. *Nature* 2015; 521:70–U131; Zhou, Z. H. and Zhang, F. C. *PNAS* 2005; 102:18998~19002.

9 Bi, S. D. & others. *Nature* 2014; 514:579; King, B. and Beck, R. M. D. *Proc. R. Soc. B* 2020; 287:20200943; Lucas, S. G. and Luo, Z. *J. Vert. Paleo.* 1993; 13:309~334; Luo, Z. X. *Nature* 2007; 450:1011~1019; Ruta, M. & others. *Proc. R. Soc. B* 2013; 280:20131865.

10 Bajdek, P. & others. *Lethaia* 2016; 49:455~477; Bown, T. M. and Kraus, M. J. 'Origin of the tribosphenic molar and metatherian and eutherian dental formulae'. In: Lillegraven, J. A. and others, eds. *Mesozoic Mammals: The First Two-Thirds of Mammalian History*. Berkeley: University of California Press; 1979. pp. 172~181; Chudinov, P. K. 'The skin covering of therapsids'. In: Flerov, K. K., ed. *Data on the Evolution of Terrestrial Vertebrates*. Moscow: Nauka; 1970. pp. 45~50; Maier, W. & others. *J. Zoological Systematics and Evolutionary Research* 1996; 34:9~19; Oftedal, O. T. *Journal of Mammary Gland Biology and Neoplasia* 2002; 7:225~252; Oftedal, O. T. *Journal of Mammary Gland Biology and Neoplasia* 2002; 7:253~266; Tatarinov, L. P. *Paleontological Journal* 2005; 39:192~198.

11 De Ricqles, A. & others. *Annales de Paléontologie* 2008; 94:57~76; Foth, C. & others. *BMC Evol. Biol.* 2016; 16.

12 Pritchard, A. C. and Sues, H. D. *J. Syst. Palaeo.* 2019; 17:1525~1545; Renesto, S. & others. *Rivista Italiana Di Paleontologia E Stratigrafia* 2018; 124:23~33; Spiekman, S. N. F. & others. *Curr. Biol.* 2020; 30:3889~3895; Wild, R. *Schweizerische Paläontologische Abhandlungen* 1973; 95:1~162.

13 Alifanov, V. R. and Kurochkin, E. N. *Paleontological Journal* 2011; 45:639~647; Gonçalves, G. S. and Sidor, C. A. *PaleoBios* 2019; 36:1~10.

14 Buatois, L. A. & others. *The Mesozoic Lacustrine Revolution. Trace-Fossil Record of Major Evolutionary Events, Vol. 2: Mesozoic and Cenozoic* 2016; 40:179~263; Dobruskina, I. A. *Bulletin of the New Mexico Museum of Natura lHistory and Science* 1995; 5:1~49; Voigt, S. and Hoppe, D. *Ichnos* 2010; 17:1~11.

15 Dobruskina, I. A. *Bulletinof the New Mexico Museum of Natural History and Science* 1995; 5:1~49; Moisan P. & others. *Review of Palaeobotany and Palynology* 2012; 187:29~37; Schoch, R. R. & others. *PNAS* 2020; 117:11584~11588; Shcherbakov, D. E. *Alavesia* 2008; 2:113~124; Wagner, P. & others. *Paleontological Research* 2018; 22:57~63.

16 Gawin, N. & others. *BMC Evol. Biol.* 2017; 17; Hengherr, S. and Schill, R. O. *J. Insect Physiology* 2011; 57:595~601; Shcherbakov, D. E. *Alavesia* 2008; 2:113~124.

17 Moser, M. and Schoch, R. R. *Palaeontology* 2007; 50:1245~1266; Schoch, R. R. & others. *Zoo. J. Linn. Soc.* 2010; 160:515~530; Tatarinov, L. P. *Seymouriamorphen aus der Fauna der UdSSR.* In: Kuhn, O., ed. *Encyclopedia of Paleoherpetology,* Part 5B: Batrachosauria (Anthracosauria) Gephyrostegida-Chroniosuchida. Stuttgart: Gustav Fischer; 1972. p. 80; Voigt, S. & others. *Terrestrial Conservation Lagerstätten* 2017; 65~104; Lemanis, R. & others. *Peer J Preprints* 2019; 7:e27476v1.

18 Buchwitz, M. and Voigt, S. *J. Vert. Paleo.* 2010; 30:1697~1708; Buchwitz, M. & others. *Acta Zoologica* 2012; 93:260~280; Schoch, R. R. & others. *Zoo. J. Linn. Soc.* 2010; 160:515~530.

19 Fischer J. & others. *Paläontologie, Stratigraphie, Fazies* 2007; 15:41~46; Nakaya K. & others. *Sci. Reports* 2020; 10:12280; Vorobyeva, E. I. *Paleontological Journal* 1967; 4:102-1.

20 Fischer, J. & others. *J. Vert. Paleo.* 2011; 31:937~953; Rees, J. and Underwood, C. J. *Palaeontology* 2008; 51:117~147.

21 Kukalovapeck, J. *Can. J. Zool.* 1983; 61:1618~1669; Pringle, J. W. S. *Phil. Trans. R. Soc. B* 1948; 233:347; Shcherbakov, D. E. & others. *International J. Dipterological Research* 1995; 6:76~115; Sherman, A. and Dickinson, M. H. *J. Exp. Biol.* 2003; 206:295~302.

22 Béthoux, O. *Arthropod Systematics and Phylogeny* 2007; 65:135~156; Frost, S. W. *Insect Life and Natural History.* New York, USA: Dover Publications; 1959; Gorochov, A. V. *Paleontological Journal* 2003; 37:400~406; Grimaldi, D. and Engel, M. S. *Evolution of the Insects.* Cambridge, UK: Cambridge University Press;

2005; Huang, D. Y. & others. *J. Syst. Palaeo.* 2020; 18:1217~1222; Vishnyakova, V. N. *Paleontological Journal* 1998:69~76; Voigt, S. & others. *Terrestrial Conservation Lagerstätten* 2017; 65~104.

23 Buchwitz, M. and Voigt, S. *Palaeontologische Zeitschrift* 2012; 86:313~331; Unwin, D. M. & others. 'Enigmatic small reptiles from the Middle-Late Triassic of Kirgizstan'. In: Benton, M. J. and others, eds. *The Age of Dinosaursin Russiaand Mongolia*. Cambridge, UK: Cambridge University Press; 2000. pp. 177~186.

24 Alroy, J. *PNAS* 2008; 105:11536~11542; Erwin, D. H. *Annual Review of Ecology and Systematics* 1990; 21:69~91; Foth, C. & others. *BMC Evol. Biol.* 2016; 16; Monnet, C. & others. 'Evolutionary trends of Triassic ammonoids'. In: Klug, C. and others, eds. *Ammonoid Paleobiology: From macroevolution to paleogeography*. Dordrecht: Springer. pp. 25~50.

25 Button, D. J. & others. *Nature Communications* 2017; 8; Halliday, T. J. D. & others. 'Leaving Gondwana: the changing position of the Indian Subcontinent in the global faunal network'. In: Prasad, G. V. and Patnaik, R., eds. *Biological Consequences of Plate Tectonics: New Perspectives on Post-Gondwanan Break-up-A Tribute to Ashok Sahni, Vertebrate Paleobiology and Paleoanthropology*. Switzerland: Springer; 2020. pp. 227~249.

26 Behrensmeyer, A. K. & others. *Paleobiology* 2000; 26:103~147; Burtman, V. S. *Russian J. Earth Sciences* 2008; 10:ES1006; Padian, K. and Clemens, W. A. 'Terrestrial vertebrate diversity: episodes and insights'. In: Valentine, J., ed. *Phanerozoic Diversity Patterns: Profiles in Macroevolution*. Guildford: Princeton University Press; 1985. pp. 41~86; Shcherbakov, D. E. *Alavesia* 2008; 2:113~124.

10. 계절

1 Kato, K. M. & others. *Phil. Trans. R. Soc. B* 2020; 375:20190144; Tabor, N. J. & others. *Palaeo3* 2011; 299:200~213; Tsuji,L. A. & others. *J. Vert. Paleo.* 2013; 33:747~763.

2 Bendel, E. M. & others. *PLoS One* 2018; 13:e0207367; Kermack, K. A. *Phil. Trans. R. Soc. B* 1956; 240:95~133; Smiley, T. M. & others. *J. Vert. Paleo.* 2008; 28:543~547; Whitney, M. R. & others. *Jama Oncology* 2017; 3:998~1000.

3 Araujo, R. & others. *Peer J* 2017; 5; Smith, R. M. H. & others. *Palaeo3* 2015; 440:128~141; Tabor, N. J. & others. *Palaeo3* 2011; 299:200~213.

4 Bernardi, M. & others. *Earth-Science Reviews* 2017; 175:18~43; Blakey, R. C. *Car-*

boniferous-Permian paleogeography of the assembly of Pangaea. 2003; Utrecht, Netherlands. pp. 443~456; Scotese, C. R. & others. *J. Geology* 1979; 87:217~277; Tabor, N. J. & others. *J. Vert. Paleo.* 2017; 37:240~253; Vai, G. B. *Palaeo3* 2003; 196:125~155; Wu, G. X. & others. *Annales Geophysicae* 2009; 27:3631~3644.

5 Chandler, M. A. & others. *Bull. Geol. Soc. Am.* 1992; 104:543~559; Kutzbach, J. E and Gallimore, R. G. *J. Geophysical Research* 1989; 94:3341~3357; Shields, C. A. and Kiehl, J. T. *Palaeo3* 2018; 491:123~136.

6 Smith, R. M. H. & others. *Palaeo3* 2015; 440:128~141.

7 Looy, C. V. & others. *Palaeo3* 2016; 451:210~226.

8 Blob, R. W. *Paleobiology* 2001; 27:14~38; Brink, A. S. and Kitching, J. W. *Palaeontologica Africana* 1953; 1:1~28; Eloff, F. C. *Koedoe* 1973; 16:149~154; Kammerer,C. F. *Peer J* 2016; 4; Kluever, B. M. & others. *Curr. Zool.* 2017; 63:121~129; Kümmell, S. B. and Frey, E. *PLoS One* 2014; 9:e113911; Smith, R. M. H. & others. *Palaeo3* 2015; 440:128~141.

9 Boitsova, E. A. & others. *Biol. J. Linn. Soc.* 2019; 128:289~310; Tabor, N. J. & others. *Palaeo3* 2011; 299:200~213; Tsuji, L. A. & others. *J. Vert. Paleo.* 2013; 33:747~763; Turner, M. L. & others. *J. Vert. Paleo.* 2015; 35:e994746; Valentini M. & others. *Neues Jahrbuch für Geologie und Palaontologie-Abhandlungen* 2009; 251:71~94.

10 Biewener, A. A. *Science* 1989; 245:45~48; Ford, D. P. and Benson, R. B. *J. Nature Ecology & Evolution* 2020; 4:57; Fuller, P. O. & others. *Zoology* 2011; 114:104~112; Langman, V. A. & others. *J. Exp. Biol.* 1995; 198:629~632; VanBuren, C. S. and Bonnan, M. *PLoS One* 2013; 8:e74842.

11 Cecil, C. B. *International J. Coal Geology* 2013; 119:21~31; Ferner, K. and Mess, A. *Respiratory Physiology & Neurobiology* 2011; 178:39~50; Gervasi, S. S. and Foufopoulos, J. *Functional Ecology* 2008; 22:100~108; Wolkers, W. F. & others. *Comparative Biochemistry and Physiology A* 2002; 131:535~543.

12 Laurin, M. and de Buffrenil, V. *Comptes Rendus Palevol* 2016; 15:115~127; Pyron, R. A. *Syst. Biol.* 2011; 60:466~481.

13 Damiani, R. & others. *J. Vert. Paleo.* 2006; 26:559~572; Liu, N. J. & others. *Zoomorphology* 2016; 135:115~120; Marjanović, D. and Laurin, M. *Peer J* 2019; 6; Sidor, C. A. *Comptes Rendus Palevol* 2013; 12:463~472; Sidor, C. A. & others. *Nature* 2005; 434:886~889; Stewart, J. R. 'Morphology and evolution of the egg of oviparous amniotes'. In: Sumida, S. and Martin, K., eds. *Amniote Origins-Completing the Transition to Land*. London: Academic Press; 1997. pp. 291~326; Steyer, J.

S. & others. *J. Vert. Paleo.* 2006; 26:18~28.

14 Brocklehurst, N. *PeerJ* 2017; 5; Hugot, J. P. & others. *Parasites & Vectors* 2014; 7; Modesto, S. P. & others. *J. Vert. Paleo.* 2019; 38:e1531877; O'Keefe,F. R. & others. *J. Vert. Paleo.* 2005; 25:309~319; Reisz, R. R. and Sues, H. D. 'Herbivory in Late Paleozoic and Triassic Terrestrial Vertebrates'. In: Sues, H. D., ed. *Evolution of Herbivory in Terrestrial Vertebrates.* Cambridge, UK: Cambridge University Press; 2000. pp. 9~41; Watanabe, H. and Tokuda, G. *Cellular and Molecular Life Sciences* 2001; 58:1167~1178.

15 LeBlanc, A. R. H. & others. *Sci. Reports* 2018; 8:3328; Smith, R. M. H. & others. *Palaeo3* 2015; 440:128~141.

16 Looy, C. V. & others. *Palaeo3* 2016; 451:210~226; Smith, R. M. H. & others. *Palaeo3* 2015; 440:128~141.

17 Dixon, S. J. and Sear, D. A. *Water Resources Research* 2014; 50:9194~9210; Kelley, D. B. & others. *Southeastern Archaeology* 1996; 15:81~102; Watson, J. *East Texas Historical Journal* 1967; 5:104~111.

18 Fröbisch, J. *Early Evolutionary History of the Synapsida* 2014:305~319; Fröbisch, J. and Reisz, R. R. *Proc. R. Soc. B* 2009; 276:3611~3618; Sennikov, A. G. and Golubev, V. K. *Paleontological Journal* 2017; 51:600~611.

19 Chandra, S. and Singh, K. J. *Review of Palaeobotany and Palynology* 1992; 75:183~218; Prevec, R. & others. *Review of Palaeobotany and Palynology* 2009; 156:454~493; Tsuji, L. A. & others. *J. Vert. Paleo.* 2013; 33:747~763.

20 Feder, A. & others. *J. Maps* 2018; 14:630~643; Looy, C. V. & others. *Palaeo3* 2016; 451:210~226; Tfwala, C. M. & others. *Agricultural and Forest Meteorology* 2019; 275:296~304.

21 Grasby, S. E. & others. *Nature Geoscience* 2011; 4:104~107.

11. 연료

1 Berner, R. A. & others. *Science* 2007; 316:557~558; Clements, T. & others. *J. Geol. Soc.* 2019; 176:1~11; Phillips, T. L. & others. *International J. Coal Geology* 1985; 5:43; Potter, P. E. and Pryor, W. A. *Geol. Soc. Am.* 1961; 72:1195~1249.

2 Andrews, H. N. and Murdy, W. H. *American J. Botany* 1958; 45:552~560; DiMichele, W. A. and DeMaris, P. J. *PALAIOS* 1987; 2:146~157; Evers, R. A. *American J. Botany* 1951; 38:7317; Thomas, B. A. *New Phytologist* 1966; 65:296~303.

3 Baird,G. C. & others. *PALAIOS* 1986; 1:271~285; DiMichele, W. A. and DeMaris, P.

J. *PALAIOS* 1987; 2:146~157; Thomas B. A. & others. *Geobios* 2019; 56:31~48.

4 Brown, R. *J. Geol. Soc.* 1848; 4:46~50; Eggert, D. A. and Kanemoto, N. Y. *Botanical Gazette* 1977; 138:102~111; Hetherington, A. J. & others. *PNAS* 2016; 113:6695~6700.

5 Banfield, J. F. & others. *PNAS* 1999; 96:3404~3411; Davies, N. S. and Gibling, M. R. *Nature Geoscience* 2011; 4:629~633; Gibling, M. R. and Davies, N. S. *Nature Geoscience* 2012; 5:99~105; Gibling, M. R. & others. *Proceedings of the Geologists Association* 2014; 125:524~533; Le Hir, G. & others. *Earth and Planetary Science Letters* 2011; 310:203~212; Pierret, A. & others. *Vadose Zone Journal* 2007; 6:269~281; Quirk, J. & others. *Biology Letters* 2012; 8:1006~1011; Song, Z. L. & others. *Botanical Review* 2011; 77:208~213; Ulrich, B. 'Soil acidity and its relations to acid deposition'. In: Ulrich, B., and Pankrath, J., eds. 1982; Göttingen: Springer. pp. 127~146.

6 Baird, G.C. & others. *PALAIOS* 1986; 1:271~285; Kuecher, G. J. & others. *Sedimentary Geology* 1990; 68:211~221; Phillips, T. L. & others. *International J. Coal Geology* 1985; 5:43; Potter, P. E. and Pryor, W. A. *Geol. Soc. Am.* 1961; 72:1195~1249.

7 Armstrong, J. and Armstrong, W. *New Phytologist* 2009; 184:202~215; DiMichele, W. A. and DeMaris, P. J. *PALAIOS* 1987; 2:146~157; DiMichele, W. A. and Phillips, T. L. *Palaeo3* 1994; 106:39~90; Falcon-Lang, H. J. *J. Geol. Soc.* 1999; 156:137~148; Potter, P. E. and Pryor, W. A. *Geol. Soc. Am.* 1961; 72:1195~1249.

8 Berner, R. A. & others. *Science* 2007; 316:557~558; Came, R. E. & others. *Nature* 2007; 449:198-U3; Glasspool, I. J. & others. *Frontiers in Plant Science* 2015; 6; He, T. H. and Lamont, B. B. National *Science Review* 2018; 5:237~254; Viegas, D. X. and Simeoni, A. *Fire Technology* 2011; 47:303~320.

9 Fonda, R. W. *Forest Science* 2001; 47:390~396; Keeley, J. E. & others. *Trends in Plant Science* 2011; 16:406~411; Thanos, C. A. and Rundel, P. W. *J. Ecology* 1995; 83:207~216.

10 Béthoux, O. *J. Paleontology* 2009; 83:931~937; Brockmann, H. J. & others. *Animal Behaviour* 2018; 143:177~191; Fisher, D. C. *Mazon Creek Fossils* 1979; 379~447; Mundel, P. *Mazon Creek Fossils* 1979:361~378; Tenchov, Y. G. *Geologia Croatica* 2012; 65:361~366.

11 Aslan, A. and Behrensmeyer, A. K. *PALAIOS* 1996; 11:411~421; Behrensmeyer, A. K. & others. *Paleobiology* 2000; 26:103~147; Clements, T. & others. *J. Geol. Soc.* 2019; 176:1~11; Coombs, W. P. and Deméré, T. A. *J. Paleontology* 1996; 70:311~326; Foster, M. W. *Mazon Creek Fossils* 1979; 191~267; Jablonski, N. G.

& others. *Hist. Biol.* 2012; 24:527~536; Kjellesvig-Waering, E. N. *State of Illinois Scientific Papers* 1948; 3:1~48; Mann, A. and Gee, B. M. *J. Vert. Paleo.* 2020:39; e1727490; Pfefferkorn, H. W. *Mazon Creek Fossils* 1979; 129~142; Shabica, C. *Mazon Creek Fossils* 1979; 13~40.

12 Boyce, C. K. and DiMichele, W. A. *Review of Palaeobotany and Palynology* 2016; 227:97~110; DiMichele, W. A. and DeMaris, P. J. *PALAIOS* 1987; 2:146~157; Poorter, L. & others. *J. Ecology* 2005; 93:268~278.

13 Beattie, A. *The Danube: A Cultural History*. Oxford, UK: Oxford University Press; 2010; Castendyk, D. N. & others. *Global and Planetary Change* 2016; 144:213~227; Fagan, W. E. & others. *American Naturalist* 1999; 153:165~182; Harris, L. D. *Conservation Biology* 1988; 2:330~332; McLaughlin, F. A. & others. *J. Geophysical Research* 1996; 101:1183~1197; Partch, E. N. and Smith, J. D. *Estuarine and Coastal Marine Science* 1978; 6:3~19.

14 Wedel, M. *J. Morphology* 2007; 268:1147.

15 Clements, T. & others. *Nature* 2016; 532:500; Foster, M. W. *Mazon Creek Fossils* 1979:269~301; Johnson, R. G. and Richardson, E. S. *J. Geology* 1966; 74:626~631; Johnson, R. G. and Richardson, E. S. *Fieldiana Geol* 1969; 12:119~149; Rauhut, O. W. M. & others. *PeerJ* 2018; 6; McCoy, V. E. & others. *Nature* 2016; 532:496.

16 Coad, B. *Encyclopedia of Canadian Fishes*. Waterdown, Ontario: Canadian Museum of Nature: Canadian Sportfishing Productions; 1995; Delamotte, I. and Burkhardt, D. *Naturwissenschaften* 1983; 70:451~461; Herring, P. J. *J. of the Marine Biological Association of the United Kingdom* 2007; 87:829~842; Moser, H. G. 'Morphologicalandfunctionalaspectsof marinefishlarvae'.In:Lasker, R., ed. *Marine Fish Larvae: Morphology, Ecology, and Relation to Fisheries*. Washington: Sea Grant Program; 1981. pp. 90~131; Sallan, L. & others. *Palaeontology* 2017; 60:149~157.

17 Clements, T. & others. *J. Geol. Soc.* 2019; 176:1~11.

18 Cascales-Miñana, B. and Cleal, C. J. *Terra Nova* 2014; 26:195~200; Dunne, E. M. & others. *Proc. R. Soc. B* 2018; 285:20172730; Feulner, G. *PNAS* 2017; 114:11333~11337; Nelsen, M. P. & others. *PNAS* 2016; 113:2442~2447; Robinson, J. M. *Geology* 1990; 18:607~610; Weng, J. K. and Chapple, C. *New Phytologist* 2010; 187:273~285.

12. 협력

1 Gabrielsen, R. H. & others. *J. Geol. Soc.* 2015; 172:777~791; Hall, A. M. *Trans. R. Soc. Edinburgh-Earth Sciences* 1991; 82:1~26; Miller, S. R. & others. *Earthand Planetary Science Letters* 2013; 369:1~12; Rast N. & others. *Geological Society Special Publications* 1988; 38:111~122.

2 Burg, J. P. and Podladchikov, Y. *International J. Earth Sciences* 1999; 88:190~200; Dewey, J. F. 'The geology of the southern termination of the Caledonides'. In: Nairn, A. E. M. and Stehli, F. G., eds. *The Ocean Basins and Margins: vol 2 The North Atlantic*. Boston, MA, USA: Springer; 1974. pp. 205~231; Dewey, J. F. and Kidd, W. S. F. *Geology* 1974; 2:543~546; Fossen, H. & others. *Geology* 2014; 42:791~794; Gee, D. G. & others. *Episodes* 2008; 31:44~51; Hacker, B. R. & others. *Annual Review of Earth and Planetary Sciences* 2015; 43:167~205; Johnson, J. G. & others. *Bull. Geol. Soc. Am.* 1985; 96:567~587; Lehtovaara, J. *Bull. Geol. Soc. Finland* 1989; 61:189~195; Mueller, P. A. & others. *Gondwana Research* 2014; 26:365~373; Nance R. D. & others. *Gondwana Research* 2014; 25:4~29; Pickering, K. T. & others. *Trans. R. Soc. Edinburgh-Earth Sciences* 1988; 79:361~382; Redfern, R. *Origins: The Evolution of Continents, Oceans, and Life*. University of Oklahoma Press; 2001; Stone, P. *Journal of the Open University Geological Society* 2012; 33:29~36; Ziegler, P. A. *CSPG Special Publications*; 1988. pp. 15~48.

3 Charlesworth, J. K. *Proc. R. Irish Acad. B* 1921; 36:174~314; Chew, D. M. and Strachan, R. A. *New Perspectives on the Caledonides of Scandinavia and Related Areas* 2014; 390:45~91; Lehtovaara, J. J. *Fennia* 1985; 163:365~368; Lehtovaara, J. *Bull. Geol. Soc. Finland* 1989; 61:189~195.

4 Dahl, T. W. & others. *PNAS* 2010; 107:17911~17915; Hastie, A. R. & others. *Geology* 2016; 44:855~858.

5 Edwards, D. & others. *Phil. Trans. R. Soc. B* 2018; 373:20160489; Mark, D. F. & others. *Geochimica Et Cosmochimica Acta* 2011; 75:555~569; Trewin, N. H. and Rice, C. M. *Scottish J. Geology* 1992; 28:37~47.

6 Rice, C. M. & others. *J. Geol. Soc.* 2002; 159:203~214; Strullu-Derrien, C. & others. *Curr. Biol.* 2019; 29:461; Wellman, C. H. & others. *Palz* 2019; 93:387~393.

7 Burt, R. M. *The geology of Ben Nevis, south-west Highlands,* Scotland: University of St Andrews; 1994; Moore, I. and Kokelaar, P. *J. Geol. Soc.* 1997; 154:765~768; Rice, C. M. & others. *J. Geol. Soc.* 1995; 152:229~250; Trewin, N. H. *Earth and Environmental Science Transactions of the Royal Society of Edinburgh* 1993; 84:433~442; Trewin, N. H. *Evolution of Hydrothermal Ecosystems on Earth*

(and Mars?) 1996; 202:131~149; Trewin, N. H. & others. *Can. J. Earth Sci.* 2003; 40:1697~1712.

8 Channing, A. *Phil. Trans. R. Soc. B* 2018; 373:20160490; Wellman, C. H. *Phil. Trans. R. Soc. B* 2018; 373:20160491.

9 Cox,A. & others. *Chemical Geology* 2011; 280:344~351; Gorlenko, V. & others. *Int. J. Syst. Evol. Microbiol.* 2004; 54:739~743; Nugent, P. W. & others. *Applied Optics* 2015; 54:B128~B139; Saiki, T. & others. *Agricultural and Biological Chemistry* 1972; 36:2357~2366.

10 Krings, M. and Sergeev, V. N. *Review of Palaeobotany and Palynology* 2019; 268:65~71; Sompong, U. & others. *Fems Microbiology Ecology* 2005; 52:365~376; Sugiura, M. & others. *Microbes and Environments* 2001; 16:255~261.

11 Channing, A. and Edwards, D. *Plant Ecology & Diversity* 2009; 2:111~143; Edgecombe, G. D. & others. *PNAS* 2020; 117:8966~8972; Powell, C. L. & others. *Geological Society of London Special Publications* 2000; 180:439~457; Trewin, N. H. *Evolution of Hydrothermal Ecosystems on Earth (and Mars?)* 1996; 202:131~149.

12 Channing, A. and Edwards, D. *Trans. R. Soc. Edinburgh-Earth Sciences* 2004; 94:503~521.

13 Berbee, M. L. and Taylor, J. W. *Mol. Biol. Evol.* 1992; 9:278~284; Harrington, T. C. & others. *Mycologia* 2001; 93:111~136; Honegger, R. & others. *Phil. Trans. R. Soc. B* 2018; 373:20170146; Hueber, F. M. *Reviewof Palaeobotany and Palynology* 2001; 116:123~158; O'Donnell, K. & others. *Mycologia* 1997; 89:48~65; Retallack, G. J. and Landing E. *Mycologia* 2014; 106:1143~1158; Taylor, J. W. & others. *Syst. Biol.* 1993; 42:440~457.

14 Nash, T. H. *Lichen Biology*. Cambridge, UK: Cambridge University Press; 1996.

15 Boyce, C. K. & others. *Geology* 2007; 35:399~402; Hueber, F. M. *Review of Palaeobotany and Palynology* 2001; 116:123~158; Labandeira, C. *Insect Science* 2007; 14:259~275; Retallack, G. J. and Landing E. *Mycologia* 2014; 106:1143~1158.

16 Ahmadjian, V. *The Lichen Symbiosis*. New York: John Wiley and Sons; 1993; Friedl, T. *Lichenologist* 1987; 19:183~191; Jones, G. P. *J. Experimental Marine Biology and Ecology* 1992; 159:217~235; Karatygin, I. V. & others. *Paleontological Journal* 2009; 43:107~114; Offenberg, J. *Behavioral Ecology and Sociobiology* 2001; 49:304~310; Rytter, W. and Shik, J. Z. *Animal Behaviour* 2016; 117:179~186; Taylor T. N. & others. *American J. Botany* 1997; 84:992~1004; Schneider, S. A. *The meat-farming ants: predatory mutualism between Melissotarsus ants (Hymenoptera: Formicidae) and armored scale insects (Hemiptera: Diaspididae)*. Amherst: UM Am-

herst; 2016.

17 Edwards, D. S. *Bot. J. Linn. Soc.* 1986; 93:173~204; Remy, W. & others. *PNAS* 1994; 91:11841~11843; Schüßler, A. & others. *Mycological Research* 2001; 105:1413~1421.

18 Haig, D. *Botanical Review* 2008; 74:395~418.

19 Brown, R. C. and Lemmon, B. E. *New Phytologist* 2011; 190:875~881.

20 Gambardella, R. *Planta* 1987; 172:431~438; Mascarenhas, J. P. *Plant Cell* 1989; 1:657~664; Rosenstiel, T. N. & others. *Nature* 2012; 489:431~433.

21 Remy, W. and Hass, H. *Review of Palaeobotany and Palynology* 1996; 90:175~193.

22 Babikova, Z. & others. *Ecology Letters* 2013; 16:835~843; Daviero-Gomez, V. & others. *International J. Plant Sciences* 2005; 166:319~326.

23 Hetherington, A. J. and Dolan L. *Current Opinion in Plant Biology* 2019; 47:119~126; Kerp, H. & others. *International J. Plant Sciences* 2013; 174:293~308; Roth-Nebelsick, A. & others. *Paleobiology* 2000; 26:405~418; Wilson, J. P. and Fischer, W. W. *Geobiology* 2011; 9:121~130.

24 Ahlberg, P. E. *Zoo. J. Linn. Soc.* 1998; 122:99~141; Smithson T. R. & others. *PNAS* 2012; 109:4532~4537; Taylor T. N. & others. *Mycologia* 2004; 96:1403~1419.

25 Dunlop, J. A. and Garwood, R. J. *Phil. Trans. R. Soc. B* 2018; 373:20160493; Jezkova, T. and Wiens, J. J. *American Naturalist* 2017; 189:201~212; Wendruff, A. J. & others. *Sci. Reports* 2020; 10:20441; Zhao F. C. & others. *Science China* 2010; 53:1784~1799.

26 Davies, W. M. *Quarterly J. Microscopical Science* 1927; 71:15~30; Freitas, L. & others. *J. Evol. Biol.* 2018; 31:1623~1631; Whalley, P. and Jarzembowski, E. A. *Nature* 1981; 291:317.

27 Kim, H. Y. & others. *Physical Review Fluids* 2017; 2:100505.

28 Claridge, M. F. and Lyon, A. G. *Nature* 1961; 191:1190~1191; Dunlop, J. A. and Garwood, R. J. *Phil. Trans. R. Soc. B* 2018; 373:20160493; Dunlop, J. A. & others. *Zoomorphology* 2009; 128:305~313.

29 Fayers, S. R. and Trewin, N. H. *Trans. R. Soc. Edinburgh* 2003; 93:355~382; Scourfield, D. J. *Phil. Trans. R. Soc. B* 1926; 214:153~187; Womack, T. & others. *Palaeo3* 2012; 344:39~48.

30 Kelman, R. & others. *Trans. R. Soc. Edinburgh* 2004; 94:445~455; Strullu-Derrien, C. & others. *PLoS One* 2016; 11:e0167301; Taylor, T. N. & others. *Mycologia* 1992; 84:901~910.

31 Karling, J. S. *American J. Botany* 1928; 15:485-U7; Taylor, T. N. & others. *Nature*

1992; 357:493~494.

32 Kerp, H. & others. 'New data on *Nothia aphylla* Lyon 1964 ex El-Saadawy et Lacey 1979, a poorly known plant from the Lower Devonian Rhynie chert'. In: Gensel, P. G. and Edwards, D., eds. *Plants Invade the Land-Evolutionary and Environmental Perspectives.* New York, NY, USA: Columbia University Press; 2001. pp. 52~82; Krings, M. & others. *New Phytologist* 2007; 174:648~657; Poinar, G. & others. *Nematology* 2008; 10:9~14; Krings, M. & others. *Plant Signaling and Behaviour* 2007:125~126.

13. 깊이

1 Graening, G. O. and Brown, A. V. *J. the American Water Resources Association* 2003; 39:1497~1507; Noltie, D. B. and Wicks, C. M. *Environmental Biology of Fishes* 2001; 62:171~194; Ramsey, E. E. *J. Comparative Neurology* 1901; 11:40~47.

2 Broek, H. W. *J. Physical Oceanography* 2005; 35:388~394; del Giorgio, P. A. and Duarte, C. M. *Nature* 2002; 420:379~384; Lee, Z. & others. *J. Geophysical Research-Oceans* 2007; 112:C03009; Lorenzen, C. J. *ICES J. Marine Science* 1972; 34:262~267; Morita, T. *Annals of the New York Academy of Sciences* 2010; 1189:91~94; Saunders, P. M. *J. Physical Oceanography* 1981; 11:573~574.

3 Clough, L. M. & others. *Deep-Sea Research Part II-Topical Studies in Oceanography* 1997; 44:1683~1704; Lonsdale, P. *Deep-Sea Research* 1977; 24:857; Scheckenbach, F. & others. *PNAS* 2010; 107:115~120.

4 Bazhenov, M. L. & others. *Gondwana Research* 2012; 22:974~991; Brewer, P. G. and Hester, K. *Oceanography* 2009; 22:86~93; Dziak, R. P. & others. *Oceanography* 2017; 30:186~197; Filippova, I. B. & others. *RussianJ. EarthSciences* 2001; 3:405~426; Maslennikov, V. V. & others. *The trace element zonation in vent chimneys from the Silurian Yaman-Kasy VHMS deposit in the Southern Ural, Russia: insights from laser ablation inductively coupled plasma mass-spectrometry (LA-ICP-MS).* Eliopoulous, D. G., ed. Netherlands: Millpress; 2003. pp. 151~154. Ryazantsev, A. V. & others. *Geotectonics* 2016; 50:553~578; Seltmann, R. & others. *J. Asian Earth Sciences* 2014; 79:810~841; Simonov, V. A. & others. *Geology of Ore Deposits* 2006; 48:369~383.

5 Beatty, J. T. & others. *PNAS* 2005; 102:9306~9310; Van Dover, C. L. & others. *Geophysical Research Letters* 1996; 23:2049~2052.

6 Burle, S. 04/06. Flood Map (www.floodmap.net). Accessed 2020 04/06; Charette, M. A.

and Smith, W. H. F. *Oceanography* 2010; 23:112~114; Haq, B. U. and Schutter, S. R. *Science* 2008; 322:64~68.

7 Maslennikov, V. V. & others. *The trace element zonation in vent chimneys from the Silurian Yaman-Kasy VHMS deposit in the Southern Ural, Russia: insights from laser ablation inductively coupled plasma massspectrometry* (LAICPMS). Eliopoulous, D. G., ed. Netherlands: Millpress; 2003. pp. 151~154. 151~154; Zaikov V. V. & others. *Geology of Ore Deposits* 1995; 37:446~463.

8 Georgieva, M. N. & others. *J. Systematic Palaeontology* 2019; 17:287~329; Little, C. T. S. & others. *Palaeontology* 1999; 42:1043~1078; Ravaux, J. & others. *Cahiers de Biologie Marine* 1998; 39:325~326; Schulze, A. *Zoologica Scripta* 2003; 32:321~342.

9 Allen, J. F. F. & others. *Trends in Plant Science* 2011; 16:645~655; McFadden, G. I. *Plant Physiology* 2001; 125:50~53; Pfannschmidt, T. *Trends in Plant Science* 2003; 8:33~41; Raven, J. A. and Allen, J. F. *Genome Biology* 2003; 4:209.

10 Breusing, C. & others. *PLoS One* 2020; 15:e0227053; Bright, M. and Sorgo, A. *Invertebrate Biology* 2003; 122:347~368; Cowart, D. A. & others. *PLoS One* 2017; 12:e0172543; Forget, N. L. & others. *Marine Ecology* 2015; 36:35~44; Georgieva, M. N. & others. *Proc. R. Soc. B* 2018; 285:20182004; Miyamoto, N. & others. *PLoS One* 2013; 8:e55151; Zal, F. & others. *Cahiers de Biologie Marine* 2000; 41:413~423.

11 Maslennikov, V. V. & others. *The trace element zonation in vent chimneys from the Silurian Yaman-Kasy VHMS deposit in the Southern Ural, Russia: insights from laser ablation inductively coupled plasma mass-spectrometry* (LA-ICP-MS). Eliopoulous, D. G., ed. Rotterdam, Netherlands: Millpress; 2003. pp. 151~154. Nakamura, R. & others. *Angewandte Chemie* 2010; 49:7692~7694; Novoselov, K. A. & others. *Mineralogy and Petrology* 2006; 87:327~349.

12 Belka, Z. and Berkowski, B. *Acta Geologica Polonica* 2005; 55:1~7; Little, C. T. S. and Vrijenhoek R. C. *Trends in Ecology & Evolution* 2003; 18:582~588.

13 Adams, D. K. & others. *Oceanography* 2012; 25:256~268; Levins, R. *Bull. Entomol. Soc. Am.* 1969; 15:237~240; Sylvan, J. B. & others. *mBio* 2012; 3:e00279-11; Vrijenhoek, R. C. *Molecular Ecology* 2010; 19:4391~411.

14 Finnegan, S. & others. *Proc. R. Soc. B* 2016; 283:20160007; Finnegan, S. & others. *Biology Letters* 2017; 13:20170400; Little, C. T. S. & others. *Palaeontology* 1999; 42:1043~1078; Rong, J. Y. and Shen, S. Z. *Palaeo3* 2002; 188:25~38; Sheehan, P. M. and Coorough, P. J. *Palaeozoic Palaeogeography and Biogeography* 1990;

12:181~187; Sutton, M. D. & others. *Nature* 2005; 436:1013~1015.

15 Jollivet, D. *Biodiversity and Conservation* 1996; 5:1619~1653; Little,C. T. S. & others. *Nature* 1997; 385:146~148; Vrijenhoek, R. C. *Deep-Sea Research* Part II-*Topical Studies in Oceanography* 2013; 92:189~200.

16 Ashford, O. S. & others. *Proc. R. Soc. B* 2018; 285:20180923; Stratmann, T. & others. *Limnology and Oceanography* 2018; 63:2140~2153; Tsurumi, M. *Global Ecology and Biogeography* 2003; 12:181~190; Van Dover, C. L. *Biological Bulletin* 1994; 186:134~135.

17 McNichol, J. & others. *PNAS* 2018; 115:6756~6761; Nagano, Y. and Nagahama, T. *Fungal Ecology* 2012; 5:463~471; Orcutt, B. N. & others. *Frontiers in Microbiology* 2015; 6.

18 Bonnett, A. *Off the Map: Lost Space, Invisible Cities, Forgotten Islands, Feral Places, and What They Tell Us about the World.* London: Aurum Press; 2014; Jutzeler, M. & others. *Nature Communications* 2014; 5; Maschmeyer, C. H. & others. *Geosciences* 2019; 9:245; Maslennikov, V. V. & others. *The trace element zonation in vent chimneys from the Silurian Yaman-Kasy VHMS deposit in the Southern Ural, Russia: insights from laser ablation inductively coupled plasma mass-spectrometry (LA-ICP-MS).* Eliopoulous, D. G., ed. Millpress, Rotterdam, Netherlands: Millpress; 2003. pp. 151~154.

19 Lindberg, D. R. *Evolution: Education and Outreach* 2009; 2:191~203; Little, C. T. S. & others. *Palaeontology* 1999; 42:1043~1078.

20 Gubanov, A. P. and Peel, J. S. *American Malacological Bulletin* 2000; 15:139~145; Hilgers, L. & others. *Mol. Biol. Evol.* 2018; 35:1638~1652.

21 Fara, E. *Geological Journal* 2001; 36:291~303; Lemche, H. *Nature* 1957; 179:413~416; Lindberg, D. R. *Evolution: Educationand Outreach* 2009; 2:191~203; Lü, J. & others. *Nature Communications* 2017; 8; Smith J. L. B. *Trans. R. Soc. S. Afr.* 1939; 27:47~50; Zhu, M. and Yu, X. B. *Biology Letters* 2009; 5:372~375.

22 Van Roy, P. & others. *J. Geol. Soc.* 2015; 172:541~549.

23 Faure, G. *Origin of Igneous Rocks: The Isotopic Evidence.* Berlin: Springer; 2001; Folinsbee, R. E. & others. *Geochimica Et Cosmochimica Acta* 1956; 10:60~68; Lancelot, J. & others. *Earth and Planetary Science Letters* 1976; 29:357~366; Larsen, E. S. & others. *Bull. Geol. Soc. Am.* 1952; 63:1045~1052.

24 Tomczak, M. and Godfrey, J. S. *Regional Oceanography: an Introduction.* Pergamon; 1994; Webb, P. *Introduction to Oceanography.* Roger Williams University;

2019.

25 Jedlovszky, P. and Vallauri, R. *J. Chemical Physics* 2001; 115:3750~3762; Moore, G. T. & others. *Geology* 1993; 21:17~20; Sanchez-Vidal, A. & others. *PLoS One* 2012; 7:e30395.

26 Duval, S. & others. *Interface Focus* 2019; 9:20190063; Lane, N. *Bioessays* 2017; 39:1600217; Lane, N. & others. *BioEssays* 2010; 32:271~280; Martin, W. and Russell, M. J. *Phil. Trans. R. Soc. B* 2007; 362:1887~1925.

27 Lipmann, F. *Advances in Enzymology and Related Subjects of Biochemistry* 1941; 1:99~162.

14. 변형

1 Blignault, H. J. and Theron, J. N. *S. Afr. J. Geol.* 2010; 113:335~360; Bromwich, D. H. *Bull. Am. Meteorological Soc.* 1989; 70:738~749; Gabbott, S. E. & others. *Geology* 2010; 38:1103~1106; Naumann, A. K. & others. *Cryosphere* 2012; 6:729~741; Sansiviero, M. & others. *J. Marine Systems* 2017; 166:4~25.

2 Fountain, A. G. & others. *International J. Climatology* 2010; 30:633~642; Gabbott, S. E. & others. *Geology* 2010; 38:1103~1106; Leroux, C. and Fily, M. *J. Geophysical Research-Planets* 1998; 103:25779~25788; Smalley, I. J. *J. Sedimentary Research* 1966; 36:669~676.

3 Bindoff, N. L. & others. *Papers and Proceedings of the Royal Society of Tasmania* 2000; 133:51~56; Cordes, E. E. & others. *Oceanography* 2016; 29:30~31; Lappegard, G. & others. *J. Glaciology* 2006; 52:137~148; Parsons, D. R. & others. *Geology* 2010; 38:1063~1066; Urbanski, J. A. & others. *Sci. Reports* 2017; 7:43999; Vrbka, L. and Jungwirth, P. *J. Molecular Liquids* 2007; 134:64~70.

4 Blignault, H. J. and Theron, J. N. *S. Afr. J. Geol.* 2010; 113:335~360; Deane, G. B. & others. *Acoustics Today* 2019; 15:12~19; Müller, C. & others. *Science* 2005; 310:1299; Pettit, E. C. & others. *Geophysical Research Letters* 2015; 42:2309~2316; Scholander, P. F. and Nutt, D. C. *J. Glaciology* 1960; 3:671~678; Severinghaus, J. P. and Brook, E. J. *Science* 1999; 286:930~934.

5 Leu, E. & others. *Progress in Oceanography* 2015; 139:151~170; Lovejoy, C. & others. *Aquatic Microbial Ecology* 2002; 29:267~278; Moore, G. W. K. & others. *J. Physical Oceanography* 2002; 32:1685~1698; Price, P. B. *Science* 1995; 267:1802~1804.

6 Bassett, M. G. & others. *J. Paleontology* 2009; 83:614~623; Gabbott, S. E. *Palae-*

ontology 1998; 41:631~667; Gabbott, S. E. & others. *Geology* 2010; 38:1103~1106; Moore, G. W. K. & others. *J. Physical Oceanography* 2002; 32:1685~1698; Smith, R. E. H. & others. *Microbial Ecology* 1989; 17:63~76; von Quillfeldt, C. H. *J. Marine Systems* 1997; 10:211~240.

7 Clarke, A. and North, A. W. 'Is the growth of polar fish limited by temperature?' In: di Prisco, G. and others, eds. *Biology of Antarctic Fish*. Berlin: Springer; 1991. pp. 54~69; Kim, S. & others. *Integrative and Comparative Biology* 2010; 50:1031~1040.

8 Blignault, H. J. and Theron, J. N. *S. Afr. J. Geol.* 2010; 113:335~360; Gabbott, S. E. & others. *J. Geol. Soc.* 2017; 174:1~9; Harper, D. A. T. *Palaeo3* 2006; 232:148~166; Le Heron, D. P. & others. 'The Early Palaeozoic Glacial Deposits of Gondwana: Overview, Chronology, and Controversies'. *Past Glacial Environments,* 2nd edition 2018; 47~73; Pohl, A. & others. *Paleoceanography* 2016; 31:800~821; Rohrssen, M. & others. *Geology* 2013; 41:127~130; Servais, T. & others. *Palaeo3* 2010; 294:99~119; Sheehan, P. M. *Annual Review of Earth and Planetary Sciences* 2001; 29:331~364; Summerhayes, C. P. 'Measuring and Modelling CO_2 Back Through Time: CO_2, temperature, solar luminosity, and the Ordovician Glaciation'. *Paleoclimatology: From Snowball Earth to the Anthropocene*: John Wiley and Sons Ltd; 2020. pp. 204~215.

9 Finlay, A. J. & others. *Earth and Planetary Science Letters* 2010; 293:339~348; Ling, M. X. & others. *Solid Earth Sciences* 2019; 4:190~198; Patzkowsky, M. E. & others. *Geology* 1997; 25:911~914; Servais, T. & others. *Palaeo3* 2019; 534; Sheehan, P. M. *Annual Review of Earth and Planetary Sciences* 2001; 29:331~364; Shen, J. H. & others. *Nature Geoscience* 2018; 11:510.

10 Chiarenza, A. A. & others. *PNAS* 2020:1~10; Lindsey, H. A. & others. *Nature* 2013; 494:463~467; Reichow, M. K. & others. *Earth and Planetary Science Letters* 2009; 277:9~20; Zou, C. N. & others. *Geology* 2018; 46:535~538.

11 Gabbott, S. E. *Palaeontology* 1999; 42:123~148; Gabbott, S. E. & others. *Proceedings of the Yorkshire Geological Society* 2001; 53:237~244; Gough, A. J. & others. *J. Glaciology* 2012; 58:38~50; Price, P. B. *Science* 1995; 267:1802~1804.

12 Cocks, L. R. M. and Fortey, R. A. *Geological Magazine* 1986; 123:437~444; Gabbott, S. E. *Palaeontology* 1999; 42:123~148; Goudemand, N. & others. *PNAS* 2011; 108:8720~8724; Lovejoy, C. & others. *Aquatic Microbial Ecology* 2002; 29:267~278; Price, P. B. *Science* 1995; 267:1802~1804; Rohrssen, M. & others. *Geology* 2013; 41:127~130; Whittle, R. J. & others. *Palaeontology* 2009; 52:561~567;

Williams, A. & others. *Phil. Trans. R. Soc. B* 1992; 337:83~104.

13 Klug, C. & others. *Lethaia* 2015; 48:267~288; LoDuca, S. T. & others. *Geobiology* 2017; 15:588~616; Rohrssen, M. & others. *Geology* 2013; 41:127~130; Seilacher, A. *Palaeo3* 1968; 4:279.

14 Braddy, S. J. & others. *Palaeontology* 1995; 38:563~581; Braddy, S. J. & others. *Biology Letters* 2008; 4:106~109; Lamsdell, J. C. & others. J. *Systematic Palaeontology* 2010; 8:49~61.

15 Braddy, S. J. & others. *Palaeontology* 1995; 38:563~581; Budd, G. E. *Nature* 2002; 417:271~275; Hughes, C. L. & others. *Evolution & Development* 2002; 4:459~499.

16 Aldridge, R. J. & others. 'The Soom Shale'. In: Briggs, D. E. G. and Crowther, P. R., eds. *Palaeobiology II*: Blackwell Science Ltd; 2001. pp. 340~342.

17 Aldridge, R. J. & others. *Phil. Trans. R. Soc. B* 1993; 340:405~421; Bergström, S. M. and Ferretti, A. *Lethaia* 2017; 50:424~439; Chernykh, V. V. & others. *J. Paleontology* 1997; 71:162~164; Ellison, S. P. *AAPG Bulletin* 1946; 30:93~110; Yin, H. F. & others. *Episodes* 2001; 24:102~114.

18 Aldridge, R. J. & others. *Phil. Trans. R. Soc. B* 1993; 340:405~421; George, J. C. and Stevens, E. D. *Environmental Biology of Fishes* 1978; 3:185~191; Nishida, J. and Nishida, T. *British Poultry Science* 1985; 26:105~115; Pridmore, P. A. & others. *Lethaia* 1996; 29:317~328; Suman, S. P. and Joseph, P. *Annual Review of Food Science and Technology,* Vol. 4 2013; 4:79~99.

19 Gabbott, S. E. & others. *Geology* 2010; 38:1103~1106.

20 Blignault, H. J. and Theron, J. N. *S. Afr. J. Geol.* 2010; 113:335~360; Clark, J. A. *Geology* 1976; 4:310~312.

21 Allegre, C. J. & others. *Nature* 1984; 307:17~22; Barth, G. A. and Mutter J. C. *J. Geophysical Research-Solid Earth* 1996; 101:17951~17975; Chambat, F. and Valette, B. *Physics of the Earth and Planetary Interiors* 2001; 124:237~253; Shennan, I. & others. *J. Quaternary Science* 2006; 21:585~599.

22 Bradley, S. L. & others. *J. Quaternary Science* 2011; 26:541~552; de Geer, G. *Geologiska Föreningen i Stockholm Förhandlingar* 1924; 46:316~324.

23 Ross, J. R. and Ross, C. A. 'Ordovician sea-level fluctuations'. In: Webby, B. D. and Laurie, J. R., eds. *Global Perspectives on Ordovician Geology.* Rotterdam: A. Balkema; 1992. pp. 327~335; Saupe, E. E. & others. *Nature Geoscience* 2020; 13:65.

24 Saupe, E. E. & others. *Nature Geoscience* 2020; 13:65; Scotese, C. R. & others. *J. African Earth Sciences* 1999; 28:99~114; Smith, R. E. H. & others. *Microbial Ecol-*

ogy 1989; 17:63~76; Wiens, J. J. & others. *Ecology Letters* 2010; 13:1310~1324.

25 Bennett, M. M. and Glasser, N. F. *Glacial Geology: Ice Sheets and Land forms.* 2nd ed. Oxford, UK: John Wiley and Sons; 2009. p. 385; Blignault, H. J. and Theron, J. N. *S. Afr. J. Geol.* 2010; 113:335~360; Blignault, H. J. and Theron, J. N. *S. Afr. J. Geology* 2017; 120:209~222; Goldstein,R. M. & others. *Science* 1993; 262:1525~1530; Ragan, D. M. *The J. Geology* 1969; 77:647~667.

15. 소비자

1 Berner, R. A. and Kothavala, Z. *American J. Science* 2001; 301:182~204; Han, J. & others. *Gondwana Research* 2008; 14:269~276; Hearing, T. W. & others. *Science Advances* 2018; 4:eaar5690; Hou, X. and Bergström, J. *Paleontological Research* 2003; 7:55~70; Labandeira, C. C. *Trends in Ecology & Evolution* 2005; 20:253~262; National Research Council of the United States-Committee on Toxicology. *Carbon Dioxide. Emergency and continuous exposure guidance levels for selected submarine contaminants.* Volume 1. Washington, DC, USA: The National Academies Press; 2007. pp. 46~66.

2 Daczko, N. R. & others. *Sci. Reports* 2018; 8:8371; Dott, R. H. *Geology* 1974; 2:243~246; Haq, B. U. and Schutter, S. R. *Science* 2008; 322:64~68; Hou, X. and Bergström, J. *Paleontological Research* 2003; 7:55~70.

3 Hou, X. and Bergström, J. *Paleontological Research* 2003; 7:55~70; MacKenzie, L. A. & others. *Palaeo3* 2015; 420:96~115; Peters, S. E. and Loss, D. P. *Geology* 2012; 40:511~514.

4 Bergström, J. & others. *GFF* 2008; 130:189~201; Briggs, D. E. G. *Phil. Trans. R. Soc. B* 1981; 291:541~584; Hou,X. G. & others. *Zoologica Scripta* 1991; 20:395~411; Zhang, X. L. & others. *Alcheringa* 2002; 26:1~8.

5 Chen, A. L. & others. *Palaeoworld* 2015; 24:46~54; Hou, X. G. & others. *Zoologica Scripta* 1991; 20:395~411; Hu, S. X. & others. *Acta Geologica Sinica* 2008; 82:244~248; Huang, D. Y. & others. *Palaeo3* 2014; 398:154~164; Ou, Q. & others. *PNAS* 2017; 114:8835~8840; Vannier, J. and Martin, E. L. O. *Palaeo3* 2017; 468:373~387; Zhang,X. G. & others. *Geological Magazine* 2006; 143:743~748; Zhang,Z. F. & others. *Acta Geologica Sinica* 2003; 77:288~293; Zhang, Z. F. & others. *Proc. R. Soc. B* 2010; 277:175~181.

6 Budd, G. E. and Jackson, I. S. C. *Phil. Trans. R. Soc. B* 2016; 371:20150287; Conci, N. & others. *Genome Biology and Evolution* 2019; 11:3068~3081; Landing, E. &

others. *Geology* 2010; 38:547~550; Ortega-Hernández, J. *Biological Reviews* 2016; 91:255~273; Paterson, J. R. & others. *PNAS* 2019; 116:4394~4399; Satoh, N. & others. *Evolution & Development* 2012; 14:56~75.

7 Akam, M. *Cell* 1989; 57:347~349; Akam, M. *Phil. Trans. R. Soc. B* 1995; 349:313~319; Jezkova, T. and Wiens, J. J. *American Naturalist* 2017; 189:201~212.

8 Hughes, N. C. *Integrative and Comparative Biology* 2003; 43:185~206; Parat, A. *Les Grottes de la Cure côte d'Arcy XXI. Bull. Soc. Sci. Hist. & Nat. de l'Yonne* 1903, 1~53; Shu, D. G. & others. *Nature* 1999; 402:42~46; *The Illustrated London News*, September 22nd, 1949, pages 190, 201, 204; Vannier, J. & others. *Sci. Reports* 2019; 9:14941.

9 Dai, T. and Zhang, X. L. *Alcheringa* 2008; 32:465~468; Hou, X. G. & others; *Earth and Environmental Science* Transactions of the Royal Society of Edinburgh 2009; 99:213~223.

10 Bromham, L. and Penny, D. *Nature Reviews Genetics* 2003; 4:216~224.

11 Dos Reis, M. & others. *Curr. Biol.* 2015; 25:2939~2950.

12 Káldy, J. & others. *Genes* 2020; 11:753.

13 Erwin, D. H. *Palaeontology* 2007; 50:57~73.

14 Budd, G. E. and Jackson, I. S. C. *Phil. Trans. R. Soc. B* 2016; 371:20150287.

15 Dunne, J. A. & others. *PLoS Biology* 2008; 6:693~708; Penny, A. M. & others. *Science* 2014; 344:1504~1506.

16 Läderach, P. & others. *Climatic Change* 2013; 119:841~854; Lagad, R. A. & others. *Analytical Methods* 2013; 5:1604~1611; Potrel,A. & others. *J. Geol. Soc.* 1996; 153:507~510; Wooldridge, S. W. and Smetham, D. J. *The Geographical Journal* 1931; 78:243~265; Wright, J. B. & others. *Geology and Mineral Resources of West Africa*. Netherlands: Springer; 1985; Zhao, F. C. & others. *Geological Magazine* 2015; 152:378~382.

17 Bryson, B. *A Short History of Nearly Everything*. London: Black Swan; 2004; Koren, I. & others. *Environmental Research Letters* 2006; 1:014005.

18 Chen, J. Y. and Zhou, G. Q. *Collection and Research* 1997; 10:11~105; Dunne, J. A. & others. *PLoS Biology* 2008; 6:693~708; Han, J. & others. *Alcheringa* 2006; 30:1~10; Han, J. A. & others. *PALAIOS* 2007; 22:691~694; Hou, X. G. & others. *GFF* 1995; 117:163~183.

19 Baer, A. and Mayer, G. *J. Morphology* 2012; 273:1079~1088; Barnes, A. and Daniels, S. R. *Zoologica Scripta* 2019; 48:243~262; Dunne, J. A. & others. *PLoS Biology* 2008; 6:693~708; Morris, S. C. *Palaeontology* 1977; 20:623~640; Hou, X. G. & oth-

ers. *Zoologica Scripta* 1991; 20:395~411; Ramsköld, L. *Lethaia* 1992; 25:221~224; Smith, M. R. and Ortega-Hernández, J. *Nature* 2014; 514:363.

20 Liu, J. N. & others. *Gondwana Research* 2008; 14:277~283; Smith, M. R. and Caron, J. B. *Nature* 2015; 523:75; Vannier, J. & others. *Nature Communications* 2014; 5.

21 Fenchel, T. *Microbiology UK* 1994; 140:3109~3116; Galvão, V. C. and Fankhauser, C. *Current Opinion in Neurobiology* 2015; 34:46~53; Jury, S. H. & others. *J. Experimental Marine Biology and Ecology* 1994; 180:23~37; Magnuson, J. J. & others. *American Zoologist* 1979; 19:331~343; Mollo, E. & others. *Natural Product Reports* 2017; 34:496~513; Murayama, T. & others. *Curr. Biol.* 2013; 23:1007~1012; Nordzieke, D. E. & others. *New Phytologist* 2019; 224:1600~1612; Rozhok, A. *Orientation and Navigation in Vertebrates.* Berlin: Springer; 2008.

22 Galvão, V. C. and Fankhauser, C. *Current Opinion in Neurobiology* 2015; 34:46~53; Ma, X. Y. & others. *Arthropod Structure & Development* 2012; 41:495~504.

23 Clarkson, E. N. K. and Levi-Setti, R. *Nature* 1975; 254:663~667; Clarkson, E. & others. *Arthropod Structure & Development* 2006; 35:247~259; Gál, J. & others. *Hist. Biol.* 2000; 14:193~204; Ma, X. Y. & others. *Nature* 2012; 490:258; Richdale, K. & others. *Optometry and Vision Science* 2012; 89:1507~1511.

24 Hou, X. G. & others. *Geological Journal* 2006; 41:259~269; Ortega-Hernández, J. *Biological Reviews* 2016; 91:255~273; University of Bristol Press Release. 2016. https://www.bristol.ac.uk/news/2016/september/penisworm.html; Vinther, J. & others. *Palaeontology* 2016; 59:841~849.

25 Chen, J. Y. and Zhou, G. Q. *Collectionand Research* 1997; 10:11~105; Chen,J. Y. & others. *Lethaia* 2004; 37:3~20; Tanaka, G. & others. *Nature* 2013; 502:364.

26 Duan, Y. H. & others. *Gondwana Research* 2014; 25:983~990; Fu, D. J. & others. *BMC Evol. Biol.* 2018; 18; Shu, D. G. & others. *Lethaia* 1999; 32:279~298.

27 Promislow, D. E. L. and Harvey, P. H. *J. Zool.* 1990; 220:417~437.

28 Gabbott, S. E. & others. *Geology* 2004; 32:901~904; Zhu, M. Y. & others. *Acta Palaeontologica Sinica* 2001; 40:80~105.

29 Cuthill, J. F. H. and Han, J. *Palaeontology* 2018; 61:813~823.

16. 출현

1 Fujioka, T. & others. *Geology* 2009; 37:51~54; Giles, D. & others. *Tectonophysics*

2004; 380:27~41; Haines, P. W. and Flottmann T. *Australian J. Earth Sciences* 1998; 45:559~570; MacKellar, D. *My Country. The Witch-Maid and Other Verses.* London: J. M. Dent and Sons; 1914. p. 29; Williams, P. J. *Economic Geology and the Bulletin of the Society of Economic Geologists* 1998; 93:1120~1131.

2 Glansdorff, N. & others. *Biology Direct* 2008; 3; Goin, F. J. & others. *Revista de la Asociacion Geologica Argentina* 2007; 62:597~603; Hamm, G. & others. *Nature* 2016; 539:280; Hiscock, P. & others. *Australian Archaeology* 2016; 82:2~11; Palci, A. & others. *Royal Society Open Science* 2018; 5:172012; Wells, R. T. and Camens, A. B. *PLoS One* 2018; 13:e0208020.

3 Jenkins, R. J. F. & others. *J. Geol. Soc.* Australia 1983; 30:101~119.

4 Ielpi, A. & others. *Sedimentary Geology* 2018; 372:140~172; Kamber, B. S. and Webb, G. E. *Geochimica Et Cosmochimica Acta* 2001; 65:2509~2525; Santosh, M. & others. *Geoscience Frontiers* 2017; 8:309~327.

5 Abuter, R. & others. *Astronomy & Astrophysics*2019; 625; Bond, H. E. & others. *Astrophysical Journal* 2017; 840:70; Che, X. & others. *Astrophysical Journal* 2011; 732:68; Dolan, M. M. & others. *Astrophysical Journal* 2016; 819:7; García-Sánchez, J. & others. *Astronomy & Astrophysics* 2001; 379:634~659; Hummel, C. A. & others. *Astronomy & Astrophysics* 2013; 554; Innanen, K. A. & others. *Astrophysics and Space Science* 1978; 57:511~515; Nagataki, S. & others. *Astrophysical Journal* 1998; 492:L45~L48; Przybilla, N. & others. *Astronomy & Astrophysics* 2006; 445:1099~1126; Quillen, A. C. and Minchev, I. *Astronomical Journal* 2005; 130:576~585; Rhee, J. H. & others. *Astrophysical Journal* 2007; 660:1556~1571; Tetzlaff, N. & others. *Monthly Notices of the Royal Astronomical Society* 2011; 410:190~200; Voss, R. & others. *Astronomy & Astrophysics* 2010; 520; Wielen, R. & others. *Astronomy & Astrophysics* 2000; 360:399~410; Zasche, P. & others. *Astronomical Journal* 2009; 138:664~679; Zorec, J. & others. *Astronomy & Astrophysics* 2005; 441:235-U120.

6 Stevenson, D. J. and Halliday, A. N. *Phil. Trans. R. Soc. A* 2014; 372:20140289; Williams, G. E. *Reviews of Geophysics* 2000; 38:37~59.

7 Cloud, P. *Economic Geology* 1973; 68:1135~1143; Godderis, Y. & others. *Geological Record of Neoproterozoic Glaciations* 2011; 36:151~161; Hoffman, P. F. and Schrag, D. P. *Terra Nova* 2002; 14:129~155; Johnson, B. W. & others. *Nature Communications* 2017; 8; Luo, G. M. & others. *Science Advances* 2016; 2:e1600134; Tashiro, T. & others. *Nature* 2017; 549:516.

8 Brocks, J. J. & others. *Nature* 2017; 548:578; Lechte M. A. & others. *PNAS* 2019;

116:25478~25483; Herron, M. D. & others. *Sci. Reports* 2019; 9:2328; Sahoo, S. K. & others. *Geobiology* 2016; 14:457~468; Wood, R. & others. *Nature Ecology & Evolution* 2019; 3:528~538.

9 Gibson, T. M. & others. *Geology* 2018; 46:135~138; Tang, Q. & others. *Nature Ecology and Evolution* 2020; 4:543~549.

10 Ispolatov, I. & others. *Proc. R. Soc. B* 2012; 279:1768~1776; Maliet, O. & others. *Biology Letters* 2015; 11:20150157.

11 Cocks, L. R. M. and Fortey, R. A. *Geological Society of London Special Publications* 2009; 325:141~155; of Monmouth, G. *The History of the Kings of Britain*. 1136 (Penguin edition, 1966).

12 Clapham, M. E. & others. *Paleobiology* 2003; 29:527~544; Shen, B. & others. *Science* 2008; 319:81~84.

13 Jenkins, R. J. F. & others. *J. Geol. Soc. Australia* 1983; 30:101~119; Zhu, M. Y. & others. *Geology* 2008; 36:867~870.

14 Gehling, J. G. *PALAIOS* 1999; 14:40~57; Jenkins, R. J. F. & others. *J. Geol. Soc. Australia* 1983; 30:101~119; Lemon, N. M. *Precambrian Research* 2000; 100:109~120; Noffke, N. & others. *Geology* 2006; 34:253~256; Schneider, D. & others. *PLoS One* 2013; 8:e66662.

15 Droser, M. L. & others. *Australian J. Earth Sciences* 2018; 67:915~921; Feng, T. & others. *Acta Geologica Sinica* 2008; 82:27~34; Gehling, J. G. and Droser, M. L. *Episodes* 2012; 35:236~246; Tang, F. & others. *Evolution & Development* 2011; 13:408~414; Wang, Y. & others. *Paleontological Research* 2020; 24:1~13; Welch, V. L. & others. *Curr. Biol.* 2005; 15:R985~R986; Zhao, Y. & others. *Curr. Biol.* 2019; 29:1112.

16 Dunn, F. S. & others. *Biological Reviews* 2018; 93:914~932; Dunn, F. S. & others. Papers in *Palaeontology* 2019; 5:157~176; Fedonkin, M. A. 'Vendian body fossils and trace fossils'. In: Bengtson, S., editor. *Early Life on Earth*. New York: Columbia University Press; 1994. pp. 370~388; Ford, T. D. *Yorkshire Geological Society Proceedings* 1958; 31:211~217; Liu, A. G. and Dunn, F. S. *Curr. Biol.* 2020; 30:1322~1328; Mason, R. 'The discovery of *Charnia masoni*'. In: *Leicester's fossil celebrity: Charnia and the evolution of early life.* Leicester Literary and Philosophical Society Section C Symposium, 10th March 2007; Narbonne, G. M. and Gehling, J. G. *Geology* 2003; 31:27~30; Nedin, C. and Jenkins, R. J. F. *Alcheringa* 1998; 22:315~316; Sprigg, R. C. *Trans. Roy. Soc. S. Aust.* 1947; 72:212~224.

17 Droser, M. L. and Gehling, J. G. *Science* 2008; 319:1660~1662; Gibson, T. M. &

others. *Geology* 2018; 46:135~138; Hartfield, M. *J. Evol. Biol.* 2016; 29:5~22; Normark, B. B. & others. *Biol. J. Linn. Soc.* 2003; 79:69~84; Pence, C. H. and Ramsey, G. *Philosophy of Science* 2015; 82:1081~1091; Smith, J. M. *J. Theor. Biol.* 1971; 30:319.

18 Bobrovskiy, I. & others. *Science* 2018; 361:1246; Dunn, F. S. & others. *Biological Reviews* 2018; 93:914~932; Evans, S. D. & others. *PLoS One* 2017; 12:e0176874; Gehling, J. G. & others. *Evolving Form and Function: Fossils and Development* 2005:43~66; Sperling, E. A. and Vinther, J. *Evolution & Development* 2010; 12:201~209.

19 Chen, Z. & others. *Science Advances* 2018; 4:eaao6691; Evans, S. D. & others. *PNAS* 2020; 117:7845~7850; Gehling, J. G. and Droser, M. L. *Emerging Topics in Life Science* 2018; 2:213~222.

20 Clites, E. C. & others. *Geology* 2012; 40:307~310; Coutts, F. J. & others. *Alcheringa* 2016; 40:407~421; Droser, M. L. and Gehling, J. G. *PNAS* 2015; 112:4865~4870; Gehling, J. G. and Droser, M. L. *Episodes* 2012; 35:236~246; Joel, L. V. & others. *J. Paleontology* 2014; 88:253~262; Mitchell, E. G. & others. *Ecology Letters* 2019; 22:2028~2038.

21 Wade, M. *Lethaia* 1968; 1:238~267; Zhu, M. Y, & others. *Geology* 2008; 36:867~870.

22 Ivantsov, A. Y. *Paleontological Journal* 2009; 43:601~611.

23 Fedonkin, M. A. & others. *Geological Society of London Special Publications* 2007; 286:157~179.

24 Budd, G. E. and Jensen, S. *Biological Reviews* 2017; 92:446~473; Erwin, D. H. and Tweedt, S. *Evolutionary Ecology* 2012; 26:417~433; Shu, D. G. & others. *Science* 2006; 312:731~734.

25 Dunn, F. & others. *5th International Paleontological Congress.* Paris 2018. p. 289.

26 Medina, M. & others. *Int. J. Astrobiol.* 2003; 2:203~211; Xiao, S. H. & others. *American J. Botany* 2004; 91:214~227.

27 Burns, B. P. & others. *Env. Microbiol.* 2004; 6:1096~1101; Lowe, D. R. *Nature* 1980; 284:441~443; Puchkova, N. N. & others. *Int. J. Syst. Evol. Microbiol.* 2000; 50:1441~1447.

에필로그

1 Mills, W. J. *Hope Bay. Exploring Polar Frontiers: A Historical Encyclopedia.* Santa

Barbara, California, USA: ABC Clio; 2003. pp. 308~309.

2 Birkenmajer, K. *Polish Polar Research* 1992; 13:215~240; de Souza Carvalho, I. & others. *Ichnos* 2005; 12:191~200; Erwin, D. H. *Annual Review of Ecology and Systematics* 1990; 21:69~91.

3 De Souza Carvalho, I. & others. *Ichnos* 2005; 12:191~200; Hays, L. E. & others. *Palaeoworld* 2007; 16:39~50; Penn, J. L. & others. 2018; 362:1130; Xiang, L. & others. *Palaeo3* 2020; 544; Zhang, G. J. & others. *PNAS* 2017; 114:1806~1810.

4 Keeling, R. F. and Garcia, H. E. *PNAS* 2002; 99:7847~7853; Ren, A. S. & others. *Sci. Reports* 2018; 8:7290; Schmidtko, S. & others. *Nature* 2017; 542:335.

5 Breitburg, D. & others. *Science* 2018; 359:46.

6 Jurikova, H. & others. *Nature Geoscience* 2020; 13:745~750.

7 Feely, R. A. & others. *Sci. Brief* April 2006:1~3; Hoegh-Guldberg, O. & others. *Frontiers in Marine Science* 2017; 4; Kleypas J. A. & others. *Impacts of Ocean Acidification on Coral Reefs and Other Marine Calcifiers: A Guide for Future Research* 2006. National Science Foundation Report; van Woesik, R. & others. *PeerJ* 2013; 1:e208.

8 Fillinger, L. & others. *Curr. Biol.* 2013; 23:1330~1334; Leys, S. P. & others. *Marine Ecology Progress Series* 2004; 283:133~149; Maldonado, M. & others. 'Sponge grounds as key marine habitats: a synthetic review of types, structure, functional roles, and conservation concerns'. In: *Marine Animal Forests: The Ecology of Benthic Biodiversity Hotspots* (Rossi, S. and others, eds.) Berlin: Springer, 2017. pp. 145~183; Saito, T. & others. *J. Mar. Biol. Ass.* UK 2001; 81:789~797.

9 Clem, K. R. & others. *Nature Climate Change* 2020; 10:762~770; Zhang, L. & others. *Earth-Science Reviews* 2019; 189:147~158.

10 Kim, B. M. & others. *Nature Communications* 2014; 5:4646; Overland, J. E. and Wang, M. *International Journal of Climatology* 2019; 39:5815~5821; Robinson, S. A. & others. *Global Change Biology* 2020; 26:3178~3180.

11 Meehl, G. A. & others. *Science* 2005; 307:1769~1772; Meehl, G. A. & others. 'Global Climate Projections'. In: *Climate Change* 2007: *The Physical Science Basis. Contribution of Working Group I to the Fourth Assessment Report of the Intergovernmental Panel on Climate Change* (Solomon, S. and others, eds.). Cambridge UK: Cambridge University Press; 2007; O'Brien, C. L. & others. *PNAS* 2020; 117:25302~25309.

12 Pugh, T. A. M. & others. *PNAS* 2019; 116:4382~4387; Scott, V. & others. *Nature Climate Change* 2015; 5:419~423; Terrer, C. & others. *Nature Climate Change*

2019; 9:684~689.

13 Couture, N. J. & others. *Journal of Geophysical Research Biogeosciences* 2018; 123:406~422; Friedlingstein, P. & others. *Earth Syst Sci Data* 2019; 11:1783~1838; Nichols, J. E. and Peteet, D. M. *Nature Geoscience* 2019; 12:917~921.

14 Fujii, K. & others. *Arctic Antarctic and Alpine Research* 2020; 52:47~59; Olid, C. & others. *Global Change Biology* 2020; 26:5886~5898.

15 Bolch, T. & others. 'Status and change of the cryosphere in the extended Hindu Kush Himalaya region'. In: Wester, P. and others, eds., *The Hindu Kush Himalaya Assessment.* Cham: Springer; 2019 Church, J. A. & others. *Journal of Climate* 1991; 4:438 p. 56; Kulp, S. A. and Strauss, B. H. *Nature Communications* 2019; 10; Loo, Y. Y. & others. *Geoscience Frontiers* 2015; 6:817 p. 23; Nepal, S and Shrestha, A. B. *International Journal of Water Resources Development* 2015; 31:201 p. 18; Yi, S. & others. *The Cryosphere Discussions* 2019. https://doi.org/10.5194/tc-2019-211.

16 Muntean, M. & others. *Fossil CO_2 emissions of all world countries.* Publications Office of the European Union 2018. DOI: 10.2760/30158.

17 Friends of the Earth. *Overconsumption? Our use of the world's natural resources.* 2009. 1-36.

18 Avery-Gomm, S. & others. *Marine Pollution Bulletin* 2013; 72:257~259; Beaumont, N. J. & others. *Marine Pollution Bulletin* 2019; 142:189~195.

19 Russell, J. R. & others. *AppliedandEnvironmentalMicrobiology* 2011; 77:6076~6084; Tanasupawat, S. & others. *Int. J. Syst. Evol. Microbiol.* 2016; 66:2813~2818; Taniguchi, I. & others. *Acs Catalysis* 2019; 9:4089~4105.

20 Polito, M. J. & others. *American Geophysical Union Fall Meeting 2018.* Abstract #PP13C-1340.

21 Habel, J. C. & others. 'Review refugial areas and postglacial colonizations in the Western Palearctic'. In: Habel, J. C. & others, eds. *Relict Species.* 2010. Springer, Berlin, Heidelberg: pp. 189~197; Roberts, C. P. & others. *Nature Climate Change* 2019; 9:562.

22 Cardoso, G. C. and Atwell, J. W. *Animal Behaviour* 2011; 82:831~836; Martín, J. and López, P. *Functional Ecology* 2013; 27:1332~1340; Owen, M. A. & others. *J. Zool.* 2015; 295:36~43.

23 Bar-On, Y. M. & others. *PNAS* 2018; 115:6506~6511; Bennett, C. E. & others. *Royal Society Open Science* 2018; 5:180325; Elhacham, E. & others. *Nature* 2020; doi.org/10.1038/s41586-020-3010-5; Giuliano, W. M. & others. *Urban Ecosystems*

2004; 7:361~370; WWF. *Living Planet Report-2018: Aiming Higher.* Grooten, M. and Almond, R. E. A., eds. Gland, Switzerland: WWF; 2018.

24 Kleinen, T. & others. *Holocene* 2011; 21:723~734; Summerhayes, G. R. *IPPA Bulletin* 2009; 29:109~123.

25 Abate, R. S. and Kronk, E. A. *Climate change and Indigenous peoples: The search for legal remedies.* 2013. Cheltenham UK: Edward Elgar; 2013; Ahmed, N. *Entangled Earth.* Third Text 2013; 27:44~53.

26 Associated Press in St Petersburg, Florida. 'Hurricane Iota is 13th hurricane of record-breaking Atlantic season'. *Guardian,* 15 November 2020; González-Alemán, J. J. & others. *Geophysical Research Letters* 2019; 46:1754~1764; Knutson, T. R. & others. *Nature Geoscience* 2010; 3:157~163.

27 Hodbod, J. & others. *Ambio* 2019; 48:1099~1115; Michaelson, R. '"It'll cause a waterwar": divisions run deep as filling of Niledamnears'. *Guardian,* 23 April 2020; Spohr, K. 'The race to conquer the Arctic-the world's final frontier'. *New Statesman,* 12 March 2018.

28 UK Environment Agency. *TE2100 5 Year Review Non-technical Summary.* 2016:1~7; Secretariat of the Multilateral Fund for the Implementation of the Montreal Protocol on Substances that Deplete the Ozone Layer. *Creating a real change for the environment.* 2007:1~24.

29 Henley, J. 'Iceland holds funeral for first glacier lost to climate change'. *Guardian,* 22 July 2019.

지도 목록

1. 2만 년 전 북반구 … 34
2. 400만 년 전 플라이오세 지구 … 64
3. 533만 년 전 지중해 분지 … 90
4. 3,200만 년 전 올리고세 지구 … 114
5. 4,100만 년 전 남극대륙과 남극해 … 142
6. 6,600만 년 전 북아메리카 … 168
7. 1억 2,500만 년 전 백악기 초 지구 … 196
8. 1억 5,500만 년 전 유럽 군도 … 222
9. 2억 2,500만 년 전 트라이아스기 지구 … 248
10. 2억 5,300만 년 전 판게아와 테티스 … 272
11. 3억 900만 년 전 석탄기 지구 … 294
12. 4억 700만 년 전 옛 붉은 대륙 … 316
13. 4억 3,500만 년 전 실루리아기 지구 … 342
14. 4억 4,400만 년 전 남반구 … 366
15. 5억 2,000만 년 전 캄브리아기 지구 … 388
16. 5억 5,000만 년 전 에디아카라기 지구 … 414

아더랜드

2023년 10월 25일 초판 1쇄 | 2023년 11월 17일 3쇄 발행

지은이 토머스 할리데이 **옮긴이** 김보영 **감수** 박진영
펴낸이 박시형, 최세현

책임편집 강동욱 **디자인** 윤민지 **교정교열** 신상미
마케팅 양봉호, 양근모, 권금숙 **온라인홍보팀** 신하은, 현나래, 최혜빈
디지털콘텐츠 김명래, 최은정, 김혜정 **해외기획** 우정민, 배혜림
경영지원 홍성택, 강신우 **제작** 이진영
펴낸곳 (주)쌤앤파커스 **출판신고** 2006년 9월 25일 제406-2006-000210호
주소 서울시 마포구 월드컵북로 396 누리꿈스퀘어 비즈니스타워 18층
전화 02-6712-9800 **팩스** 02-6712-9810 **이메일** info@smpk.kr

ISBN 979-11-6534-820-5 (03450)